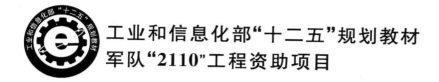

工业和信息化部"十二五"规划教材

军队"2110"工程资助项目

# 装备环境工程

## （第 2 版）

宣兆龙　编著

北京航空航天大学出版社

## 内 容 简 介

本书着眼于装备作战及保障,针对武器系统运用环境的构成及其特点,初步构建了装备环境工程的研究内容体系,系统阐述了装备环境工程的体系内涵、基本内容、关键技术及典型应用。其主要内容包括:装备环境效应、装备环境评价、装备环境试验、装备环境防护、装备环境适应性及装备环境仿真。

本书可供从事军事装备、环境工程、试验技术及功能材料相关的工程技术人员参考,也可作为相关专业培训的教材。

**图书在版编目(CIP)数据**

装备环境工程 / 宣兆龙编著. -- 2 版. -- 北京：
北京航空航天大学出版社,2015.5
ISBN 978 - 7 - 5124 - 1787 - 8

Ⅰ. ①装… Ⅱ. ①宣… Ⅲ. ①武器装备—环境模拟—
研究 Ⅳ. ①TJ06

中国版本图书馆 CIP 数据核字(2015)第 097827 号

**装备环境工程(第 2 版)**
宣兆龙　编著
责任编辑　王　实
\*
北京航空航天大学出版社出版发行
北京市海淀区学院路 37 号(邮编 100191)　http://www.buaapress.com.cn
发行部电话:(010)82317024　传真:(010)82328026
读者信箱:goodtextbook@126.com　邮购电话:(010)82316936
北京时代华都印刷有限公司印装　各地书店经销
\*
开本:787×1 092　1/16　印张:20.25　字数:518 千字
2015 年 7 月第 2 版　2015 年 7 月第 1 次印刷　印数:2 000 册
ISBN 978 - 7 - 5124 - 1787 - 8　定价:59.00 元

# 再版前言

《装备环境工程》自 2011 年 3 月初版发行后,先后在军械工程学院、北京航空航天大学、北京理工大学等军地院校,兵器工业第 59 所、203 所等研究机构,以及北京军区、南京军区等部队用于相关专业教学、岗位培训和技术参考,并于 2012 年获总装备部教学成果一等奖,这使我们备受鼓舞。不少兄弟单位的有关领导、专家乃至学生就本书的系统、内容、习题等方面提出了许多宝贵意见,这使我们受益匪浅。在此,我们谨向所有读者致以衷心的感谢!

2013 年 12 月,《装备环境工程》被列为工业和信息化部"十二五"规划教材项目。根据立项要求和评审专家的意见,结合三年来的教学实践及本领域研究进展情况,我们对该书进行了修订。主要修改情况如下:

(1)对书中涉及的某些基本概念与知识,如装备环境工程、装备环境仿真等,作了更深入的分析与论述;

(2)结合科研进展及学术前沿,如装备防护技术、环境试验方法等,补充了应用实例和最新研究成果;

(3)对一些在目前所起作用不大的内容,予以删除;

(4)各章中都增加了习题。

此次修订,由宣兆龙统稿。其中,第 1、3、5 章由宣兆龙执笔;第 2 章由安振涛、吴雪艳执笔;第 4 章由高欣宝、李天鹏执笔;第 6 章由段志强、张倩执笔;第 7 章由武洪文、傅孝忠执笔。修订过程中,参考了国内外的有关著作、资料及相关学术研究成果,以期内容更加充实完善,在此向文献的作者表示深深的谢意。

由于成书仓促,疏误在所难免,切望广大读者不吝赐教,以利今后提高。

作　者
2015 年 1 月于石家庄

# 前　言

　　装备是部队训练和作战的物质基础，是部队战斗力的重要组成部分。装备的储存、运输、使用均在一定环境条件下进行，其自身性能、可靠性、安全性等也就必然受到环境因素的影响。因此，对于"装备-环境"系统的研究一直是武器系统与运用工程研究领域的有机组成部分。

　　装备环境工程着眼于装备作战及保障，落脚于装备运用环境。环境对武器装备的影响问题是随着武器装备的进步和作战样式的发展而不断发展变化的。众所周知，在冷兵器时代，环境对武器装备的使用基本上没有影响；热兵器时代，虽然环境对武器装备的作战性能有影响，但是在兵器制造过程中也基本上没有考虑环境适应性等相关问题；而在机械化兵器时代，则开始考虑武器装备的环境适应性问题；到了信息化时代，武器装备的发展呈现出技术先进性与系统复杂性，同时武器系统与运用环境的关系也空前密切。在信息化时代，环境对装备的影响已不仅是安全储存和正常使用的问题，而更加重要的是在正常使用的环境范围内具有不同的作战效果和效益，环境已成为影响武器装备实战性能、衡量战斗力的重要因素。因此，全面开展装备运用环境的效应分析、质量评估，以及试验方法、防护技术、适应性论证和模拟仿真等就显得尤为必要。近年来，上述研究内容经过逐步发展完善，业已形成了一门新的学科方向——装备环境工程。本书旨在从环境出发，系统阐述装备环境工程的体系内涵、基本内容、关键技术及典型应用，初步构建装备环境工程的内容体系，以期为相关研究提供技术支持，并促进装备环境工程研究的发展、深化和融合。

　　全书共分为 7 章。第 1 章概述装备环境工程的基本概念、发展沿革及内容体系；第 2 章介绍大气环境、力学环境、电磁环境对武器装备的作用效应；第 3 章介绍装备环境评价的基本方法及应用；第 4 章介绍环境试验的程序、方法及典型环境试验技术；第 5 章分别针对大气、力学、电磁环境，介绍装备防潮防护、缓冲包装防护、电磁屏蔽防护等装备防护技术;第 6 章介绍装备环境适应性的概念、要求、论证要求及评价方法;第 7 章介绍仿真技术及其在装备环境工程中的应用。

全书由宣兆龙、易建政统稿。其中,第 1～3、5 章由宣兆龙执笔;第 4 章由高欣宝执笔;第 6 章由易建政执笔;第 7 章由李天鹏、段志强执笔;安振涛、傅孝忠、戴祥军、李德鹏、张倩、贾英江参与了本书部分章节的编写、修订。在本书编写过程中,参考了国内外的有关著作、资料及相关学术研究成果,在此向文献的作者表示深深的谢意。

限于作者水平,书中疏漏在所难免,恳请读者批评指正。

作　者

2010 年 12 月于石家庄

# 目　录

# 第1章 装备环境工程概论

装备环境工程着眼于武器装备(以下简称装备)作战及保障,落脚于装备运用环境,其根本目的在于有效解决装备自身与运用环境之间的基本矛盾,即装备的可靠性、储存性、安全性等在不同环境条件下的适应性问题。环境适应性是装备的重要属性之一,源于设计、制造,并在全寿命过程中体现。因此,装备环境工程是覆盖装备全寿命周期的一项重要的基础性工作。本章试图从装备运用环境的基本概念入手,分析其对装备的影响,介绍装备环境工程的发展沿革,初步探讨装备环境工程的研究内容体系。

## 1.1 装备及运用环境

任何装备寿命期内的储存、运输和使用均会受到各种气候、力学和电磁环境的单独、组合和综合的作用。环境使装备(或部件、元器件)的材料和结构受到腐蚀或破坏,导致其性能劣化和功能失常,降低装备作战效能,从而使军事行动受到严重影响。因此,研究装备及其运用环境对于装备作战及保障具有非常重要的意义。

### 1.1.1 装备与环境

**1. 环境与环境因素**

(1) 环　境

环境(environment)是指周围所存在的条件,这也是直观的字面解释。

对于不同的对象和学科来说,环境的定义也不相同。比如对社会学来说,环境是指具体的人生活周围的情况和条件;对生物学来说,环境是指生物生活周围的气候、生态系统、周围群体和其他种群;对热力学来说,环境是指向所研究的系统提供热或吸收热的周围所有物体。

广义的环境描述:环境是指某一特定生物体或群体以外的空间,以及直接或间接影响该生物体或群体生存与活动的外部条件的总和。换言之,环境既包括以大气、水、土壤、植物、动物、微生物等为内容的物质因素,也包括以观念、制度、行为准则等为内容的非物质因素;既包括自然因素,也包括社会因素;既包括非生命体形式,也包括生命体形式。

系统科学把"研究的对象"称为系统,"系统以外的部分"称为环境。

美国《工程设计手册》(环境部分)中将环境定义为"在任一时刻和任一地点产生或遇到的自然条件和诱发条件的综合体"。

从上述定义可以看出,环境是一个相对概念,是相对于一定的主体而存在的,主体不同,环境的内涵也不相同。即使是同一主体,由于对主体的研究目的及研究尺度不同,环境的大小(分辨率)也各不相同。

本书采用的是环境科学对环境的定义:环境既包括自然界和社会中各种物质性的要素,又包括由这些要素所构成的系统及其所呈现出来的状态。这里的环境要素是物质性要素,要素构成环境,呈现特定状态;而环境作为系统又存在于更大的环境之中,并且与之相互作用,相互影响。

（2）环境因素

环境因素是指组成环境这一综合体的各种独立的、性质不同而又有其自身变化规律的基本组成部分。环境因素分为自然环境因素和诱发环境因素，具体涉及气候、土壤、生物、地理、机械和能量等各个方面。环境因素分类及其组成如表 1-1 所列。

表 1-1　环境因素分类及其组成

| 类　　型 | 类　别 | 因　　素 |
|---|---|---|
| 自然<br>环境<br>因素 | 地表 | 地貌、水文、土壤、植被 |
| | 气候 | 温度、湿度、压力、太阳辐射、雨、固体沉降物、雾、风、盐、臭氧 |
| | 生物 | 生物有机物、微生物有机体 |
| 诱发<br>环境<br>因素 | 气载 | 沙尘、污染物 |
| | 机械 | 振动、冲击、加速度 |
| | 能量 | 声、电磁辐射 |

表 1-1 中列出了 23 个环境因素，这些因素基本包括了各种环境因素，为我们提供了一个完整的环境描述。上述因素中的某些因素或者能够再分成几个因素，或者能与其他因素组合，从而得到一个更为复杂的因素。除了上述环境因素，还有 4 个因素必须予以考虑，即 3 个空间维度和 1 个时间维度。之所以把这 4 个因素（空间、时间）单独列出，是因为每个环境因素都随地域（包括海域）、空域和时间的变化而变化。具体表现为：某一局部地区的环境因素值与其他地区是不同的；在某一给定地区，某一给定时间的环境与其他时间是不同的。不同的环境中，各环境因素的变化也是不同的。在确定某一给定区域的特定环境因素时，必须考虑到随着时间的变化，这些因素会出现相应的变化。另外，环境因素的重要性也随所处时间、地点的不同而发生变化。因此，我们可以认为环境具有$(n+4)$个参数，即 $n$ 为 23 个环境因素，其余 4 个因素为时空因素。

大多数环境因素既不是静止不变的，也不是到处都存在的。环境因素的存在与否及其变化范围和特性，往往作为确定环境条件（如地理区、气候区等）的基本依据。事实上，环境条件也总是以环境因素的组合形式出现的。例如温热地带的特点是有暴雨、空气湿度大、温度不太高、生长着大量的植物，并有大量的微生物和生物，然而不会出现沙尘、雪和雾。美陆军规程 AR70-38《在极端条件下所用装备的研究、研制、试验和鉴定》中根据温度情况，将世界气候区划分为炎热、基本、寒冷和严寒 4 种类型，提供了有关气候区的温度、相对湿度和太阳辐射的工作状态、储存状态的极端数据，这些数据是设计武器装备时的气候要求依据。我国地理区域也可以大致划分为：南方地区，主要为亚热带季风气候（海南岛全部为热带季风性气候）；北方地区，主要属于温带季风气候；西北地区，主要属于温带大陆性气候；青藏地区，主要属于高原山地气候。每种气候类型的温/湿度的日平均值、年极值平均值范围和绝对极值范围均不相同，这些数据可作为国内用装备的温湿度环境条件要求的设计依据。

考虑环境对装备的影响时，应仔细分析装备的寿命期内将经历的各种事件和条件及其与环境的关系。但是，对于特定的武器装备来说，其寿命期及其活动范围是有限的，这就决定了它不可能涉及每一个因素及其与其他因素的综合，显然不必考虑上述每一种环境和所有因素综合的影响，而是用有限数量的一组环境因素就能充分地描述其环境。其实，各种环境的重要性也随着武器装备所处的环境而异，有些环境因素可能在某种场合相当重要，在另一种场合则并非如此,甚至可以忽略不计。如北方冬季环境因素主要考虑低温、风、冰雪(雨)等,对高温、太阳辐射则无需考虑;再如汽车运输环境条件包括振动、冲击、碰撞、加速度等,但实际考虑的主要因素是振动和碰撞。

　　各种环境因素的相互作用也是必须予以考虑的重要内容。同类环境因素之间存在交互作用,比如气候环境因素中高温会增大水蒸气渗透速度,温度和湿度条件适宜会使霉菌作用加剧;而不同环境因素间也可能存在交叉影响,比如气候环境条件与一定的地形地貌结合可加剧环境因素的作用,包括高温会加速沙尘对装备部组件的磨损速度,湿度与沙尘结合使装备组成材料加速变质等。表 1-2 列出了常见的环境因素交互作用。

表 1-2　环境因素交互作用

| 环境因素 | 高温 | 低温 | 湿度 | 低压 | 盐雾 | 霉菌 | 沙尘 | 冲击 | 振动 | 太阳辐射 |
|---|---|---|---|---|---|---|---|---|---|---|
| 高温 | — | × | 水蒸气渗透率增大 | 相互增大影响 | 盐雾腐蚀加剧 | 适当高温助长霉菌 | 加快沙尘磨蚀 | 相互加强 | 相互加强 | 客观存在 |
| 低温 | × | — | 湿度随温降而降低 | 加速密封泄漏 | 降低盐雾腐蚀 | 影响霉菌生长 | 加剧沙尘侵入 | 极低温有加剧作用 | 极低温有加剧作用 | 相互减弱 |
| 湿度 | 水蒸气渗透率增大 | 湿度随温降而降低 | — | 加强低压影响 | 减小盐雾浓度 | 助长霉菌 | 加剧作用 | ○ | 加剧电工材料击穿 | 加剧有机材料腐蚀 |
| 低压 | 相互增大影响 | 加速密封泄漏 | 加强低压影响 | — | × | ○ | × | ○ | 增大影响 | ○ |
| 盐雾 | 盐雾腐蚀加剧 | 降低盐雾腐蚀 | 减小盐雾浓度 | × | — | × | 加剧作用 | ○ | 加剧电工材料击穿 | 盐雾腐蚀加剧 |
| 霉菌 | 适当高温助长霉菌 | 影响霉菌生长 | 助长霉菌 | ○ | × | — | ○ | ○ | ○ | 助长霉菌 |
| 沙尘 | 加快沙尘磨蚀 | 加剧沙尘侵入 | 加剧作用 | × | 加剧作用 | ○ | — | ○ | 加快沙尘磨损 | 可能产生高温 |
| 冲击 | 相互加强 | 极低温有加剧作用 | ○ | ○ | ○ | ○ | ○ | — | ○ | ○ |
| 振动 | 相互加强 | 极低温有加剧作用 | 加剧电工材料击穿 | 增大影响 | 加剧电工材料击穿 | ○ | 加快沙尘磨损 | ○ | — | 加速材料变质 |
| 太阳辐射 | 客观存在 | 相互减弱 | 加剧有机材料腐蚀 | ○ | 盐雾腐蚀加剧 | 助长霉菌 | 可能产生高温 | ○ | 加速材料变质 | — |

　　注:表中,"—"表示同一因素;"×"表示一般不会出现或不相容;"○"表示无明显作用。

**2. 环境定量描述**

定量描述环境是研究环境条件及进行环境条件标准化的基础。同时,为了分析环境对武器装备的影响,对环境进行定量描述也是十分必要的。

(1) 数据描述

为应用于工程实际,环境必须采用定量化的描述。例如,只有已知湿热地区的温度和湿度数据,才能对这一地区的装备器材进行设计和环境试验。理论上讲,所有环境因素都应采用量化描述,但实际上这往往受到许多因素的限制。例如,生物环境就难以用参数来进行描述。

环境因素本身的量化表述以及环境对装备影响的量化表述,是对环境条件进行标准化处理的两类常用数据。两种类型的数据(前者是关于环境自身的,后者是关于环境对装备影响的)同样重要,比如有关电子元件的工作温度及其随时间发生变化的性能之间的关系、各种材料的腐蚀速度(随时间和环境条件的变化)、各种形式的辐射能对装备的有害影响等。如何获得这两类有效数据是一个复杂的工程问题,最简单、最直接的方法是对这些环境参数进行直接测量。由于测量程序、仪器(及精度)、数据处理方法的差异等方面的影响,往往会带来测量数据的差异,这就需要对数据进行统计分析,然后再应用于环境工作。

需要指出的是,对各种环境因素和由环境因素产生的影响来说,时间都是一个重要的参数。由于在自然环境中很少存在稳定条件,所以环境条件可以在短时间内发生显著改变。研究表明,某一环境因素产生的影响与此环境因素的强度及暴露于此环境内的时间有关,并且有很强的非线性关系。

(2) 模型描述

应用数学方法,建立各类环境的数学模型或物理模型环境是环境定量描述的另一重要方法。模型描述能够反映环境因素之间的逻辑关系、各类环境因素之间的相互影响关系以及各环境因素取值的边界条件。常见的环境参数模型见表 1 - 3。

**表 1 - 3  常见的环境参数模型**

| 环境因素 | 环境参数 | 数学模型 |
|---|---|---|
| 风  速 | 风速随高度变化 | $V_z = V_1 (Z_2/Z_1)^a$ |
| | 阵风因子 | $G_z = 1 + A\exp(-BV)$ |
| 淋  雨 | 淋雨强度 | $R_t = At^B$ |
| 温  度 | 极值温度 | $T_g = aI + b$<br>$I = \overline{T} + (\overline{T}_{max} - \overline{T}_{min})$ |
| 沙  尘 | 颗粒大小分布 | $I_n M_a = I_n M_g + 2\sigma_g^2$ |
| | 颗粒形状系数 | $d_{st} = d_p \sqrt{a_s/\pi}$ |
| 振  动 | 振动频率 | $f = 1/T$ |
| 冲  击 | 固有频率 | $\omega_n = \sqrt{\dfrac{K}{m}}$ |
| | 阻尼比 | $\xi = \dfrac{c}{2\sqrt{Km}}$ |
| 加速度 | 总加速度大小 | $a = \sqrt{a_t^2 + a_n^2}$ |
| | 总加速度方向 | $\tan\theta = \dfrac{a_t}{a_n}$ |

环境参数模型的本质是描述参量间的相互关系,主要用途是对环境进行分析。环境参数模型分为机理模型和统计模型,这两种模型对于定量分析环境及其影响都是必要的。机理模型是依据过程的质量、能量及动量守恒的原则,以及反应动力学等原理来建立的,属“白箱”模型,如冲击、振动、加速度的相关模型。统计模型是依据过程输入、输出数据,利用一定的统计方法对数据进行分析来建立的,属于“黑箱”模型,如描述温度和反应速率之间关系的阿汉尼斯方程,用此方程作为描述装备与温度有关的变化模型。虽然这些模型与实际情况间存在误差甚至误差比较大,但在进行环境分析时,模型还是非常有用的。例如:美陆军规程AR70-38中的气候类型模型就给出了温度和湿度的范围、温度和湿度的循环以及其他因素的极限值。另外,如标准大气模型、降雨量和降雨强度之间的数学关系,以及根据积累的气象记录做出的典型日的描述等都是常见模型。

**3. 环境对装备的影响**

装备在完成自身功能的同时,也处于操作人员、工作对象及周围环境的交互作用中,这种互为因果的关系是自然界各种现象的普遍表现方式。任何一类环境因素均对处于其中的装备有影响,综合各类环境因素对装备的影响作用,绝大部分是负面影响。美国国防部的调查表明:环境造成装备的损坏占整个使用过程中损坏的 50% 以上,超过了作战损坏;在库存期,环境造成的损坏比例占整个损坏的 60%。装备的环境适应性问题一直困扰着各国军队,由于装备环境适应性差而造成装备难以形成战斗力的例子不胜枚举。因此,无论是研发设计还是鉴定试验,环境因素对装备的影响都是必须考虑的问题。

环境条件对武器装备的影响从作用程度或后果上可分为两类。一类是产生暂时影响,也叫做功能失效,即在装备使用过程中,由于环境应力的作用,使装备不能完成预定的功能或其特征参数超过允许的范围,使得装备不能正常工作,但当环境应力减小或撤除后又能够恢复功能和进行正常工作。另一类是产生永久性后果,也叫做结构失效,即由于环境应力的作用使装备的机械结构损坏,使构成装备的零部件不能完成预定的功能,引起装备失效,而且在环境应力减小后装备不能恢复功能。前者环境条件称为工作环境条件,后者环境条件称为承受环境条件。显然,承受环境条件比工作环境条件更加严酷。

环境对装备产生影响的效应是复杂的,而且往往是综合性的,具体表现为性能降低、可靠性降低、使用寿命缩短等,各种影响的结果,最终都反映在武器装备作战性能的发挥上。另外,在讨论环境对武器装备的影响时,还必须考虑环境因素对武器装备的要求,以及由此带来的研制、生产、维修成本提高,这两者都是非常重要的。

（1）性能降低

武器装备是担负作战使命的特种机械,由于各种环境因素的影响,武器装备的各项性能,如射击精度、材料强度、零部件寿命、维修性及安全性等,均有不同程度的降低。

大量的事实说明,环境因素对装备的影响首先从影响装备的表面防护开始。由于大多数装备材料均采用表面处理加以防护,如金属镀层、涂层或表面化学处理等,这些表面防护层暴露于各种环境因素中,随着时间的推移将会逐渐脱落甚至损坏,有时这一损坏过程进行得比机构本身损坏更快。温度、湿度、太阳辐射、降雨、固体沉积物、沙尘、盐雾、生物及微生物等都能使装备防护层损坏,这些因素往往综合起来或其中一个因素促使其他因素起作用,造成装备材料某一结构上表面保护层大量剥落,从而使材料本体完全暴露于环境中造成氧化、腐蚀、变质等,并导致装备性能降低。

环境因素对装备性能的影响还体现在多个方面。例如,承受振动和冲击的装备容易在应力集中部位出现裂痕。在金属上出现的应力交变和随后在应变点通过微观裂纹诱发的腐蚀作用,是装备产生裂纹的主因。金属器件在大气中的盐雾或污染物作用下,将逐渐被腐蚀,直至失效。沙尘不但对装备表面有磨蚀作用,而且将渗入产品内部,增加机构运动的摩擦阻力,污染开关接触器,降低绝缘性能。温度的交替和湿度的变化,往往引起塑料元件的老化和脆断,并给装备本身带来意料不到的危害。温湿度因素还容易引发电子元器件的电性能下降,如绝缘被击穿、电阻值改变、元器件物理性能破坏以及一些工作装置参数的变化。冲击、振动与温度的综合作用则可产生更为严重的物理损坏,如电线折断、绝缘体裂纹及电器机械机构出现故障。

(2)可靠性降低

由于环境因素的诱发作用,不仅降低了装备的使用性能,也增大了装备出现故障的频率,从而降低了装备的可靠性。大量的统计数据表明,装备的使用可靠度或任务可靠度均低于装备初始设计时的可靠度。

环境条件与可靠性设计和试验密切相关,在装备设计中,为了保证装备在预期使用环境下能够正常工作并达到规定的可靠性,必须首先了解装备的预期使用环境及各类环境的特殊要求,而后根据这一要求进行装备的可靠性设计,如材料选择、结构设计等。对装备可靠性进行预测时,也必须以环境条件为基础,预测产品在一定环境条件下的可靠性。可靠性试验则与环境应力类型选择和应力大小是否适当有关。围绕装备-环境所开展的环境因素影响分析、环境防护研究,以及故障模式、失效机理等方面的信息,对于分析装备故障和采取纠正措施具有参考价值。图 1-1 中列出了环境与可靠性之间的关系。

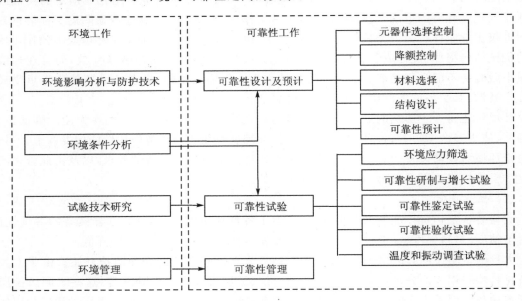

图 1-1　环境与可靠性之间的关系

(3)使用寿命缩短

由于环境因素的影响,武器装备的使用寿命将明显缩短。一方面装备在储存和运输中受到各种环境因素的影响,甚至尚未使用就已损坏;更多的情况则出现在武器装备的工作状态,

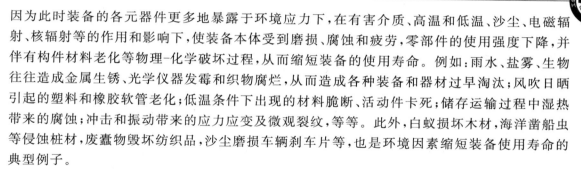

因为此时装备的各元器件更多地暴露于环境应力下,在有害介质、高温和低温、沙尘、电磁辐射、核辐射等的作用和影响下,使装备本体受到磨损、腐蚀和疲劳,零部件的使用强度下降,并伴有构件材料老化等物理-化学破坏过程,从而缩短装备的使用寿命。例如:雨水、盐雾、生物往往造成金属生锈、光学仪器发霉和织物腐烂,从而造成各种装备和器材过早淘汰;风吹日晒引起的塑料和橡胶软管老化;低温条件下出现的材料脆断、活动件卡死;储存运输过程中湿热带来的腐蚀;冲击和振动带来的应力应变及微观裂纹,等等。此外,白蚁损坏木材,海洋凿船虫等侵蚀桩材,废蠹物毁坏纺织品,沙尘磨损车辆刹车片等,也是环境因素缩短装备使用寿命的典型例子。

（4）成本提高

环境因素对武器装备的使用提出了各种要求,这使得装备在研制阶段必须考虑耐环境设计。例如设计者不得不考虑一些附属结构,以确保装备的耐环境能力。这些用于适应各种环境的特殊设施及防护装置,在增强装备环境适应能力的同时,也增加了装备的研制、维修和采购费用。

武器装备成本除了与耐环境设施设备有关以外,还与装备使用寿命长短、军事应用情况、后勤支援模式和维修保障内容紧密相关。由于环境因素的影响,导致装备性能劣化,增加了维修负担;缩短使用寿命,增加了采购和后勤支援任务;对于特殊武器装备提出了新的防护要求;提高装备性能要求,导致研制生产成本提高;影响了军事行动的成败。要使武器装备满足军用规范中的环境要求,必然会使装备成本提高。事实上,要求某一种装备(设备)在各种环境因素的全部变化范围内都能正常工作是非常困难的,要证实装备满足各种要求的程度,必须进行相应的试验,而这些工作最终也都会反映在武器装备采购成本的提高上。

## 1.1.2　装备运用环境

环境是相对于研究对象而提出的,因研究对象的不同而不同,随研究对象的变化而变化。对于武器装备而言,围绕武器装备的外部空间、外部条件和外部状况,构成了装备的环境。理论上讲,一切环境因素均能对武器装备产生影响,但本书研究的环境是指装备在储存、运输和使用过程中所处的境况,我们称为装备运用环境。

**1. 定　义**

根据环境定义及装备运用特征,可作如下定义:装备运用环境是装备在任一时刻和任一地点产生或遇到的自然条件、平台条件以及能量环境的综合体。这里的自然条件是指地表、气候、生物及水文等自然环境条件;平台条件主要指装备自身或者装备所处的搭载平台的环境,包括物理环境、逻辑环境、数据环境、安全环境、用户环境及技术标准;能量环境则主要是指力学环境、电磁环境及噪声环境等。

**2. 分　类**

装备所面临的环境复杂多变,根据装备的军兵种和所要承担作战任务的不同,其所遭遇的环境也具有各自不同的特点。例如,对于步兵武器装备而言,作战人员所能到达的地域就是装备面临的环境条件,因此可以说步兵武器几乎要面临所有自然和诱发的环境条件;对于特种兵而言,如水下蛙人携带的武器还要承受水下环境条件,空降兵携带的武器则要承受强烈的冲击环境条件;对于海军武器装备而言,所承受的环境条件主要是船舶的颠簸所产生的振动环境和海上盐雾造成的腐蚀环境;对于各种车载和机载武器而言,所面临的一个突出环境问题则是冲击加速度效应对装备可靠性的影响。

根据装备运用环境的定义,可以得到装备运用环境的不同分类方法。

(1) 根据装备寿命周期分类

在装备自出厂到寿命终结的过程中,有关事件和条件的时间历程是装备的寿命期剖面。寿命期剖面通常包括以下事件(阶段):运输(阶段)、储存/后勤供应(阶段)、执行任务/出击(阶段)。与装备寿命期剖面对应的环境种类及其时序的描述称为寿命期环境剖面,由此可将装备运用环境分为储存环境、运输环境和使用环境等,每种环境条件又包括诱发环境应力和自然环境应力。

1) 储存环境

储存可分为三种情形,即后勤装卸运输、有遮蔽储存和无遮蔽储存。各状态条件下武器装备所受的储存环境应力如表1-4所列。

表1-4　装备储存环境应力

| 储存环境<br>环境应力 | 后勤装卸运输 | 有遮蔽储存 | 无遮蔽储存 |
|---|---|---|---|
| 诱发环境应力 | 道路冲击(颠簸)<br>道路振动(随机)<br>装卸冲击(跌落/翻倒)<br>温度冲击(空投) | 无 | 无 |
| 自然环境应力 | 高温(干/湿)<br>低温/冰冻<br>淋雨/冰雹<br>沙尘<br>盐雾<br>太阳辐射 | 高温(干/湿)<br>低温/冰冻<br>盐雾<br>生霉<br>化学侵蚀 | 高温(干/湿)<br>低温/冰冻<br>淋雨/冰雹<br>沙尘<br>盐雾<br>太阳辐射<br>生霉<br>化学侵蚀 |

2)运输环境

装备在寿命期经常处于运输状态,常见的运输手段有公路运输、铁路运输、航空运输和水路运输等。不同运输手段(含装卸)所受的运输环境应力也有较大差别,如表1-5所列。

表1-5　装备运输环境应力

| 运输环境<br>环境应力 | 公路运输 | 铁路运输 | 航空运输 | 水路运输 |
|---|---|---|---|---|
| 诱发环境应力 | 道路冲击(颠簸)<br>道路振动(随机)<br>装卸冲击(跌落/翻倒) | 铁路冲击(起动急移)<br>铁路振动<br>装卸冲击(跌落/翻倒) | 飞行中振动(发动机/滑轮诱发)<br>着陆冲击<br>装卸冲击(跌落/翻倒) | 波浪诱发振动(正弦)<br>波浪正弦冲击<br>水雷/爆炸冲击<br>装卸冲击(跌落/翻倒) |

续表 1-5

| 环境应力＼运输环境 | 公路运输 | 铁路运输 | 航空运输 | 水路运输 |
|---|---|---|---|---|
| 自然环境应力 | 高温（干/湿）<br>低温<br>淋雨/冰雹<br>沙尘 | 高温（干/湿）<br>低温<br>淋雨/冰雹<br>沙尘 | 减压<br>温度冲击（空投中） | 高温（湿）<br>低温<br>淋雨（浸渍）<br>盐雾 |

3）使用环境

装备使用（即执行任务过程）可分为两个阶段：一是准备待发阶段，二是击中目标阶段。装备准备待发前都要进行部署后方可使用，主要部署和使用情形可分为：徒步战士和表面人员部署和使用、陆地车辆上部署和使用、船舶上部署和使用以及飞机上部署和使用。以上情形的装备所受到的环境应力如表1-6所列。

表 1-6　装备使用环境应力（准备待发阶段）

| 环境应力＼使用环境 | 徒步战士和表面人员部署和使用 | 陆地车辆上部署和使用 | 船舶上部署和使用 | 飞机上部署和使用 |
|---|---|---|---|---|
| 诱发环境应力 | 装卸冲击（跌落/冲撞/翻倒）<br>发射/爆炸冲击<br>噪声<br>爆炸性大气<br>电磁干扰 | 道路振动、冲击<br>发射武器振动、冲击<br>装卸、操作冲击<br>噪声<br>爆炸性大气<br>电磁干扰 | 波浪诱发振动、冲击<br>发动机诱发振动<br>水雷/爆炸冲击<br>武器发射冲击<br>噪声<br>爆炸性大气<br>电磁干扰<br>增压（海下） | 跑道诱发振动<br>气动扰动<br>起飞/着陆/机动加速<br>爆炸气体冲击<br>弹射器发射<br>制动着陆冲击<br>装卸、操作冲击<br>噪声<br>爆炸性大气<br>电磁干扰 |
| 自然环境应力 | 高温（干/湿）<br>低温/冰冻<br>温度冲击<br>淋雨/冰雹<br>沙尘/泥浆<br>盐雾<br>太阳辐射<br>生霉<br>化学侵蚀 | 高温（干/湿）<br>低温/冰冻<br>温度冲击<br>淋雨/冰雹<br>沙尘/泥浆<br>盐雾<br>太阳辐射<br>生霉<br>化学侵蚀 | 高温（干/湿）<br>低温/冰冻<br>温度冲击<br>淋雨<br>盐雾<br>太阳辐射<br>生霉<br>化学侵蚀 | 高温（干/湿）<br>低温/冰冻<br>温度冲击<br>淋雨<br>雨水/沙尘扑击<br>盐雾<br>太阳辐射<br>生霉<br>化学侵蚀 |

击中目标通常由射弹、导弹、火箭及鱼雷来完成，它们在送往目标的过程中所受的环境应力如表1-7所列。

表 1-7　装备使用环境应力(击中目标阶段)

| 使用环境 / 环境应力 | 射 弹 | 鱼雷、水下发射的导弹 | 导弹、火箭 |
|---|---|---|---|
| 诱发环境应力 | 发射冲击<br>发射加速度<br>发动机诱发振动<br>噪声<br>气动加热<br>爆炸性大气<br>电磁干扰 | 发射加速度<br>装卸发射冲击<br>发动机诱发振动<br>噪声<br>爆炸性冲击<br>爆炸性大气<br>电磁干扰 | 发射/机动加速度<br>装卸/发射冲击<br>发动机诱发振动<br>气动扰动(随机振动)<br>噪声<br>爆炸性大气<br>电磁干扰 |
| 自然环境应力 | 温度冲击<br>雨水扑击<br>沙尘扑击 | 温度冲击<br>浸渍 | 雨水扑击<br>沙尘扑击 |

**(2) 根据环境存在形态分类**

根据存在形态将环境分成不同种类是十分有用的,因为具体到不同的地点、不同的条件或不同的功能,它只与一组特定的因素相关联。例如,"作战环境"和"后勤支援环境"都是非常重要的功能性种类,这两个类别可用于表明与军事行动有关的环境条件和与后勤系统有关的环境条件,例如"库房环境""实验室环境""包装环境""车载环境""舰载环境""飞机环境"或"战场环境"等。

**1)库房环境**

库房是装备储存的基本场所。由于装备物资储存活动的特殊性,如产品价值高、储存时间长及储存条件要求高等,储存装备的库房有着自身的特点和要求。从功能上讲,库房主要是保证库存装备物资的安全,减缓装备物资在储存过程中的质量变化。换言之,库房必须具有抵御或阻止外界环境对装备物资作用的能力,包括防潮能力、防热能力、防爆能力及安全防卫能力等。

根据建筑结构特点可把库房划分为两个基本类型:地面库和洞库。另外,还有半地下库、水中仓库和水下仓库等形式,但应用较少。

军械仓库中的洞库大都为开山式洞库,即首先在山体内开凿毛洞,然后进行混凝土浇注或衬砌被覆,设置排水系统,构筑地坪,形成护围结构,从而得到所需的空间。根据被覆与毛洞壁间隙的大小,将开山式洞库分成贴壁式和离壁式两种。洞库通常由主洞、引洞、明堑、库门和装卸台等组成。洞库由于深藏于山体之中,山体自然防护层较厚,因而防护能力较强,隐蔽性较好。另外,洞库内温湿度条件比较好,温湿度变化也容易控制,但施工复杂,造价较高。

地面库是军械仓库的另一重要库房类型。地面库按屋顶形状可分为平顶地面库和坡顶地面库;按建筑结构可分为砖(石)木结构地面库和钢筋混凝土结构地面库。地面库一般由地坪、墙壁、屋顶、门窗及通风孔、装卸台等组成。地面库的主要特点是:结构简单,施工方便,造价比较低,但库内温湿环境易受外部环境影响,隐蔽性能差,自身安全防护性能有限。

**2)包装环境**

包装是装备单体储存的基本形式。随着高新技术在装备中的不断应用,装备呈现出结构复杂性、技术先进性和材料多样性的特点。与此同时,装备对储存和使用环境的要求越来越高,单纯依靠库房控温控湿来保证装备使用价值的做法已不能满足复杂环境条件下装备的作战需求。作为战争中最大的消耗物资之一,装备要充分发挥自身的作战功能和价值,就必须全面适应各种环境,大幅提高战场生存能力,而这一问题的解决主要依靠包装技术。

装备包装通常由材料、容器、技术和信息四要素构成。其中,材料是构成包装实体的物质基础,材料本身的结构、成分、性质及可加工性,尤其是材料的防护性能是装备包装材料选用的重要指标,也是影响装备包装环境性能的主要因素。装备包装按材料分类,有纸包装、木包装、金属包装、塑料包装和复合材料包装等。其中,纸包装和塑料包装主要用来包装武器装备的零部件,以内包装为主,纸包装应用得较少,塑料包装应用得较多,弹药的密封包装大多是塑料包装;木包装应用得最多,各类弹药、武器装备的备件的外包装均是木包装;金属包装主要应用在枪弹的内包装和装备保障工具包装。

按包装技术分类,有防潮包装、防锈包装、缓冲包装、防霉包装、真空包装、集合包装、防静电包装、防电磁包装及充气包装等。弹药类装备以防潮包装、防锈包装和缓冲包装为主,近几年来,电发火弹药/元件开始应用电磁屏蔽包装、真空包装技术;光学仪器以防霉包装为主;装备器材包装主要是防锈包装。每种包装均有其自身环境特性。

3)战场环境

战场环境是装备面临的终端环境。随着现代战争形态的变化,战场空间不断拓展,信息化条件下的战场环境,既包括有形的陆地、海洋、大气空间和外层空间,也包括无形的电磁、信息和认知等领域。按照作战样式的不同,战场又可分为陆战场、海战场、空战场、太空战场和电子战场等。不同作战样式关心不同的战场环境因素。

复杂电磁环境是信息化战场的重要特征。在未来信息化条件下作战,由于电子信息系统中的雷达探测、通信联络、导航识别等设备的辐射功率越来越大,频谱越来越宽,装备数量成倍增加,工作频率严重交叠,使战场的电磁环境日趋复杂;而电子战系统的广泛应用和各种微波电磁武器的出现,加上雷电、静电等自然电磁源,使有限的战场空间的电磁环境变得更加恶劣。复杂多变的电磁环境不仅会危及电子装备、电爆装置和人员的安全,而且将直接影响到信息化武器系统战术和技术性能的发挥,严重地影响部队的战斗力和战场生存能力。

各种先进的侦察、监视手段的广泛运用,使现代战场具有立体透明、快速机动、大空间和大纵深的特点。另外,在各种高命中精度、高毁伤效能的高技术武器打击下,装备及其保障系统极易被破坏甚至摧毁。迄今,各类精确制导武器已达数百种,命中精度不断提高,从攻击地面目标来看,突击飞机携带的精确制导武器圆概率误差近距离攻击为 $0\sim2$ m,远距离攻击为 $10\sim30$ m。这些武器对射程内的点目标如坦克、装甲车、飞机、舰艇、雷达、桥梁、指挥中心及武器库等可以实现直接命中。因此,装备自身在未来高技术战争中的战场生存环境十分恶劣。

(3)根据环境影响因素分类

环境因素主要分为自然环境和诱发环境。有时根据需要也提出综合环境的概念。

1)自然环境

自然环境是指在自然界中由非人为因素构成的环境,包括大气环境、空间环境、海洋水文环境、地表环境、地质环境和生物环境等。自然环境是由自然力产生的,与装备存在形式和工作状态无关。无论装备处于静止状态还是工作状态,都会受到自然环境的影响。

在研究自然环境时通常将其分为标准自然环境和设备所处自然环境。标准自然环境是业务观(探)测所得到的环境参数值代表的自然环境。在业务观(探)测中,一般都要通过制定观

(探)测规范来规定所用的仪器、仪表和方法,因此用不同规范所得出的某一环境参数值可能是不同的。例如,稳定风速这一环境因素,我国规定为拔地 $10\sim12$ m 高度处的 10 min 平均风速,美国则为 3 m 高度处的 1 min 平均风速。所以,当比较不同规范所得到的环境参数值时,需要依据环境参数的时空变化规律进行换算。

一般来说,通过环境监测,特别是专业观(探)测所得到的环境参数值只是在特定地点(时刻)得到的数值,而环境参数值具有明显的时空变化特征,装备的不同部位的环境参数值可能变化很大,所以需要关注其对环境影响最敏感的部件或设备所处的自然环境,即装备所处的自然环境。装备所处的自然环境与标准自然环境一般是有差别的。例如相控阵雷达对风速最敏感的部件是天线,而近地面风速随着高度的变化会产生很大变化,同时天线的尺寸也比较大。所以,在研究问题时,常用这种情况下对风速影响最敏感的某一部位所处的自然环境,代表该设备所处的自然环境。

2)诱发环境

诱发环境是指任何人为活动、平台、其他设备或装备自身产生的局部环境。诱发环境既可能是人为的或装备自身工作过程中产生的,也可能是自然环境与装备的物理化学特性综合作用产生的。因此,诱发环境可以发生在武器装备内部,也可以发生在外部。诱发环境通常包括诱发的大气、机械、海洋生物、化学环境和电磁环境等。

3)综合环境

由于环境对装备的影响一般都是多因素同时作用的,所以在研究环境影响时,提出了综合环境的概念。综合环境是指装备所处的多种环境因素的综合状况,一般是根据作战使用区域的划分情况(如严寒、湿热、高原、沙漠、海洋、热带丛林等)进行研究。

上述三种类型的环境因素所涉及的范围包含了装备运输、储存及作战、训练、维修等多项工作的各个方面,也覆盖了各种具体的环境因素。

**3. 典型装备运用环境**

环境对装备的影响制约装备性能的发挥,影响战争进程甚至决定战争的胜负,环境适应性已成为装备的重要质量特性。理论上讲,一切环境因素均能对装备产生影响。但在大多数环境中,实际上只有一部分因素起作用,这些主要环境因素构成了典型装备运用环境。我们在进行环境试验适应性设计及环境试验评价时也主要针对该部分因素开展工作。

(1)高温环境

高温可使材料和构件产生膨胀、软化、老化,致使其变形、强度降低,从而导致功能下降或丧失。例如:

① 不同材料的热膨胀可引起装备尺寸全部或局部改变,使结构配合状态发生变化,产生粘合、卡死或松动;

② 机电部件过热,会导致绝缘或导电性能改变;

③ 有机材料褪色、裂开或出现裂纹,装备工作寿命缩短;

④ 包装、衬垫、密封件、轴承和轴等发生变形、粘结、失效,引起机械性故障或者破坏完整性,引起外罩充填物和密封条损坏;

⑤ 温度梯度不同和不同材料膨胀系数的不一致,使电子电路的稳定性发生变化;

⑥ 电阻器件阻值变化,继电器和磁动、热动装置的接通/断开范围发生变化;

⑦ 复合材料放气,固体火药或药柱起裂纹,爆炸物或推进剂的燃烧加速;

⑧ 浇注的炸药在其壳体内膨胀,炸药熔化和硫化;

⑨ 炮弹、炸弹等密封壳体内部产生很高的内压力;

⑩ 油脂变稀,润滑作用降低,密封性能变差,出现摩擦体故障和密封失效等问题。

在热带地区作战高温环境通常对装备产生较大影响。第二次世界大战期间,美军运往亚洲和非洲沙漠、高原、热带及亚热带地区作战的军事装备,由于对环境的适应能力差,产生腐蚀、长霉,造成机件失灵,甚至完全丧失战斗力。其中运往远东的航空电子产品中60%不能使用。各国调查资料也证实了高温环境对装备的影响。例如:英国的雷达,在欧洲平均无故障时间为116 h,在地中海则降为61 h,而在东南亚仅为18 h。1971年美军调查表明,美国移动雷达系统在热带地区仅工作22天,许多元件失效;坦克在热带地区仅使用了30天,14辆坦克中有10辆损坏;美军班排电台在大陆试验通信距离远超过原设计指标(1 600 m),但在热带地区通信距离不到900 m。1998年8月,美国总审计局发表报告称:隐身复合材料在过热的环境中会丧失吸收雷达波的能力,F-117隐形战斗机只有在低空或低温条件下才具有隐身效果,到了高空和高温环境中则完全丧失隐身的功能。

(2) 低温环境

低温环境对材料的机械性能、电气性能、热性能都会产生影响,从而导致装备性能下降、失效甚至损毁。例如:

① 低温会使材料硬化和脆化,强度下降,抗冲击载荷能力减弱,易断裂;

② 低温引起材料收缩(少数负温度系数的材料在低温下则膨胀),配合间隙变化,使机械动作迟缓或停止;

③ 湿气冷凝、冻结,出现霜冻和结冰现象,光学仪器的观测性能下降;

④ 电阻、电容数值变化,电缆、电容器损坏,电器仪表、自动控制系统的性能和可靠性降低;

⑤ 润滑剂粘度增加、变稠或固化,失去润滑特性;

⑥ 防冻液冻结,影响机械动作的质量和精度,尤其是液压动作系统最敏感;

⑦ 橡胶、塑料制品机械强度减弱,产生硬化、龟裂现象,失去弹性,使减震和密封失效;

⑧ 固体炸药(如硝酸铵)产生裂纹,使固体火药燃烧速度改变,弹药性能下降;

⑨ 电动机、内燃机启动困难,蓄电池容量降低、性能下降,使用寿命缩短等。

低温环境多次成为影响装备发展和战争进程的重要因素。例如:第二次世界大战期间德军坦克在苏德战场上因低温不能启动而无法抵抗苏军发动的突击,成为德军走向失败的转折点。在朝鲜战场上,美军电子装备由于不适应寒冷气候,其中80%发生了故障。1986年1月26日,美国挑战者号航天飞机升空74 s后便发生爆炸,机上7名宇航员全部遇难,原因就是"挑战者"号右侧固体火箭发动机尾部装配接头的小聚硫橡胶环型压力密封圈不能适应低温环境,过早地老化失效,出现裂纹导致密封不好,使燃料外泄,引起爆炸。这次严重事故的直接经济损失高达14亿美元,同时还严重地打乱了美国航天发展计划。

(3) 高湿环境

湿度一直是影响装备性能的重要因素。例如:

① 空气中的湿度过高,会在装备表面形成水膜,表面金属腐蚀,木材、纸张、纺织品、纤维板和亲水性塑料发生变质,材料膨胀,丧失机械强度;

② 引起光学仪器表面起雾,影响仪表判读效果;

③ 对玻璃产生化学作用,使玻璃性能恶化;

④ 水汽凝结并向密封组件中渗透,促进微生物的生长,加速了密封组件的损坏;

⑤ 电子设备和精密仪表固元器件焊点受潮腐蚀而引起断路或改变电气性能,造成设备、仪器性能下降或失灵;

⑥ 炸药和推进剂吸潮,性能降低;

⑦ 材料物理强度降低,润滑性能下降,隔热特性变化,复合材料分层,弹性或塑性改变等。

20世纪60年代的越南战争,由于美军装备不适应热带雨林气候环境,大部分通信设备不能工作;配发的 M16 自动步枪发现机械故障;所有机枪、迫击炮、榴弹炮和坦克炮等轻重武器极易出现锈蚀并产生"麻腔"现象;各式武器保养用品(如清洁液、润滑油、防锈油)其清洁、润滑、防锈功能几乎完全失效,给美军造成了很大损失。经调查后发现,造成武器锈蚀的主要原因在于东南亚地区所处的环境平均相对湿度为 80%～90%,任何武器只要摆放数小时后就会生锈。20世纪80年代,据美国国防部对价值 180 亿美元、总质量近 380 万吨的三军库存常规弹药进行的调查表明,由于美国本土、欧洲、太平洋等地区潮湿环境造成的腐蚀和变质,仅陆军维修和销毁的弹药就高达 11 万多吨。

(4) 沙尘环境

沙尘对装备的破坏作用表现为磨损、沉积、堵塞等多种形式。例如:

① 装备零配件磨损加快,坦克、飞机及车辆耗油量增大,造成过滤器的沙堵;

② 发动机过滤器堵塞,加速制动系统卡死,装备活动部件产生故障;

③ 沙尘沉积可增大接触电阻,造成电路短路;

④ 沙尘与空气摩擦产生静电,最大电压可达 3 000 V,对通信、雷达等电子设备有破坏作用;

⑤ 沙漠的酷热条件可能会引起钢材变形,橡胶或金属构件产生松动、膨胀或断裂等;

⑥ 风沙和高温会使精密的电子装备运转不正常或失灵,电子线路被热化后粘在一起;

⑦ 风沙还会使飞行员、驾驶员目视分辨力下降,难以辨认远处地平线上的沙漠和天空,地面车辆失去目视联系,从而导致飞行事故和出现行驶问题。

海湾战争中,沙尘环境对多国部队的飞机、坦克造成了严重损伤。多国部队集结的 1 700 多架军用直升机损伤了 21 架,其中 16 架均为非战斗损伤,恶劣的沙漠环境则是最重要的原因。CH-47、CH-53 和"山猫"等直升机上未装粒子分离器的发动机在沙尘的作用下平均故障间隔时间(MTBF)大大缩短为 30～50 h;即使装有整体粒子分离器的 UH-60 直升机的 T700 发动机,由于每天的频繁起落(10～12 次)和近地悬停,MTBF 也缩短到 100～125 h,以致被迫采取改变飞行程序、转移至硬地起落和改进维修程序等方法来延长拆换时间。由于沙漠环境影响,美军坦克的瞄准系统偏差大造成打不中目标,红外夜视装置无法识别敌我目标而造成误伤。海湾战争后,英军在大规模沙漠军事演习中,也暴露了诸多装备的环境适应性问题,例如:挑战者 2 型主战坦克只能在沙漠中运行 4 h;SA80-A2 步枪因沙尘而卡壳;AS90 自动火炮上的塑胶空气过滤器在高温下熔化;近半数山猫直升机 MTBF 仅有 27 h。针对这些问题,美英等国均对装备采取防沙尘改进措施。例如:美国西科斯基公司对 CH-54A 直升机装用的 JFTD-32 涡轴发动机采用了进气净化措施;英国皇家海军在其全部 CH-47 发动机上都增装了粒子分离器等。

(5) 应力环境

机械应力是造成装备损坏的重要原因。冲击和振动可引起装备构件和零部件的疲劳、变

形或断裂,原有作用力平衡被破坏,设备功能发生变化,并对人员或设备造成间接伤害或破坏。例如:

① 装备表面处理层产生裂纹和爆皮,配合面擦伤导致部组件间摩擦力变化;

② 销子、簧片、减震装置、紧固件、连接件或其他结构和非结构元器件在过应力的作用下产生永久性机械变形,加速疲劳或结构损坏;

③ 电子和电气类装备构件的绝缘强度改变,绝缘电阻下降,磁场和静电场强度发生变化;

④ 电路板、电接头、电热丝和灯丝线圈损坏,电路遭到破坏;

⑤ 容器中的液体晃动起沫、旋转部件磨损腐蚀、光学系统失调、密封件失效等。

美国空军装备的 F-4 飞机曾经在使用过程中发现平尾摇管出现裂纹,结果迫使美国 1 600 多架 F-4 飞机和其他国家 600 多架 F-4 飞机全部停飞检查,后经查明是由于材料的环境适应性差,对应力腐蚀比较敏感造成的。F-111 飞机也曾经发生过可变翼枢轴接头空中折断的严重飞行事故,结果迫使美国空军装备的全部 F-111 飞机停飞,后经查明是由于锻造缺陷和应力腐蚀疲劳断裂造成的,采取相应的预防和改进措施后,才恢复了正常的生产和飞行。"阿帕奇"武装直升机自研制试飞以来,发生了 2 050 多起事故,坠机 50 多架。特别是在科索沃战争中,在短短的 9 天内接连坠毁 2 架。经检测发现,该机自 1985 年诞生之日起就存在严重的机械缺陷,如直升机的桨叶在高速飞行过程中突然折断等。

（6）电磁环境

电磁环境对导弹等装备及其电子系统都能产生破坏和干扰作用。电磁辐射对导弹系统的干扰,主要是电磁辐射使电子系统引入了附加信号,从而使控制系统失灵,工作性能改变,导致工作紊乱、操纵失灵等。电子干扰造成的电磁辐射对导弹造成的损坏很小,但是由于电子干扰的针对性,电磁辐射对电子系统的干扰作用会更大,造成雷达和导弹导航系统或精确制导系统工作失常甚至完全不能工作。电磁辐射还可使通信受阻、电力系统功能损坏。电磁辐射产生的电磁脉冲通过天线、动力线、电信线路及铁轨、金属管道等渠道,以电感应、磁感应、电子耦合等方式进入通信设备和电力电缆系统,造成动力电网局部受损甚至瘫痪,使通信中断,指挥失灵;通信设备的敏感部件损坏、电击穿甚至烧毁,保险熔断,光导纤维传输损耗增大等。另外,电磁环境还可使装备产生过热和击穿电气绝缘、烧毁电子元器件、引爆火药及可燃油类、气体燃烧或爆炸等。

严酷的电磁环境对现代化装备构成了严重威胁。1962 年,美国两枚民兵Ⅱ型导弹因受电磁脉冲干扰而失灵,导弹在飞行中炸毁。1967 年,美国大力神ⅢC-10 和 C-14 运载火箭均因制导计算机受电磁干扰而导致发射故障。电磁干扰还致使一枚宇宙神导弹在发射升空数秒后爆炸,造成发射台严重损毁的事故。越南战争期间,大量电磁干扰问题已明显影响美海军舰队的作战行动,以致舰队的作战能力实际上受电磁干扰制约。事实上,舰艇电磁干扰对作战舰艇的制约与限制,在海战中已给舰艇带来了严重的后果。1980 年,英阿马岛之战中,英国谢菲尔德号驱逐舰因雷达与通信间的电磁串扰而被阿根廷飞鱼导弹击中,酿成舰毁人亡的惨剧。火箭弹、装有无线电引信的炮弹、通信系统等因受电磁干扰而造成的事故也时有发生。

**4. 装备发展对装备运用环境的影响**

高技术的广泛应用带来装备性能、系统复杂性、技术难度的大幅提高,信息化战争条件催生了非线式作战、精确作战、体系作战等概念的提出,都给环境影响研究提出了新课题,也为分析装备运用环境提供了新视角。

（1）装备性能提高与环境影响

武器装备性能的提高使"正常使用"的环境范围显著扩大，例如红外夜视技术一定程度上克服暗夜的影响，从而出现了"全天候"武器装备。但正常使用环境范围的扩大，也使得在宽广环境范围内因环境影响而造成武器装备实战效果更容易出现差别。海湾战争、科索沃战争中，在正常使用的环境范围内，出现了环境影响武器装备作战效能的严重后果。导致这些事故的原因不是正常使用的环境范围确定得不恰当或环境保障有问题，而是定型验收环境试验不充分或者没有覆盖正常使用的环境范围，所以没有发现实战中出现的环境影响问题。例如，精确打击武器出现脱靶和误伤，主要是由于从雷达跟踪转为光学跟踪时，在雷达跟踪的时段内环境的累计影响，超出了光学跟踪的最大视野。也就是说，这种精确制导技术在提高武器装备作战效能的同时，也放大了正常使用环境范围内实战效果的差别。

（2）装备系统复杂与环境影响

武器装备的系统复杂性使环境影响出现"牵一发而动全身"的后果，如"挑战者"号航天飞机的失事。当时，准确预报出降温的天气，也考虑到低温会影响密封胶圈的性能，还坚持气温达到0℃以上的"发射条件"，但是没有定量估计影响后果，更没有进行整个系统的环境影响模拟，难以显示灾难性的后果，所以作出了错误的决策。航天飞机虽然不是典型武器装备，但环境对复杂系统的作用原理却是一样的。

（3）装备作战要求与环境影响

新装备的多功能和高性能指标导致装备数量及其安装密度大大增加，装备的部署和作战空域、地域越来越宽，从而使其经受的自然环境和平台动力学环境要求越来越高，导致对其环境设计要求大大提高。此外，装备打击目标的精度受环境的影响越来越大，精度的提高导致对装备环境适应性要求的提高；核武器和生化武器的发展，对装备耐核生化环境的影响提出了新的要求；装备信息化带来电子信息设备大量增加，以及隐身、隐形技术的采用，也加大了耐环境能力问题解决的难度。

（4）装备成本提高与环境影响

费用的大幅度提高，迫使人们不得不重新审视环境影响问题。例如，美军在全球战略情况下，在环境工程初级层次也不得不分气候区设计武器装备，而且使环境试验的充分性和覆盖度更加突出。另外，美军研制和应用了一些"环境影响辅助决策系统"来解决相关问题。

总之，装备发展突出了分析和实现装备运用环境影响效益的重要性，环境对装备的影响，不再只是安全储存和正常使用的问题，更重要的是在正常使用的环境范围内具有不同的作战效果和效益，装备运用环境影响装备实战性能，因而成为衡量战斗力的重要因子。因此，必须定量化研究装备运用环境的影响，进行实际环境下装备性能评估，建立环境试验体系，克服充分性和覆盖度严重不足的缺陷等，促进装备运用环境研究的发展、深化和融合。

# 1.2  装备环境工程及研究进展

装备环境工程是系统研究装备及其运用环境之间相互作用的一门学科，其主要研究内容既包括运用环境对装备质量、安全的作用机理及效应，又包括为保障装备运用而对环境采取的防护、控制技术。

## 1.2.1　装备环境工程概述

**1. 定　义**

根据 GJB 4239—2001《装备环境工程通用要求》,装备环境工程是"将各种科学技术和工程实践用于减缓各种环境对装备效能影响或提高装备耐环境能力的一门工程学科,包括环境工程管理、环境分析、环境适应性设计和环境试验与评价等"。

"环境工程"这一术语早已出现,但是人们长期以来理解的"环境工程"实际上是研究环境污染防治技术的原理和方法的学科,其保护对象为地球上的人类和各种生物等有机物,基本内容主要有大气污染防治工程、水污染防治工程、固体弃物的处理和利用、环境污染综合防治及环境系统工程等几个方面。因此,它与本书所研究的环境工程完全是两个概念。本书所指装备环境工程的对象非指人类等自然环境中存在的有机物体,而是由人类制造的各种装备产品,如各种载体(飞机、汽车、舰船和导弹)及装在这些载体上运输或载体本身的设备(如机载设备等)。这些载体和设备在其寿命期内处于各种环境的作用下,很容易受到损坏或不能正常工作。由此开展的装备环境工程则是综合应用各种技术和管理措施使研制和生产的装备环境适应性达到规定要求及在给定环境条件下正常工作的系统工程。

所谓"工程",是指具有 4 个要素的大的工作项目:目的性、完备性、复杂性和可操作性。装备环境工程的目的性在于实现环境影响的战斗力;完备性体现在涵盖装备全寿命期剖面的所有工作和整个寿命期环境剖面;复杂性体现在既包括环境及其影响分析、环境适应性设计与论证等理论层面,又包括环境试验与评价、环境控制与防护等技术层面,还包括环境工程管理、环境影响辅助决策等管理层面;可操作性是指相关工作与装备研制、生产、保障等密切相关,可以付诸实施。

综上所述,本书给出如下定义:装备环境工程是以装备运用环境为研究对象,系统开展环境分析、环境试验与评价、环境适应性设计与论证、环境控制及环境工程管理等研究,以减缓各种环境对装备效能影响或提高装备耐环境能力的一门工程学科。

**2. 装备环境工程发展沿革**

装备环境工程是在环境试验的基础上逐步形成发展的。其研究领域从大气、土壤到海洋和空间,研究对象涉及材料、元器件、部组件、单项设备以及整个武器装备系统,研究内容包括基础理论、应用技术与作战行动等各个方面。

(1) 国外发展概况

国外装备环境工程的发展大致经历了以下三个阶段。

1)早期提出阶段

早期提出阶段主要是指 1914 年到 20 世纪 50 年代。在这一阶段中,经历了两次世界大战和后来的局部战争,一些军用器材装置在战场使用和存储期间,频频出现损坏和失效现象。经研究发现,气候、运输和储存条件是造成这些损坏和失效的主要原因,因而引起了各国军方的重视,如 1919 年美国开始进行人工模拟环境试验,1943 年美国陆海空军便制定了环境试验方法开展高温、湿热、低气压、沙尘和日光辐射等试验项目,解决热带沙漠地区作战的战斗机、装甲车质量问题。为了在最短时间内获取试验结果,改进军用器材和装置的环境适应性能,一些工业发达国家开始了环境试验设备的研制工作,但多是结构设计和电气控制较为简单的单因素设备。此后,环境试验手段的建设经过了一个由简单到复杂、由单一到综合的不断发展过程。以美国为例,1949年在佛罗里达州的空军基地建立了"麦金莱气候实验室",通过对30多种气候条件的模拟、试验来检验武器装备的战斗性能,并训练特种部队在各种复杂气候条件下实施全天候作战的能力。据有关资料统计,这个实验室已经接纳了美国陆军、海军、空军和海军陆战队400余架飞机、70多个导弹系统、2600多种军事装备的气候条件适应性试验,为不断改良和提高武器装备的各种性能获取了丰富的科学数据。总的来看,这一阶段的环境试验设备主要还是承担单因素的环境适应性试验任务。

2）迅速发展阶段

迅速发展阶段主要是指20世纪50年代末到70年代中期。这一阶段成立了专门的环境试验研究组织机构。例如:英国于1949年成立了环境工程学会;美国于1955年成立了环境工程学会,1956年成立了环境工程师协会,1959年将上述有关组织合并为环境科学学会;东德于1962年成立了环境试验委员会,主要负责电信设备和元件方面的环境试验;国际电工委员会(IEC)于1961年成立了环境试验技术委员会,专门从事环境条件分类和分级的研究。这些组织机构定期开展学术交流活动并逐步制定了相关环境试验标准。美军1953年制定出《电子元器件环境试验方法》MIL-STD-202标准,1957年,美国空军和海军的一些研究单位对军事装备经历的环境条件进行了初步调研,随后制定出了一系列规范和手册。美军1965年颁布了MIL-STD-810《航空及地面设备环境试验方法》,1973年颁布了MIL-STD-210B《军用设备气候极值》标准,提出了时间风险率和工作极值、再现风险率和承受极值等概念,使得环境参数阈值的确定初步走上了定量的、科学的轨道。

在这一阶段,美国等一些发达国家在实践中认识到,仅靠实验室进行环境试验是很难满足武器装备发展和使用要求的,必须通过多方面的试验来全面评价环境适应性。于是将环境试验由实验室试验逐渐向自然环境试验和使用环境试验方向发展。经过努力,试验手段逐渐完善,构成了评价武器装备环境适应性的较为完整的一套试验手段、方法和技术,能够完成寿命期各阶段的环境适应性试验与评价工作。在这一阶段,各国的环境试验设备得到飞速发展,其特点是设备品种增多,规格日趋齐全,设备结构设计水平明显提高,试验也由单因素发展到多因素。试验设备的主要性能指标得到了改善,自动控制技术也发展到一个新的阶段,设备体积缩小,控制精度高,程序设定器逐渐完善,并增设了各种安全保护装置,所以使设备的模拟性、重现性及其他性能均获得改善。

3）成熟完善阶段

成熟完善阶段主要是指20世纪70年代后半期以后。在这一阶段,一些综合性环境试验设备问世,并开始了动态综合环境模拟试验的新阶段。其特点主要表现在温度变化过程受控,环境模拟更为逼真,气候环境与机械环境综合,以及采用数字式随机振动技术等方面。在技术基础方面的表现是大规模集成电路技术的迅速发展,微处理机的广泛应用和数字式随机振动技术的发展。新技术的应用为环境试验设备的模拟性、加速性和重现性提供了充分的保证,也使环境试验设备发展到一个前所未有的新高度。以高原环境试验为例,20世纪70年代后期,美国对高海拔地区武器装备的使用效率、电机绝缘、冷却通风、空气过滤等都做了深入的研究。英国皇家武器装备研究院建有4个大型气候环境模拟试验室,其中高原气候实验室、整车试验室于1984年建成并投入使用,具有世界先进水平。印度从1965年开始着力研究高海拔地区补偿内燃机功率的增压技术。高原环境试验技术研究也得到长足发展。例如,美国、日本等国都已在 20 世纪 70 年代建立了调压、调温、调湿、密封人工气候实验室,全面模拟高原环境。20 世纪 70 年代末,美国卡特等大公司率先推出以满足海拔 3 000 m 环境条件下的质量及可靠性要求的产品。

20 世纪 90 年代,确定了环境工程的概念,在系统的理论指导下促使环境适应性研究工作进一步加强。1992 年 7 月,美国国防部研究与工程署发布了《美国国防部核心技术计划》,在相应的 112 项核心技术领域中,将"环境影响"作为重要的一项,并认为它覆盖了 21 项关键技术,对促进武器系统环境适应性研究产生了全面影响。作为 2005 年规定的技术目标,要对大气、海洋、地理和空间环境在自然和人工制造两方面的影响进行研究、建模和仿真,包括武器系统从其操作介质和人工产生环境现象的相互作用等方面。可见,人们在对提高武器装备的环境适应性问题的认识上是逐步深入的,其研究内容也越来越广泛,并不断取得新的成果。

1997 年,美国军标 MIL-STD-810F(草案)中提出环境工程和开展环境工程剪裁,从根本上改变了 810A/B/C/D/E 的性质,使其成为一个由环境工程管理和实验室试验方法组成的混合型标准。标准的第 1 部分《环境工程工作指南》明确规定了环境适应性和环境工程的定义,提供了《环境工程工作指南》框图,提出开展环境工程管理并将其作为项目经理的工作任务之一,要求把环境工程工作纳入装备采办全过程,还提出一些新的概念和思路。这充分表明了环境工作范围向环境工程转变和向深层次发展的先进思想。810F 于 2000 年 1 月正式颁布。与此同时,英国于 1999 年颁布了国防装备环境手册第 1 部分,该部分从原来描述环境试验的通用要求改为《环境工程的控制和管理》,明确规定了全面的环境工程任务,并为如何控制和管理这些任务提供了指南,表明了英国军用部门对环境工作的认识,也从环境试验走向了环境工程。此外,北约标准化协议 NATO4370《环境试验》的附件 1《国防装备环境指南》(1998 年)中同样规定了许多环境工程项目及其管理的内容。这些世界权威性环境试验标准内容扩大到环境工程,标志着装备环境工程体系的全面发展。

(2)国内发展沿革

在借鉴国外研究成果的基础上,我国武器装备的环境适应性研究工作从无到有,经历了一个不断发展和深化的过程。

早在我国武器装备发展的初期,由于国防工业基础薄弱,装备补充基本上是以引进苏联装备为主,所开展的环境适应性研究主要是做一些简单的环境试验工作,作为验证和评价武器装备的一般的环境适应性要求。例如,当时建设的一批军工厂为了保证生产的质量,在一些工厂中开始建立例行实验室对产品进行环境验收和例行试验。因为当时的试验主要都是按苏联标准进行的,所以只是针对如何贯彻标准和搞好具体试验进行了一些事务性的试验保障工作,基本上没有开展实质性的研究。

20 世纪 60 年代,装备的环境适应性研究工作大部分集中在原材料、元器件的试验和优选上。20 世纪 70 年代,随着我国武器装备自行研制工作的全面开展,各军兵种科研机构陆续成立,论证工作逐渐加强,对环境适应性问题逐渐提出了系统的要求,作为工程研制的依据。为了全面验证各项指标要求,需要进行环境适应性试验的项目增多,促使试验手段建设得到加强,各种研究机构和学术机构相继成立,相关研究工作逐渐开展。但武器装备的环境工作重点仍主要放在环境试验上,"环境试验"工作的重点则放在批生产阶段环境验收试验和环境例行试验上,而没有重视研制阶段早期的环境适应性研制试验和其他目的的试验,把环境试验作为一个事后把关的手段,这显然大大影响了我国武器装备对环境适应的能力。

20 世纪 80 年代，我国的武器装备环境适应性研究工作迅速发展，在总结自身经验的基础上引进国外研究成果，翻译和制定了一些重要的标准如 GJB 150—1986《军用设备环境试验方法》，成立了有关的专业技术委员会，试验手段建设也得到加强。

20 世纪 90 年代，环境标准制定任务已基本完成，环境工作由于受到"限于环境试验"的限制和"环境就是可靠性"论点的错误导向，进入了低潮阶段，环境技术人员开始流失，但此时也有一部分环境技术人员通过长期研究国外环境工程发展动态，深入思考环境工作被忽略和萎缩的原因，总结应用 GJB 150 过程中得到的经验和教训，提出了一系列新的观点。例如："环境适应性与可靠性一样，也是产品的质量特性，而且是比可靠性更为基础的质量特性"；"全面推行环境工程才能保证这一质量特性纳入武器装备"；"环境试验仅是环境工程的一个重要组成部分，而不是全部"；"环境试验的作用不能只是消极地进行符合性验证把关，而应积极用于研制阶段，帮助发现设计缺陷和验证对设计的改正措施"；"应尽快制定环境工程顶层文件和有关规定"。这些观点逐步得到同行许多专家的认可和响应。

1997 年，原国防科技工业委员会召开 GJB 150 十周年研讨会上，明确提出转变观念，从"环境试验"的小概念转为"环境工程"的大概念，强调环境工作要从设计中抓起，全过程都抓。这次会议统一了从事环境工程的人员对环境工程的认识，提高了环境适应性的专业地位，并为制定我国环境工程顶层标准奠定了基础，GJB 150 十周年研讨会成为我国"环境试验与观测"专业的技术范围扩展成装备环境工程的一个重要转折点。随着 GJB 4239—2001《装备环境工程通用要求》的制定及装备环境工程标准体系的初步建立，以及在自然环境试验和实验室环境试验手段建设方面不断取得进展，我国装备环境工程研究进入新的阶段。

（3）未来发展趋势

随着装备作战任务的多元化、技术结构复杂化及应用环境多样化，装备环境适应性形势更加严峻，装备环境适应性设计技术面临挑战，装备环境适应能力的提高和环境工程技术的发展刻不容缓。装备环境工程的未来发展主要集中在以下几个方面。

1）基础数据资源

随着装备的轻型化、信息化、智能化发展，先进功能材料、集成元器件等不断涌现和应用，在提高装备功能、性能的同时，也对其环境适应能力提出了新的问题。环境适应性数据的缺乏影响了装备设计材料、器件优选工作的深入开展。非金属材料的老化特性，器件、构件及设备的环境因素影响特性曲线、金属材料腐蚀特性或规律、装备（或设备）电磁效应特性，装备加速试验模型、虚拟环境试验模型等都是装备开展环境适应性设计、试验、验证的基础和必要条件，这些都离不开环境数据分析处理及应用技术。随着装备环境工程各项工作的深入，装备研制、生产过程对环境工程基础数据的需求越来越迫切，应加强环境资源数据建设和应用技术研究，编制环境适应性数据手册，建立环境工程基础数据库，形成一系列评估评价技术，应用于装备研制和生产，提高环境数据应用能力。

2）试验手段建设

试验场地设备是环境试验建设的核心，也是装备环境工程发展的物质基础。现代环境试验设备以美国发展最快，至今仍处于领先地位。日、英、德、法等国在这方面发展也很迅速。经过长期的发展，这些国家的环境试验设备品种齐全，型号繁多。据不完全统计：低温试验箱在美国、英国均超过 30 多个型号;高温试验箱在美国有 92 个型号,英国有 74 个型号,日本有 10 多个型号。德国富奇 Votsch 公司有温度试验、湿度试验、腐蚀试验、老化试验等 10 大类 100 多种规格,WEISS 公司产品分为 10 大类 180 多种规格。当前,主要围绕信息化装备发展中环境试验的需要,广泛研制各种新型的试验设备。试验场方面,世界各国已建有各种著名的环境试验场达 400 多个,逐步形成了自然环境试验网站体系。美国某试验场在一个典型年份里要累计发射炮弹 170 000 发,出动飞机 4 000 架次,履带及轮式车辆行驶 10 000 mile(1 mile＝1 609.344 m)进行试验,以使武器装备获得较高的使用可靠性水平。

3)新型试验技术

20 世纪 90 年代以来,一些新的试验手段开始广泛应用。一是仿真技术。该技术以建立完善的环境试验信息数据库系统为基础,构造系统模型,通过在模型上做试验,达到对实际设想的系统进行动态试验研究的目的,这种做法具有安全、经济、可控、无破坏性及可重复性好等显著优点,因此在美国国家关键技术和国防技术实施规划中,一直被列为优先发展的先进技术进行研究。二是虚拟试验技术。美军在 20 世纪 90 年代就率先开发了一种以计算机为基础的虚拟试验场(VPG)技术,并不断开发其在武器装备试验方面的功能,扩大其应用范围。其中包括虚拟试验场环境的开发,被视系统的真实战场模拟,数据采集、处理和分析,自动试验的计划、管理和实施等。另外,还积极开发了模拟/试验验收设施、虚拟电子试验场、防空导弹的飞行环境、运输虚拟环境、动态飞行模拟、电-光环境及化学威胁环境等。

4)复杂环境试验

随着装备性能的提高,作战地域不断扩大,战场环境越来越复杂。所以,国外各军事发达国家都越来越重视武器装备的复杂环境试验,以便弄清作战环境并掌握武器装备最大可能发生的故障,通过改进来最大限度地提高武器装备的战场使用环境适应性和可靠性。为提高高新技术武器装备对多种复杂环境条件下的适应性,所用的暴露样品以新材料和漆膜的试片和试样不断增多,而且用的模拟件、连接件、受力件、结构件、产品零部件和成套设备等样品也日益增多。美军的布雷德利战车从研制到装备部队在热带地区使用试验长达 4 年,试验内容达几十项。为缩短自然环境试验时间和提高试验结果的可靠性,使之更接近于实际的使用需要,试验形式也向多样化方向发展。例如,纯自然环境试验向自然加速环境试验发展,静态环境试验向动态环境试验发展,标准气候环境下试验向极端气候环境下试验发展,单装单系统装备环境试验向装备体系综合效能试验发展等,都从不同的侧面反映了新时期武器装备环境试验发展的特点。

**3. 装备环境工程工作**

从装备环境工程的定义可以看出,为确保装备能以最高效费比达到规定的环境适应性,应全面考虑装备环境工程工作内容。其工作内容既包括装备环境工程领域涉及的基础技术和应用技术的研究工作,也包括确保装备环境工程专业自身发展和环境工程工作在装备研制生产中得到全面应用的计划、管理工作,即一方面要通过加强日常基础技术的研究和工作构筑较高的环境工程技术平台来支持环境工程工作的开展;另一方面要结合具体装备自身的特点和其在寿命期各阶段的任务、遇到的环境和确定的环境要求目标,开展环境工程技术应用研究和加强环境工作管理。因此,装备环境工程工作分为两大类:一类是与装备研究没有直接联系的日常基础工作;另一类是装备论证、研制、生产和使用中涉及的各种工作。这两类工作具体如图1-2所示。

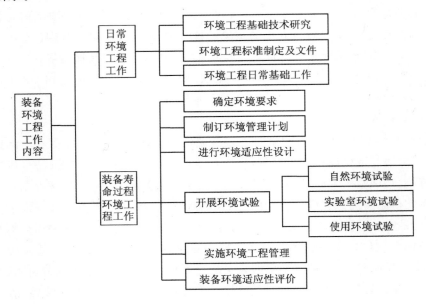

**图1-2 装备环境工程工作**

（1）日常环境工程工作

为确保武器装备研制生产过程中全面推行环境工程,需要开展一系列日常基础工作来支持和保证。这一日常基础工作包括环境工程领域的一系列技术基础研究、有关环境工程的文件和标准的制定以及确保上述工作及其他环境工程活动正常开展,由政府机构负责的一系列计划、管理和协调工作,包括技术基础研究、标准的制定和修订、试验网站和实验室管理及人员培训等。日常基础工作做得越好,环境工程技术基础平台水平和管理水平就越高,其保障和监督作用就越大。

环境工程基础技术研究工作是环境工程日常工作的重要组成部分,是装备研制生产工作的支撑和保证。众所周知,研制和生产任何武器装备都需要应用各种技术和标准。装备研制和生产中推行环境工程同样需要各种环境工程基础技术和标准的支持。这些基础技术和标准应当在型号工作项目立项以前就已充分具备,才能保证型号工作的顺利开展。推行环境工程涉及的基础技术包括环境测量和环境分析技术、环境条件确定技术、环境数据库、环境适应性设计技术、环境试验技术、环境试验设备、环境工程标准和环境工程管理技术。

（2）装备寿命过程环境工程工作

武器装备全寿命过程中的环境工程工作包括确定环境要求,制订环境工程管理和控制计划,进行环境适应性设计,开展各种环境试验,实施全寿命环境管理以及对装备环境适应性进行综合评价等6大方面内容。这些工作正常开展离不开日常基础工作成果的支持,如积累的数据库内的各种信息支持,各种环境适应性基础技术和标准手册的支持以及装备优良、管理水平高、技术能力强的各类试验网站和实验室的支持。在各项环境工程工作中,环境分析和环境试验具有更为突出的地位和作用。

　　环境分析是确保提出合理的环境要求的重要手段。武器装备的研制在环境工程方面的首要工作是确定科学合理的环境要求。环境要求具体来说应包括装备环境适应性设计要求(包括定性和定量要求),环境试验和验证要求。环境要求提得是否合理,直接关系到装备的研制难度、进度和成本。环境适应性设计要求提得过高,必然增加设计和工艺上的困难,提高研制成本,甚至现有的技术水平无法达到,都会影响研制的顺利进行,而且过高的设计要求对装备未来的使用不会带来好处。但是,如果环境适应性设计要求太低,导致研制出不能满足使用要求的装备,则会造成大量的浪费和进程的延误。环境试验要求(包括试验项目和试验条件)等提得不合理,会造成过试验或欠试验,同样会带来许多问题。因此,利用各种环境因素数据和环境影响数据等信息开展深入的环境分析尤其重要。开展环境分析确定正确的环境要求是开展环境工程工作的前提,也是开展型号工作的前提之一。环境要求实际上是武器装备的质量指标之一。

　　环境试验是确保装备环境适应性的重要手段。环境试验包括自然环境试验、实验室环境试验和使用环境试验,这些试验可在装备研制的不同阶段应用,在提高确保和评价武器装备环境适应性方面发挥重大作用。装备及其材料、涂层的自然环境试验可以为装备环境适应性设计提供环境适应性好的优选的材料、结构件和零部件,也可以用于更真实地验证装备在自然环境中的环境适应性能力,样机阶段的使用环境试验可为改进设计提供信息,投入使用后的使用环境试验与自然环境试验结合,可以更准确地综合评价装备的环境适应性。实验室环境试验由于其环境应力可控且与装备的研制生产结合得更为紧密,更是贯穿于装备研制生产全过程。既可以在研制阶段用于发现设计缺陷,为改进设计提供信息,成为环境适应性设计的组成部分,又可以在定型和批生产中用于验证装备环境适应性设计和生产的装备环境适应性是否符合合同要求,从而作为装备定型和批生产验收的决策依据。

## 1.2.2　装备环境工程标准

　　装备环境工程工作的开展,特别是武器装备研制生产过程工作的开展,极其重要的基础支撑是相应的技术标准和管理文件。在这里对国内外主要的装备环境工程标准作一简要概述。

**1. 美军 MIL-STD-810F《环境工程考虑和实验室试验》**

　　美军 1945 年 12 月 7 日颁布了 AAF 41065《装备环境试验一般规范》;1950 年 8 月 16 日将 AAF 41065 修订为 MIL-E-5272《航空及相关装备环境试验》;1962 年 6 月颁布了 MIL-STD-810《航空及地面设备环境试验方法》;1983 年 7 月 19 日发布的 MIL-STD-810D,强调了剪裁概念;2000 年 1 月 1 日颁布了 MIL-STD-810F《装备环境工程考虑及实验室试验》,成为美国国防部试验方法标准。

　　通过 8 年致力于开发及应用的研究工作,美军在 810E 的基础上完成了 810F 的制定并广泛用于政府和商业领域。810F 由环境工程考虑和实验室环境试验两部分构成,结构更流畅,格式更统一,删除了 810D、810E 中 2/3 的试验方法,新增加的环境试验基本原理,在制订试验和研制计划时,能帮助用户理解应力水平的基本概念并做出科学的决定。810F 标准强调的不只是试验者的一组试验程序,而必须与采办的几个部门人员相关,包括项目主任、环境工程专家、设计/试验工程师等(见图 1-3)。

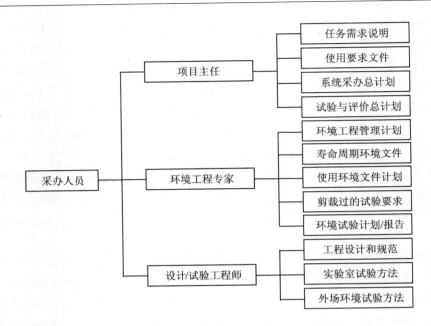

**图1-3 采办人员在环境设计/环境试验剪裁过程中的任务**

项目主任、环境工程专家、设计/试验工程师和设施使用者等要一同完成6项环境管理和工程任务：401环境工程管理计划（EEMP）、402寿命期环境剖面（LCEP）、403使用环境文件（OED）、404环境要点/准则清单（EICL）、405详细环境试验计划（DETP）、406环境试验报告（ETR）。具体的环境工程工作指南见图1-4。

环境的影响验证可以通过实验室试验、自然现场/载体研制试验和使用试验3种方式来实现。由于组合/诱发环境的未知的协和/抵消效应在试验箱中无法实现，因此实验室试验不能代替自然现场/载体研制试验。无法用实验验证时，可考虑用分析替代真实硬件的试验，按相似性验收备选方案。

为避免出现过/欠设计、过/欠试验需要进行剪裁。剪裁过程表明，重要的不是直接从自然环境数据中（STANAG 2895、MIL-HDBK-310、AR70-38等）取得设计和试验用的环境量值，而是根据强迫作用与平台环境的相互作用产生的转换数据来确定设计和试验用的环境量值。由环境条件的相似性转换为环境效应的相似性（见图1-5）。

通过MIL-STD-810F的实施，可以达到确定装备寿命期中环境应力次序、持续时间和量值；针对装备及其寿命周期对分析和试验准则进行剪裁；评价装备暴露于寿命周期环境应力下的性能；寻找装备设计、使用材料、制造过程、包装技术和维修方法的不足、错误和缺陷；验证与合同要求的符合性。需要指出的是，810F用于考虑环境对装备系统的有效性，不是用于保护环境不受使用人员、使用装备和活动的影响；既不强加于设计规范，也不强加于试验规范，而只是描述环境剪裁过程，用以产生实际可行的装备设计和试验方法。同时，环境分析和实验室试验是装备采办过程中的有效手段，但在模拟自然现场/载体使用环境中存在的相互叠加/抵消的应力综合作用、动态（时序）应力施加，以及老化和其他潜在的重大应力的综合能力也很有限，在确定和外推分析意见、试验准则和试验结果时要十分谨慎。

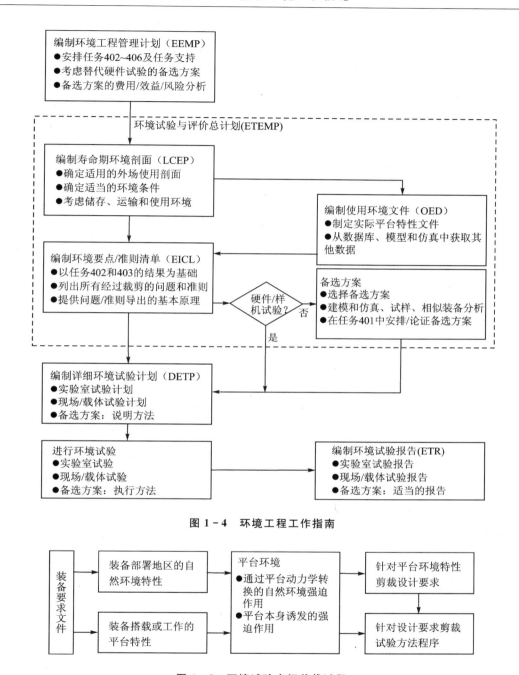

**图 1-4　环境工程工作指南**

**图 1-5　环境试验大纲剪裁过程**

810F 发布以来,进行了 3 次重大修改。有关意见正在收集中,目标包括:引领环境工程专业技术的发展;浓缩最新的技术和专家意见;主动适应装备采办改革;解决无等效商业标准的问题。

**2. 英军 DEF-STAN 00-35《国防装备环境手册》**

DEF-STAN 00-35《国防装备环境手册》(第三版)由英国国防部 1999 年 5 月发布,包括

6册：第1册，控制和管理；第2册，环境工程基本原理；第3册，环境试验方法；第4册，自然环境；第5册，诱发的机械环境；第6册，诱发的气候、化学和生物环境。

第1册相当于环境工程工作的通用要求，其基本要素如图1-6所示。

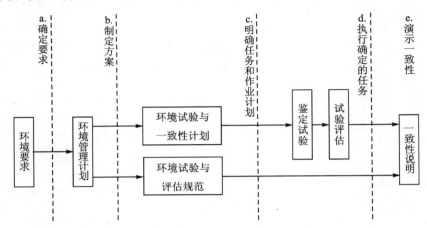

图1-6　环境控制与管理过程基本要素

环境控制与管理过程的支撑文件包括：环境要求、环境管理计划、环境验证与一致性计划、环境试验与评估程序、环境试验与评估规范、环境试验细则、功能性能试验规范、环境试验报告、环境试验评估、一致性说明及环境输入纳入设计规范。

英国国防部采购政策的变化总体上已将装备的性能和完整性的责任转到供应商。按总技术要求、环境要求、环境试验规范进行采购或购买现成产品，将影响环境控制与管理过程的职责分摊。

试验类型包括定型试验、寿命评估、安全性试验、可靠性试验、环境应力筛选及部队使用中监测等。诱发的气候、生物和化学环境是 MIL-STD-810F 中所没有的。本标准把环境及其效应统称为环境，这与 MIL-STD-810F 是不同的。

**3. 北约 NATO STANG 4370《环境试验》**

NATO STANG 4370《环境试验》由北大西洋公约组织编制，包括的5册分别是：AECTP 100，环境试验计划指南；AECTP 200，特征和数据；AECTP 300，气候试验；AECTP 400，机械试验；AECTP 500，电试验。其中，AECTP 100 环境试验计划指南与 DEF-STAN00-35 第1册相似；AECTP 200 特征和数据与 DEF-STAN 00-35 第4、5册相似；AECTP 300 气候试验和 AECTP 400 机械试验与 DEF-STAN 00-35 第3册相似。AECTP 500 电试验是本标准独有的。在制定 MIL-STD-810F 时参考了本标准。

综上所述，国外环境工程工作有以下几个特点：

① 按照系统工程思路，采购方、供应方（订购方、承制方）在装备的全寿命期并行参与了环境工程工作；

② 环境工程有效纳入设计规范，环境工程涉及项目主任、环境工程专家和设计/试验工程师3类人员，并明确其主要任务，强调了环境工程剪裁和环境工程专家的作用；

③ 具备完整的标准支持，除了顶层标准和政府管理文件外，还有众多的基础数据、试验和评价、型号应用标准；

④ 具备系统的基础数据,如气候环境数据,机械环境数据,核、化学和生物数据,故障模式数据等标准和手册;

⑤ 试验能力强,有单一的、有多因素组合(综合)的试验箱,有大型综合实验室,能精确控制环境条件并跟踪、记录试验现象,可以按设计规范或规定的环境条件开展自然环境加速、实验室高加速、大型综合模拟试验等试验和评价工作。

**4. 我国装备环境工程标准体系**

我国已在提出明确的环境工程技术体系和环境工程工作内容的基础上制定了相应的标准体系,如图 1-7 所示。该标准体系可用于指导环境工程标准的制定和修订以及预研工作计划的制订和实施,确保为武器装备的研制生产提供全面的基础和应用标准支持。

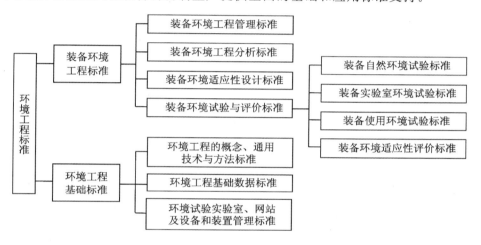

**图 1-7　武器装备环境工程标准体系**

## 1.2.3　装备环境工程通用要求

2001 年年初,国军标 GJB 4239—2001《装备环境工程通用要求》(以下简称 GJB 4239)颁布实施。该标准是以我国环境工程工作经验为基础,借鉴可靠性专业工程的经验而进行设计的武器装备环境工作的顶层标准。相当于 MIL-STD-810F 第 1 部分或 DEF-STAN 00-35 第1 册,与 GJB 150 配套使用达到 MIL-STD-810F 的效果。编制的标准应适用于武器装备寿命期各个阶段,特别是适用于指导军方对环境适应性、环境工程工作提出要求和进行验证与监督。

**1. 主要内容**

GJB 4239 把装备环境工程工作分为环境工程管理、环境分析、环境适应性设计、环境适应性试验与评价 4 个方面,20 个工作项目,特别突出了系统考虑、职责明确、并行工作思路,将系统工程思想体现到了论证、研制、储存、运输、使用和维护的各个环节,是确定装备全寿命环境工程工作项目和制订相应管理计划的依据。

GJB 4239 是一个适用于武器装备全寿命期、可进行剪裁的管理标准,即在标准应用过程中可根据装备类型、所处阶段和可获得的资源进行适当剪裁。为了科学地进行剪裁,必须搜集和掌握装备研制的起点水平和采购方式,装备的战技指标要求,未来的寿命期环境以及各种可得资源方面的信息,并要有环境工程专家的参与和支持,因此,GJB 4239 中规定:对该标准的工作项目的剪裁应在为订购方和/或承制方工作的环境工程专家(组)的指导和/或帮助下完成。

**2. 一般要求**

GJB 4239 列出了装备论证、研制、生产和使用过程中环境工程工作的 4 项主要任务,即实施环境工程管理,进行环境分析,以及进行环境适应性设计和环境试验与评价,并明确了这 4 项任务的基本内容、目的和应用阶段。

此外,标准中提出环境工程专家组的构成与任务,规定了可根据需要成立由订购方和承制方组成的型号环境工程专家组,协助双方开展环境工程工作,环境工程专家(组)应及早参与装备论证和研制过程,参与确定装备寿命期环境剖面、环境要求、环境工程工作计划、环境试验与评价总计划等工作。该项规定是要求使用方和型号总师系统重视发挥环境工程专家的特殊作用,让他们以专家组的形式参与装备寿命期的环境工程活动,以确保环境工程工作有机纳入装备研制生产全过程。美国军标 810F 明确地定义了环境工程专家,并规定了环境工程专家任务,要求在整个采办过程中,环境工程专家作为综合产品小组(IPT)的成员参加工作,以提供环境工程工作支持。

**3. 详细要求**

GJB 4239 的详细要求实际上是将一般要求中规定的各项环境工程工作任务分解为相关的工作项目,说明每个工作项目的重点及应该确定的事项、开展此工作项目所需输入信息和输出结果及责任者。各个环境工作项目所属类别、代号、名称、应用阶段及主要输出见表 1-8。

**表 1-8 装备环境工程工作项目**

| 类 别 | 代 号 | 名 称 | 应用阶段 | 主要输出 |
|---|---|---|---|---|
| 环境工程管理 | 101 | 制订环境工程工作计划 | 立项论证,研制早期 | 环境工程工作计划 |
| | 102 | 环境工程工作评审 | 工程研制,生产 | 阶段评审报告 |
| | 103 | 环境信息管理 | 寿命周期 | 各种环境信息 |
| | 104 | 对转承制方和供应方的监督和控制 | 工程研制定型,生产 | 各种监督控制文件 |
| 环境分析 | 201 | 确定寿命期环境剖面 | 立项论证 | 寿命期环境剖面 |
| | 202 | 编写使用环境文件 | 立项论证 | 使用环境文件 |
| | 203 | 确定环境类型及其量值 | 方案论证,研制早期 | 环境适应性要求 |
| | 204 | 实际产品试验的替代方案 | 工程研制 | 替代方案 |
| 环境适应性设计 | 301 | 制定环境适应性设计准则 | 方案论证,研制早期 | 适应性设计准则 |
| | 302 | 环境适应性设计 | 工程研制 | 产品样机 |
| | 303 | 环境适应性预计 | 工程研制 | 适应性预计报告 |
| 环境适应性试验与评价 | 401 | 制订环境试验与评价总计划 | 方案论证,工程研制 | 试验与评价总计划 |
| | 402 | 环境适应性研制试验 | 工程研制阶段早期 | 试验报告 |
| | 403 | 环境响应特性调查试验 | 工程研制阶段后期 | 调查试验报告 |
| | 404 | 飞行器安全性环境试验 | 研制后期,首飞前 | 试验报告 |
| | 405 | 环境鉴定试验(设计定型/技术鉴定) | 定型阶段 | 鉴定试验报告 |
| | 406 | 批生产环境试验 | 批生产阶段 | 验收试验报告 |
| | 407 | 自然环境试验 | 研制早期,使用阶段 | 自然环境试验报告 |
| | 408 | 使用环境试验 | 研制后期,使用阶段 | 使用环境试验报告 |
| | 409 | 环境适应性评价 | 定型阶段,使用阶段 | 综合评价报告 |

（1）环境工程管理

该项任务包括制订环境工程工作计划、环境工程工作评审、环境信息管理及对转承制方与供应方的监督和控制 4 个工作项目。

1）制订环境工程工作计划

通过制订环境工程工作计划，全面规划装备研制、生产和使用各阶段的环境工作，以便在各种资源上加以保证，在工作项目进度和质量上加以监督和控制，并协调与其他工作的接口关系。

2）环境工程工作评审

环境工程工作评审主要对环境工程工作计划中的各工作项目结果进行必要的审查，包括环境适应性要求评审、环境适应性设计评审和各种重大试验相关工作的评审，评审或审查结果作为型号工程中转阶段或其他决策的依据。

3）环境信息管理

环境信息管理是一项非常重要的工作，环境信息包括自然环境信息、平台环境信息和产品故障信息。这些信息是十分有用的，环境信息的搜集和数据库，可为环境适应性要求的确定、修正和分析产品故障原因提供依据。信息搜集工作遍及寿命期研制、生产和使用全过程，通过开展这一工作项目，建立完善、实用的环境信息管理系统，可为开展装备环境工程其他工作和装备的应用提供有效的信息支持。

4）对转承制方和供应方的监督和控制

对转承制方和供应方的监督和控制这一工作项目的开展，有助于确保供应方供应产品的质量满足规定的环境适应性要求，确保转承制方按规定的环境工程工作项目要求，研制和生产其产品，达到规定的环境适应性。

（2）环境分析

该项任务包括确定寿命期环境剖面、编写使用环境文件、确定要考虑的环境及其响应的量值或环境确定准则、确定替代实际产品试验的方案 4 个工作项目，各工作项目有次序地逐个进行，最后得到一个环境要求文件。该文件中包括了具体的环境适应性要求（环境种类、环境条件或量值）和环境试验要求（试验项目和试验条件），以作为开展环境适应性设计和各种环境试验的依据。上述 4 个工作项目需要订购方与承制方合作，并发挥环境工程专家的作用才能做好。

（3）环境适应性设计

该项任务通过制定环境适应性设计准则、环境适应性设计和环境适应性分析预计 3 个工作项目的实施，将环境适应性在研制过程的早期纳入产品，并对设计的产品的环境适应性做出初步评价。虽然工作项目不多，但涉及专业面广，需要为产品设计人员提供各种环境设计手册或指南。只有设计人员重视并正确应用这些标准，才能消除性能设计与环境适应性设计脱离的现象，确保产品的环境适应性满足要求。

（4）环境试验与评价

该项任务包括制订环境试验与评价总计划，实验室试验中的环境适应性研制试验、环境响应特性调查试验、飞行器安全性环境试验、环境鉴定试验和批生产产品环境试验、自然环境试验，使用环境试验和环境适应性评价共 9 个工作项目。

应当指出，虽然我国环境工程工作的开展重点一直是在环境试验方面，但对环境试验的认识和应用一直有相当大的局限性。例如环境试验主要限于实验室环境试验,而实验室环境试验的重点放在批生产阶段的环境验收和环境例行试验,不重视环境鉴定试验的应用及其质量控制;自然环境试验更多的是用于材料、工艺研究中的挂片试验,与具体型号研制工作结合不紧密;使用环境试验和装备环境适应性评价工作没有很好地开展,更没有对装备各种环境试验和评价进行全面规划和管理的计划。因此,以往开展的环境试验工作是极不全面的,没有充分发挥环境试验的各种作用。GJB 4239 规定的 9 个工作项目为今后装备寿命期全面开展环境试验工作奠定了技术基础。

**4. 装备环境工程技术体系**

根据 GJB 4239,装备环境工程技术体系基本包括环境数据技术与分析、环境适应性设计与分析技术、环境试验及其综合评价技术以及环境工程管理技术四大方面,具体如图 1-8 所示。

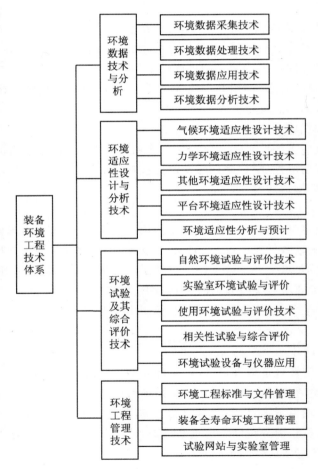

图 1-8　装备环境工程技术体系

## 1.2.4　装备环境工程研究体系

装备环境工程技术体系是将装备环境工程作为一项工作而建立的相关技术体系,装备环境工程研究体系则是从学科范畴对装备环境工程研究的内容体系进行构建。本书根据研究对象即装备运用环境的不同侧面,将装备环境工程研究体系大体归纳为装备运用环境效应、装备运用环境分析、装备运用环境评价和装备运用环境控制四个部分。另外,装备环境试验是环境分析、评价的重要手段,装备环境适应性则与环境效应密切相关,在这里不再单独阐述。

**1. 装备运用环境效应**

装备运用环境效应指装备运用环境对装备的质量与安全所产生的影响及作用。环境对装备的作用归根到底是环境对装备材料的作用。其实,这也是一门新兴学科——材料环境学。其研究内容包括:

① 自然环境对材料的作用效应,如大气腐蚀、海水腐蚀和高温腐蚀等。

② 特定环境对材料的作用效应,如全面腐蚀、点腐蚀、缝隙腐蚀和晶间腐蚀。

③ 材料的抗环境作用性能,即材料的耐蚀性,如金属、合金、塑料、橡胶、陶瓷、玻璃和复合材料等材料的防护性能。

**2. 装备运用环境分析**

装备运用环境分析指对装备作用的环境类型、环境之间的交互作用、各环境因子的影响权重等进行分析。其研究内容包括:

① 装备运用环境类型,如前所述,包括气候环境、力学环境、电磁环境及战场对抗环境等。

② 环境之间的交互作用。分析典型的装备运用环境(如库房环境、包装环境、封存环境等)中各种环境因子对装备的影响及其相互间的影响,如库房条件下温湿度交变效应。

③ 环境因子的影响权重。研究典型的装备运用环境(如库房环境、包装环境、封存环境等)中各种环境因子对装备的影响权重值,以确定优先考虑进行控制的环境。

**3. 装备运用环境评价**

装备运用环境评价主要研究对所关心的某类环境(因子)质量水平的评估、测量。其研究内容包括:

① 环境质量定性评价。适用于无法或无需定量评价的环境因子,如社会环境或其他无关紧要的环境。一般根据经验或由专家进行宏观评判即可。

② 环境质量定量评价。适用于权重值较高的环境因子,如湿度、温度、电磁脉冲值等。该评价不仅仅指对某一环境因子的指标分析,还包括对各环境因子的综合评判。

③ 环境的分析检测。这是准确进行环境评价的基础和前提。例如,对销毁场地上方空气质量的监测来确定销毁方式是否合理;对密封包装的检测。

**4. 装备运用环境控制**

对装备运用环境进行分析、评价的最终目的是使其达到预期的目标水平,即对装备运用环境有效控制,以提高装备质量水平、安全水平,实现装备运用最优化。因此,装备运用环境控制是装备运用环境学的落脚点。其研究内容包括:

① 环境控制技术,如防潮控湿技术、缓冲包装技术、电磁防护技术、防爆安全技术及伪装防护技术等。

② 功能防护材料,如防潮阻隔材料、缓冲包装材料、电磁屏蔽材料、隔爆泄爆材料及伪装材料等系列功能材料。

③ 环境控制工程，如高性能库房、封存封套、功能集装箱、密封包装等防护装置。

④ 环境管理规范，有关环境管理的技术要求。

# 习　题

1.1　环境对装备影响的具体表现有哪些？

1.2　什么是装备运用环境？如何对装备运用环境分类？

1.3　装备环境工程的研究对象和任务是什么？

1.4　什么是武器装备环境工程技术体系？装备环境工程工作有哪些？两者有何关系？

1.5　试比较分析国内外装备环境试验标准体系。

1.6　试选取任一典型装备运用环境并对其环境因子进行分析。

1.7　试列举常见装备运用环境的控制手段与措施。

# 第2章  装备环境效应

装备及其运用环境构成系统。在系统内部,装备又存在于环境之中,在一定环境条件下完成其使用及各项保障工作。环境必然对装备使用性能、可靠性和安全性等产生一定影响,这种装备运用环境对装备的作用即装备环境效应。装备环境效应既与外界环境因素密切相关,又与装备自身防护要求及能力密不可分。由于装备的作用原理、构成方式及组成材料各不相同,对于不同装备所关心的环境效应也必然各有侧重。本章重点对与陆军装备联系紧密的大气环境、力学环境和电磁环境三种环境效应进行阐述。

## 2.1  大气环境效应

装备的大气环境效应其本质就是大气环境中的介质或能量对装备组成材料产生物理或化学作用,从而导致组成材料破坏、装备系统功能损伤,如图 2-1 所示。应该指出的是,这种对材料的破坏并非全部有害,有时还可为人们利用。

图 2-1  装备的大气环境效应

### 2.1.1  大气环境

**1. 大气组成**

大气环境,一般即指大气层,其间不断地进行着各种物理过程,如大气的升温和冷却,水的蒸发,水汽的凝结等;产生着各种物理现象,如风、雨、云、电等。观测证明,大气在垂直方向上的物理性质是有显著差异的。世界气象组织根据大气的温度分布特点,把大气层分为五层:对流层、平流层、中间层、暖层和散逸层。对流层是大气中最低的一层,其厚度虽然不及整个大气层厚度的 1%,但由于地球引力的作用,却集中了整个大气 3/4 的质量和几乎全部的水汽,因此,云、雨、雾、雪等主要大气现象都出现在这一层,它对装备及其运用影响最大。对流层中的空气有强烈的上升和下降对流运动,气温随高度增加而降低;另外,由于对流层空气受地面影响很大,所以温湿度水平分布很不均匀,如南方和北方的气温相差很大,海面和陆地上的湿度也有显著不同。

大气主要由氮、氧、二氧化碳等多种气体混合组成,此外还包含一些悬浮着的固体杂质及液体微粒。虽然全球范围内的大气主要成分几乎不变,但在不同环境中含有不同的杂质,也称为污染物质。其主要的污染物组成见表 2-1。表中含硫化合物在材料表面与水分作用,产生硫酸、亚硫酸等酸性物质,降低薄液膜的 pH 值,从而造成材料的加速腐蚀;氯化物在表面薄液膜中形成的氯离子对材料的钝化膜则有很强的破坏作用;含氮化合物会形成硝酸、亚硝酸等腐蚀性很强的成分;甚至碳酸在材料的薄液膜中也会降低 pH 值加速腐蚀过程。另外,固体成分覆盖在材料表面,会增加表面吸附水分的能力,也会在与材料相接触的部位产生缝隙腐蚀,加速材料的腐蚀过程,大气杂质的典型浓度见表2-2。

表 2-1　大气污染物的主要成分

| 气　体 | 固　体 |
|---|---|
| 含硫化合物:$CO_2$、$SO_2$、$H_2S$ | 灰尘 |
| 氯和含氯化合物:$Cl_2$、$HCl$ | $NaCl$、$CaCO_3$ |
| 含氮化合物:$NO$、$NO_2$、$NH_3$、$HNO_3$ | $ZnO$ 金属粉 |
| 含碳化合物:$CO$、$CO_2$ | 氧化物粉 |
| 其他有机化合物 | 煤灰 |

表 2-2　大气杂质的典型浓度

| 杂　质 | | 体积质量 mg/m³ |
|---|---|---|
| 二氧化硫($SO_2$) | | 工业大气:330mg/m³(冬季);110mg/m³(夏季) |
| | | 农村大气:100mg/m³(冬季);40mg/m³(夏季) |
| 三氧化硫($SO_3$) | | 约等于 $SO_2$ 浓度的 1% |
| 硫化氢($H_2S$) | | 城市大气:0.5~1.7mg/m³ |
| | | 工业大气:1.5~90mg/m³ |
| | | 农村大气:0.15~0.45mg/m³ |
| 氨($NH_3$) | | 工业大气:4.8mg/m³ |
| | | 农村大气:2.1mg/m³ |
| 氯化物 | 雨水样品 | 内陆工业大气:79mg/m³(冬季);2.7mg/m³(夏季) |
| | | 沿海农村大气:5.4mg/m³(平均值) |
| | 空气样品 | 内陆工业大气:79mg/m³(冬季);5.3 mg/L(夏季) |
| | | 沿海农村大气:57mg/m³(冬季);18 mg/L(夏季) |
| 尘粒 | | 工业大气:250mg/m³(冬季);100mg/m³(夏季) |
| | | 农村大气:60mg/m³(冬季);15mg/m³(夏季) |

## 2. 大气因子

大气因子是描述大气环境的定性(定量)因子,包括气温、湿度、气压、风向和风速等。

### (1) 气　温

气温,即空气的温度,是表示大气冷热程度的物理量,其高低反映了空气分子运动的平均动能大小。为了能定量表示气温,要借助于衡量温度的尺度,即温标。常用的温标有摄氏温标、绝对温标和华氏温标三种。

① 摄氏温标:把标准大气压下纯水的冰点定为 0 ℃,沸点定为 100 ℃,其间 100 等分,每一等份为 1 ℃,这样规定的温标叫摄氏温标,记作℃。

② 绝对温标:把标准大气压下纯水的冰点定为 273.15 K,沸点定为 373.15 K,其间 100 等分,每一等份为 1 K,这样规定的温标叫绝对温标,记作 K。

③ 华氏温标:把标准大气压下纯水的冰点定为 32 ℉,沸点定为 212 ℉,其间 180 等分,每一等份为 1 ℉,这样规定的温标叫华氏温标,记作℉。

三种温标之间的换算关系如下：

$$t = \frac{5}{9}(t_1 - 32) \tag{2-1}$$

$$T = 273.15 + t \approx 273 + t \tag{2-2}$$

式中：$t$ 为摄氏温标；$t_1$ 为华氏温标；$T$ 为绝对温标。

气温具有日变化的特征和规律，一天当中有一个最高值和一个最低值，最高值出现在 14 时左右，最低值出现在日出前后，气温日变化曲线如图 2-2 所示。一天当中气温的最高值和最低值之差，称为气温的日温差，其大小反映了气温日变化的幅度。气温的日温差大小与纬度、季节、地表面性质和天气情况有密切关系。一般来说，低纬度地区比高纬度地区日温差大；夏季比冬季的日温差大；热容量和导热率较小的地表日温差大；晴天比阴天日温差大。一年中月平均气温的最高值与最低值之差，称为年温差。气温年温差的大小与纬度、海陆分布等因素有关。以上所述的气温的日变化和年变化都是周期性的，由于气温还受一些非周期性因素的影响，有时某个地方的气温变化可能不完全符合上述规律。例如，受西伯利亚冷气流影响时，气温会大幅度下降；受南方热气流影响时，气温会陡增。

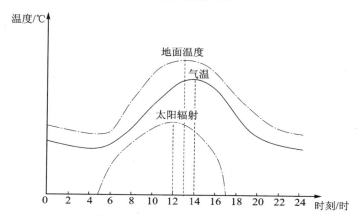

图 2-2　气温、地面温度、太阳辐射日变化曲线

（2）水汽压与饱和水汽压

1）水汽压

大气压力是大气中各种气体的压力总和，其中水汽所产生的那部分压力称为水汽压。水汽压用 $e$ 表示，常用单位有毫米汞柱（mmHg）（1 mmHg＝133.3Pa）、帕（Pa）和百帕（hPa）。水汽压与绝对湿度有着密切关系。当气温一定时，大气中水汽含量愈多，即绝对湿度愈大，水汽压也愈大；反之，水汽压愈小。两者之间的关系式如下：

$$e = a \cdot R_v \cdot T \tag{2-3}$$

式中：$e$ 为空气中的水汽压，dyn/cm$^2$；$a$ 为绝对湿度，g/cm$^3$；$R_v$ 是水汽比气体常数，其值为 $4.6 \times 10^6$ erg/g·K；$T$ 是气温，用绝对温标表示。（此处采用厘米克秒制单位）

2）饱和水汽压

当气温一定时，单位体积空气中所能容纳的水汽数量是有一定限度的，如果水汽含量达到了这个限度，空气就呈饱和状态，这时的空气称为饱和空气。饱和空气中的水汽压，称为饱和水汽压，用 $E$ 表示。

当气压一定时,饱和水汽压的大小与蒸发面的温度有密切关系。温度升高,平衡水汽密度增大,水汽分子平均动能也增大。综合这两个因素,饱和水汽压随温度的升高按指数规律(可用Magnus 经验公式表达)迅速增大。温度与饱和水汽压的关系如图2-3所示。

（3）湿度与绝对湿度

空气湿度是指空气的潮湿程度,其大小反映了空气中水汽量的多少。根据实际需要,空气湿度可用绝对湿度、相对湿度等物理量来表示。

1）绝对湿度

绝对湿度是指单位体积空气中所含的水汽质量,通常用 $a$ 表示,单位是

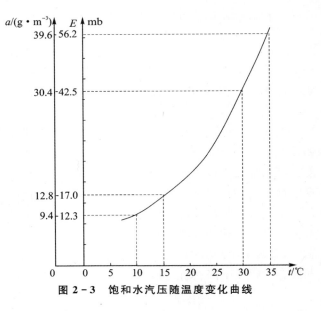

图2-3  饱和水汽压随温度变化曲线

$g/m^3$。从绝对湿度的定义可以看出,绝对湿度其实就是空气中的水汽密度。它从空气中水汽的绝对含量这一角度描述了空气的湿度大小。

绝对湿度的日变化规律在水源充足地区,如沿海及岛屿上,与气温的日变化规律相同。这是由于蒸发水源充足,绝对湿度直接受气温的影响。在内陆干旱地区乱流不强季节(如冬季),也属这种变化规律。在内陆干旱地区乱流比较强的季节(如暖季),由于乱流的影响,使绝对湿度的日变化有两个峰值和谷值,峰值分别出现在9时至10时和20时前后,谷值分别出现在14时左右和日出前后。

绝对湿度的年变化与气温的年变化相同,有一个月平均最高值和一个月平均最低值,最高值出现在水分蒸发强的7—8月,最低值出现在水分蒸发弱的1—2月。

2）相对湿度

相对湿度是指空气中的水汽压与同温度下的饱和水汽压的百分比,用 $U$ 表示,即

$$U = \frac{e}{E} \times 100\%$$ (2-4)

相对湿度的大小反映了空气的饱和程度和潮湿程度。相对湿度大,表明空气潮湿,接近饱和;相对湿度小,表明空气干燥,远离饱和。但它的大小不仅随大气中水汽含量的变化而变化,同时也随着气温的变化而变化。当水汽压不变时,气温升高,饱和水汽压增大,相对湿度会减小;反之,气温降低,相对湿度会增大。

我国绝大部分地区,属季风地区,夏季相对湿度大,冬季相对湿度小。对于内陆干旱地区,由于水源缺乏,全年绝对湿度变化量不大,所以冬季相对湿度大,夏季相对湿度小。在一天中相对湿度有一个最大值和一个最小值,最大值出现在日出前后,最小值出现在14时前后。

## 2.1.2  大气腐蚀

大气腐蚀是大气环境对装备作用效应中最为普遍而广泛的一种形式。长期以来,大气腐蚀研究范围局限于金属材料。20 世纪 70 年代后,随着非金属材料的广泛应用,它们的性能在

大气环境中的老化与大气环境作用有关,现已把非金属材料的老化也纳入大气腐蚀范畴。

**1. 金属腐蚀**

金属(钢铁、铜、铝及其合金等)是构成装备的重要材料,金属腐蚀是装备损坏及失效的主要模式之一。金属零件的腐蚀,轻则使金属表面失去光泽,重则可能引起活动部件锈死和零件锈断,不仅影响装备的正常使用,还可能在使用时造成严重事故。例如,40 mm 火箭筒破甲弹在恶劣温湿度条件下储存一定时间后,由于温湿度应力的作用,引信零件、药型罩和导电管严重锈蚀,造成引信电路断路,引信中活动部件运动阻力增大,使引信在发射时不能可靠解脱保险。

（1）腐蚀分类

金属表面的潮湿程度通常是决定大气腐蚀速度的主要因素,据此,将大气腐蚀分为以下3类:

1)干的大气腐蚀

干的大气腐蚀是指在非常干燥的空气中,金属表面上完全没有水分膜层的大气腐蚀。在干的大气腐蚀情况下,金属材料的腐蚀速率是非常小的,金属表面的破坏过程按照气态反应剂(例如空气中的氧、硫化氢等)与被氧化的表面发生纯粹化学作用的历程进行,在表面形成一层氧化薄膜。但是,这层膜在最初的几秒或几分钟就生成,在 2～3 h 后停止增厚。在洁净的大气中,所有普通金属在室温下都可生成这种不可见的氧化物保护膜。而在有微量气体污染物(如硫化物)存在的情况下,钢、铁和某些非铁金属,即使在常温下也会生成一层可见的膜,这种膜的生成,使金属失去光泽,通常称为失泽作用。

2)潮的大气腐蚀

在相对湿度足够高时,在金属表面存在着肉眼看不见的薄水膜层时所产生的腐蚀,如铁在没有被雨雪淋到时的生锈。在潮的大气腐蚀情况下,由于氧更容易透过液膜进入金属和液膜的界面,腐蚀速度更快。因此,可以认为大气腐蚀的实质是薄电解液膜下电化学腐蚀。

3)湿的大气腐蚀

在金属表面存在着肉眼可见的凝结水膜时的腐蚀。当空气中的相对湿度接近 100% 或当雨、雪、水沫直接落在金属表面时,便发生这类腐蚀。在湿的大气腐蚀情况下,金属材料在可见水膜下也就是在电解液膜下腐蚀,腐蚀的历程与沉浸在电解液中的电化学腐蚀相同,而且还有局部微电池腐蚀,腐蚀速度是干的大气腐蚀的几个数量级。

液膜形成的时间长短和厚薄,以及液膜的化学成分对金属腐蚀的影响是至关重要的。前者主要是由大气气象环境条件造成的,后者主要是与大气的污染成分有关。

（2）腐蚀机理

腐蚀机理可分为化学腐蚀和电化学腐蚀两种。除在干燥无水分的大气环境中发生表面氧化、硫化造成失去光泽和变色等是属于化学腐蚀外,大多数的情况下,都属于电化学腐蚀。但它又不同于金属在电解液中的电化学腐蚀,而是在电解液薄膜下的电化学腐蚀。一般情况下,空气中的氧是电化学腐蚀阴极过程中的去极化剂,水膜的厚度、干湿交变频率和氧的扩散速度直接影响着大气腐蚀过程。金属材料大气腐蚀的实质就是薄液膜下的电化学腐蚀。

1)电化学腐蚀条件

① 金属表面存在不同电位的电极。由于金属构件成分、结构的不同,其表面和内部自然存在着各种不同形式、不同电位的电极。例如:不同金属相接触形成的阴、阳极;金属成分不同

形成的阴、阳极,如钢铁材料中的 $Fe_3C$ 和 $Fe$;金属组织的不均匀形成的阴、阳极,如黄铜材料中体心立方晶格结构的 β 固溶体与面心晶格结构的 α 固溶体,α 固溶体为阴极,β 固溶体为阳极;金属表面物理状态不均匀形成阴、阳极,如金属元部件受到磕碰产生变形时,造成金属应力状态的不均匀,变形大处应力大而成为阳极,变形小处应力小而形成阴极;金属表面的保护膜(如钝化膜、电镀处理过的金属表面膜)如果有破孔,便可形成锈蚀的阴极和阳极,一般情况下,膜孔中央金属基体为阳极,膜孔边缘部位为阴极。

② 阴极与阳极形成导电通路。由于金属本身为导电体,其表面和内部的电极对或处于同一金属基体,或为不同金属相接触,自然构成导电通路。

③ 金属表面存在电解液。金属表面的电解液是水膜与电解质混合形成的。水膜的形成原因除个别情况是水浸、雨淋、结露外,主要原因有两个:毛细凝聚和化学凝聚。金属表面的毛细微孔、缝隙等对水汽有吸附凝聚作用,使这些部位易形成水膜;金属表面的吸湿性化学物质如 $NaCl$、$ZnCl_2$ 等,在一定的相对湿度下就会吸收空气中的水,产生化学凝聚现象。电解质的来源主要有几个方面:大气中的某些气体溶入金属表面的水膜形成具有导电离子的电解液膜,如 $CO_2$、$SO_2$、$H_2S$ 等;大气中的盐分固体颗粒附着在金属表面,如沿海或内陆的高含盐地区,大气中 $NaCl$、$MgCl_2$ 盐分较多;各种技术处理后的残留物或污染物。在一定的湿度条件下,电解质溶入水膜中就在金属表面形成电解液膜。

④ 氧气的存在。金属大气腐蚀过程中,氧气主要起去极化作用,在大气环境中氧气是无处不在的。金属制品在潮湿的大气中或电解质溶液中很快发生腐蚀,同时有电流产生的现象称为电化学腐蚀。电化学腐蚀的发生是由于原电池作用。空气中含有大量的杂质,当它们和水蒸气一起凝结在金属表面时就组成一个原电池,所以金属制品在潮湿的大气中很容易发生原电池反应,而且其电化学腐蚀是在电解质酸、碱、盐的共同作用下进行的,腐蚀速度比化学腐蚀速度快得多。

2) 电化学腐蚀过程

金属电化学腐蚀的实质就是在金属表面形成腐蚀原电池。由于腐蚀原电池包括阳极、阴极、电解质溶液和电路 4 个不可分割的组成部分,这 4 个组成部分构成了电化学腐蚀的基本过程。

阳极过程:金属溶解,以离子形式进入溶液,并把等量电子留在金属上。

电流流动过程:电子通过金属从阳极转移到阴极;在溶液中,阳离子从阳极区向阴极区移动,阴离子从阴极区向阳极区移动。

阴极过程:溶液中的氧化剂接受从阳极流过来的电子后本身被还原。

以钢铁为例,其电极反应如下:

阳极反应: $\qquad Fe \rightarrow Fe^{2+} + 2e$

阴极反应: $\qquad O_2 + 2H_2O + 4e \rightarrow 4OH^-$

溶液中的反应: $\qquad Fe^{2+} + 2OH^- \rightarrow Fe(OH)_2$

最终腐蚀产物: $\qquad nFe_2O_3 + mFeO + pH_2O$

其腐蚀原电池工作过程如图 2-4 所示。

(3) 腐蚀评价

金属腐蚀分级。根据腐蚀的程度、腐蚀发生的部位两方面因素引起的对装备储存性能和使用性能的影响,把金属腐蚀分成四个等级。

①一级腐蚀。金属表面失去光泽或变色；有轻微腐蚀，经擦拭后无锈迹，这种腐蚀状态称为一级腐蚀。一级腐蚀不影响装备的使用和储存。

②二级腐蚀。金属表面有轻微腐蚀，经擦拭后虽有锈迹，但锈坑深度不大于 0.5 mm，其面积不超过总面积的 1/5。二级腐蚀对装备的储存有轻微的影响。

③三级腐蚀。弹药表面腐蚀较重，经擦拭后锈坑深度大于 0.5 mm，但小于 1 mm；或锈坑深度小于 0.5 mm，其面积超过总面积 1/5，但不超过总面积的 1/2。三级腐蚀对长期储存有较大影响。

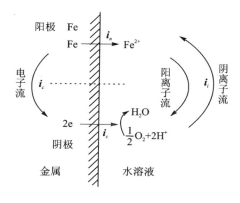

图 2-4　腐蚀原电池工作示意图

④四级腐蚀。金属表面腐蚀严重，锈坑深度大于 1 mm，或锈坑深度小于或等于 1 mm，其面积超过三级腐蚀的规定。四级腐蚀不但影响储存性能，而且会导致装备不能正常使用。

通过上述分级标准可以定量地评价金属腐蚀的程度。

**2．塑料腐蚀**

塑料分为热塑性塑料和热固性塑料两大类。热塑性塑料是受热时软化或变形，冷却后又坚硬，这一过程可多次反复，仍不损失其可塑性。这类塑料的分子结构是线型或支链型的，如聚氯乙烯、聚乙烯或氟塑料等。热固性塑料固化成型后，再加热时不能软化变形，也不具有可塑性。这类塑料的分子结构是立体网状形的，如固化后的环氧树脂、酚醛树脂等。在选用塑料时要考虑力学、物理及加工性能，也要考虑其耐蚀性能。

（1）塑料结构

塑料是由具有共价键的分子聚合而成的。这种分子是塑料的结构单元（或叫做单体，mer），这种单体重复连接而形成聚合物（或叫做高分子化合物，Polymer）。

所谓共价键，即原子接近时通过共有电子对的方式获得 $(ns+np)$ 全填满的稳定结构。形成共价键时，一般要形成 $sp$ 的杂化轨道，从而可降低系统的内能，增加结合能。结合键有以下三个重要性质：

1）键　长

键长是指组成键的两个原子核之间的距离，它随杂化状态而有所变化。产生这种变化的原因是由于从 $sp^3$ 到 $sp$，杂化轨道中的 $s$ 成分从 25% 增加到 50%，$s$ 轨道离原子核较 $p$ 轨道为近，故键长较短。

2）键　能

键能即将组成共价键的原子分开所需的能量。从表 2-3 所列的数据可以看出，由于 C—C 键能低于 C—H 键能，因而乙烷（$CH_3$—$CH_3$）高温裂解时，优先断裂的是 C—C 键。表 2-4 所列的数据指出，某些键能也受分子中其他原子或原子团的影响。

3）极性键

各个元素吸引电子的能力（电负性）不同，因而电子云的分布是不均匀的，电子云较为向电负性高的元素集中，形成极性键。氟是电负性最大的原子，H、F、Cl、Br 及 I 的电负性分别为 2.1、4.0、3.0、2.8 及 2.5，这可以说明表 2-3 中 H—F、H—Cl、H—Br 及 H—I 键能差异的原因。

表2-3 常见共价键的键能                      kJ/mol

| 键 | 键 能 | 键 | 键 能 |
|---|---|---|---|
| C—C | 347.3 | H—Cl | 431.6 |
| C—O | 292.9 | H—Br | 364.0 |
| C—H | 427/381 | H—I | 297.1 |
| C—N | 305.4 | O—H | 460.2 |
| H—H | 431.0 | N—H | 389.1 |
| O—O | 142.3 | C=C | 610.9 |

表2-4 某些键的离解能                      kJ/mol

| 键 | 键 能 | 键 | 键 能 | 键 | 键 能 |
|---|---|---|---|---|---|
| $H_3C—H$ | 435.1 | $CH_2=CHCH_2—H$ | 355.6 | $CH_3CH_2—CH_3$ | 355.6 |
| $CH_3CH_2—H$ | 410.0 | $C_6H_5CH_2—H$ | 355.6 | $(CH_3)_2CH—CH_3$ | 347.3 |
| $CH_2=CH—H$ | 435.1 | $CH_3—CH_3$ | 368.2 | $C_6H_5CH_2—CH_3$ | 292.9 |

（2）塑料腐蚀特征

塑料腐蚀引起的变化归纳起来主要表现在以下几方面：

① 外观的变化　材料发粘、变硬、变软、变脆、龟裂、变形、玷污及长霉，出现失光、变色、粉化、起泡、剥落、银纹、斑点及锈蚀等。

② 物理化学性能的变化　如密度、导热系数、玻璃化温度、熔点、折光率、透光率、溶解度、分子量、分子量的分布和羰基含量的变化，以及耐热、耐寒、透气、透光等性能的变化。

③ 机械性能的变化　如拉伸强度、伸长率、冲击强度、弯曲强度、剪切强度、疲劳强度、硬度、弹性、附着力及耐磨强度等性能的变化。

④ 电性能的变化　如绝缘电阻、介电常数、介电损耗及击穿电压等电性能的变化。

应当指出，一种塑料在它的腐蚀过程中，一般都不会也不可能同时出现上述所有的变化和现象，实际上，往往只是其中一些性能指标发生变化，并且常常在外观上出现一种或数种变化的特征。

（3）塑料腐蚀过程

腐蚀是外界的化学介质通过材料的内部结构所发生的变化。相同的化学介质对不同的材料有不同的腐蚀行为。例如，迅速溶解金属的强酸以及迅速损伤玻璃的强碱，对于聚乙烯却没有影响，但是，暴露在室外空气中的塑料，却会迅速老化而破坏，在不太高的温度下也会迅速氧化，甚至烧毁。表2-5列出常见的塑料腐蚀过程。

表2-5 塑料的腐蚀及损伤过程

| 顺 序 | 环 境 | | 过 程 |
|---|---|---|---|
| | 化 学 | 其 他 | |
| 1 | 氧 | 中等温度 | 化学氧化 |
| 2 | 氧 | 高温 | 燃烧 |
| 3 | 氧 | 紫外线 | 光氧化 |
| 4 | 水及水溶液 | — | 水解 |

续表 2－5

| 顺　序 | 环　　境 | | 过　程 |
| --- | --- | --- | --- |
| | 化　学 | 其　他 | |
| 5 | 大气中氧、水汽 | 室温 | 风化 |
| 6 | 水及水溶液 | 应力 | 应力腐蚀 |
| 7 | 水或水汽 | 微生物 | 生物腐蚀 |
| 8 | — | 热 | 热解 |
| 9 | — | 辐照 | 辐射分解 |

1）溶解与渗透

溶剂 S 可以溶解塑料 P，使 P 受到破坏；反之，P 也可溶解 S，所溶解的 S 渗入 P 而导致溶胀而易破坏。这种耐溶剂性也是一种耐蚀性。熔剂的渗透，可显著地改变塑料的力学性能。例如，PBT 的抗张强度随着在 95 ℃热水中的浸渍时间而显著降低。

2）化学腐蚀

化学腐蚀是由于发生不可逆化学反应所导致的腐蚀，包括两类：一类是酸、碱、盐类的水溶液，另一类是气体氧化。这两类与金属腐蚀的湿腐蚀和干腐蚀相似，但机理不同，金属腐蚀是电化学变化，而塑料的这种腐蚀却是化学变化。

3）老　化

老化，也可称为"时效"，即随着时间的推移所发生的效应。大气中含有氧、水汽及其他污染物质如 $SO_2$、$H_2S$ 等，这些化学物质在室温下对于塑料的腐蚀是很轻微的，主要的是大气中紫外线的促进作用。短波紫外线，如 300 nm 的紫外线的光能量达到 396.9 kJ/mol，这个能量能切断许多高聚物的分子键或者导致其发生光氧化反应。不同分子结构的高聚物，对于紫外线的吸收是有选择性的，并非任何波长的紫外线都能吸收，这种性质称为材料的"光敏性"。

4）热分解

塑料加热到一定温度将会发生热分解。热分解的方式有三种：

① 像拉链那样逐个脱开，脱开的单体蒸发，导致质量损失，如 PMMA、PTFE 等；

② 主链随机地断开，如聚烯烃，这种热分解产生的单体少，因而质量损失少，但缩短了链长，影响了性能；

③ 主链未断，放出气体，如 PVC 热分解。

5）辐照电离

在核反应堆及空间等放射性环境中都存在 X 射线、高能电子及中子等，将会使塑料处于激发态。这些激发的分子将松弛能量，这些能量或使邻近分子振动，或发射光子，或使结合键断即辐照分解。

**3. 装药失效**

装药是弹药装备的重要组成部分，是指弹药各部（元）件的药剂的总称。弹药装药按其用途来分，通常分为猛炸药、发射药、起爆药和烟火剂四类，这些装药很多对大气温湿度反应都比较敏感，在恶劣环境作用下容易引起失效变质。

（1）猛炸药变质

常用的猛炸药有梯恩梯、黑索金、太安、特屈儿、奥克托金及硝化甘油等单体炸药，各种混

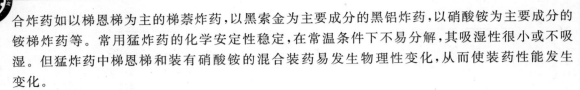

合炸药如以梯恩梯为主的梯萘炸药,以黑索金为主要成分的黑铝炸药,以硝酸铵为主要成分的铵梯炸药等。常用猛炸药的化学安定性稳定,在常温条件下不易分解,其吸湿性很小或不吸湿。但猛炸药中梯恩梯和装有硝酸铵的混合装药易发生物理性变化,从而使装药性能发生变化。

1)梯恩梯流油

梯恩梯或含梯恩梯的混合炸药在储存过程中,有时会渗出粘稠的油状物,即梯恩梯油。梯恩梯油是比较钝感的,当其流到装药表面时,会使装药引爆困难,可能产生半爆或不爆。如果流到引信与弹口螺纹之间,射击时可能发生危险。装药出现流油,会降低装药的爆速和爆炸作用。当装药流油严重时,有可能使装药松动和出现空隙,使装药强度降低,在射击过程中引起装药破碎,装药之间或与弹壳间产生剧烈摩擦、撞击,可能会发生早炸现象。

梯恩梯流油失效的机理是:梯恩梯即2,4,6-三硝基甲苯中含有其同分异构物以及二硝基甲苯、硝基甲苯等杂质,这些杂质之间以及杂质与梯恩梯之间产生低溶点的物质。有时还能生成三元低熔点物质,如2,4,6-三硝基甲苯、2,4-二硝基甲苯、间基甲苯。这些低熔点物质的熔点都在常温范围内,当周围环境温度稍高时,就会熔化并逐渐渗出装药表面,形成梯恩梯流油。

2)硝铵炸药吸湿结块

硝铵炸药是以硝酸铵为主要成分与其他炸药或可燃物混合组成的炸药。硝铵炸药的主要失效形式是吸湿结块。硝铵炸药吸湿结块后,感度降低,起爆困难,容易产生半爆或不爆。如当硝铵炸药含水大于3%时,用8号雷管不能起爆。

硝铵炸药的吸湿主要是由硝酸铵潮解引起的。其根本原因是硝酸铵的吸湿点较低,常温状态下(25 ℃),其吸湿点为63%(相对湿度),并且随着温度的升高呈下降趋势。

硝酸铵的结块失效有两种不同的机理。一是温度变化,引起硝酸铵晶型和体积的变化而使硝酸铵结块。硝酸铵在不同的温度下具有不同的晶型。例如:当温度在-16~32 ℃之间时为斜方晶体;当温度超过32 ℃时变为单斜晶体,体积扩大3%,相互积压而结块;在-16 ℃以下,体积减小,由外向内产生压力也容易结块。二是硝酸铵吸湿后干燥,重新结晶引起结块。硝酸铵吸湿后,首先在表层生成硝酸铵饱和溶液;当外界湿度环境变化,相对湿度低于当时的硝酸铵吸湿点时,表层饱和溶液中的硝酸铵又会从溶液中析出紧密细小的结晶,将药粒紧紧联结在一起,形成结块。

(2)发射药变质

发射药主要用来发射弹丸。常用发射药有溶塑火药(无烟药),其中包括单基药(硝化棉火药或挥发性溶剂火药)、双基药(硝化甘油火药或难挥发性溶剂火药)和三基药。发射药容易受温湿度影响,性能下降,使射击精度降低,严重时可能造成事故。

1)发射药的物理失效

① 单基药。其物理失效有三种形式:一是水分含量的变化,这与发射药的吸湿性和空气的相对湿度有关;二是残余醇醚溶剂的挥发,当装药的密闭性越差,保管时间越长,保管温度越高和环境相对湿度越大时,剩余溶剂的挥发就越多;三是单基药本身结构的陈化,使硝化棉与溶剂之间的联结削弱,从而使单基药中的挥发分含量发生变化。

② 双基药。也有三种物理失效形式:一是挥发,双基药中的硝化甘油或硝化二乙二醇在常温下是较难挥发的,但温度高于50 ℃时,挥发性会急剧增加;二是渗出,即硝化甘油从药粒

内部渗到药粒表面,导致摩擦、冲击感度及燃速增大;三是晶析,硝化甘油或硝化二乙二醇在渗出过程中,将少量的二硝基甲苯或中定剂等带出,并逐渐在发射药表面呈结晶状态析出(也称"结霜")。

2)发射药的化学失效

① 发射药的热解

发射药的热解(以双基药为例)通常分两个阶段进行:第一阶段是发射药中各成分的分解;第二阶段是分解中间产物互相反应和对各成分的反应。

第一阶段:硝化棉、硝化甘油分解。

硝化棉:

$$[C_6H_7O_2(ONO_2)_3]_x \rightarrow xC_6H_7O_2(ONO_2)_3 - Q_1$$
$$C_6H_7O_2(ONO_2)_3 \rightarrow 2H_2O + 3NO_2 + C_6H_3O_3 - Q_1$$

硝化甘油:

$$RCH_2ONO_2 \rightarrow RCH_2O + NO_2 - Q_1$$
$$(RCH_2O)_x \rightarrow x_1RH_2O + x_2R + x_3CH_2O - Q_1$$
$$2NO_2 + CH_2O \rightarrow 2NO + H_2O + CO_2 + Q_2$$
$$NO_2 + RONO_2 \rightarrow NO + H_2O + CO_2 + R_1 + Q_2$$

第二阶段:由硝酸酯分解生成的 $NO_2$ 进一步使中间产物氧化,同时也促使硝化棉、硝化甘油进一步分解。这一阶段的反应是非常复杂的,如图 2-5 所示。

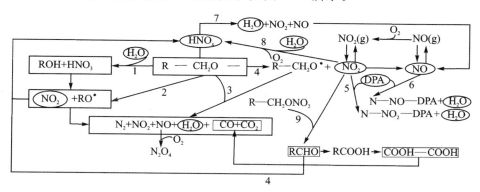

图 2-5　第二阶段分解过程

硝化棉和硝化甘油最初阶段的分解一般是单分子反应,当其受热作用时,分子中的原子和原子团振动加剧,在振动剧烈和化学键强度较弱的地方发生键的断裂而分解,第一阶段的反应为吸热反应。第二阶段是 $NO_2$ 与形成的中间产物失去 $CO_2$,其反应是放热反应,总的热分解反应的热效应为放热。热分解反应所放出的热量如果不断积累,会使发射药升温,加速它的热分解,严重时会产生自燃。

发射药的热分解除与其构成有关外,主要受其环境温度的影响,根据实验,当温度在 $20 \sim 75\ ℃$ 时,温度每升高 $10\ ℃$,发射药的热分解速度就会增加 2 倍左右。

② 水解反应

发射药中的能量成分多数是硝酸酯炸药,如硝化棉、硝化甘油及硝化二乙二醇等。它是由醇和硝酸作用而生成的,它同样能与水作用而发生水解反应。在一般的水中作用很弱,而在酸性或碱性水中较易水解。如下式：

$$RONO_2 + H_2O \rightarrow ROH + HNO_3$$

由于存在 $NO_2$ 及反应生成的 $HNO_3$ 等强氧化剂，水解同时伴随着氧化反应，因而产物不可能得到醇，而是被氧化成醛或酸，因而反应是不可逆的。

水虽然能使硝酸酯水解，但其作用很弱。而酸对硝酸酯分解影响较大，能加速硝酸酯的水解，且随着酸的浓度增大而加剧。在发射药的成分中并没有酸，只含有少量的水分。但由于热解产物中的 $NO_2$ 较易与水作用而生成硝酸与亚硝酸，而且酸的浓度会逐渐增大，因而使硝酸酯的氧化和水解作用逐渐增强。同时，水解产物中有不少易吸湿易溶于水的酸性物质，同样能促进发射药的水解，因而发射药的水解作用不可避免地或快或慢地进行着。发射药的水解要比热解容易，这是因为水解的活化能比热解的活化能要小得多。

发射药在潮湿空气中保管，其水解反应会明显加快。水解严重的发射药，药粒发粘，结成团，内部充满有机酸，燃烧缓慢，甚至出现失去燃烧性能等现象，从而改变发射药原有的燃烧和弹道性能。

③ $NO_2$ 的催化作用

硝酸酯分解(热解)而放出 NO 和 $NO_2$，$NO_2$ 具有较强的氧化能力，它能氧化硝酸酯和分解产生的中间产物；NO 氧化能力较弱，一般条件下不易与硝酸酯及其分解产物起氧化作用，但当 NO 遇到空气中的氧时，很容易被氧化成 $NO_2$，从而继续氧化硝酸酯及其产物。

$$RONO_2 \rightarrow RO + NO_2$$
$$NO_2 + RONO_2 \rightarrow R + NO_2 + NO$$
$$2NO_2 + CH_2O \rightarrow 2NO + H_2O + CO_2$$
$$2NO + O_2 \rightarrow NO_2$$

由上述反应式可知这种作用是循环进行的。如果发射药中的安定剂失效或减弱，分解产生的 $NO_2$、NO 来不及扩散，其催化作用会越来越强，从而引起自动加速分解。

综上所述，发射药在一般储存保管条件下，其缓慢分解的过程可描述如下：首先是火药中所含硝酸酯炸药的热分解，产生 $NO_2$，然后进一步氧化、水解和自动催化。这些反应是同时进行的，当热分解产生氧化氮后，才会有自动催化作用；只有氧化氮与水作用生成酸才能加速水解作用，而自动催化和水解作用又是放热反应，使发射药本身温度升高，加快热分解。

(3) 发射药储存质量评估

在弹药各部件中，发射药最易受环境影响分解放热而发生自燃自爆的危险。历史上曾发生过几十起发射药自燃事故，以及由于发射药自燃引起的火炮膛炸事故。因此，发射药储存质量评估是各级部门极为关注的现实问题。通过发射药储存质量评估，可以确定库存弹药中发射药储存温度条件下的自燃临界值及经过一定时间储存后的剩余能量。

1)评估原理

由发射药变质的机理可知，发射药的质量变化原因是由于其本身分解放热，且放出的热量会散发到环境中。发射药储存质量评估首先研究发射药的分解放热规律及其向周围环境的散热规律，然后将二者结合起来，研究发射药内部的温度和热量的变化规律，最终确定发射药在不同状况下的自燃条件及剩余能量的多少。

2)评估内容

针对含内热源可燃多孔介质中的传质传热特点及放热规律，建立其在给定条件下的传热模型,并利用模型进行模拟计算。结合发射药在给定温湿度条件下的自燃实验结果,验证模型和模拟计算的合理性。研究内容一般包括以下四个方面:

① 理论研究。基于发射药自燃的基本理论,建立发射药自燃过程的数学模型,研究含内热源可燃多孔介质的传热机理及研究各种因素对发射药自燃的影响。

② 发射药热自燃试验研究。在实验室中利用小型实验,通过选用不同直径的反应器,在不同温湿度条件下,获取发射药自燃延滞期、温度、湿度之间的数据。

③ 发射药热分析试验研究。为研究温湿度对发射药热分解速度的影响,可选择在绝热条件下的加速量热法和在非绝热条件下的微量热法确定发射药的动力学参数。

④ 模拟计算。基于发射药自燃过程的数学模型,利用有限差分方法,编制计算程序,对含有内部热源条件下的非稳态导热问题进行计算,从而得出理论模拟计算结果,并与实验数据对比分析。

（4）黑药吸湿

黑药的主要成分是硝酸钾、木炭和硫黄。黑药在储存保管过程中的主要失效形式是吸湿受潮变质,这主要是由硝酸钾和木炭引起的。木炭的吸湿主要由表面吸附和毛细管作用形成;制造黑药用的硝酸钾由于含有少量诸如氯化物、硝酸钠、钙盐等吸湿点较低的杂质,对黑药的吸湿有一定影响。

黑药的吸湿与储存环境有很大关系。储存环境的相对湿度越大,就越易吸湿;在潮湿环境中储存时间越长,吸收的水量也越多。如含水量 0.7％的黑药在 25 ℃、相对湿度 80％条件下储存 12 h、24 h、48 h、72 h,则其含水量分别增加到 0.94％、1.00％、1.03％、1.35％。如果受潮严重,其成分的均匀性受到破坏,影响使用效果。黑药的规定含水量在 0.7％～1.0％之间,平衡相对湿度为 65％,当空气相对湿度过大时,则吸湿受潮。当吸湿量超过 2％时,黑药点火困难,燃速下降。当吸湿量超过 15％时,会因不能点燃而失去燃烧爆炸性能。

（5）其他装药变质

弹药装药还包括起爆药、击发药、烟火剂等其他装药。

温湿环境对起爆药影响很小,但雷管和火帽中的刺发药和击发药在湿度较大时会吸湿受潮,降低作用可靠性。据国外资料介绍,雷汞在 50 ℃以下的干燥大气中储存 6 个月后,其分解失重为 3.06％,在同样温度的潮湿大气中,其分解失重达 7.6％,而雷汞含量是火帽敏感度的主要决定因素。

烟火剂失效的主要形式是吸湿受潮。受潮后,机械强度下降,烟火效应变差。烟火剂在储存过程中吸湿除与空气相对湿度的大小有关外,主要取决于烟火剂中氧化剂的吸湿性。装有黄磷的发烟弹、燃烧弹,如果温度超过 44 ℃,黄磷会熔化并从弹口渗出而发生燃烧事故。温度过低时黄磷凝固,会使黄磷弹出现质量偏心,影响射击精度。

**4. 其他非金属材料变质**

装备中除金属、塑料、装药等材料外,还有一些木质、纸质、布质等材料的制件,它们受湿度的影响也会变质,影响装备的使用和储存。当木质、纸质、布质件在相对湿度较大时,会吸湿而使含水率增大,引起膨胀变形及强度下降。这些制件含水率增大后会促使靠近它们的金属生锈,装药受潮变质;长期潮湿和温度适宜时,还会发生霉变。当湿度过小而温度较高时,它们又会蒸发所含水分,产生收缩变形或干裂,强度和密封性变差。

霉变就是霉菌的破坏作用。霉菌适宜在温度为 25～35 ℃、相对湿度为 80％以上的环境中生长。当温度低于 12 ℃或高于 40 ℃、相对湿度低于 60％时,霉菌将停止生长。弹药中的非金属材料含有霉菌生长所需的营养源,如皮革的表面修饰剂的主要成分乳酪素、纤维织物上浆用的淀粉浆料等,这些营养成分溶解在水中,能够被霉菌所吸收。由于霉菌具有分布广泛、繁殖迅速、代谢旺盛、易于迁变和适应等特点,因此,只要环境条件适宜,它就会在各种材料上繁殖,产生出水解酶、有机酸、氨基酸和一些有害的毒素,使各种非金属材料发霉腐烂,丧失使用价值。如皮革出现霉斑、龟裂甚至腐烂;纤维的色泽、拉力、强度受到破坏;化纤织物粘度增高,并有结块现象等。

潮湿和霉菌共同作用,会加大对装备中各种材料的影响,如表 2-6 所列。

表 2-6　潮湿和霉菌对装备中各种材料的影响

| 部件或材料 | 潮湿或霉菌的影响 |
|---|---|
| 纤维制品:垫圈、支架等 | 潮湿引起膨胀,膨胀又使支架失调,造成支撑部件粘合,被霉菌毁坏,低温使垫圈发脆 |
| 纤维制品:接线柱和绝缘子 | 形成漏电路径,引起跳火,丧失绝缘性能 |
| 层压塑:接线板、交换机面板、线圈架及连接器 | 丧失绝缘性能。漏电引起跳火,起层,表面及边沿有霉菌生长 |
| 模压塑料:接线板、交换机面板、连接器和线圈架 | 经过机械加工、锯或切削的边沿或表面均能供养霉菌,引起短路和跳火。霉菌使装在塑料上的零件之间的电阻下降,甚至失效 |
| 棉、亚麻、纸等纤维制品:绝缘材料、罩、条带、迭层和介电质等 | 绝缘性能下降或丧失,造成严重击穿、跳火,全部霉烂而毁坏 |
| 木材:盒、套、箱、垫料和杆等 | 潮湿和霉菌造成干朽、膨胀、起层 |
| 皮革:带、盒和垫圈等 | 霉菌破坏鞣革和保护材料,潮湿细菌造成霉烂 |
| 玻璃:透镜、窗等 | 霉菌在有机灰尘、昆虫径迹、昆虫粪便、死昆虫上面生长。玻璃上的死虫和霉菌使透明度变差,并腐蚀附近的金属部件 |
| 蜡:浸渍用 | 抑制霉菌的蜡不干净,将滋生霉菌,破坏绝缘和防护质量,并使潮气进入,破坏部件和电路平衡 |
| 金属 | 高温和湿气引起迅速腐蚀,霉菌和细菌生长产生酸和其他产物,从而加速了表面的侵蚀和氧化,妨碍活动部件、螺钉的功用,在接线柱、电容器之间产生灰尘,引起噪声、灵敏度损失和电弧放电 |
| 金属:两种或两种以上 | 铆接处或螺栓接头、轴承、滑槽和螺纹等地方具有不同电位的金属,在潮湿时电解,一种金属镀在另一种金属上面,形成盐和严重的表面侵蚀 |
| 焊接接头 | 接线板上多余的焊剂吸潮,加快了腐蚀和霉菌的生长 |

# 2.2　力学环境效应

力学环境是指引起物体运动加速或变形的外力环境,其中包括冲击、振动、颠振、声振、离心、碰撞、跌落、摇摆、加速度及静力负荷等各种机械环境条件。尽管装备具有承受一般外力作用的能力,但在各种外力的作用下,装备的质量和安全还是会受到不同程度的危害,从而影响装备的正常使用,甚至发生各种事故。振动和冲击是影响装备的质量和安全的主要力学作用形式,存在于装备物流过程的各个环节。

## 2.2.1 振　动

机械或结构系统在其平衡位置附近的往复运动称为振动。它是一种准连续的振荡运动和振荡力。振动惯性力数值虽然较小,但往往方向反复不定,且连续作用若干时间,因此它的影响仍不可忽视。武器装备在其寿命周期的储存、运输和使用中存在着大量的振动问题。例如:导弹、飞机在飞行中,由于发动机和气流扰动所造成的振动;火炮、车辆在凹凸不平的路面上行驶所引发的振动;旋转机械由于质量失衡在运行中产生的振动;弹药装卸运输过程中的连续振动或发生共振,就可能造成弹药中一些薄弱零部件连接松动、装药破碎,甚至使保险机构接触保险、火工品提前作用等严重后果。

**1. 振动概论**

振动是在相对给定的参考系中,一个随时间变化的量值与其平均值相比较所表现出的时大时小交替变化的现象,是一种特殊的运动形式。它随着振动体和振动形态的不同,又有着各种不同的表现形式。同时,具有质量和弹性的机械系统的振动称为机械振动。

（1）机械振动问题

从系统论的角度来看振动问题,一个振动系统包括三个方面:输入、输出和系统模型(或系统特性)。输入是激励、动载荷,可以是力、力矩等,也可以是运动量或称为振动环境。输出就是响应,包括系统的位移、速度、加速度或内力、应力、应变等。振动分析就是确定激励系统响应三者之间的相互联系,并根据其中二者去研究第三者,如图 2 - 6 所示。

激励 → 振动系统 → 响应

**图 2 - 6　机械振动系统分析框图**

从激励、响应与系统特性三者的关系来说,可以将所研究的振动问题归纳为以下四类:

1)响应分析

在已知系统参数和外激励的情况下求系统响应的问题,包括位移、速度、加速度和力的响应,机械振动系统响应分析为设计计算机强度、刚度、允许的振动能量水平等提供了依据。

2)系统设计

在已知系统激励的情况下设计合理的系统参数,以满足对动态响应或其他输出的要求。对于一个良好武器系统的设计,这个问题更为重要,然而它也有赖于前一问题的解决。在实际工作中,这两个问题是交替进行分析的。

3)系统识别

在已知输入及输出的情况下求系统的参数,以便了解系统的特性。在目前现代化测试手段已十分完善的情况下,这一研究十分有效。

4)环境预测

系统特性和响应来确定激励,即已知系统输入及系统参数时确定系统输入,以判定系统的振动环境特性。

实际振动问题往往是非常复杂的,可能会同时包括分析、识别和设计等有关内容。在装备研制中振动问题的一般处理流程如图 2 - 7 所示。

（2）机械振动的分类

为了便于研究,可按不同方式对机械振动分类。

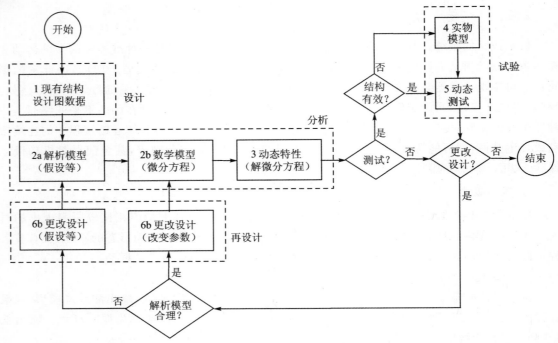

**图 2-7　装备研制中的振动问题处理**

1)按系统的自由度数目分类

单自由度系统振动:在振动过程中任何瞬时几何位置只用一个独立坐标就能确定的系统振动。

多自由度系统振动:在振动过程中任何瞬时几何位置用多个独立坐标才能确定的系统振动。

连续系统振动:在振动过程中任何瞬时几何位置需要无穷多个独立坐标才能确定的系统振动。

2)按振动系统所受激励类型分类

自由振动:系统受初始干扰或原有的外激励取消后产生的振动。

受迫振动:系统在外激励作用下产生的振动。

自激振动:系统在输入和输出之间具有反馈特性并有能源补充而产生的振动。

3)按系统的响应(振动规律)分类

简谐振动:能用一项时间的正弦或余弦函数表示系统响应的振动。

周期振动:能用时间的周期函数表示系统响应的振动。

瞬态振动:只能用时间的非周期衰减函数表示系统响应的振动。

随机振动:不能用简单函数或函数的组合表达运动规律,只能用统计方法表示系统响应的振动。

4)按描述系统的微分方程分类

线性振动:能用常系数线性微分方程描述的振动。

非线性振动:只能用非线性微分方程描述的振动。

（3）单自由度振动系统

实际的机械振动系统往往十分复杂，为便于分析和计算，在分析机械振动系统的振动问题时，一般将实际系统简化和抽象为动力学模型，以表示系统的主要动态特性及外部激振情况。当然，简化程度取决于系统本身的复杂程度，振动的实际情况，计算结果的准确性要求及计算工具和计算方法的选用等，最后简化结果的正确与否，则需要经过实测来检验。在这里只简要介绍一下单自由度机械振动系统的动力学模型。

从力学的角度看，一个实际的振动系统可分解为惯性（质量）、弹性和阻尼三种构成要素，或称三种元件。惯性元件是承载运动的实体，弹性元件提供振动的回复力，阻尼元件在振动过程中消耗系统的能量或吸收外界的能量。如果实际机械系统或者机构系统可以简化为由一个质量、一个弹簧和一个阻尼器组成，并且质量在空间的位置用一个坐标就可以完全描述，则该系统称为单自由度振动系统。

1）振动力学模型

一个典型的单自由度振动系统的力学模型如图 2-8 所示。

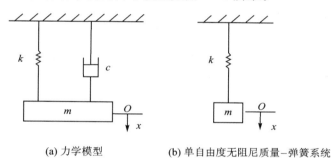

(a) 力学模型　　　　　　(b) 单自由度无阻尼质量-弹簧系统

**图 2-8　单自由度振动系统**

图中，$m$、$k$ 和 $c$ 分别表示单自由度振动系统的三个典型的集中参数元件，即质量、弹簧和阻尼器。它们之间的关系，用以下公式表示：

力与加速度之间的关系公式为

$$F_m = m\ddot{x} \tag{2-5}$$

式中：$F_m$ 为对质量施加的作用力；$m$ 为对刚体直线运动惯性的度量，即质量；$\ddot{x}$ 为质量加速度。

弹簧力与位移之间的关系公式为

$$F_s = kx \tag{2-6}$$

式中：$k$ 通常称为直线位移弹性系数或刚度；$x$ 为质量位移或弹簧两端点位移之差或弹簧变形。

阻尼器的阻尼力与速度之间的关系公式为

$$F_d = c\dot{x} \tag{2-7}$$

式中：$c$ 为阻尼系数；$\dot{x}$ 为质量速度，也是阻尼器两端的相对速度。

2）振动微分方程

单自由度系统振动微分方程可以采用牛顿第二定律来建立。如图 2-8(b)所示，以直角坐标 $x$ 描述质体 $m$ 的位置，坐标原点选在质体的静平衡位置或弹簧未变形时质体的位置，$x$ 向下为正。

令质体 $m$ 沿 $x$ 轴方向运动到任意位置 $x$ 时，作用于 $m$ 上的弹簧力为

$$F_s = -k(x + \delta_{st}) \qquad (2-8)$$

式中：$\delta_{st}$ 为弹簧悬挂质体 $m$ 产生的静伸长，$\delta_{st} = mg/k$；负号表示弹簧力 $F_s$ 始终与 $x+\delta_{st}$ 的方向相反；作用在质体 $m$ 上的重力 $mg$ 方向始终向下。根据牛顿第二定律运动方程：

$$mg - k(x + \delta_{st}) = m\ddot{x} \qquad (2-9)$$

即

$$m\ddot{x} + kx = 0 \qquad (2-10)$$

这个二阶线性常系数齐次微分方程就是单自由度无阻尼系统的自由振动微分方程。

如果实际机械系统或者机构系统的质量在空间的位置需用多个独立坐标才能够完全描述，则该系统就称为多自由度振动系统。限于篇幅在这里不再赘述。

**2. 振动环境效应**

振动是一个复杂的力学环境条件，加上装备机械特性的影响，就变得更为复杂。

（1）振动对器材的主要影响

① 导线间产生摩擦；

② 相邻部件之间碰撞损坏；

③ 螺母、螺钉以及其他紧固件的松动；

④ 电路中产生噪声，间断电触点；

⑤ 带电元件间的接触和短路；

⑥ 密封失效；

⑦ 构件疲劳损坏；

⑧ 光学上的失调；

⑨ 裂纹和断裂；

⑩ 松开的质点或元件引起系统回路或机械的卡塞；

⑪ 均匀混合物或悬浮物的分层或分离；

⑫ 滚珠轴承套的磨损；

⑬ 摩擦结合面破坏；

⑭ 轴磨损。

（2）装备失效类型

装备在振动环境应力作用下，其失效模式可分为功能失效和结构失效两类。

1）功能失效

装备在振动环境应力作用下，其工作状态或输入/输出特性发生不允许的变化，致使其主要技术参数超差，称为功能失效。功能失效在振动量值变小，或振动环境应力去掉后功能即可恢复。这类失效表现出失效的速度快，只要振动量值达到某一数值，失效效应立即表现出来。

功能失效主要是因为装备在外界振动激励下产生了较大的响应。例如，继电器的两个触点之间如果振动位移过大，就会发生开、关状态的变化而导致失效；电机转子轴如果位移振幅太大，超过定子、转子之间的间隙就会出现"扫膛"失效，电机的输入/输出特性必然发生很大变化，其主要电气、机械特征参数将会超差；仪表指针系统的振动位移振幅过大时，将会无法判读，这也是一种失效。

不同装备对振动的敏感性是不同的。有的装备对振动加速度敏感，如脆性材料构成的装

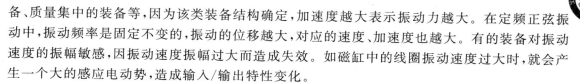

备、质量集中的装备等,因为该类装备结构确定,加速度越大表示振动力越大。在定频正弦振动中,振动频率是固定不变的,振动的位移越大,对应的速度、加速度也越大。有的装备对振动速度的振幅敏感,因振动速度振幅过大而造成失效。如磁缸中的线圈振动速度过大时,就会产生一个大的感应电动势,造成输入/输出特性变化。

　　2)结构失效

　　由于振动环境交变应力的作用,装备上产生较大的响应,造成结构内部或外部损伤,引起的装备功能失效,称为结构损坏失效。这类失效一旦出现,即使外力去掉功能也不能恢复。造成结构失效有以下两种情况:

　　① 应力变形或断裂。在环境振动应力作用下,装备上产生了结构材料不允许的过大的应力、应变,使结构材料的内应力进入塑性区或使装备结构材料的内应力大于其断裂强度,装备出现零部件塑性变形或断裂,这种失效模式往往不需要很长的时间就能出现。

　　② 疲劳效应。在环境振动应力作用下,由于装备上产生较大的响应,其响应虽然没有前者大,但其内应力已构成装备结构材料的晶格滑移,造成结构表面及内部细小的损伤和缺陷的扩张。这种疲劳失效具有下列三个特点:

- 振动的交变应力远小于静强度极限时,失效就可能发生。
- 疲劳是永久性、局部性损伤的递增过程。疲劳裂纹要经历应力的多次重复,所以失效表现出来需要有一定的振动时间。
- 疲劳裂纹出现时,即使构件是塑性材料也常常没有显著的塑性变形,因此事先检查维护时不易发现。

　　在疲劳破坏的断口上,一般呈现两个区域:一部分是光滑区域,另一部分是颗粒状区域。破坏时,首先从有损坏或材料的缺陷上开始出现裂纹,该点称为"疲劳源"。在振动交变效应的反复作用下,裂纹从疲劳源向周围扩展。两个断裂面反复相互挤压,形成光滑区域。随着裂纹的扩大,受力件的有效截面越来越小。直到截面的残留部分的抗力不足时,就会在某一振动应力下突然断裂。这种突然的一次应力断裂的表面材料形成颗粒状区域。

　　大多数材料的疲劳极限应力在静强度极限的 1/2 左右。疲劳应力极限值除与材料有关外,还与构件的几何形状、尺寸和表面加工状态有关。如果振动应力超过疲劳极限,装备在此振动条件下必然出现疲劳损伤,导致损坏而使装备失效。如果装备上的振动应力小于该装备的部件对应的疲劳极限,振动时间无限长也不会造成失效。

　　装备受振动环境应力作用时,出现的概率最高、作用时间最长,或出现振动幅值最大的振动频率称为危险频率,在危险频率上最易引起装备失效。如果在危险频率上不发生失效,则在其他频率上不可能引起装备失效。

**3. 典型振动环境特性分析**

　　装备运用环境中的主要振源是运输系统,其中包括负载和无负载的陆路运输、空中运输、火车运输、水上运输和有装卸特性的重要运输系统。其他振源:有的与装备有关,如枪炮的射击或火箭的发射及射出弹药的爆炸;有的与机械有关,如旋转机械及运输系统中的动力机构。

　　(1)公路运输

　　公路运输经受的振动环境与人员和装备互相作用产生很多不利影响。人员可以承受他们允许承受的没有降低人体功能的振动上限,同样,装备也有承受振动而不损坏的振动类型或极限。车辆最终经受的振动是由运输道路表面产生的振动与由发动机或其他内部运转机构引起的振动的叠加。

资料表明,卡车行驶在路况较差的土质路面或沙石路面上,且高速行驶时,上下颠簸明显,加速度值可达10$g$左右。如果卡车上装载质量较轻,且不固定,则车辆在行驶过程中引起的颠簸,还可以使装备器材上下跳动,引起装备之间以及装备和车辆底板间产生撞击现象,此时引起的惯性加速度可达300$g$以上。在平稳的路面上行驶,车辆引起的振动较小,往往以很高的频率和很小的振幅振动,当运输车辆以40 km/h的速度行驶发生紧急制动时,引起的向前冲击加速度可以达到0.7$g$,卡车以80 km/h的时速在柏油路上越过2 cm凸起物的冲击加速度可达到3$g$以上。总之,装备运输过程中的振动现象是不容忽视的。

1)随机振动参数

我国公路路面分为一级(A)、二级(B)、三级(C)、四级(D)四个不同等级,GJB 3493—98《军用物资运输环境条件》规定汽车运输分为Ⅰ、Ⅱ、Ⅲ三类,Ⅰ类运输为汽车在二级及二级以上公路上行驶,Ⅱ类运输为汽车在三级及三级以上公路上行驶,Ⅲ类运输为汽车在无路地区行驶情况,对汽车运输的振动冲击条件分为三种情况分析,随机振动在垂直、横向、纵向引起的冲击参数如表2-7所列。

表2-7 不同类型车辆运输随机振动量

| 振动方向 | 总均方根加速度/(m·s⁻²) | | | 加速度谱密度极值/(m²·s⁻⁴) | | | 对应频率/Hz | | |
|---|---|---|---|---|---|---|---|---|---|
| | 一类运输 | 二、三类运输 | 火车运输 | 一类运输 | 二、三类运输 | 火车运输 | 一类运输 | 二、三类运输 | 火车运输 |
| 垂向 | 13.37 | 24.89 | 16.08 | 8.00 | 40.00 | 0.20 | 2 | 2 | 2 |
| | | | | 8.00 | 40.00 | 0.20 | 10 | 10 | 80 |
| | | | | 0.10 | 0.10 | 1.50 | 28 | 50 | 100 |
| | | | | 0.10 | 0.10 | 1.50 | 90 | 90 | 110 |
| | | | | 0.35 | 1.00 | 0.30 | 115 | 150 | 120 |
| | | | | 0.35 | 1.00 | 0.30 | 300 | 200 | 200 |
| | | | | 0.01 | 0.10 | 1.50 | 500 | 500 | 300 |
| 横向 | 5.73 | 10.12 | 8.50 | 0.15 | 0.60 | 0.20 | 2 | 2 | 2 |
| | | | | 0.15 | 0.60 | 0.20 | 40 | 10 | 10 |
| | | | | 0.004 | 0.06 | 0.05 | 60 | 50 | 50 |
| | | | | 0.004 | 0.01 | 0.05 | 110 | 61 | 61 |
| | | | | 0.150 | 0.01 | 0.50 | 250 | 120 | 120 |
| | | | | 0.150 | 0.40 | 0.13 | 310 | 300 | 300 |
| | | | | 0.016 | 0.40 | 0.13 | 500 | 415 | 415 |
| 纵向 | 3.64 | 6.29 | 3.02 | 0.080 | 1.80 | 0.040 | 2 | 2 | 2 |
| | | | | 0.080 | 1.80 | 0.040 | 40 | 10 | 8 |
| | | | | 0.001 | 0.01 | 0.012 | 60 | 60 | 11 |
| | | | | 0.001 | 0.01 | 0.012 | 100 | 105 | 20 |
| | | | | 0.055 | 0.10 | 0.050 | 150 | 150 | 30 |
| | | | | 0.055 | 0.10 | 0.050 | 200 | 200 | 40 |
| | | | | 0.008 | 0.01 | 0.003 | 500 | 500 | 65 |

汽车在随机振动过程中垂向、横向、纵向都有不同程度的加速度变化范围,但以垂向上的随机振动最为严重,三种不同汽车的加速度谱密度也同样是垂向上最强。这里列出汽车、火车运输过程中的随机振动谱密度,如图 2 - 9 所示。

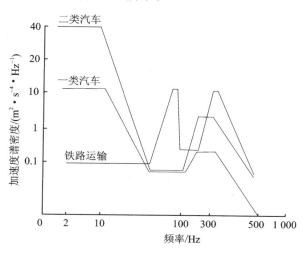

**图 2 - 9　汽车、火车运输随机振动加速度谱密度垂向谱图**

2)车辆振动相关性分析

汽车行驶过程中,路面的激励会引起汽车的不平稳随机振动,一般情况下为研究方便,假定车辆匀速行驶,将路面的随机激励转化为时间域的平稳随机过程。

设汽车的运动速度为

$$v(t) = v_0 + at \tag{2-11}$$

式中:$v_0$ 为初始时刻的速度;$a$ 为车辆加速度。

当汽车驶过空间频率为 $n$ 的路面时,则输入的时间频率是 $n$ 与车速 $v$ 的乘积,即

$$\omega = nv \tag{2-12}$$

因为车辆是匀速行驶,在很短的时间间隔内($\Delta t = (t + \Delta t) - t$),空间频率与相应的时间频率区间 $\Delta\omega$ 的关系

$$\Delta\omega = v(t)\Delta n \tag{2-13}$$

$$S_q(n) = \lim_{\Delta n \to 0} \frac{\sigma^2_{q-\Delta n}}{\Delta n} \tag{2-14}$$

式中:$\sigma^2_{q-\Delta n}$ 为车辆驶过路面 $\Delta n$ 内的功率;$S_q(n)$ 为车辆驶过路面 $\Delta n$ 空间频率域自功率谱密度。

在车速 $v(t)$ 与 $\Delta n$ 相应的 $\Delta\omega$ 内包含的路面垂直位移谐振量成分相同,其功率仍为 $\sigma^2_{q-\Delta n}$,有

$$S(\omega) = \frac{1}{v_0 + at}S_q(n) \tag{2-15}$$

因此汽车在行驶的情况下,$S(\omega)$ 既是时间的函数又是空间频率的函数,演变为自功率谱密度,这样可以对不平稳过程进行谱分析,其相关函数可表示为

$$E[q_1(v_1)q_2(v_2)] = \int_{-\infty}^{\infty} S(\omega)e^{j\omega(v_2-v_1)}d\omega \tag{2-16}$$

不同的路面谱表示方法不同,如苏联学者采用的路面谱函数有以下几种:

平滑的石头路面功率谱密度函数为

$$S(\omega) = 0.143v/(\omega^2 + 0.2v^2) \quad (2-17)$$

沥青路面功率谱密度函数为

$$S(\omega) = \frac{0.054v}{\omega^2 + 0.04v^2} + \frac{0.002\,4v(\omega^2 + 0.36v^2)}{(\omega^2 + 0.36v^2)^2 + 0.036v^4} \quad (2-18)$$

水泥路面功率谱密度函数为

$$S(\omega) = 0.048v/(\omega^2 + 0.225v^2) \quad (2-19)$$

美、欧国家采用另一种函数形式,例如:

$$S(\omega) = \begin{cases} 0 & |\omega| \leqslant \omega_1 \\ c/\omega & \omega_1 \leqslant |\omega| \leqslant \omega_2 \\ 0 & |\omega| \geqslant \omega_2 \end{cases} \quad (2-20)$$

（2）铁路运输

火车车厢的振动是由多种振源产生的。轨道的不均匀或粗糙、轨道接点的不连续、车轮上的扁平部位车轮的不平衡,都能引起垂直振动。横向振动由锥形车轮切轨面、车轮凸缘及轨道引起。纵向振动由启动、停车和牵引的时紧时松引起。牵引的时紧时松由每个车钩的松紧引起,在长的火车上能产生很大的值。火车运输的随机振动加速度谱密度参见表 2－7及图 2－9。

图 2－10 所示为标准牵引机构的瞬态和连续的振动环境,这些数据代表在铁路上运行期间的最高振动水平。

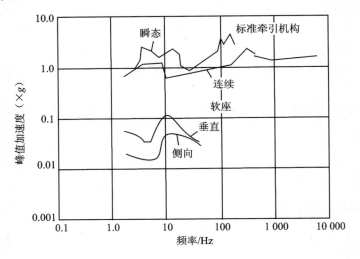

**图 2－10　列车在各种条件下的振动频谱**

图 2－11 所示为火车不同速度对振动水平的影响。数据表明垂直方向特别是在低频范围内的振动环境是最严酷的。由此可知,列车环境是由低水平的随机振动组成的,在低频范围上叠加大量重复的瞬态振动。图中下半部分则指出了铁路振动环境中软垫设备的影响。

（3）空中运输

空中运输包括导弹和火箭,空运的器材对振动比较敏感。由螺旋桨飞机、喷气式飞机和直

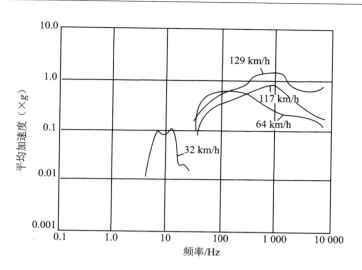

**图 2 - 11　列车在各种速度下的振动频谱**

升机的最大振动水平得到各类飞机的振动包线,如图 2 - 12 所示。

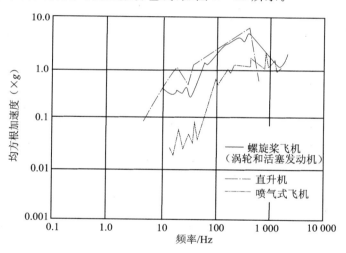

**图 2 - 12　飞机的加速度谱**

由图 2 - 12 可以看出,直升机的振动水平最高,喷气式飞机的振动水平最低。

飞机中的振动是由跑道粗糙程度、发动机或动力装置的动态、螺旋桨或转子的不平衡、空气动力和声压的变动等引起的。对于螺旋桨飞机,特征频率与桨叶通过频率有关。

## 2.2.2　冲　击

冲击是一个特定的力学概念,是指物体在很短的时间内发生很大的速度变化或进行突然的能量转换。冲击是一种特殊情况的振动,激励未达到稳定或已不再是稳定状态,作用在相当短时间内的扰动,是非周期的,通常以脉冲、阶跃或瞬态振动等形式给出。冲击激励的特点是时间短,产生的加速度大,冲击力也就很大。由于冲击环境与振动有类似之处,因此冲击对装备产生的响应也与振动类似,如紧固件的松动、电触点的间断、电器元件的短路、密封失效和焊点脱落等。

装备在储存、运输、装卸及使用中均会受到不同程度的冲击。例如,枪炮射击、化学爆炸、直升机升降和装卸运输过程中均会产生冲击力,造成装备破坏。再如,弹药运输中车辆的启动、变速、转向、制动和颠簸,弹药搬运中发生的跌落和碰撞等,都会使弹药受到很大的惯性力作用,从而导致包装破损,甚至使其火工元件发火,产生爆燃事故。

**1. 装卸冲击**

装备在装卸时会受到一定的冲击,甚至跌落(如从装卸者身上滑落或从装卸机械的操作装置上落下)。装备在装卸过程中所受冲击力的大小不仅取决于装备本身的质量、尺寸和形状,还与跌落状态、地面状况、装卸设备和人员等情况有关。

装卸作业分零散货物装卸和集装箱装卸两种。

(1) 货物装卸冲击分析

货物装卸作业中的冲击一般有两种情况:一种是箱内货物对箱的冲击,其值与货物的装载方法和箱内货物固定的强度有关;另一种是货物装箱时,货物对箱的冲击,其值与货物的包装强度有关。

从货物装卸作业方式来看,大体上可分为人力装卸和机械装卸两种。

人力装卸时,货物可能因翻倒或坠落而受到很大的冲击,这种可能性与单件货物的包装质量有关。据事故统计资料显示,小于 100 kg 的小件货物从高处坠落的机会较多。货物坠落产生的冲击力的大小,与集装箱箱底所用的材料及包装材料有关。如以冲击值作为坠落高度的函数,一般可用近似经验公式来计算,即

$$G = 0.8H + 11 \tag{2-21}$$

式中:$G$ 为冲击值;$H$ 为坠落高度。

在实际装卸过程中,货物坠落时的位置大致分两种:一种是从人的膝盖附近处坠落,其高度约为 30 cm,冲击值 $G$ 为 35 左右;另一种是从人的肩膀附近坠落,其高度为 120 cm,冲击值 $G$ 为 110 左右。考虑包装强度时应以后者计算。

机械装卸时,一般比用人力装卸时所产生的冲击要小。货物装箱一般采用小型叉式装卸车,在操作过程中要注意避免因作业不当而使货物翻落下来。这种坠落时所产生的冲击值,同人力装卸时一样,与坠落高度成正比。

人力装卸与机械装卸相比,人力装卸引起事故的可能性大。但人力装卸所造成的事故损失一般限于单件包装,故损失轻微;而机械装卸,一般都是成组装卸,故发生坠落事故后损失较大。

由于集装箱高度的限制,堆码不超过 2.4 m,货物装箱的装卸环境不论是人力装卸还是机械装卸,冲击均要小于散件运输。

无论是人工装卸还是机械装卸,其冲击力的大小主要取决于跌落高度。不同装卸方式的跌落高度范围见表 2-8。

模拟以上装卸环境进行货物装卸环境力试验,测出人工装卸的跌落冲击加速度为 10 m/s² 左右,用力抛扔时冲击加速度最大可达到 100 m/s²。铲车作用时冲击力在垂直方向的加速度最大为 1.7 m/s²。起重机起重作业产生的冲击加速度为 18.7 m/s²。

表 2 - 8　不同装卸方式的跌落高度范围

| 装卸方式 | | 跌落高度/mm | 说　明 |
|---|---|---|---|
| 人工装卸 | 肩扛 | 200～1 200 | 手扶、下滑、跌落 |
| | 双手抱/背驮 | 100～1 000 | 手扶、下滑、跌落 |
| | 二人抬 | 200～800 | 自由跌落或旋转跌落 |
| | 手提/肩挑 | 100～600 | 自由跌落或旋转跌落 |
| 非机动机械简单装卸 | | 100～600 | 自由跌落或旋转跌落 |
| 机械装卸 | 叉车装卸 | 100～400 | 与着地冲击等量的旋转跌落 |
| | 起重机装卸 | 100～600 | 与着地冲击等量的旋转跌落 |
| 空投 | | 6 000 | 与阻尼着陆冲击等量的规定跌落 |

（2）集装箱装卸冲击分析

把集装箱装上运输工具，或从运输工具上卸下来，一般都采用专用装卸机械来完成。根据测试可得出集装箱除瞬间与地面接触外，集装箱装船时在集装箱强度条件以内所产生的冲击值见表 2 - 9。

表 2 - 9　集装箱装卸中的冲击值

g

| 装卸机械 | 动　作 | 横　向 | 纵　向 | 垂　向 |
|---|---|---|---|---|
| 跨运车 | 提升 | 0.2 | 0.2 | 0.4 |
| | 运行 | 0.6 | 2.0 | 0.8 |
| | 停止 | 0.6 | 2.1 | 0.9 |
| | 降落 | 1.1 | 1.1 | 1.8 |
| 起重机 | 提升 | 1.5 | 0.1 | 0.3 |
| | 在船上临时停止 | 1.0 | 0.3 | 1.2 |
| | 装在船上 | 2.4 | 1.5 | 4.2 |
| | 卸在场上 | 1.4 | 0.2 | 1.4 |

一般来说，集装箱的装卸要比散件运输装卸时货物所受的冲击力小得多，但是操作不当，集装箱搬运所受到的冲击力也足以损坏货物。各种货物本身都具有其固有的易碎性，这种易碎性表现在货物受到一定程度的冲击后会引起破损，该界限值称为货物的允许冲击值。货物的易碎是有方向的，一种货物一般在某一方向上易碎度比较弱，而在另一方向比较强。集装箱在搬运过程中箱内货物所受到的冲击值见表 2 - 10。由表中数据也可以看出，集装箱在搬运过程中对箱内货物所产生的冲击值要比散件直接装卸或搬运所受到的冲击值小得多。

集装箱搬运时出现跌落，往往是由于装卸机械操作员操作失误或机械故障而引起的装卸事故。跌落对集装箱与货物危害都很大，严重时将危及货物的安全。集装箱运输可以直接采用跌落试验来模拟装卸跌落冲击的影响，规定的参数为跌落高度、跌落姿态和地面状况。对跌落的高度而言，高度为 0.20～0.80 m，跌落姿态有面跌落、棱跌落和角跌落等几种，以面跌落最严酷。地面状况有钢板、水泥地和硬土地等 3 种，以钢板最严酷。具体跌落测试结果：一侧（棱）跌落状态，最大实测加速度为 142 m/s²，但其脉宽极其窄；面跌落状态，最大实测加速度为99.3 m/s²，其脉宽为1.09 ms；面跌落在另一集装箱上，最大实测加速度为99.3 m/s²，其脉宽为1.09 ms；面跌落在水泥板上，最大实测加速度为88.5 m/s²，其脉宽为0.75 ms。

表2-10 货物在集装箱搬运中的冲击值

g

| 类 别 | | 散件货物 G | 集装箱货 G | |
| --- | --- | --- | --- | --- |
| | | | 半集装箱船 | 全集装箱船 |
| 场内装卸 | 包装作业 | 10.0~25.0 | 10.0~25.0 | 10.0~25.0 |
| | 装箱作业 | — | 20.0~32.0 | 20.0~32.0 |
| | 卡车装载 | 35.0~42.0 | 0.9~1.5 | 0.9~1.5 |
| | 内陆运输 | 1.5~3.0 | 1.2~2.0 | 1.2~2.0 |
| 港内装卸 | 叉车装卸 | 35.0~45.0 | 1.1~2.0 | 1.1~2.0 |
| | 移动作业 | 2.0~15.0 | — | — |
| | 搬运作业 | 2.0~20.0 | 1.1~2.5 | — |
| | 装运作业 | 3.5~50.0 | 4.0~10.0 | — |
| | 装船作业 | 40.0~60.0 | 4.0~10.0 | 2.0~6.0 |
| | 堆装作业 | 35.0~50.0 | 4.0~8.0 | 8.0 |

**2. 运输冲击**

运输冲击是一种典型的非稳定振动，为了把环境条件因素更好地分类，对各种环境条件下的冲击严酷程度做出定量的描述，工程上常用最大冲击响应谱来描述。运输过程中的冲击响应谱近似于后峰锯齿形脉冲的响应谱，如图2-13所示。

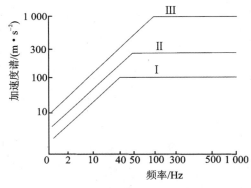

图2-13 汽车、火车运输随机振动加速度谱密度垂向谱图

常见的运输方式的冲击响应谱如表2-11所列。

表2-11 不同类型车辆运输振动冲击量

| 运输方式 | 冲击响应谱类型 | 峰值加速度/(m·s⁻²) | 交越频率/Hz | 后峰锯齿形脉冲持续时间/ms |
| --- | --- | --- | --- | --- |
| 船舶、飞机、一类汽车 | I | 100 | 40 | 10~11 |
| 铁路、二类汽车 | II | 300 | 50 | 6~9 |
| 三类汽车 | III | 1 000 | 100 | 3~5 |

对于汽车运输,运输过程中偶然出现的翻车、摔落,以及车辆的启动、变速、转向、紧急制动、严重颠簸及包装箱之间的碰撞,都会产生脉冲型应力,引起对装备的冲击。表 2-12 列出了几种情况下的冲击参数。

**表 2-12　汽车运输中不同情况下的冲击参数**

| 路面状况 | 运行速度/(km·h⁻¹) | 冲击情况 | 冲击参数 |
|---|---|---|---|
| 标准路面 | 30 | 紧急制动 | 车厢上(0.6~0.7)g |
| 泥土路面 | 13~24 | 起伏颠簸 | 车厢上(5~10)g,最高 35g |
| 柏油路面 | 50~100 | 凸起 2 cm | 车厢上(1.6~2.5)g |
| | 30 | 凸起 6 cm | 车厢上 14g,持续时间 60 ms |

对于铁路车辆,在各种情况下所产生的冲击值如表 2-13 所列。

**表 2-13　铁路车辆所受的最大冲击加速度**　　　　　　　　　g

| 内　　容 | | 上下方向 | 左右方向 | 前后方向 |
|---|---|---|---|---|
| 运行中的振动冲击速度为 30~60 km/h | 铁轨上 | 0.1~0.4 | 0.1~0.2 | 0.1~0.2 |
| | 接头处 | 0.2~0.6 | 0.1~0.2 | 0.1~0.2 |
| 正常开车 | | — | — | 0.1~0.5 |
| 停车刹车 | | 0.6~0.9 | 0.1~0.8 | 1.5~1.6 |
| 连接碰撞 | | 0.5~0.8 | 0.1~0.8 | 1.0~2.6 |
| 紧急刹车 | | 2 | 1 | 3~4 |
| 通过捕车器 | | 0.6~0.7 | 0.2~1.0 | 0.2~0.5 |

从表中数字可见,铁路车辆在连接碰撞时,前后方向的最大冲击加速度为 2.6g。碰撞冲击加速度的大小与碰撞速度和连接部分缓冲装置的质量有关。最严重的情况是车辆在运行中进行紧急刹车时所产生的冲击,此时产生的冲击力最大。根据日本国铁的实测报告,认为铁路车辆在调车编组连接时所产生的冲击加速度可能比表 2-13 中的数值还大。一般编组连接时,车辆的碰撞速度为 1~10 km/h,其平均值为 2 800 m/h 左右。上述数字是指货物直接以散件形式装在铁路棚车内产生的冲击值,如果货物装在集装箱内,而集装箱又装在铁路平板车上运行时,则它与棚车上所测的冲击加速度没有太大的差别。

铁路运输时加速度的分布情况如表 2-14 所列。从测定的结果看,在铁路运输中冲击加速度最大可能达到 100 m/s²,表现在前后方向,从冲击加速度比较大且发生次数是 1 的情况分析,产生这么大的冲击力应是货车在进行编组时。另外,还可能产生大冲击力的情况包括货车在中途站进行摘挂时,以及在铁路场地上向侧线转轨时。

**表 2-14　铁路运输中冲击时的不同加速度发生次数**

| 方　向 | 冲击加速度范围/(m·s⁻²) | | | | | 合计次数 |
|---|---|---|---|---|---|---|
| | 5~20 | 20~50 | 50~80 | 80~100 | 100 以上 | |
| 前后/次 | 120 | 22 | 3 | 1 | 1 | 147 |
| 左右/次 | 110 | 2 | — | — | — | 112 |
| 上下/次 | 12 000 | 30 | 2 | — | — | 12 032 |

表 2－14 中的数据显示，在左右方向由于发生的冲击次数比较少，冲击加速度也比较小，大部分为 $5\sim20\ \text{m/s}^2$，而 $20\sim50\ \text{m/s}^2$ 只发生 2 次，故认为左右方向的冲击可以忽略不计。上下方向虽然冲击加速度不大，但由于冲击次数过多，因此必须给予足够的重视。

**3. 冲击与材料强度**

冲击对装备造成的危害，除取决于振动、冲击加速度的大小外，还与装备构成材料的强度有关。

（1）冲击载荷与应变率

冲击载荷是指载荷作用时间远小于被冲击体的自振周期时的载荷。通常将极高加速度作用于被冲击体上的载荷称为冲击载荷，表现为负载力在极短时间内有很大的变化幅度。这种冲击载荷比静载荷的破坏能力要大得多，因而对承受冲击载荷的零件，不仅要求有高的强度和一定的硬度，还必须具有足够的冲击韧性。

材料塑变、断裂机制及抗力与材料的应变率有密切的关系。由于载荷的冲击性带来了材料的高变形速度（即应变率），也带来了与静载荷有很大不同的力学特点，如材料的塑变机制、断裂抗力都发生了明显变化。上述外因（力学）和内因（材料）的综合，使承受冲击载荷的机构零件出现一些独特的失效特点。

不能单纯以冲击速度的高低，作为划分是冲击载荷还是静载荷的标准。同时，加载时间的长短是必须考虑的重要参数，只有在高的 $\mathrm{d}F/\mathrm{d}t$（作用力的变化率）下才会构成冲击载荷的一系列力学特点。

应变率是个可以测量的参数，同时也是对塑变和断裂有密切关系的控制变量。用应变率比用冲击速度表示材料性能的变化更为合适。当应变率在 $10^{-4}\sim10^{-2}/\text{s}$ 范围时，机构性能无明显变化，可按静载荷处理；当应变率在 $10^{-6}\sim10^{-3}/\text{s}$ 范围时，称为蠕变载荷；当应变率在 $10^{-2}\sim10^{6}/\text{s}$ 范围时，称为高应变率载荷，有时亦称为动载荷。

（2）高应变率下材料的力学性能

高应变率加载对材料的塑变、断裂抗力有显著的影响。这是因为在超过了屈服强度进入塑变过程后，高应变率带来了与静载荷不同的力学、热力学问题，导致了塑变与断裂机理方面的变化。大量的试验结果又表明应变率对材料的屈服极限有明显的影响。对于较高的应变率情况，动力屈服极限比静力屈服极限要高。因此在塑性动力学问题中，应考虑应变率对材料力学性能的影响。

材料的屈服强度 $\sigma_s$ 和抗拉强度 $\sigma_b$ 一般均随应变率的增大而增大，材料的屈服强度 $\sigma_s$ 的增大比抗拉强度 $\sigma_b$ 的增大更为显著。随应变率增高，材料的屈强比（屈服强度与抗拉强度的比值）增大并趋近于 1。一般而言，低强度高塑性材料的屈服强度 $\sigma_s$、抗拉强度 $\sigma_b$ 的增加幅度比高强度低塑性材料更为显著，也就是对于应变率的变化较敏感。通过实验可得出如下结论：

① 高应变率下材料的屈服极限有明显提高。

② 从材料动力实验中可发现，快速加载使材料的强度提高。

③ 应变率具有历史效应，固体材料对应变率历史往往是有"记忆"的，这对同一材料在一定的应变率下，应力应变曲线是一定的，但当加载过程中应变发生改变时，并不立即遵循与改变后的应变率对应的应力应变关系。这表示该材料对原有的应变率历史有"记忆"。

④ 材料试验证明,因材料快速加载(即高应变率下)的粘塑性,其流动极限、屈服极限提高 20%~30%。

（3）塑性分析与设计

传统的强度设计,包括现代大多数的工程结构件和机构零部件的强度分析,都是从应力水平上考虑的。确定失效应力后,除以选定的安全系数,得到许用应力,让构件内最大工作应力小于该许用应力。许用应力一般都在材料的弹性范围内。随着对材料性质的了解和设计实践,人们发现常用结构材料在弹性范围以后,应力应变曲线有一段塑性起作用的区域。上升的曲线是由于材料塑性应变硬化的结果。上升的程度和曲线的形状因材料而有所不同。为了充分发挥材料的承载能力,提高结构设计的经济性,即按承载能力设计,利用材料的非弹性性质来提高结构的承载能力和经济性。这种方法称作塑性分析与设计。

对冲击载荷作用的机构,可以得出在考虑高应变率并采用塑性分析与设计后,材料屈服强度的计算公式为

$$\sigma_{sd} = k_1 \cdot f^* \cdot \sigma_s \tag{2-22}$$

式中:$k_1$ 为与应变率相关的系数,高应变率时取 1.2~1.3;$f^*$ 为形状因子;$\sigma_s$ 为材料在静载时的屈服强度。在材料静载屈服强度未知的情况下,采用调整计算公式为

$$\sigma_{sd} = k_2 \cdot f^* \cdot \sigma_{bd} \tag{2-23}$$

式中:$k_2$ 为与应变率相关的系数,高应变率时取 0.6~1;$\sigma_{bd}$ 为材料在高应变率时的抗拉强度。

# 2.3　电磁环境效应

武器装备现代化的一个重要标志就是大量微电子器件和电发火装置的应用,这也使得武器装备的电磁敏感度越来越高。另一方面,在高技术战争条件下,除雷电、静电等自然危害源之外,雷达、通信、导航设备等人为电磁危害源数量也逐步增加,且辐射功率越来越大,频谱逐渐拓宽。而电子战系统的广泛应用和电磁脉冲武器的出现,使有限的战场空间的电磁环境变得更加恶劣。这种复杂多变的电磁环境,不仅会危及电子装备、电爆装置和人员的安全,而且将直接影响到信息化武器系统战术和技术性能的发挥,严重地影响到部队的战场生存能力和战斗力。

## 2.3.1　电磁环境及其作用

电磁环境是电磁空间的一种表现形式,是指存在于给定场所的所有电磁现象的总和。"给定场所"即"空间","所有电磁现象"包括了全部"时间"与全部"频谱"。电气和电子工程师协会(IEEE)对电磁环境定义为:一个设备、分系统或系统在完成其规定任务时可能遇到的辐射或传导电磁发射电平在不同频段内功率与时间的分布,即存在于一个给定位置的电磁现象的总和。

### 1. 电磁环境构成

一般情况下,构成空间电磁环境的主要因素有自然环境因素和人为环境因素两大类,见表 2-15。

表 2-15　电磁环境的一般构成

| 环　境 | 因　素 |
|---|---|
| 自然环境 | 雷电电磁辐射源 |
| | 静电电磁辐射源 |
| | 太阳系和星际电磁辐射源 |
| | 地球和大气层电磁场等 |
| 人为环境 | 各种电磁发射系统:电视、广播发射台,无线电台、站,通信导航系统,差转台,干扰台等 |
| | 工频电磁辐射系统:高电压送、变电系统,大电流工频设备,轻轨和干线电气化铁路等 |
| | 行业领域应用的有电磁辐射的各种设备或系统 |
| | 以电火花点燃内燃机为动力的各种交通工具和机器设备 |
| | 现代化办公设备、家用电器、电动工具等 |
| | 用于军事目的的强电磁脉冲源 |

当研究或关注某一局部环境时,小区域的电磁环境往往由附近作用比较明显的个别电磁辐射源所决定。按照场所大小、辐射源性质和应用目的的不同,电磁环境可分为许多具体的类型,如城市电磁环境、工业区电磁环境、舰船电磁环境、电力系统电磁环境、武器系统电磁环境及战场电磁环境等。

我们所说的复杂电磁环境即战场电磁环境,是指在一定的战场空间内,由空域、时域、频域和能量上分布密集、数量繁多、样式复杂、动态交替的多种电磁信号交叠而成,严重妨碍信息系统和电子设备正常工作,显著影响武器装备的作战运用和效能发挥的战场电磁环境。战场电磁环境同样既有自然干扰源,又有强烈的人为干扰源。

（1）自然干扰源

静电放电有时是高电压、强电场和瞬时大电流的过程,在此过程中会产生上升时间极快、持续时间极短的初始大电流脉冲,并伴随强烈的电磁辐射,其辐射频带很宽(0～3 GHz),往往会引起电子系统中敏感部件的损伤或产生状态翻转,使电发火装置中的电火工品误爆,造成事故。

雷电电磁脉冲是伴随雷电放电过程的电磁辐射和电流瞬变。从广义上说,雷电也可以看作是大规模静电放电,其放电电流持续时间长,产生的电磁脉冲场强大、频谱较窄、频率较低(1 kHz～10 MHz)。雷电电磁脉冲可以将脉冲能量耦合到武器装备上而使其不能正常工作。

（2）无意干扰源

战场电磁环境中的无意干扰源包括系统内部和外部的电磁辐射干扰。当不同的电气设备在同一空间中同时工作时,总会在它周围产生一定强度的电磁场,这些电磁场通过一定途径(辐射、传导)把能量耦合给其他设备,使其他设备不能正常工作。同时,这些设备也会从其他电子设备产生的电磁场中吸收能量,使自己不能正常工作。这种相互影响在小范围内存在于设备与设备、部件与部件、元件与元件之间,甚至存在于集成电路内部;在大的范围内则存在于系统与系统之间、小系统与大系统之间,如舰艇与舰艇之间、防空雷达与通信雷达之间、军用雷达与民用雷达之间的相互干扰等。

战场电磁环境中的无意干扰其实质是电磁兼容问题。国内外关于电磁兼容性的定义都有如下的表述:电磁兼容性是设备(分系统、系统)的一种能力,是其在共同的电磁环境中能一起执行各自功能的共存状态。电磁兼容性包括两个方面的含义。一方面是该设备在它们自己所产生的电磁环境和外界电磁环境中,按原设计要求正常运行,不会由于受到处于同一电磁环境中的其他设备的电磁发射而导致或遭受不允许的降级,也就是说,它们具有一定的抗电磁干扰能力。另一方面电子设备自己产生的电磁噪声必须限制在一定的水平,避免影响周围其他电子设备的正常工作,不会使同一电磁环境中的其他设备(分系统、系统)因受其电磁发射而导致或遭受不允许的降级。

（3）有意干扰源

传统电子对抗是有意干扰的一种形式,它利用专门的电子设备或装置发射电磁干扰信号,能干扰、破坏敌方电子系统的正常工作,其目标是敌方的雷达、无线电通信、无线电导航、无线电遥测、敌我识别及武器制导等设备和系统,包括各种光电设备,可造成敌方通信中断、指挥瘫痪、雷达迷盲、武器失控或命中精度降低。电磁干扰还能欺骗敌人,隐蔽己方行动意图。

核电磁脉冲 NEMP(Nuclear ElectroMagnetic Pulse)是核爆炸产生的强电磁辐射,它的电磁脉冲强度大、覆盖区域广。传统的百万吨当量的核武器在高空爆炸时,其总能量中约万分之三是以电磁脉冲的形式辐射出去的,电磁脉冲能量约为 $1 \times 10^{11}$ J 级,其作用范围可以覆盖相当于整个欧洲的面积。

非 NEMP 是一种由电磁脉冲武器产生的电磁场强度非常高、波形前沿上升快、持续时间短、频谱宽、能量极高的电磁波。非 NEMP 武器可分为定向辐射的非 NEMP 武器(简称定向能武器 DEW)和非定向辐射的 NEMP 武器(又称 EMP 炸弹)。DEW 武器通过天线汇聚成方向性很强的电磁能量束,可直接杀伤、破坏目标或使目标丧失作战效能,包括高功率微波(HPM)、超宽带(UWB)以及电磁导弹等。

现代战场的电磁环境构成如图 2-14 所示。

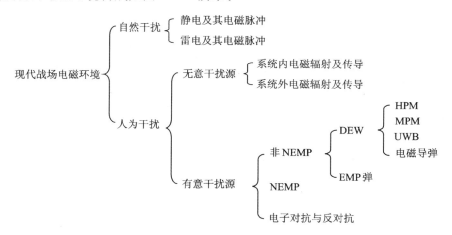

**图 2-14　现代战场电磁环境构成**

**2. 复杂电磁环境下装备的失效模式**

电磁环境对电子设备(系统)或生物体的影响作用即电磁环境效应(Electromagnetic Environmental Effects),一般也称为 $E^3$ 问题。

战场电磁环境效应会引起武器系统电子电气元件的失效或损伤以及电爆装置等的误动作等后果,严重时会大大制约武器系统性能的发挥。1962 年,美国两枚民兵 Ⅱ 型导弹因受电磁脉冲干扰而失灵，导弹在飞行中炸毁。1967 年，美大力神 ⅢC-10 和 C-14 运载火箭均因制导计算机受电磁干扰而导致发射故障。电磁干扰还致使一枚"宇宙神"导弹在发射升空数秒后爆炸，造成发射台严重损毁的事故。1980 年，英阿马岛之战中，英"谢菲尔德"号驱逐舰因雷达与通信系统间的电磁串扰而被阿根廷飞鱼导弹击中，酿成舰毁人亡的惨剧。火箭弹、装有无线电引信的炮弹、通信系统等因受电磁干扰而造成的事故也很多。

1991 年的美国政府报告（AD-A243367）中强调集成化后勤保障工作应十分重视武器系统的电磁环境效应，并明确指出在现代战场和后勤保障中应考虑的电磁环境效应有 14 种，包括静电放电（ESD）、电磁兼容性（EMC）、电磁敏感性（EMS）、电磁辐射、雷电（Lightning）效应、电子对抗（ECM）、干扰/阻断、电磁干扰（EMI）、电磁易损性（EMV）、电磁脉冲（EMP）、射频能的威胁，以及电子战（EW）、高能微波（HPM）和元件间的干扰。美国国防部在 R&M2000 文件中，还把静电放电等电磁环境效应规定为武器系统可靠性与维修性研究的指标之一。

在复杂电磁环境下，装备受到电子信号的干扰，往往不能正常工作，常见的失效模式有以下几种：

（1）工作失灵

电子设备在受到敌方电磁干扰以及与己方其他电子设备之间的因电磁兼容问题而不能正常工作的情况常称为工作失灵。当电子设备（例如雷达等重要的电子装备）无法正常工作时，往往会造成严重的影响。在英阿马岛海战中，英国驱逐舰"谢菲尔德"号便是一例，因为本身的雷达系统与电子设备不兼容，互相干扰，导致电子设备工作时雷达系统无法工作，结果被阿军的飞鱼导弹击中，损失惨重。

（2）功能损坏

功能损坏是指电磁脉冲波进入电子设备内部后，其能量可能造成设备某些部位器件的永久性失效，最严重的就是烧毁设备内部半导体器件，导致装备无法发挥全部功能，降低装备的战斗力。自然环境中的雷电干扰也可以造成电磁环境的复杂化，高速飞行中的导弹易受到雷电电磁干扰。雷电放电形成的电磁脉冲进入导弹内部后，容易损坏导弹上的电子控制设备、制导设备等，引起弹载计算机功能紊乱、控制系统工作失效，甚至诱发弹上的火工品引爆，导致恶性事故的发生。

（3）系统瘫痪

在现代战争中，进攻方通常首先采取电子攻击，使得敌方的指挥控制系统处于瘫痪状态，导致敌方指挥机关无法及时地对部队进行指控。在海湾战争中，以美国为首的多国部队首先采用电子战打击，使得伊拉克的指挥系统和通信设备遭到毁灭性打击，主要表现就是：电子控制系统受到了电磁信号的干扰；雷达网被假信号所覆盖；防卫系统受到了严重的影响；通信系统遭到电磁炸弹的袭击而陷于瘫痪，使伊军的整个指挥系统处于瘫痪状态，直接导致伊军处于全面被动挨打的局面。

**3. 复杂电磁环境效应对武器装备及保障的影响**

武器系统靠电子技术大大提高了作战效能，同时武器系统还强烈地依赖于电子设备及其所处的电磁环境。现代高技术战争是在复杂多变的电磁环境中展开的。电磁环境效应直接影响着武器装备战斗效能的发挥和战场的生存能力。

(1) 对装备性能要求的影响

联合作战涉及诸军兵种各种类型的电子装备,如果电磁兼容问题解决不好,各个系统之间及各种装备之间的相互影响和干扰将会使自己陷于"电磁陷阱"之中,不仅不能发挥武器装备的作用,还会削弱自身的战场生存能力。电磁环境效应对于电子设备的干扰、扰乱、损伤(降级)和损坏作用是否奏效,取决于武器装备电磁防护能力的强弱。因此,武器装备在硬件上要求电子元器件性能好,线路布局合理,采用防护加固设计,屏蔽措施有效,在软件上要求电子设备具备一定的电磁环境识别和自动保护功能。

(2) 对装备保障决策、指控的影响

综合保障决策包括保障物资调控决策、维修人员调度决策、备件储供决策和维修保障费用决策等。对装备综合保障进行决策、指控,必须首先获取前线战场信息,然后对信息进行分析处理,做出正确的保障决策和指控。决策包括人为决策和计算机辅助决策,在复杂电磁环境下,计算机易受到电磁干扰的影响,无法正常工作。另外,在复杂电磁环境下,信息的及时、准确传递也受到严重的影响。指挥机关得不到准确的战场信息,就无法准确地对装备保障进行决策、指控,会严重影响装备维修保障的顺利进行,延长战损武器装备恢复战斗力的时间,造成战场形势的不利局面。

(3) 对装备维修保障作业的影响

现代武器装备具有以下特点:一是设备组成越来越复杂;二是品种型号繁多;三是装备工作频率范围宽。进行装备维修保障作业时,同样需要型号繁多的维修保障装备。在复杂电磁环境下,进行武器装备的维修保障作业,整个过程从装备检测到装备维修,都会受到复杂电磁环境的影响。目前的装备维修过程中通常会大量使用电子设备,这些电子设备在工作过程中,会面对电磁兼容以及电磁干扰等问题,导致设备内部电子元器件损坏,设备无法正常工作,影响维修保障作业。

(4) 对保障信息采集与处理的影响

在装备保障过程中,通常会产生大量的信息,如人员与人力管理、维修管理、器材保障、设备设施、技术资料等信息。要及时地将这些信息进行交换、共享与管理,必须首先将这些信息数字化,然后通过网络实现装备保障数据的处理。在复杂电磁环境下,因为信息数字化设备一般含有大量的电子器件,易受到电磁波辐射影响。利用网络对数据进行交换、共享与管理时,整个网络系统也面临复杂电磁环境的考验。在复杂电磁环境中,电子设备工作环境非常恶劣,进行信息采集与处理时,可能会受到敌方电磁干扰、己方电磁干扰以及自然电磁干扰等多重影响,导致无法正常采集保障信息,甚至采集到错误的保障信息,给指挥员指挥作战造成巨大的影响。

## 2.3.2　静电效应

静电放电(Electro-Static Discharge,ESD)是一种常见的近场电磁脉冲危害源,对各种微电子元器件危害极大。它不仅可以造成电子设备的严重干扰和损伤,而且还可能形成潜在性危害,使电子设备的工作寿命缩短,引发重大工程事故。历史上曾多次报道静电放电使火箭发射失败的事例,如表 2-16 所列。另外,ESD 也会引燃油料、弹药等易燃、易爆物质,进而给武器装备带来危害。

**表 2-16 历史上因静电导致火箭飞行失败统计资料**

| 火箭名称 | 试验代号 | 发射年度 | 故障高度/km | 故障出现时真空度/Pa | 故障简况及原因 |
|---|---|---|---|---|---|
| 民兵Ⅰ | FTM-502 | 1962 | 7.6 | 0.421 3 | 静电放电造成制导计算机故障,Ⅰ级发动机关闭前自毁,发射失败 |
| 民兵Ⅰ | FTM-503 | 1962 | 21.8 | 0.057 4 | 静电放电造成制导计算机故障,Ⅰ级发动机关闭前自毁,发射失败 |
| 欧罗尼Ⅱ | F-11 | 1971 | 27 | 0.010 6 | 静电放电使制导计算机阻塞,姿态失控,火箭Ⅰ、Ⅱ级过载自毁,发射失败 |
| 侦察兵 | S-112 | 1964 | 38~42 | 0.003 9~0.002 5 | 电爆管桥丝和壳体之间因电弧击穿,Ⅱ级发动机自毁系统爆炸,发射失败 |
| 侦察兵 | S-128 | 1964 | 38~42 | 0.003 9~0.002 5 | 电爆管桥丝和壳体之间因电弧击穿,Ⅱ级发动机自毁系统爆炸,发射失败 |
| 大力神ⅢC | C-10 | 1967 | 26 | 0.011 9 | 静电放电使制导计算机故障后,自动转移到应急后备状态 |
| 大力神ⅢC | C-14 | 1967 | 17 | 0.069 3 | 静电放电使制导计算机故障后,经地面发射指令,修正到预定轨道 |
| 德尔安 | 2313 | 1974 | — |  | 制导系统控制器件故障,火箭翻滚 |

**1. 静电简述**

(1)静电起电

静电产生的方式一般包括接触分离起电和感应起电。接触分离起电是指两种固体物质紧密接触后再分离开来而产生静电的起电方式。静电感应起电是指导体在静电电场的作用下,其表面不同部位感应出不同电荷或导体上原有电荷重新分布的现象。

(2)静电特点

静电具有高电位、小电量、低能量、作用时间短等特点。武器装备生产中设备、工装、人体上的静电位最高可达数万伏甚至数十万伏,在正常操作条件下也常达数百至数千伏。但因静电容很小,物体上的带电量很低,一般为微库或纳库量级,静电电流多为微安级,作用时间多为微秒级,带电体的静电能量也很小。但这些都是相对于流电而言的,从引发静电危害的角度看,静电电量和能量并不小。

静电在观测时重复性差、瞬态现象多。静电现象受物体的材料、表面状态、环境条件和加工工艺条件的影响显著,特别是环境湿度的影响更大,当湿度提高时,物体的带电程度将明显降低。我国大部分地区春冬等季节气候干燥,湿度低,极易产生静电。

(3)静电领域材料的分类

凡对于体电阻率小于 $10^4 \Omega \cdot cm$ 的物质或表面电阻率小于 $10^5 \Omega/sq$ 的材料,具有较强的静电泄漏的能力,都视作静电导体;反之,对于体电阻率大于 $10^{11} \Omega \cdot cm$ 的物质或表面电阻率大于 $10^{12} \Omega/sq$ 的材料,其泄漏静电的能力极弱,容易积聚起足够的可以致害的静电荷,称为静电绝缘材料;而把体电阻率 $10^4 \sim 10^{11} \Omega \cdot cm$ 之间或表面电阻率介于 $10^5 \sim 10^{12} \Omega/sq$ 之间的材料称为静电耗散材料。显然,这些概念与通常意义上的导体、绝缘体完全不同。

（4）静电放电

静电放电是指带电体周围的场强超过周围介质的绝缘击穿场强时,因介质产生电离而使带电体上的静电荷部分或全部消失的现象。大多数情况下静电放电过程往往会产生瞬时脉冲大电流,尤其是带电导体或手持小金属物体(如钥匙或螺丝刀等)的带电人体对接地体产生火花放电时,产生的瞬时脉冲电流强度可达到几十至上百安。在 ESD 过程中还会产生上升时间极快、持续时间极短的初始大电流脉冲,并产生强烈的电磁辐射形成静电放电电磁脉冲(ESD EMP),它的电磁能量往往会引起电子系统中敏感部件的损坏、翻转,使某些装置中的电火工品误爆,造成事故。

**2. 静电危害**

（1）力学效应

无论带电体带有何种极性电荷,带电体对于原来不带电的尘埃颗粒都具有吸引作用,因此悬浮在空气中的尘埃容易被吸附在物体上造成污染。例如:由于半导体芯片对浮游尘埃的吸附,可使其在生产过程中积累很强的静电。有关资料表明,在芯片上可检测到 5 kV 的静电位,在石英托盘上可检测到 15 kV 的静电位。而在制作芯片的每个工序几乎都会产生粉尘,这些粉尘因受静电力作用被吸附在芯片或载体上,使这些芯片在封装时留下短路击穿的隐患。再如,在印刷行业和塑料薄膜包装生产中,由于静电的吸引力或排斥力,影响正常的纸张分离、叠放、塑料膜不正常包装和印花,甚至出现"静电墨斑",使自动化生产遇到困难。

（2）静电放电造成的危害

静电放电造成的危害分为击穿损害和电磁脉冲损害。

1）ESD 对电子器件的击穿效应

ESD 对武器装备电子器件的击穿效应可分为硬击穿和软击穿。所谓硬击穿,是指 ESD 造成电子器件自身短路、断路或绝缘层击穿,使其永久性失去工作能力,又叫突发性完全失效。当 ESD 能量较小时,一次静电放电不足以使元器件完全失效,而是在其内部造成轻度损伤,这种损伤具有累加性,随着放电次数的增加,最终导致元器件完全丧失工作能力,这种损害叫做静电软击穿或潜在性失效。有关资料表明,在 ESD 电子器件失效中,软击穿约占 90%。因此,静电软击穿比硬击穿更为普遍,危害性更大。

2）ESD 的电磁脉冲效应

ESD 过程中产生强烈的电磁辐射形成静电放电电磁脉冲(Electro-Static Discharge Electro-Magnetic Pulse,ESD EMP)。该脉冲属于宽带脉冲,频带从低频到几个 GHz 以上,其能量可通过多种途径耦合到计算机系统和其他电子设备的数字电路中,导致电路电平发生翻转,出现误动作、信息漏失等故障。具体可分为以下几种:

程序运行故障,指计算机接受 ESD EMP 耦合后,造成微处理器内寄存器的内容发生变化或程序指令变化,导致程序执行失效。

输入/输出故障,即 ESD EMP 尖峰干扰使计算机输入或输出瞬态错误信号,造成错误信息内容或超出系统进行通信,并通过互联进行错误信息的传递。

数据存储故障,由于 ESD EMP 干扰造成存储器内数据变化,作为潜在隐患,影响系统的正常工作。

ESD 引发的电磁干扰以及放电电流产生的热量会造成器件的内伤,产生间歇的故障。以

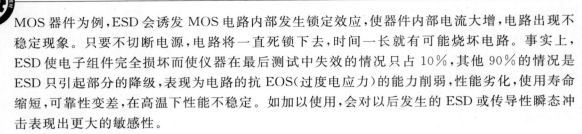

MOS 器件为例,ESD 会诱发 MOS 电路内部发生锁定效应,使器件内部电流大增,电路出现不稳定现象。只要不切断电源,电路将一直死锁下去,时间一长就有可能烧坏电路。事实上,ESD 使电子组件完全损坏而使仪器在最后测试中失效的情况只占 10%,其他 90% 的情况是 ESD 只引起部分的降级,表现为电路的抗 EOS(过度电应力)的能力削弱,性能劣化,使用寿命缩短,可靠性变差,在高温下性能不稳定。如加以使用,会对以后发生的 ESD 或传导性瞬态冲击表现出更大的敏感性。

**3. 静电危害形成条件**

静电危害的形成应具备三个基本条件:危险静电源、危险物质和能量耦合途径。

(1)危险静电源

所谓危险静电源,即某处产生并积累足够的静电荷,导致局部电场强度达到或超过周围电介质的击穿场强,发生静电放电。实际上带电体的性质不同,其放电能力也不同,导体放电时,一般可将其储存的能量一次几乎全部释放,故导体上的电位或电量等于或大于危险电位或危险电荷时,则该导体为危险静电源。绝缘体放电时,电荷不能在一次放电中全部释放,因而危险性较小,但仍然具有火灾和爆炸的危险性。可以肯定,静电电位达 30 kV 的绝缘体在空气中放电时,放电能量可达数百微焦,足以引起某些起爆药、电雷管和爆炸性混合物发生爆炸。

一般认为,对于最小点火能为数十微焦者,静电电压为 1 kV 以上,或电荷密度为 $10^{-7}$ C/$m^2$ 以上是危险的;对于最小点火能为数百微焦者,静电电压为 5 kV 以上,或电荷密度为 $10^{-6}$ C/$m^2$ 以上是危险的。当直径 3 mm 的接地金属球接近绝缘体会发生伴有声光的放电时,也认为是有危险的。在带电很不均匀的场合,当带电量和带电的极性出现特殊变化时,当绝缘体中含有明显的低电阻率区域时,以及当带电的绝缘体里或近旁有接地导体时,要特别注意,防止强烈放电引起危险。

(2)危险物质

静电源周围存在的静电敏感器件及电子装置或电火工品等易燃、易爆物质是发生静电危害的必要条件。另外,还要看所需静电能量的大小,不同的物质所需的静电能量是不同的。

最小静电点火能,是判断弹药是否会发生火灾和爆炸事故的重要数据之一。所谓最小静电点火能,是指能够点燃或引爆某种危险物质所需的最小静电能量。影响最小静电点火能的因素很多,如危险物质的种类、危险物质的物理状态、静电放电的形式、放电间隙的大小、放电回路的电阻等。因此,为了比较不同危险物质的最小静电点火能,规定使危险物质处于最敏感状态下被放电能量或放电火花点燃或引爆的最小能量为该危险物质的最小静电点火能。所谓最敏感状态,是指各种影响因素都处于各自的敏感条件下,只有在这种条件下点火能才能达到最小。

(3)能量耦合途径

仅有危险物质和危险静电源并不一定就会发生静电事故,二者之间必须形成能量耦合通路,同时分配到危险物质上的能量大于其最小静电点火能。当静电场强达到空气击穿场强时,即形成火花放电,物体上积聚的静电能量通过火花释放出来。当在电火花通道上存在爆炸性混合物、易燃易爆的火炸药时,带电体的全部或部分能量通过电火花耦合给危险物质,若电火花能量大于或等于危险物质的最小静电点火能,就可能引燃或引爆危险物质而形成静电火灾或爆炸。爆炸性混合物、散露的火炸药、带有已解除保险的火花式电雷管或薄膜式电雷管的引信、已短路的桥丝式电火工品脚壳之间都可能通过这种耦合方式获得电火花能点燃或起爆。

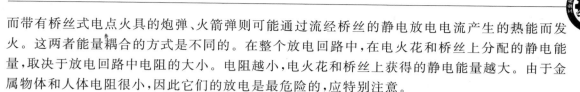

而带有桥丝式电点火具的炮弹、火箭弹则可能通过流经桥丝的静电放电电流产生的热能而发火。这两者能量耦合的方式是不同的。在整个放电回路中，在电火花和桥丝上分配的静电能量，取决于放电回路中电阻的大小。电阻越小，电火花和桥丝上获得的静电能量越大。由于金属物体和人体电阻很小，因此它们的放电是最危险的，应特别注意。

**4. 典型装备静电作用机理**

静电对装备的作用主要表现为对装备机电系统特别是各种微电子元器件危害的作用。国内外报道的由 ESD 导致卫星失控、飞机失事、导弹发射失败等恶性事故有数十起。在这里重点探讨对导弹和电发火弹药的作用机理。

（1）导弹阵地静电形成及作用机理

导弹武器系统就是典型的机-电-仪一体化技术与自动控制技术紧密结合的产物，电力与电子设备互相结合，强电与弱电交替工作。导弹武器系统电子仪器设备数量多，而且分布密集。很小的能量和电压即可击穿电介质、击毁元器件，从而造成相关设备性能的下降甚至失效。

1）形成机理

导弹阵地的静电源有多种存在形式，可简单归纳为自然界的沉积静电和人为静电。自然界的沉积静电主要是指空气中的带电小颗粒（如灰尘、云、雨等）吸附于导弹表面或与导弹表面碰撞形成的静电。例如，晴天天气条件下，竖立在导弹发射车上的 30 m 长的导弹，如果不接地，可以带上 $2.5 \times 10^{-6}$ C 的静电。人为静电主要是导弹阵地地面测发控设备、装置的电磁不兼容（如孔缝屏蔽、接地不当等）以及操作人员的误操作（如服装的未有效接地等）引发的静电。静电放电可以发生在不同电压下，研究表明，低电压和高电压静电放电会比中间值电压放电带来更多问题，而阵地操作人员操作时很有可能发生多次低电压静电放电。例如，1964 年肯尼迪发射场，德耳塔运载火箭的三级 X-248 发动机发生的意外点火事故就是由于操作人员的误操作引起的。

2）作用机理

导弹阵地静电的作用机理可以分为两类：静电放电电流的作用和静电放电电磁脉冲的作用。

静电放电产生的瞬时大电流可以对弹上电火工品、电子器件造成恶劣影响。对于电阻桥丝式和电容放电式电爆管，静电放电电流可以从插针通过炸药到达外壳，引爆电爆管，引发诸如发动机误点火、导弹误自毁、导弹误解爆等恶性事故。

静电放电电磁脉冲效应是另一种危害效应。静电放电产生的电磁脉冲频谱很宽，与导弹阵地很多测试设备工作频段相重叠。因此，如果设备的电磁兼容措施不当（如系统的有效选择、合理的屏蔽方式等），脉冲就可能耦合至设备内，干扰设备的正常工作。同时，弹体上有很多开口窗（如各种航空插座），尽管由于孔缝的趋肤效应会衰减一定的脉冲耦合量，但只要发生的电磁脉冲能量足够大，仍有造成弹上设备故障的可能。例如，1962 年美国民兵Ⅰ型导弹飞行试验时就发生过由于静电放电电磁脉冲干扰制导计算机，从而引发导弹炸毁的事故。

（2）电发火弹药作用机理

电发火弹药是电子技术与弹药相结合的产物，具有威力大、命中精度高的特点，在现代战争中得到广泛应用，但由于其中存在电火工品和电子线路，电发火弹药在储运过程中也容易受到静电作用发生燃烧爆炸事故。

1)对电火工品作用

在复杂的电磁环境中,无论是感生电流还是感应电压,都有可能对电火工品(EED)的电发火弹药产生直接影响而将其引爆。不同的是,感生电流主要作用于装有桥丝式电火工品的电发火弹药,感应电压主要作用于装有火花式和间隙式电火工品的电发火弹药。从快上升沿的电磁脉冲电流在电火工品中形成的绝热效应的分析和实验结果可以看出,电磁能量热效应对系统安全性的影响。表 2-17 是实验研究得出的 5 种电火工品的真实静电感度数据。

表 2-17　静电放电对电火工品作用的真实静电感度

| 型号名称 | 电阻/Ω | 发火条件 | 安全条件 | | 50%发火能量/mJ |
| --- | --- | --- | --- | --- | --- |
| | | | $I, C, V$ | $t/s$ | |
| 电点火具 1 | 1.25~2.25 | 700 mA | 180 mA | 5~10 | 1.730 |
| 电点火具 2 | 0.15~0.80 | 6 V | 150 mA | 300 | 12.000 |
| 电点火管 1 | 2.5~4.5 | 400 mA | 50 mA | 300 | 1.000 |
| 电点火管 2 | 12~17 | 500 mA | 25 mA | 30 | 0.225 |
| 电火帽 | 15~60 | 24 V 串 4 Ω | 0.1 μF,45 V | | 0.270 |

从表 2-17 中数据可以看出,5 种电火工品的真实静电感度比美军标 MIL-I-23659C 和国军标 GJB 736.11—90 规定的实验方法得出的相对静电感度要高得多。以电点火具 1 为例,其相对静电感度为 200 mJ 左右,按照表 2-17 中数据:电阻为 1.25~2.25 Ω,通电电流180 mA,在 5~10 s 中不应发火(安全条件所要求),据此可计算出电点火具 1 吸收的电能量为202.5~729 mJ 时,仍不应发火。但是实验表明,50%发火概率的静电放电能量仅为 1.73 mJ,两者相差几个数量级。这说明在快上升沿窄脉冲作用下的发火机理与通常意义上的电发火机理有本质的不同,前者为绝热过程,后者为热平衡过程。前者发火所需要的能量比后者发火所需的能量要小得多。

2)对电子线路作用

电发火弹药的中枢神经系统为电子线路,自电子技术从 20 世纪 60 年代的电子管元器件发展到大型集成电路以来,电子元件的耐受能量已由 0.1~10 J 降至 $10^{-8}$~$10^{-6}$ J,因而电子设备损坏率骤然升高。半导体器件损伤阈值一般为 $10^{-5}$~$10^{-2}$ J/cm²,若只引起瞬时失效或干扰,其能量值还要低 2~3 个量级。电发火弹药中的功能电路依靠低电平电磁信号工作,并在有限的时间和空间内要完成大量信息与能量的交换。这样就使得电发火弹药工作过程中的 EMS 非常高,在作战使用过程中可能受到射频电磁干扰而造成工作失败。国内外曾多次出现射频电磁干扰导致电发火弹药爆炸的事故。

## 2.3.3　雷电效应

雷电是大气中的放电现象,发生频率很高,据统计全球平均每秒发生 100 次。雷电过程产生强大电流、炽热的高温、猛烈的冲击波、剧变的静电场和强烈的电磁辐射等物理效应,具有很大的破坏力,往往带来多种危害。例如,雷电能造成人员伤亡,使建筑物倒塌,破坏电力、通信设施,酿成空难事故,引起森林起火、油库、火药爆炸等。

**1. 雷电的危害方式及破坏效应**

（1）雷电的危害方式

雷电的危害方式分为直击雷、雷电波侵入和雷电感应。

1）直击雷

直击雷是雷云与大地间的直接放电。当雷电直接击在建筑物和构筑物上时，它的高电压、大电流产生的电效应、热效应和机械力会造成许多危害，如使房屋倒坍、烟囱崩毁，引起森林起火、油库和火炸药爆炸等。

2）雷电波侵入

雷电波是由于雷击时，在对地绝缘的架空线路、金属导管上，产生高电压冲击波，沿雷击点向线路、管道的各个方面，以极高的速度（架空线路中的传播速度为 300 m/$\mu$s，在电缆中为 150 m/$\mu$s）侵入建筑物内或引起电气设备的过电压，危及人身安全或损坏设备。

3）雷电感应

雷电感应又称为雷电的二次作用，即雷电电流产生的静电感应和电磁感应。静电有两种：一是摩擦生电；二是只要有带电体靠近，就会感应相反电荷。由于雷雨云的先导作用，闪电的强大脉冲电流使云中电荷与地中和，从而引起静电场的强烈变化，使附近导体上感应出与先导通道符号相反的电荷。雷雨云主放电时，先导通道中的电荷迅速中和，在导体上的感应电荷得到释放，如不就近泄入地中，就会产生很高的电位，造成火灾，损坏设备。由于雷电电流迅速变化，在其周围空气产生瞬变的强电磁场，使导体上感应出很高的电动势，产生强大的电磁感应和电磁辐射现象。闪电能辐射出从几赫的极低频率至几千兆赫的特高频率，其中以 5～10 kHz 的电磁辐射强度为最大。电磁辐射的影响比较大，轻则干扰无线电通信，重则损坏仪器设备。

（2）雷电的破坏作用

雷电的破坏作用是多方面的，就其破坏因素来看，主要有以下三个方面。

1）热性质的破坏作用

热性质的破坏作用，表现在雷电放电通道温度很高，高温虽然维持时间极短，但它碰到可燃物时，能迅速引燃起火；当巨大的雷电电流通过导体时，在极短时间内产生大量热量，造成易燃品燃烧或金属熔化、飞溅引起火灾或爆炸。

2）机械性质的破坏作用

机械性质的破坏作用，表现在被击物直接遭到破坏，甚至爆裂成碎片，这是因为最大值可达 300 kA 的雷电电流通过被击物时，使之产生高温，引起水分极快地蒸发和周围气体剧烈膨胀，产生与爆炸一样的效果，这种爆炸引起巨大的冲击波对被击物附近的物体和人员造成很大的破坏和伤亡。

3）电性质的破坏作用

电性质的破坏作用，表现在以下几个方面：一是雷击形成的数十万伏乃至数百万伏的冲击电压，产生过电压作用，可击穿电气设备的绝缘体，烧断电线而发生短路放电，其放电火花、电弧可能造成火灾或爆炸；二是巨大的雷电电流，在通过防雷装置时，都会产生很高的电位，当防雷装置与建筑物内部的电气设备、线路或其他金属管线的绝缘距离太小时，它们之间就会发生放电现象，即出现反击电压；三是由于雷电电流的迅速变化，在它的周围空间里，就会产生强大而变化的电磁场，处于这一磁场中间的导体会感应出强大的电动势，电磁感应可以使闭合回路的金属物产生感应电流,若回路间导体接触不良,则会产生局部发热,这对于可燃物品,尤其是易燃易爆物品是危险的;四是当雷电电流经过雷击点或接地装置流入周围土壤中时,由于土壤有一定的电阻,在其周围 5～10 m 形成电位差,称为跨步电压,若人畜经过,则可能触电身亡。

按照雷电灾害的形成方式和科技工作者对雷电的研究方向可以把这段时间分为两个阶段,在 20 世纪 70 年代以前,主要集中于直击雷及其防护的研究;20 世纪 70 年代以后,以雷电电磁脉冲及其防护的研究为主。这里探讨雷电电磁脉冲的作用效应。

**2. 雷电电磁脉冲及其危害**

雷电电磁脉冲是非直击雷带来的二次效应,通常称为感应雷,可源于任何闪电形式,危害的范围远大于直击雷。雷电电磁脉冲对装备造成的灾害在国内外时有发生,特别是随着武器装备电子化程度的提高,这一现象表现得尤为突出。

(1)静电感应脉冲

大气电离层带正电荷,与大地之间形成了大气静电场,电离层与地面构成一个球形电容器,如令地面的电位为零,则电离层的电位平均约为 +300 kV。通常情况下,地面附近的电场强度约为 120 V/m。当有积雨云形成时,积雨云下层的电荷将较为集中,电位较高,致使局部静电场强度远大于大气在稳态下的静电场。在积雨云与大地之间形成的强电场中,地面的物体表面将感应出大量的异性电荷,其电荷密度和电位随着附近的场强变化,电场强度以地面的尖凸物附近为甚。例如地面上 10 m 处的架空线,可感应出 100～300 kV 的电位。落雷的瞬间,大气静电场急剧减小,地面物体表面因感应生成的大量自由电荷失去束缚,将沿电阻最低的通路流向大地,形成的瞬时大电流、高电压就叫做静电感应脉冲。对于接地良好的导体而言,静电感应脉冲是极小的,在很多时候是可以忽略的。若物体的接地电阻较大,其放电的时间常数将大于雷电持续时间,则静电感应脉冲对它的危害尤为明显。

静电感应放电脉冲的具体危害形式,主要表现为以下三个方面:

① 电压(流)的冲击。输电线路上由静电感应产生的高压脉冲会沿电线向两边传播,形成高压冲击,对与之相连的电气设备、电子设备等造成危害,这是它的主要危害方式。

② 高压电击。垂直安放的导体,如果接地电阻较大,会在尖端出现火花放电,能点燃易燃易爆物品等。

③ 束缚电荷二次火花放电。处于雷电高电压场中的油类,由于其电阻率高,内部电荷不易流动,经过一段时间将建立起静电平衡。落雷后,下部的电荷较快地通过容器壁流散;而油品的上部会出现大量高电位的自由电荷,且消散极慢,如果用金属物品接近油面,就可能发生火花放电,导致燃烧乃至爆炸。这种放电发生时间可以与落雷时刻相差较远,故称为二次火花放电。

(2)地电流脉冲

地电流脉冲是由落雷点附近区域的地面电荷中和过程形成的。以常见的负极性雷为例,主放电通道建立以后,产生回击电流,即积雨云中的负电荷会流向大地,同时地面的感应正电荷也流向落雷点与负电荷中和,形成地电流脉冲。地电流流过的地方,会出现瞬态高压电位;不同位置之间也会有瞬态高电压,即跨步电压。

地电流脉冲的危害形式包括以下三种:

① 地电位反击。地电位的瞬时高压会使接地的仪器外壳与电路板之间出现火花放电,它还可能通过地阻抗耦合至武器机电系统中,造成微电子设备的击穿、烧毁等故障。

② 跨步电击电压。附近的直击雷可能会造成站在地面上的人、畜被跨步电压电击致死。

③ 传导和感应电压。埋于地下的金属管道、电缆或其他导体,构成电荷流动的低阻通道,在雷击时其表面将有瞬变大电流流过,造成导体两端出现电压冲击,对屏蔽线而言,地电流只流经屏蔽层表面,根据互感原理,其内芯导线上会感应出瞬态电压。由于地电流上升沿很陡峭,故感应电压峰值可能极高,形成浪涌,不但会干扰信息传输,还可能造成电路硬件损伤。

（3）电磁脉冲辐射

雷电是一种典型的强电磁干扰源,发生雷击时,云层电荷迅速与大地或云层异性感应电荷中和,雷电通道中会有高达数兆伏的脉冲电压、数十千安的脉冲电流,电流上升率会达到数十千安每微秒,在通道周围的空间会产生强烈的电磁脉冲辐射（LEMP）。无论雷电在空间的先导通道或回击通道中产生瞬变电磁场,还是雷电电流流入建筑物的避雷系统以后由引下线所产生的瞬变电磁场,都会在一定范围内对各种信息电子设备产生干扰和破坏作用。

用阶跃电流偶极子天线模型计算雷电回击电流的电磁脉冲效应证明,LEMP 可在一定区域内的输电线、数据通信线及其他导线上感应出高电压。计算表明,11.5 kA 的云地回击电流,可在 50 m 处产生 40 kV/m 的垂直电场,在距离地面 10 m 输电线上的感应电压可高达82 kV。1980 年,Erickson 实测 30 kA 直击雷放电通道 150 m 处的一根 1 000 m 长的输电线,感应电压值为 70 kV,这也验证了理论计算结果。

由于 LEMP 是脉冲大电流产生的,其磁场部分危害不容忽视。它能在导体环路中感应生成浪涌电流,或者在环形导体的断开处感应出高电压,甚至击穿空气出现火花放电,引发火灾、爆炸等灾害。1989 年的黄油岛油库火灾事故,起因就是 LEMP 引起混泥土内钢筋断头处的火花放电。

**3. 雷电电磁脉冲对电火工品的损伤机理**

电火工品（EED）强度好,作用可靠,具有低功率要求和快速响应特性,广泛地应用于爆破器材包括烟火装置起爆。但 EED 非常敏感,任何频率的多种电能输入,可通过对起爆材料某部位的加热引起作用直接使 EED 起爆,也可通过使发火电路开关过早动作而间接使 EED 起爆。含 EED 的电路包括直接与 EED 发火电路有关的独立电子线路、微电子装置、微处理机以及相关软件。这些电气元器件对 LEMP 非常敏感,只需要很小的能量就能对其造成损伤而导致 EED 提前作用或敏感度发生变化等事故。美国通用研究所的研究表明,当雷电磁场脉冲达到 0.07 Gs 时就可以引起微机失效,当雷电磁场脉冲达到 2.4 Gs 时就可以使晶体管、集成电路等遭到永久损坏。

LEMP 对 EED 的能量耦合方式有两种:一是传导方式,即通过直接的电气通道向火工品注入 LEMP 能量;二是 LEMP 通过空中电磁辐射,向火工品输入 LEMP 能量,这时火工品的发火线就起着接收天线的作用。不同的发火线结构有不同的接收模式。当 EED 的一个端子与地（指整体尺寸比 EED 电路本身大的任何导电结构,它们可以是运载装置、子弹药、整弹、装备或地球自身）相连且连接点距 EED 本身小于 10 mm 时,不管该结构是否用做回路,都认为该电路是单极的,其他所有连接形式都被认为是双极的。其中典型 EED 如导电药式、薄膜桥式和电雷管都是带有金属外壳或本体的,一般它们都属于单极性的。

（1）传导耦合

雷电可以在 EED 及其发火线等附件上感应出相当大的雷电电流。单极屏蔽线虽然可以通过采用屏蔽和滤波的方法把单极发火系统设计成在规定辐射环境中能保持安全和可使用,但安全开关仍然易于由武器结构内因 LEMP 或其他形式的 EMI(电磁干扰)感应的大电流而产生电压击穿,如图 2-15 所示。双极屏蔽系统可以避免这一问题。对于与 EED 并联的单极发火系统,因为 EED 的发火线路能够形成电路的回路,在该回路中,安全开关与感应的电流也不能防护,LEMP 照样能对其造成破坏。

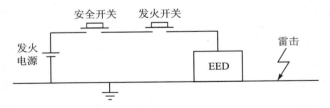

**图 2-15 单极地线回路系统**

雷电在金属构件上的放电主要由雷击产生的放电电流确定,该电流在几微秒内可以上升到 200 kA 并经几十或几百微秒下降到零。高电流沿着最简单的通道入地,在这种情况下,能够熔断导线并烧毁电气设备。该电流通路中的任何电阻或电感可能产生足够幅度的高压,击穿绝缘体和使附近接地体或电路短路。此外,由第一次电流流动产生的磁场可以感应出足够幅度的第二电流进入相临发火线路,直接使 EED 发火,或由于过早通电使安全断路开关和发火开关工作而使 EED 发火。这种电流,由于在武器结构上的各个接地点之间可以形成很高的电压,因此,对单电极地线回路系统尤为危险。

(2) 辐射耦合

当 EED 的发火线处于辐射场中时,能起天线作用,并能从辐射场中接收能量,接收能量的大小将取决于接收线与辐射场的有关物理参数和电参数。高于地面的单极电路起一个单极天线的作用,独立的双极电路起偶极天线的作用。位于均匀电磁场中的完全隔离的两根导线 EED 电路,其脚线中能感应出振幅与相位几乎相同的电流。

如果电路的任何部分接地或接触地,都会提供共模模式电流的通路,使电荷泄放;如果该通道具有高阻抗(如在桥丝式 EED 脚线和接地的包层金属壳体之间的阻抗),则可能会积累很高的电压,在 EED 中引起电压击穿而导致非正常的起爆(脚-壳起爆)。如果电磁辐射是脉冲的,这种效应就特别重要,因为可能存在极高的瞬时电压。对于双导线 EED 而言,如果存在因两导线弯曲或打卷而造成不对称,则不对称两边的网络电流不同将使平衡模式的电流加强,对 EED 构成更大的威胁,因此一般应采用双极电路。双极电路在共模模式中也可以呈现辐射接收特性,它可能通过直接的脚-壳击穿效应或通过由电路的不对称而引起的共模模式向平衡模式接收的转换而使 EED 起爆。

## 2.3.4 电磁脉冲效应

电磁脉冲是电磁环境的组成部分。现代化战争中,不论地面、空中、海上武器系统都处在强烈和复杂的电磁环境中工作,其中尤以电磁脉冲最为突出,这些电磁环境干扰耦合到武器系统内部,使电路性能遭到破坏,危及系统作战任务的完成,如果电磁脉冲作为杀伤武器使用,其破坏力将大大超过一般的电磁环境。

**1. 电磁脉冲特点**

电磁脉冲波是电磁波的一种波形,传播方式主要以电磁辐射为主,遇到物体后可转化为传导方式,因为电磁脉冲波传播的距离较远,一般达数十千米甚至数千千米,而脉冲的传导仅为数千米,总的来说脉冲波的作用范围是比较大的。

电磁脉冲的特点是电磁能量可以在短时间内聚集,如核电磁脉冲宽度为几十纳秒,雷电电磁脉冲宽度为几十至几百微秒,电磁脉冲的平均能量或功率并不很大,但所产生的瞬态脉冲功率可达数十兆瓦,雷电电场强度可达 100 kV/m,雷击电流达 150 kA,常见的电磁脉冲峰值可达 1 500～2 500 V/m,最大可达 50 kV/m 以上。电磁脉冲侵入电子或电气系统后,由于其脉冲特性,可对电子、电气系统产生不同程度的影响,与连续波不同的是,脉冲幅度高,瞬态电磁能量大,造成的破坏作用大;另外,由于脉冲电路对脉冲信号的敏感特性,较小的电磁脉冲能量就能引起电路的敏感;同时,上述电磁脉冲所占的频段和频率范围不同,电磁脉冲效应也不同。所以,电磁脉冲的危害和作用范围是比较广泛的。

电磁脉冲干扰源主要有自然界干扰源和人为干扰源两种。最典型的自然界电磁干扰源是雷电及雷电波,它是低频(频率为几十千赫)无调制高强度干扰源;人为干扰源有雷达产生的脉冲调制波,利用化学、核能产生的无调制脉冲波和电子对抗干扰机产生的多种波形干扰。下面主要针对人为电磁脉冲进行探讨。

**2. 电磁脉冲危害**

根据电磁脉冲所造成的影响,按其危害程度可分为以下三种类型。

(1) 器件损坏和功能损失

器件损坏是指器件的物理、化学特性遭到破坏,例如半导体器件的过电应力击穿,或过热使 PN 结烧毁。系统的功能损失是指系统内重要器件损坏和系统集成连接部件的损坏、系统特性改变。

这一类危害是最严重的一种破坏方式,也是电磁脉冲最主要的一种电磁效应,为了降低或减少电磁脉冲破坏,主要通过外壳体的屏蔽和端口的隔离,使侵入系统的电磁脉冲能量减少,把危害程度降到最低。

(2) 短期失效和短期回避

这类危害是指系统内的器件和系统本身在电磁脉冲作用期间的损失功能,但脉冲过后,过一段时间又能恢复功能,例如某些半导体器件在电冲击后,过一段时间器件又恢复正常工作。

与一般短期失效概念不同的是可以预设保护装置,在电磁脉冲侵入期间,实现对系统的保护,例如在接收系统前端安装保护放电管或保护装置,就能达到这个目的。还有一种防护措施称为回避技术,就是在预定时间内系统暂停工作,并处于电磁脉冲保护状态,例如用耐压开关或继电器把接收天线、接口信号、电源等输入信号切断,即可避免电子设备受到电应力冲击损害。上述对短期失效采用回避技术,使电子或电气系统在电磁脉冲期间免受危害也是电磁脉冲防护的另一种重要技术。

(3) 部分功能下降

当电磁脉冲能量较小时,虽然系统内器件未损坏,但其部分功能有所下降。这是由电磁脉冲信号侵入系统内部,只对部分功能和系统精度产生了不良影响所致。而这种电磁脉冲影响是较低功能干扰的脉冲串,它类似于噪声对系统产生的影响,但与噪声又有区别。例如,雷达脉冲波侵入到系统内,对飞行器的控制精度会产生较大影响,因此抑制雷达脉冲波对飞行器的影响,也成为电磁脉冲效应防护的重要研究内容。

对于雷电波和核(非核)电磁脉冲所产生的电磁效应主要是 1 类和 2 类电磁效应,而雷达调制脉冲波在近距离也可能产生 1 类和 2 类电磁效应，但更大程度上是产生 3 类功能下降的电磁效应。

**3. 电磁脉冲对典型装备作用效应**

由于不同装备的工作特性和效应特点不同，电磁脉冲对其破坏或影响机理是不同的。下面分别进行分析，并从中找到更有效的防护方法。

（1）对电子元器件的作用效应

在电磁脉冲环境中，脉冲能量可能造成电子元器件的永久性损坏，最典型的是半导体器件烧毁，还有可能是电阻器、电容器、电感器、继电器以及变压器的烧毁。半导体损伤原因大多数是由于 PN 结过热或者过电应力击穿，这些损坏都与电磁脉冲能量阈值有关。这种使器件永久性损坏属于 1 类危害，而对电子线路而言，使电路产生敏感的阈值就低得多，为 $10^{-8} \sim 10^{-6}$ J，它比烧毁阈值低 1～2 个数量级，对不同电子逻辑电路，其损坏或敏感机理也有所区别，因而阈值也不同。

1）计算机存储器

所有只读存储器（ROM）电路结构都包含地址译码器、存储单元矩阵和输出缓冲器。地址译码器输出线称为字选线，缓冲器输出线称为数据线，其交叉点装有存储单元，即接有二极管或三极管时相当于 1，不接半导体器件时相当于 0。编程只读存储器（PROM）交叉点接三极管，在它的发射极上串接一个快速熔断丝，采用某种方法使较大脉冲电流流过熔断丝，使熔丝断开，该交叉点就存储。当上述二极管、三极管通过比工作电压、电流大得多的电磁脉冲，这些电磁脉冲主要来自数据端口和电源端口，电磁脉冲可使二极管和三极管损坏或者产生不必要的熔断丝断开，使原有存储数据或程序混乱。

2）触发器

使用两个"或非"门或者两个"与非"门，将其中一个门的输出端连到另一个门的输入端，形成对称电路。其中，一个门的输入端称为置位端，而另一个门的输入端称为复位端。这种最基本的触发器电路，只要存在电磁脉冲干扰，特别是当电磁脉冲与原触发脉冲不一致时，就引起误触发，也就是触发器对电磁脉冲敏感。如果使用三态门，引入同步脉冲或称为封闭门，就可以在很大程度上抑制电磁脉冲。按此原理，在计算机数据线上引入称为"看门狗"的电路，可以提高计算机抗电磁干扰能力。

3）可控硅

晶闸管是四层半导体器件，引出阳极 A、阴极 K 和控制极 G。与一般晶体管相比，晶闸管不具有阳极电流随控制极电流按比例增大的电流放大作用，只是控制极电流增大到某一数值时，完成阳极到阴极电流的导通突变，而且一旦导通，不受控制极控制，直到通过电流减小到某一维持电流，才能恢复阻断状态。如上所述，当触发电压和触发电流达一定数值时，晶闸管导通，如果在控制极电路上存在电磁脉冲干扰，则晶闸管产生误触发；如果在晶闸管阴极和阳极两端加上正极性电磁脉冲，且幅度足够大，则由于 PN 结的电容作用，电磁脉冲形成充电电流，所产生的瞬态电压变化率超过一定值，也可引发晶闸管误触发。

4）电子器件的截止频率和反应时间

模拟电路使用的器件由于结电容存在，在高频时阻抗变得很小，在器件电极上难以建立正常的工作电压，因而出现了器件的临界频率，也就是截止频率。一般器件工作的最高频率为截止频率的 1/3～1/2。当电磁脉冲侵入模拟电路时，如果电磁脉冲频率高于截止频率，则模拟电路对电磁脉冲不敏感。另一方面,在数字电器中应用的器件如半导体器件,由于存在结电容和存储时间,使器件的输出波形有延时,如果这种作用使脉冲前沿与后沿相接,则形成三角波。当脉冲很窄时,前后沿靠得很近,使三角波幅度下降,直至电路不能工作。这种效应表明,当电磁脉冲非常窄时,器件也会对电磁脉冲不敏感。利用这种模拟电路器件对高频不敏感及数字电路器件对很窄脉冲不敏感的特性,可以提高电子线路的抗电磁干扰能力。

（2）对地下传输电缆的影响

电磁脉冲波通过空间传播,到达埋设电缆的土壤,并通过土壤和电缆接触的屏蔽层,耦合到电缆芯线产生感应电流。从大地表面到地下电缆芯线单位长度的阻抗为

$$Z = Z_g + Z_i + j\omega L \tag{2-24}$$

式中:$Z_g$ 为大地内阻抗;$Z_i$ 为电缆屏蔽层的内阻抗;$j\omega L$ 为绝缘层的感抗(屏蔽层到芯线的耦合电感)。在实际应用中,大地内阻抗 $Z_g$ 远大于电缆屏蔽层内阻抗 $Z_i$ 和感抗 $j\omega L$,由此可对阻抗进行近似计算。

假设电缆两端是匹配的,则电缆上电压、电流与长度无关,也不存在驻波。又由于电缆的埋深与电磁场在土壤中的渗透深度关系不大,土壤中的衰减可以忽略,所以电缆附近的场强与地表面电磁场强基本相同。由此经过计算对指数脉冲入射场,电缆中感应电流的峰值为

$$I_p = 0.61 I_0 \tag{2-25}$$

式中:$I_0$ 为入射场电流。峰值电流出现的时间

$$t_p = 0.85\tau \tag{2-26}$$

式中:$\tau$ 为入射波指数的时间常数。

（3）供电线

电磁脉冲对供电线的影响,首先表现为感应产生大的电压和电流;其次,对大的脉冲电流而言,还会引起供电线间相互吸引的冲击力,导致供电线因冲击而断开。对于雷电而言,雷电电流在放电通道产生了强大的脉冲磁场,这一脉冲磁场也会在供电线上产生感应电压,当雷电落地点与供电线距离大于 65 m 时,测试表明供电导线上感应电压最大值可达 400 kV,这对35 kV 以下供电线可引起闪络,但对 110 kV 以上供电线路,由于绝缘水平较高,一般不会引起闪络。

（4）无线通信

雷达脉冲波可使通信系统、角度观测器的跟踪性能指标下降,直接影响系统的效能。这里所说的通信是指电子设备之间的信息交换,包括有线通信和无线通信。电磁脉冲干扰可能引起误码率影响交换信息的正确性,并且还影响转换为图像或声音的质量。

从传输特性方面看到的误码率问题,在 PCM 中继器内,当信号峰值与瞬时噪声幅度值之比所构成的瞬时信号噪声比 $S/N$ 小于识别电平时,就产生误码。考虑到误码是由增码错误和漏码错误组成的,而噪声一般不包含直流成分,假定脉冲出现的概率为 1/2,则识别电平即识别时门限值之最佳值为信号波峰值的 1/2。因此,瞬时 $S/N$ 为 2,即 6 dB 是发生误码的临界值。

（5）幅相跟踪无线电设备

幅相跟踪体制的无线电接收设备应用于无线电测角、跟踪雷达及主动和半主动导引头。该接收设备的特点是多路接收,并通过相位检测器输出,设备具有零点和过零点的误差斜率曲线,与伺服控制系统配合实现零点跟踪。

研究表明，单个电磁脉冲对偏离角误差影响不大；相反，如果电磁干扰是脉冲串，并可由接收机输出，那么引起的偏离角误差就较大，一般可以把外界的电磁干扰当作系统内部的噪声。当接收机输入端干扰或噪声的功率谱密度为固定值时，接收机等效带宽和伺服（闭合）回路的等效带宽越窄，偏离角就越小，但此时伺服系统的动态性能也会变差。如果电磁脉冲干扰的频谱大部分落在接收机等效带宽以外，其值要通过接收机带外抑制度修正，修正值比原来要小得多，则电磁干扰对偏离角影响就不大了。

## 习　题

2.1　相对湿度与绝对湿度有何区别与联系？各自有什么变化规律？

2.2　金属腐蚀如何分类？如何区别？

2.3　电化学腐蚀的条件是什么？装备在大气条件下储存如何发生腐蚀？

2.4　发射药变质的机理是什么？发射药变质和其他装药变质有什么区别？

2.5　试分析振动环境效应及对装备失效的影响。

2.6　试分析装备所受的冲击类型及其各自对装备性能的影响。

2.7　试阐述电磁环境效应以及在复杂电磁环境下装备损伤机理。

# 第3章 装备环境评价

装备环境评价是装备环境工程的重要组成部分,是认识装备运用环境的本质及进一步保护和改善装备运用环境质量的手段和工具,为装备运用环境的防护、控制、管理与决策提供科学依据。通过全面科学的质量评价,发现装备运用环境存在的问题及所处水平,促进装备环境工作向着系统化、科学化和规范化的方向发展。本章研究的装备运用环境评价包含两个层面的意义:一是对环境的重要性评价,即对各类装备运用环境的权重程度、考虑的优先顺序进行评价;二是对环境的质量水平检查评价,即对各类装备运用环境的现实水平进行评估。

## 3.1 装备环境评价概述

装备环境评价就是从装备运用环境质量的基本概念出发,依据环境价值的基本原理,应用各种手段和方法,研究、评价各种装备运用环境的质量水平及其变化对装备运用的影响。

### 3.1.1 基本概念

装备环境工程是一门新兴学科,在这里参考有关定义对相关概念进行界定。

**1. 相关定义**

(1)环境质量

环境质量是环境科学中的一个重要概念。环境质量是环境系统客观存在的一种本质属性,是能够用定性和定量方法加以描述的环境系统所处的状态。环境质量是客观存在的,但由人们来描述就带有了主观因素。

(2)环境评价

严格来说,环境评价应为环境质量评价。环境评价是环境科学的一个分支,也是环境防护中的一项重要工作。环境评价就是对环境质量按照一定的标准和方法给予定性和定量的说明与描述。环境评价的对象是环境质量及其价值。

(3)装备环境评价

装备环境评价是环境科学在兵器科学与技术领域的应用,是指对装备运用环境质量及其价值按照一定的标准和方法给予定性和定量的说明与描述。

在理解装备运用环境评价的定义时,应把握以下几个关键词:

① 质量和价值。价值是指环境的作用大小,也就是重要性,为决策提供考虑的优先顺序;质量是指环境的水平,也就是状态,如某一环境是否符合要求等。

② 标准和方法。这是评价的两个最基本要素。例如对一所库房的温湿度进行评价,首先要有标准——温湿度达标条件,其次要有方法——温湿度测试仪表,有了这两个才能进行评价。

③ 定性和定量。根据统计数据进行定量评价是理想的评价方法。当然,对数据的评价方法不同得出的结果也会有差异,这是评价方法的范畴。但很多情况下某些因素是难以量化的,这就需要定性分析评价。

**2. 环境评价分类**

装备及其运用环境是一个复杂系统，对其评价也可按不同方法进行分类。

（1）按照环境要素分类

根据评价的环境要素，可分为大气环境评价和力学环境评价和电磁环境评价等。

（2）按照评价参数分类

若按照参数的选择，可分为可靠性评价和安全性评价等。

（3）按照评价区域分类

根据评价区域不同，可分为储存环境评价、运输环境评价和使用环境评价等。显然，在每个评价区域内，对各个环境要素都要进行评价。

（4）按照评价时间分类

根据评价时间不同，装备运用环境质量评价可分为回顾性评价、现状评价和环境影响评价或预断评价。

**3. 评价要素与评价因子**

（1）环境要素

构成环境整体的各个独立的性质不同而又服从总体演化规律的基本物质组分称为环境要素，由这些环境要素构成环境的结构单元。环境的结构单元又组成环境的整体或环境系统。以库房环境为例，环境要素主要包括大气、土壤、岩石、水、电及生物等自然环境要素。

（2）评价要素

对一个具体的环境，往往包括多个环境要素。在进行环境评价时，应根据评价的目的及条件，选择合适的环境要素，使评价结果能客观地反映评价区域的环境质量特征及规律。这些选定的环境要素也就是评价要素。仍以库房环境为例，虽然环境要素中包括土壤或岩石这些地面组分，但实际中并不关心地面对库房环境的影响，因为这不是主要矛盾。所以，虽然它们是环境要素，但并不一定是评价要素。也就是说，环境要素是客观存在，评价要素则是从环境要素中做出的主观选择。

（3）评价参数

在确定了综合评价的环境要素后，还应选择适当的评价参数。不同的环境要素在评价中可选择的参数也不一样。例如大气环境要素评价参数多选择温度、湿度；电气环境要素多选用电压、电流、电阻等。

在选择评价参数时，应根据评价的目的和条件，考虑从以下四个方面进行选择。

1）根据评价的对象和目的选择

对象不同，目的不同，关心的特征参数也就不同。例如，是武器还是弹药？是防热还是防潮？是防火还是防爆？是防洪还是防盗？等等。

2）根据评价区域特点选择

例如，南方地区高温潮湿，北方地区温暖干燥，那么装备的防潮在北方基本不是问题，同样防静电问题在南方基本上也没有考虑的必要。

3）选择标准的项目

当评价一个特定区域环境时，应尽量按照有关标准（如常见的国军标）规定中的项目，这样不仅使评价有所规范，而且使得有关参数有标准可循，使评价的质量准确而有效。例如，对于

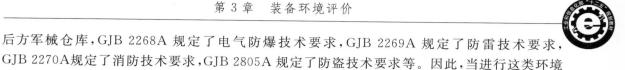

后方军械仓库,GJB 2268A 规定了电气防爆技术要求,GJB 2269A 规定了防雷技术要求,GJB 2270A 规定了消防技术要求,GJB 2805A 规定了防盗技术要求等。因此,当进行这类环境的检查评价时,就应尽量根据标准中规定的项目进行相应的评价。

4)无标准时的选择

若评价参数没有国家规定的标准,则可根据具体情况制定出标准。但要把握两个原则:一是在评价区域内,所选择的评价参数能表达本地区环境受到的影响程度;二是所选择的评价参数在评价方法上能解决定量化问题,以便确定评价函数和确定权系数。举例来说,现在要制定标准来评价战场环境下弹药的防爆环境水平,就要规定弹药堆垛规模、野战仓库之间防爆间距,因为这些可以量化地反映防爆水平。简言之,制定的标准要能够定量地反映环境的价值及其质量水平。

## 3.1.2 环境评价基本方法

目前,国内外常用的环境评价方法有很多,主要有专家评价法、综合指数评价法和主分量分析评价法等。

**1. 专家评价法**

专家评价法是一种古老的方法。顾名思义,它是将专家作为索取信息的对象,组织装备环境防护领域或多个领域的专家,运用专业方面的知识和经验对环境质量进行评价的一种方法。专家评价法对于某些难以定量化的因素是非常必要的,有时还可在缺乏足够的统计数据和原始资料的情况下,作出定性和定量的估计。

现代的专家评价法已形成一套组织专家并充分利用专家的创造性思维进行评价的方法。以较有代表性的德尔斐法为例,其工作程序是:确定评价主题→编制评价事件一览表→选择专家→环境预测和价值判断过程→结果的处理和表达。因为专家的打分直接决定最后的评价结果,所以专家组的组成是专家评价法的基础。专家一般选择在该领域从事 10 年以上技术工作的科学技术人员或专业干部,专家组的人数一般为 $10 \sim 50$ 人,这是为了最大限度地保证公正、客观,尽量消除少数专家的局限性。

**2. 综合指数评价法**

目前国内外常用的综合指数评价法主要有以下几种。

(1)简单叠加法

简单叠加法认为系统环境水平是各种环境因子共同作用的结果,因而多种因素作用和影响必然大于其中任何一种因素的作用和影响。用所有评价参数的环境水平数值的总和,可以反映出环境的总体水平。故用分指数简单叠加来表示综合指数,即

$$PI = \sum_{i=1}^{n} \frac{C_i}{C_{oi}} \quad (3-1)$$

式中:$C_i$ 和 $C_{oi}$ 分别代表环境因子的实测值和某级标准值,以下同。

(2)算术平均值法

为了消除选用评价参数的项数对结果的影响,便于在用不同项数进行计算的情况下比较各要素的影响程度。该方法将分指数和除以评价参数的项数 $n$,即

$$PI = \frac{1}{n} \sum_{i=1}^{n} \frac{C_i}{C_{oi}} \quad (3-2)$$

（3）加权平均法

加权平均法的计算式为

$$PI = \sum_{i=1}^{n} W_i \frac{C_i}{C_{oi}} = \sum_{i=1}^{n} \frac{C_i}{C'_{oi}} \qquad (3-3)$$

式中：$C'_{oi} = \dfrac{C_{oi}}{W_i}$，权值 $W_i$ 的引入可以反映出不同环境因子对系统水平的不同作用。

（4）平方和的平方根法

平方和的平方根法的计算式为

$$PI = \sqrt{\sum_{i=1}^{n} \left(\frac{C_i}{C_{oi}}\right)^2} \qquad (3-4)$$

由式（3-4）可知，大于 1 的分指数越大，其平方越大；而小于 1 的分指数越大，其平方越小，故不仅突出最高的分指数，而且也顾及其余各大于 1 的分指数的影响。

（5）均方根法

均方根法的计算式为

$$PI = \sqrt{\frac{1}{n} \sum_{i=1}^{n} \frac{C_i}{C_{oi}}} \qquad (3-5)$$

其计算值小于各分指数叠加总和。

（6）最大值法

为了突出最大影响因素对环境的影响和作用，最大值法在计算式中含有评价参数中的最大分指数项。不过用这种方法求取的指数值小于最小影响因子的分指数。目前已有很多种计算公式，内梅罗指数计算式是其中的一种，其计算式为

$$PI = \sqrt{\left(\frac{C_i}{C_{oi}}\right)^2_{最大} + \left(\frac{C_i}{C_{oi}}\right)^2_{平均}} \qquad (3-6)$$

（7）混合加权模式法

混合加权模式法的计算式为

$$PI = \sum_1 W_{i1} I_i + \sum_2 W_{i2} I_i \qquad (3-7)$$

式中：$I_i$ 为分指数；$\sum_1$ 为诸 $I_i > 1$ 求和；$\sum_2$ 为一切 $I_i$ 求和；$W_{i1} = \dfrac{I_i}{\sum_1 I_i}$，$I_i > 1$，$W_{i2} = \dfrac{I_i}{\sum_2 I_i}$，一切 $I_i$，并且 $\sum_1 W_{i1} = 1$，$\sum_2 W_{i2} = 1$，$W_{i1}$ 和 $W_{i2}$ 组成权系数。

当各种环境因子的量值都不超过允许标准时，由式（3-7）计算出来的综合指数一定不超过允许标准；当有一个因子超过允许标准时，则其综合指数也一定超过允许标准。

（8）向量分析法

根据"希伯尔空间"理论，每种环境因子作为一个分量，因而 $N$ 种环境因子就构成一个 $N$ 维空间。由此，把 $N$ 种环境因子所决定的系统水平看作是由 $N$ 种环境因子构成 $N$ 维空间中的一个向量 $\boldsymbol{A}$，而每种环境因素是一个分量 $A_i$，其综合指数就是向量 $\boldsymbol{A}$ 的"模"值，即

$$PI = |\boldsymbol{A}| = \sqrt{|A_1|^2 + |A_2|^2 + \cdots + |A_n|^2} \qquad (3-8)$$

式中：$|A_i| = \dfrac{C_i}{L_i}$ $(i = 1, 2, \cdots, n)$ 为第 $i$ 种环境因子的分指数；$L_i$ 为某种用途下第 $i$ 种环境因子

的最高允许值。

**3. 主分量分析评价法**

将主分量分析法用于环境评价时,为了体现不同评价参数在综合评价中的不同作用,在进行主分量分析之前,首先用分指数公式将各参数(变量)的测试数据标准化。然后,对参数的标准化数据矩阵进行主分量分析,计算其特征值和特征向量,并确定公共因子数目和因子荷载。最后将 $n$ 个变量线性综合成一个度量环境水平的综合指标。主分量分析法用于环境质量评价的步骤如下:

(1)数据标准化处理

由于不同的参数具有不同的量纲和尺度,而主分量分析法依赖于初始变量所用的尺度。因此,有必要将初始变量数值标准化,使所有的初始变量都有可比较的尺度。为此,用分指数公式将参数数据标准化为

$$x_{ij} = \overline{C}_{ij}/S_j \qquad (i = 1, 2, \cdots, m; j = 1, 2, \cdots, n) \tag{3-9}$$

式中: $x_{ij}$ 为第 $i$ 个样本第 $j$ 种参数的标准化值; $\overline{C}_{ij}$ 为第 $i$ 个样本第 $j$ 种参数的 $N$ 个点位实际值的平均值; $S_j$ 为第 $j$ 种参数的最高允许值; $m$ 为样本个数; $n$ 为参数总数。

(2)主分量分析法

根据上述对 $m$ 个样本的 $n$ 个参数的数据进行标准化处理,构成一个标准化数据矩阵:

$$\boldsymbol{X} = \begin{bmatrix} x_{11} & x_{12} & \cdots & x_{1m} \\ x_{21} & x_{22} & \cdots & x_{2m} \\ \vdots & \vdots & & \vdots \\ x_{n1} & x_{n2} & \cdots & x_{mm} \end{bmatrix} \tag{3-10}$$

式中: $m$ 为样本数; $n$ 为参数个数。

首先求 $\boldsymbol{X}$ 的协方差阵,它是一个实对称方阵,即

$$\boldsymbol{C} = \frac{1}{n}\boldsymbol{X}\boldsymbol{X}^{\mathrm{T}} \tag{3-11}$$

式中: $\boldsymbol{X}^{\mathrm{T}}$ 表示 $\boldsymbol{X}$ 的转置矩阵。用雅可比方法求协方差阵 $\boldsymbol{C}$ 的特征值 $\lambda_i (i = 1, 2, \cdots, n)$ 及相应的特征向量 $\boldsymbol{v}^{(i)}(i = 1, 2, \cdots, n)$。由特征向量 $\boldsymbol{v}^{(i)}$ 可组成正交方阵 $\boldsymbol{V}$,对 $\boldsymbol{X}$ 作变换:

$$\boldsymbol{y} = \boldsymbol{V}\boldsymbol{X} \tag{3-12}$$

使新变量 $y_1, y_2, \cdots, y_n$ 互不相关。

特征值 $\lambda_i$ 就是新变量 $y_i$ 的方差。将 $n$ 个特征值按大小顺序排列 $\lambda_1 \geqslant \lambda_2 \geqslant \cdots \geqslant \lambda_n$,其对应的 $n$ 个特征向量组成 $n$ 个新变量。

方差大的新变量对模型的贡献大,方差小的变量对模型贡献小。新变量 $y_1, y_2, \cdots$ 分别称为第一主分量,第二主分量,……,前面少数几个主分量构成了样本间的最大变异:

$$\left. \begin{array}{l} y_1 = v_1^{(1)}x_1 + v_2^{(1)}x_2 + \cdots + v_n^{(1)}x_n \\ y_2 = v_1^{(2)}x_1 + v_2^{(2)}x_2 + \cdots + v_n^{(2)}x_n \\ \vdots \\ y_n = v_1^{(n)}x_1 + v_2^{(n)}x_2 + \cdots + v_n^{(n)}x_n \end{array} \right\} \tag{3-13}$$

前 $p$ 个主分量 $y_1, y_2, \cdots, y_p (p < n)$ 的方差占总体方差的比例为

$$\rho = \sum_{i=1}^{p}\lambda_i \Big/ \sum_{i=1}^{n}\lambda_i \tag{3-14}$$

当 $\rho \geqslant 0.7$ 时,即可选用前 $p$ 个主分量代替原来 $n$ 个变量,并且基本上保留了原来 $n$ 个变量所包含的信息。这前 $p$ 个主分量称为公共因子。多数情况下,取前两个主分量 $y_1$ 和 $y_2$ 作为公共因子已能满足要求。$n$ 个变量在第 $i$ 个公共因子上的荷载向量为

$$\boldsymbol{\alpha}_i = \sqrt{\lambda_i}\, \boldsymbol{v}^{(i)} = \sqrt{\lambda_i} \begin{bmatrix} v_1^{(i)} \\ v_2^{(i)} \\ \vdots \\ v_n^{(i)} \end{bmatrix} \qquad (i = 1, 2, \cdots, p) \qquad (3-15)$$

第 $j$ 个变量在全部 $p$ 个公共因子上荷载的平方和称为变量的公共性,即

$$h_j^2 = \sum_{i=1}^{p} a_{ij}^2 \qquad (j = 1, 2, \cdots, n) \qquad (3-16)$$

从而有

$$h_j = \sqrt{\sum_{i=1}^{p} a_{ij}^2} \qquad (3-17)$$

它的大小反映了变量 $j$ 在公共性部分的作用或重要性程度。比较 $n$ 个变量的公共性,可知哪一个变量在公共性方面起的作用大。所以,可以把每个变量的公共性的方根 $h_j$ 作为该变量的权重,构成一个度量环境水平的综合指标:

$$Y = \sum_{j=1}^{n} h_j x_j \qquad (3-18)$$

式中:$x_j$ 为用分指数表示的某样本的第 $j$ 种参数的标准化值;$h_j$ 为第 $j$ 种参数的权重。

据此可以计算出样本水平的综合指标值,并可按指标值的大小进行环境评价。

### 3.1.3　环境因子赋权

在环境评价中,因子的权值是指某个因子在所有评价因子中所占的比重。评价因子中权重的分配直接影响评价的结果。环境评价中往往涉及多次赋权:第一次赋权是单个影响要素评价时对环境因子的赋权;第二次赋权是系统环境综合评价时各环境因子的赋权,其中以第一次赋权最为重要。权重的确定过程,本质上是客观的,但又允许有一定的人为技巧。其客观性就是深入研究标志环境因子在系统中的环境水平及对系统环境的影响,特别是要加强对环境因子之间综合作用的研究;其主观性就是运用近代数学工具,如线性代数、概率论、模糊数学、灰色系统等,进行数学解析。

**1. 传统权重确定方法**

权重的确定方法很多。下述赋权方法都是以 $n$ 个评价因子、$m$ 个监测点(或专家)组成的 $n \times m$ 样本为对象,且所有因子的权重之和为1,即

$$\sum_{i=1}^{n} W_i = 1 \qquad (3-19)$$

(1) 以专家咨询值为判定依据的赋权方法

它是以定性判断开始,通过座谈、通信方式,向有关专家、领导等咨询评价因子的权重分配,然后进行数学解析,以确定权重。根据数学解析方法的不同,又可有以下三种类型。

1) 统计分析法

统计分析法是采用德尔斐调查程序,通过连续几轮的咨询,最终得到各位专家的赋权方

案,然后进行统计分析,得到各评价因子的权重。

若 $a_{ij}$ 表示第 $i$ 个参评因子由第 $j$ 位专家所给的权重咨询值,且 $\sum_{i=1}^{n} a_{ij}=1$,则 $i$ 因子的权重公式为

$$\overline{a_i}=\frac{1}{m}\sum_{j=1}^{m}a_{ij},\quad W_i=\overline{a_i}\Big/\sum_{i=1}^{n}\overline{a_i} \tag{3-20}$$

2)层次分析法

层次分析法确定权重的原理是借用层次分析决策(AHP)的层次结构模型中的任一层次上各因子两两比较,构造比较判断矩阵,然后求解而得权重。

首先,根据重要性比较标度,将各评价因子进行两两比较,并赋予相应的重要性值(由专家咨询值确定),以此为基础构造判断矩阵 $\boldsymbol{A}$:

$$\boldsymbol{A}=\begin{bmatrix} b_{11} & b_{12} & \cdots & b_{1n} \\ b_{21} & b_{22} & \cdots & b_{2n} \\ \vdots & \vdots & & \vdots \\ b_{n1} & b_{n2} & \cdots & b_{nn} \end{bmatrix} \tag{3-21}$$

矩阵 $\boldsymbol{A}$ 中,$b_{ii}=1$,且 $b_{ij}=1/b_{ji}$,$b_{ij}\in\left[\frac{1}{J},J\right]$,$J$ 为整数,且 $1\leqslant J\leqslant9$,则各因子的权重为

$$W_i=\left(\prod_{j=1}^{n}b_{ij}\right)^{\frac{1}{n}}\Big/\sum_{i=1}^{n}\left(\prod_{j=1}^{n}b_{ij}\right)^{\frac{1}{n}} \tag{3-22}$$

层次分析法赋权需通过计算矩阵 $\boldsymbol{A}$ 的最大特征根 $\lambda_{max}$ 来进行一致性检验。若检验结果不满意,则需重新确定判断矩阵 $\boldsymbol{A}$,直至满意为止。

3)灰色关联法

灰色关联法利用灰色系统原理,通过样本曲线间的相似相异的几何形状来定量研究两个样本间的关联程度,以此确定评价样本的权重。

以 $i$ 因子的专家咨询值作为比较数列 $X_i$,所有权值中的最大者 $a_0=\max(a_{ij})$ 构造参考数列 $X_0$(数列项数与 $X_i$ 相同,都为 $m$),即

$$X_i=\{a_{i1},a_{i2},\cdots,a_{im}\},\quad X_0=\{a_0,a_0,\cdots,a_0\}$$

差数列
$$\Delta_{oi}(K)=|X_0(K)-X_i(K)|$$

关联系数
$$\xi_{oi}(K)=\frac{\Delta_i(\min)+\rho\Delta_i(\max)}{\Delta_i(K)+\rho\Delta_i(\max)},\quad \rho\in(0,1) \tag{3-23}$$

关联度
$$r_{oi}=\frac{1}{m}\sum_{k=1}^{m}\xi_{oi}(K) \tag{3-24}$$

权重
$$W_i=r_{oi}\Big/\sum_{i=1}^{n}r_{oi} \tag{3-25}$$

(2)以因子标准值为判定依据的赋权方法

标准是评价的尺度,任何环境因子,只有当其被赋予一定的标准时,系统环境评价才有意义。单纯以环境因子分级标准可以确定该环境因子的权重,有以下两种类型。

1)简单赋权法

若某因子的标准值为 $S_i$,则其相应的权重为

$$W_i = (1/S_i) \Big/ \sum_{i=1}^{n} (1/S_i) \tag{3-26}$$

如果环境因子的环境分级体系有 $m$ 个级别,那么应用简单赋权法就有相应的 $m$ 个权重向量。

2)阈域赋权法

阈域赋权法是根据系统环境评定标准中因子在各级别间的平均相对差值的大小来赋权的。其依据是,若因子的各级标准间差值较大,则表明该因子只有增加一个较大的值才能引起总体环境水平的一个档次的变化,说明该指标环境性较好,故而权值也应较小,反之则大。其公式为

$$\left. \begin{aligned} f_i &= \frac{1}{m-1} \Big[ \sum_{j=1}^{m-1} (S_{i,j+1} - S_{ij}) \Big] \\ W_i &= (1/f_i) \Big/ \sum_{i=1}^{n} (1/f_i) \end{aligned} \right\} \tag{3-27}$$

式中:$S_{ij}$ 为因子 $i$ 的第 $j$ 级标准值;$j \in m$,$m$ 为级别数;$f_i$ 实质为因子 $i$ 的各级标准间平均差值。

(3) 以因子实测值为判定依据的赋权方法

假设评价因子数为 $n$,监测点数为 $m$,各点的监测值为 $C_{ij}$,以此为样本便可确定因子的权重,有以下两种类型。

1)熵赋权法

熵赋权法是利用样本中熵变的原理对因子赋权,其公式为

$$f_{ij} = C_{ij} \Big/ \sum_{j=1}^{m} C_{ij}, \quad u_i = -\sum_{j=1}^{m} f_{ij} \log_2 f_{ij} \tag{3-28}$$

$$W_i = u_i \Big/ \sum_{i=1}^{n} u_i \tag{3-29}$$

2)主分量分析法

主分量分析法是一种多元统计分析法。其步骤如下:

① 对各因子进行相关分析,确定相关系数矩阵 $\boldsymbol{R}$(又称协方差矩阵)。

② 计算矩阵 $\boldsymbol{R}$ 的特征值和特征向量,即通过正交变换将矩阵化为对角阵,对角阵中的对角元素即为所求特征值,按其大小排列,分别称为第一、二特征值($\lambda_1 \geqslant \lambda_2 \geqslant \cdots \geqslant \lambda_n$)。

③ 由特征值按雅可比程序计算相应的特征向量。

④ 计算主分量累积方差贡献率 $G(r) = \dfrac{\sum_{i=1}^{r} \lambda_i}{\sum_{i=1}^{n} \lambda_i}$,以确定 $G(r) \geqslant 85\%$ 的主分量数。

⑤ 计算主分量中载荷系数(即特征值的方根与相应的特征向量的乘积)。

⑥ 将主分量中载荷系数归一化,即得各参评因子的权重。

(4) 以因子实测值与标准值为双重判定依据的赋权方法

1)环境贡献率法

环境贡献率法又称为超标倍数法或指数赋权法,即根据各环境因子的分指数来确定权重。

其公式为

$$I_i = C_i / S_i, \quad W_i = I_i \Big/ \sum_{i=1}^{n} I_i \tag{3-30}$$

式中:$C_i$ 为因子 $i$ 的监测值;$S_i$ 为因子 $i$ 的某一级标准值。

2)环境分担率法

环境分担率法以多点的监测数据为基础,考虑了实际应用背景状况后,再对各因子进行赋权。其公式为

$$I_{ij} = (C_{ij} - B_i) \Big/ S_i, \quad u_i = \sum_{j=1}^{m} I_{ij}, \quad W_i = u_i \Big/ \sum_{i=1}^{n} u_i \tag{3-31}$$

式中:$C_{ij}$ 为环境因子 $i$ 的实测值;$S_i$ 为环境因子 $i$ 的标准值;$B_i$ 为环境因子 $i$ 的背景值。

3)统计概率法

统计概率法是假定环境因子的实测值在时间和空间范围内的变化近似于正态分布,然后按统计概率求得权重。其公式为

$$\overline{C_i} = \frac{1}{m} \sum_{j=1}^{m} C_{ij}, \quad \sigma_i = \sqrt{\frac{1}{m-1} \sum_{j=1}^{m} (C_{ij} - \overline{C_i})^2} \tag{3-32}$$

$$u_i = \sigma_i \Big/ |S_i - \overline{C_i}|, \quad W_i = u_i \Big/ \sum_{i=1}^{n} u_i \tag{3-33}$$

式中:$\overline{C_i}$ 为因子 $i$ 的平均监测值;$\sigma_i$ 为因子 $i$ 的标准差;$u_i$ 为因子 $i$ 的统计概率值。

4)因子序列综合法

因子序列综合法又称因子序列生成法,它首先选取能够判别各环境因子对系统环境影响程度的对比因子(生成因子),如超标率、最高超标值等,分别称为生成因子 $1, 2, \cdots, t$;然后将评价因子在各生成因子中进行大小排序,并赋予相应的序列值 $X_{ij}$,$X_{ij} \in [1, n]$;最后将各因子的序列值之和归一化,即为该因子的权重,其公式为

$$u_i = \sum_{j=1}^{t} X_{ij}, \quad W_i = u_i \Big/ \sum_{i=1}^{n} u_i \tag{3-34}$$

因子序列生成法比较简单易行,可操作性较强,当然生成因子越多,权重的分配越能反映环境因子的真实状况。

**2. 广义对比加权法**

若环境因子的分指数已规范化为 0~1 之间的标度分指数,则因子赋权的原则总体上应是标度分指数越大的因子权值越大。但每种环境因子对系统环境的危害程度并不是简单的直线关系,而是呈 S 形曲线。因此,因子赋权时,标度分指数为 0.5 的因子权值不改变;标度分指数大于 0.5,特别是接近于 1 的因子的权值要适当加以抑制;而标度分指数小于 0.5,特别是接近于 0 的因子的权值要适当加以增强。满足上述原则的权值与分指数的关系应具有如下的广义对比算子形式:

$$W_j = \begin{cases} \alpha I_j^p & (0 \leqslant I_j \leqslant 0.5) \\ 1 - \alpha^p (1 - I_j)^p & (0.5 \leqslant I_j \leqslant 1) \end{cases} \tag{3-35}$$

式中:$\alpha$ 为待定常数;$p$ 为控制权值变化快慢的可调参数,其取值范围为 $1 > p > 0$。

由前可知,当 $I_j = 0.5$ 时,必须有 $\alpha I_j^p = 1 - \alpha^p (1 - I_j)^p$,故 $\alpha = 2^{p-1}$,从而得出对任意 $1 > p > 0$ 的常数,广义对比权值公式应为

$$W_j = \begin{cases} 2^{p-1} I_j^p & (0 \leqslant I_j \leqslant 0.5) \\ 1 - 2^{p-1} (1 - I_j)^p & (0.5 \leqslant I_j \leqslant 1) \end{cases} \tag{3-36}$$

当 $p$ 变小时，中段分指数 $0.4 \sim 0.6$ 的因子的权值随分指数变化较平缓；而高段分指数（$>0.6$）的因子权值随分指数变化受到较大减弱；低段分指数（$<0.4$）的因子权值随分指数变化受到较大增强。因此，可以通过改变 $p$ 值的大小来控制权值随分指数的变化快慢。一般取 $p = 1/2$，此时广义对比权值公式为

$$W_j = \begin{cases} \left(\dfrac{I_j}{2}\right)^{1/2} & (0 \leqslant I_j \leqslant 0.5) \\ 1 - \left(\dfrac{1 - I_j}{2}\right)^{1/2} & (0.5 \leqslant I_j \leqslant 1) \end{cases} \tag{3-37}$$

考虑到可能出现分指数 $I_j < 0 (C_{jk} < C_{j0})$ 和 $I_j > 1 (C_{jk} > C_{jd})$ 的情况，再定义扩展广义对比权值公式：

$$W_j = \begin{cases} \left[ -\left(\dfrac{I_j}{2}\right) \right]^{1/2} & (I_j < 0) \\ 1 + \left(\dfrac{I_j - 1}{2}\right)^{1/2} & (I_j > 1) \end{cases} \tag{3-38}$$

# 3.2 装备环境评价方法

目前，国内外常使用的环境质量评价方法很多，无论什么方法，其最终目的都是按照一定的原则和方法，对环境质量的优劣程度进行定量描述。在这里就一些环境质量评价基本方法作一个简单介绍。这些评价方法本身没有优劣之分，应用时只是选择合适的。

## 3.2.1 基于层次分析决策的环境评价

对装备环境质量的评价，往往遇到无法定量化的因素，即使运用先进的现代技术，也不一定有效。这就需要使用一种体现人们决策思维特征的方法。美国著名运筹学家 T. L. Saaty 教授创立的层次分析法（Analytic Hierarchy Process，AHP）本质上是一种决策思维方式，它具有人的思维分析、判断和综合的特征。由于 AHP 具有深刻的理论内容和简单的表现形式，并能统一处理决策中的定性与定量因素而被广泛用于许多领域。装备运用环境的分析与评价实际上是一个多因素综合决策过程，因而将 AHP 应用于环境评价不但可行，而且具有简单、有效、实用的特点。

**1. 层次分析法的基本原理**

层次分析的基本原理包括递阶层次结构原理、标度原理和排序原理。

（1）递阶层次结构原理

把一个复杂系统中具有共同属性的因素组成系统的同一层次，不同类型的因素就形成了系统的不同层次；并且上一层因素对它的下一层次的全部或部分因素起支配作用，形成按层次自上而下的逐层支配关系；其中单一的最高层因素就是被分析的复杂系统所要达到的目标，这就是系统的因素按性质分层排列的递阶层次结构原理。

人们决策思维中的分解与综合常常也具有递阶层次原则的特点，人们的逻辑判断也是在

这种递阶层次结构中体现的。因此,递阶层次结构原理揭示了人们决策思维的一种规律。

（2）标度原理

在建立了层次结构后,针对某一层的某个因素（如某一问题、某一准则）,将下一层与之有关的因素（如各种不同条目、不同方案）通过两两比较,用评分的方法,判断出它们相对的优劣程度或重要程度,将判断的结果构成一个判断矩阵。这种比较,可以从最底层开始,单一的准则就是一个单一的要求。因此,对于某一准则来说,将两个因素进行对比总是能区分出优劣或重要程度的。

为了把判断矩阵中的每个因素定量化,Saaty 提出了"1～9"比较标度法。比较标度及其含义见表 3 – 1。

表 3 – 1　比较标度及其含义

| 标　　度 | 含　　义 |
| --- | --- |
| 1 | 两个因素同等重要 |
| 3 | 两个因素相比,一个比另一个稍微重要 |
| 5 | 两个因素相比,一个比另一个明显重要 |
| 7 | 两个因素相比,一个比另一个强烈重要 |
| 9 | 两个因素相比,一个比另一个极端重要 |
| 2,4,6,8 | 上述两相邻判断的中值 |
| 以上数值的倒数 | 因素 $p_i$ 与 $p_j$ 比较,得到判断矩阵的元素 $b_{ij}$,则因素 $p_j$ 与 $p_i$ 比较的判断值 $b_{ji}=1/b_{ij}$ |

使用标度法时有两点要求:一是要求进行比较的因素具有相同的数量级;二是要求两个比较的因素的优劣程度尽可能用定量表示。这就是标度原理。

在客观事物中,当被比较的事物在所考虑的某属性方面具有相同或很接近的数量级时,为了区分它们的属性,可以作出相同、较强、强、很强、极强五个判断以及介于这些判断之间的四个判断共九个级别的比较。而"1～9"比较标度法正符合这个判断规律。

当然,如果需要比"1～9"标度更大的数,可用层次分析法将因素进行分类,在比较这些因素之前,首先比较这些类。这就可使所比较的因素之间质的差异仍保持在"1～9"标度之间。因此,"1～9"比较标度法是较理想的把思维判断定量化的一种行之有效的方法。

（3）排序原理

判断矩阵是就上一层某一因素而言的下一层有关因素两两相比的评分数据。而层次单排序是根据判断矩阵计算出下一层有关因素的优劣或重要程度的数值,然后根据这些数值对有关因素进行优劣排序。因素的优劣数值是通过求判断矩阵 $\boldsymbol{B}$ 的最大特征值 $\lambda_{\max}$ 所对应的特征向量 $\boldsymbol{W}$,即满足 $\boldsymbol{BW}=\lambda_{\max}\boldsymbol{W}$ 的向量 $\boldsymbol{W}$ 而得到的,$\boldsymbol{W}$ 的分量值就是相应因素的优劣数值。

判断矩阵是建立在两两比较进行评分的基础上的。如果两两比较具有客观上的一致性,那么判断矩阵的元素应满足 $b_{ij}=b_{ik}/b_{jk}(i,j,k=1,2,\cdots,n)$,即所谓判断矩阵具有完全一致性。但事实上,由于客观事物的复杂性和人们认识的片面性,在进行两两比较评分时,所作出的判断矩阵一般不具备完全一致性。对此,必须提出要求:一个判断矩阵虽然不满足 $b_{ij}=b_{ik}/b_{jk}$,但不能有太大的偏离;否则,由此而得出因素的优劣数值排序就会有逻辑上的矛盾。

通过数学证明,具有完全一致性的 $n$ 阶判断矩阵具有性质:$\lambda_{\max}=n$,其余的特征值全为零。

而当判断矩阵的完全一致性稍有破坏时，可利用 $\lambda_{max}$ 与 $n$ 的数值差作为一致性检验的尺度。

**2. 层次分析法的基本步骤**

应用层次分析法解决问题，一般分以下 5 个步骤。

（1）建立问题的递阶层次结构

首先，根据对问题的了解和初步分析，把复杂问题按特定的目标、准则和约束等分解成因素的各个组成部分，把这些因素按属性的不同分层排列。同一层次的因素对下一层次的某些因素起支配作用，同时它又受上一层次因素的支配，形成了一个自上而下的递阶层次。最简单的递阶层次分为 3 层：最上面为系统的目标层，一般只有一个要素；中间是准则层，排列了衡量是否达到目标的各项准则，根据需要还可以有子准则层；最底层是方案层，表示所选取的解决问题的各方案、策略等，如图 3-1 所示。

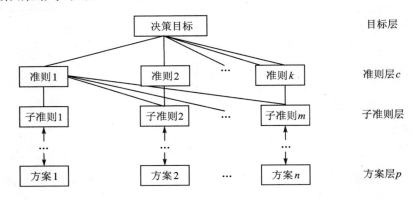

**图 3-1 递阶层次结构示意**

（2）构造判断矩阵

针对上一层次某因素，对本层次有关因素就相对重要性进行两两比较。这种比较通过引入适当的标度，用数值表示出来，写成判断矩阵。先从最底层开始，如针对准则 $c_k$，对 $p_1$，$p_2$，…，$p_n$ 个方案进行两两优劣性评比。评比结果构成下列形式的判断矩阵：

| 准则 $c_k$ | $p_1$ | $p_2$ | $\cdots$ | $p_n$ |
|---|---|---|---|---|
| $p_1$ | $b_{11}$ | $b_{12}$ | $\cdots$ | $b_{1n}$ |
| $p_2$ | $b_{21}$ | $b_{22}$ | $\cdots$ | $b_{2n}$ |
| $\vdots$ | $\vdots$ | $\vdots$ | $\vdots$ | $\vdots$ |
| $p_n$ | $b_{n1}$ | $b_{n2}$ | $\cdots$ | $b_{nn}$ |

为使判断矩阵中每个因素定量化，可采用"1~9"比较标度法，标度含义见表 3-1。从表中标度的规定可知，对于判断矩阵的元素 $b_{ij}$，显然有性质：$b_{ij} > 0$，$b_{ii} = 1$，$b_{ij} = 1/b_{ji}$。

（3）判断矩阵的一致性检验

在用判断矩阵进行层次单排序之前，应对判断矩阵进行一致性检验。其步骤如下：

首先计算判断矩阵的最大特征值 $\lambda_{max}$；再按一致性指标 C. I. $= (\lambda_{max} - n)/(n-1)$ 计算；然

后根据表 3－2 确定平均一致性指标 R.I.；最后按随机一致性比值 C.R.＝C.I./R.I. 计算。

表 3－2　平均一致性指标

| $n$ | 1 | 2 | 3 | 4 | 5 | 6 | 7 | 8 | 9 |
|---|---|---|---|---|---|---|---|---|---|
| R.I. | 0 | 0 | 0.58 | 0.90 | 1.12 | 1.24 | 1.32 | 1.41 | 1.45 |

对于 1、2 阶判断矩阵，C.R. 规定为零。一般情况下，当 C.I.≤0.1 时，认为判断矩阵有满意的一致性，可以进行层次单排序；当 C.I.＞0.1 时，认为判断矩阵的一致性偏差太大，需要对判断矩阵进行调整，直到使其满足 C.I.≤0.1 为止。只有对问题中的所有判断矩阵的一致性检验都合格后，通过层次单排序得到的结论才是合理有效的。

（4）层次单排序

层次单排序就是把本层次所有因素针对上层次某因素通过判断矩阵计算排出优劣顺序。这实际上就是求出最大特征值所对应的特征向量 $W$（$BW＝\lambda_{max}W$）的分量值，但分量值必须经过归一化处理。判断矩阵是一类特殊矩阵，且这类计算对精度的要求不太高，因此可采用求和法或方根法进行简便计算。

（5）层次总排序

利用层次单排序的结果，综合得出本层次各因素对更上一层次的优劣顺序，最终得到最底层（方案层）对于最顶层（目标层）的优劣顺序，这就是层次总排序。如层次 $c$ 对层次 $a$ 来说，单排序已完毕，其优劣顺序为 $c_1,c_2,\cdots,c_m$，而层次 $p$ 对层次 $c$ 各因素单排序结果数值分别为 $w_1^1,w_2^1,\cdots,w_n^1；w_1^2,w_2^2,\cdots,w_n^2；\cdots；w_1^m,w_2^m,\cdots,w_n^m$，则层次 $p$ 对层次 $a$ 的总排序数值由

$$w_1＝\sum_{j=1}^m a_jw_1^j，w_2＝\sum_{j=1}^m a_jw_2^j，\cdots，w_n＝\sum_{j=1}^m a_jw_n^j 确定。$$

**3．层次分析决策的研究进展**

近年来，不少学者在发展层次分析法的理论和推广它在各类问题的应用方面做了大量工作。例如，"等距分级，等比赋值"的指数标度法的提出，解决了"1～9"标度给判断矩阵带来的不一致性，使排序数值具有明确的意义，并能方便灵活地调整，使它满足层次分析法排序原理的要求。再如，利用最优化传递矩阵概念改进的层次分析法，可一次得到优劣数值，使之自然满足一致性要求，不需要进行一致性检验，从而避免了调整判断矩阵的盲目性。有的学者提出用三标度（0,1,2）数值来判断同一层次上各因素的相对重要程度，给出三标度的比较矩阵，然后选取其中某两个因素作为"基点"比较因素，给出所谓基点重要性程度的标度，最后以此基点 $b_m$ 为依据，构造数学变换式，将三标度比较矩阵转换为间接判断矩阵，从而使决策者易于接受和掌握，并保证所得到的判断矩阵具有足够满意的一致性。如果对上述三标度法的变换式中基点的相对重要性给出确切表达式，还可进一步减少判断的主观性。有的学者提出了构造定量因素判断法，给出了不同因素判断矩阵的构造方式及转换公式，开发了"混合因素群体层次分析法通用软件"，实践表明，这种方法对于解决大型群体层次分析法决策问题是有效和实用的。在决策过程中，由于人们所处的地位和经验不同，对各个事物的认识深度不可能完全一致，反映在决策者填写判断矩阵的某些因素（元素）时，可能没有把握。越是不一致的矩阵，决策者对某些因素的偏好越明显。对此可采用改进的梯度特征向量排序法。此外，还有将层次

分析原理与聚类分析相结合、具有不等指标的聚类分析方法,将比较标度用模糊表示的模糊层次分析法等。

已有的研究结果表明,层次分析法的应用范围十分广泛,而且可以预料,随着对层次分析法理论的深入研究,它的应用范围必将进一步扩大。但无论从理论上还是从应用上看,层次分析法都没有达到理想的地步。在理论方面,诸如一致性检验的客观标准,特征值计算是否是排序的最好方法,判断是否考虑模糊性等问题,都还没有获得满意的解决。在应用方面,也有其局限性。例如,它能用于从已知方案中优选,不能生成方案。此外,所得到的结果过多地依据决策者的偏好和主观判断。这些问题都有待于进一步研究解决。

## 3.2.2 基于模糊集理论的环境评价

环境是一种由多因素组成的多相多元体系。环境评价的一个显著特点是研究对象的高度复杂性和综合性。尽管人们已建立了一些经典数学模型和评价方法,并且也能给出一些定量的描述,但是所有这些描述都是用确切的数学概念去描述本质上具有不确切的对象。因此,使用一定程度的模糊是不可避免的。基于模糊集理论的环境评价法就是应用模糊变换原理和模糊数学的基本理论——隶属度或隶属函数来描述中间过渡的模糊信息量,考虑与评价事物相关的各个因素,浮动地选择因素阈值,作比较合理的划分,再利用传统的数学方法进行处理,从而科学地得出评价结论。

**1. 模糊集理论基础**

1965 年,美国控制论专家查德(L. A. Zadeh)第一次提出了模糊集合的概念,标志着模糊数学的诞生。

(1) 模糊子集的基本概念

对于给定论域 $U$(讨论范围)中任一元素 $u$(讨论对象),有 $u \in U$。按照普通集合的要求,在元素 $u$ 与集合 $A$ 之间,要么 $u \in A$,要么 $u \notin A$,二者必居且仅居其一。我们把 $U$ 上以普通子集为外延(简称有明确概念)的概念,称为确切概念。

1)模糊子集与隶属函数

现实生活中的绝大多数概念都不是确切概念,都不能要求每个对象对于是否符合它而作出完全肯定的回答。在符合与不符合之间,允许有中间状态,人们把这一类概念叫做模糊概念。

打破普通集合论中元素与集合的绝对隶属关系,在"$u \in A$"与"$u \notin A$"之间,考虑其中间状况,提出"隶属程度"的思想。对于普通集合,$U$ 的普通子集 $A$,由它的特征函数

$$A(u) = \begin{cases} 1 & u \in A \\ 0 & u \notin A \end{cases} \tag{3-39}$$

唯一确定。$A(u)$是定义在 $U$ 上的一个实值函数。它的意义就是指明 $u$ 对 $A$ 的隶属程度。

给定论域 $U$,所谓指定了 $U$ 上的一个模糊子集 $A$,是指对任意 $u \in U$,都有一个隶属程度 $\mu$($0 \leqslant \mu \leqslant 1$)与之对应,称 $\mu$ 为 $A$ 的隶属函数,记为

$$\mu = A(u) \tag{3-40}$$

2）置信水平

模糊子集是通过隶属函数来定义的，它本身没有明确的范围。如果一定要问其图像，则需要选其门限 $\lambda$，$0 \leqslant \lambda \leqslant 1$。当 $A(u) \geqslant \lambda$，便算作 $u \in A$，否则便算作 $u \notin A$，这样得到一个普通子集，记为

$$A_\lambda = \{u : u \in U, A(u) \geqslant \lambda\} \tag{3-41}$$

$A_\lambda$ 称为 $A$ 有 $\lambda$ 度图像，$\lambda$ 为置信水平。

（2）隶属原则与模型识别的直接方法

设 $A_1, A_2, \cdots, A_n$ 是 $U$ 中的 $n$ 个模糊子集，$u$ 是 $U$ 中的一个元素，则隶属原则如下：

若有

$$A_i(u) = \max\{A_1(u), A_2(u), \cdots, A_n(u)\} \tag{3-42}$$

则认为 $u$ 相对隶属于 $A_i$。

模型识别的直接方法：有 $n$ 个模型，它们是论域 $U$ 上的 $n$ 个模糊子集，$u_0 \in U$ 为一具体被判别对象，要问它属于哪一种模型，按照隶属原则判别。这种方法叫做模型识别的直接方法。

（3）贴近度

在模型识别问题中，被识别对象往往不是 $U$ 中的一个确定元素，而是 $U$ 中的一个子集。这时所涉及的不是元素对集合的隶属关系，而是两个模糊子集之间的贴近程度。设

$$A \bigcirc B = \bigvee_{u \in U} \{A(u) \wedge B(u)\} \tag{3-43}$$

$$A \odot B = \bigwedge_{u \in U} \{A(u) \vee B(u)\} \tag{3-44}$$

分别称为 $A$ 与 $B$ 的内积与外积。这里，$\vee$、$\wedge$ 分别表示取上、下确界。当 $U$ 只包含有限个元素时，它们就是取最大值"$\vee$"="max"与最小值"$\wedge$"="min"。此时，记

$$(A, B) = [A \bigcirc B + (1 - A \odot B)]/2 \tag{3-45}$$

为 $A$ 与 $B$ 的贴近度。显然，两个模糊子集的贴近度越接近，则这两个模糊子集越相似。

（4）模糊关系与聚类分析

对事物按一定要求进行分类的数学方法叫做聚类分析，它有广泛的实际应用。现实的分类问题，多伴随着模糊性。从数学上讲，一个确切的分类，要由一个等价关系来确定。对应的一个模糊的分类，要由一个模糊等价关系来确定。

1）模糊关系

设 $U$ 是因素甲的状态集，$V$ 是因素乙的状态集。若要同时考虑甲、乙两因素，则可能状态集是由 $U$ 与 $V$ 中任意搭配的元素对 $(u, v)$ 所构成的。在数学上称它为 $U$ 与 $V$ 的笛卡儿乘积集，记为

$$U \times V = [(u, v) : u \in U, v \in V] \tag{3-46}$$

$U \times V$ 是 $U$、$V$ 的元素之间一种无约束的搭配。如果对这种搭配施加某种限制，这种限制便表现为 $U$ 与 $V$ 之间的某种特殊关系。

所谓从 $U$ 到 $V$ 的一个模糊关系 $R$，是指 $U \times V$ 的一个模糊子集。隶属程度 $R(u, v)$ 表示 $u$ 与 $v$ 具有关系 $R$ 的程度。当 $U = V$，$R$ 成为 $U$ 上的模糊二元关系；当 $U$ 与 $V$ 都是有限集合时，$R$ 可用一矩阵表现。这样的矩阵（元素是介于 $0$、$1$ 之间的实数）称为模糊矩阵，记作 $\boldsymbol{R}$。

2)模糊聚类分析

设 $U$ 是需要被分类的对象的全体,建立 $U$ 上的相似关系 $R$,$R(u,v)$ 表示 $u$ 与 $v$ 之间相似的程度。当 $U$ 为有限集时,$R$ 是一个矩阵,叫相似矩阵。

相似关系 $R$ 一般说来只满足反身性和对称性,不满足传递性,因而不是模糊等价关系。当采用 $R$ 的乘幂 $R^2$,$R^4$,$R^8$,$\cdots$,若在某一步有 $R^k=R^{2k}=R^*$,则 $R^*$ 便是一个模糊等价关系,由它便可以对 $U$ 中的元素在任意水平 $\lambda$ 上进行分类,得到聚类图。有了聚类图,需要分成几类就可从图上选取一适当的水平,得到所需要的分类。

**2. 模糊变换与综合评价**

设 $U$、$V$ 均为有限集:$U=\{u_1,u_2,\cdots,u_n\}$,$V=\{v_1,v_2,\cdots,v_n\}$;此时,$U$ 上的模糊子集 $A$ 可表示为 $n$ 维向量,记为

$$A=a_1/u_1+a_2/u_2+\cdots+a_n/u_n \tag{3-47}$$

或 $A=\{a_1,a_2,\cdots,a_n\}$ $(0\leqslant a_i\leqslant1)$。

同样,$V$ 上的模糊子集 $B$ 也可记为

$$B=\{b_1,b_2,\cdots,b_n\} \quad (0\leqslant b_i\leqslant1)$$

设 $R$ 是从 $U$ 到 $V$ 的一个模糊关系,即

$$R=\begin{bmatrix} r_{11} & r_{12} & \cdots & r_{1m} \\ r_{21} & r_{22} & \cdots & r_{2m} \\ \vdots & \vdots & & \vdots \\ r_{n1} & r_{n2} & \cdots & r_{nm} \end{bmatrix} \tag{3-48}$$

则根据矩阵的复合运算,由 $R$ 确定了一个变换:任给 $U$ 上模糊子集 $A$,便可确定 $V$ 上的一个模糊子集:

$$B=A\bigcirc R$$

(1)综合评价的数学模型

取 $U$ 为着眼因素的集合,$U=\{U_1,U_2,\cdots,U_m\}$。

取 $V$ 为抉择评语的集合,$V=\{V_1,V_2,\cdots,V_n\}$。

首先对 $U$ 集中的单因素 $U_i(i=1,2,\cdots,m)$ 做单因素评价,从因素 $U_i$ 着眼确定该事物对抉择等级 $V_j(j=1,2,\cdots,n)$ 的隶属度 $r_{ij}$,则得出第 $i$ 个因素 $U_i$ 的单因素评价集

$$r_i=\{r_{i1},r_{i2},\cdots,r_{in}\}$$

它是抉择评语集 $V$ 上的模糊子集,则 $m$ 个着眼因素的评价集就构造出一个总的评价矩阵 $R$,反映了两集合 $U$、$V$ 间所存在的某种约束模糊关系,其中,$r_{ij}$ 表示因素 $U_i$ 对抉择等级 $V_j$ 的隶属程度。

对于被评价事物,由于从不同的因素着眼可以得到截然不同的结论,而且在诸多着眼因素 $U_i(i=1,2,\cdots,m)$ 中,对总评价的影响程度不一,存在着模糊择优因素。故评价的着眼点可看成着眼因素论域 $U$ 上的模糊子集 $A$,记作

$$A=(a_1,a_2,\cdots,a_n) \tag{3-49}$$

式中:$a_i(0\leqslant a_i\leqslant1)$ 为 $U_i$ 对 $A$ 的隶属度,它是单因素 $U_i$ 在总评价中影响程度的一种度量;$A$ 为 $U$ 的因素重要程度模糊集。

在确定了模糊矩阵 $\boldsymbol{R}$ 和模糊向量 $\boldsymbol{A}$ 时,则可作模糊变换来进行综合评价:

$$\boldsymbol{B} = \boldsymbol{A} \bigcirc \boldsymbol{R} = (b_1, b_2, \cdots, b_n) \qquad (3-50)$$

(2) 综合评价的逆问题

综合评价的正问题为 $\boldsymbol{A}$ 通过 $\boldsymbol{R}$ 的变换:

$$\boldsymbol{B} = \boldsymbol{A} \bigcirc \boldsymbol{R}$$

给定单因素评价矩阵 $\boldsymbol{R}$,已知有一个综合评价 $\boldsymbol{B}$ 是很可靠的,问各因素的权数分配是什么? 这只能从备择的权数分配方案中找出一个相对来说比较理想的方案。

设 $J = \{\boldsymbol{A}_1, \boldsymbol{A}_2, \cdots, \boldsymbol{A}_s\}$ 为 $U$ 上一组模糊子集(叫备择方案集),根据择近原则,若有 $i$ 使

$$(\boldsymbol{A}_i \bigcirc \boldsymbol{R}, \boldsymbol{B}) = \max_{1 \leqslant j \leqslant n} (\boldsymbol{A}_j \bigcirc \boldsymbol{R}, \boldsymbol{B}) \qquad (3-51)$$

则认为 $\boldsymbol{A}_i$ 是从 $J$ 中找出来的因素的权数分配方案。

## 3.2.3　基于灰色系统理论的环境评价

灰色系统理论是研究解决灰色系统建模、预测、决策和控制的理论,是 20 世纪 80 年代初期由我国学者邓聚龙提出的。他把自动控制科学和运筹学的数学方法结合起来,发展了一套解决信息不完备系统的理论和方法。由于环境系统具有多目标、多层次、多变量的特征,并且这些变量之间、各个变量与其周围环境之间都存在着错综复杂的物质、能量和信息交换。人们从外界获得的环境系统信息往往是不完全的,环境评价、环境预测和环境决策等问题都可以应用灰色系统的理论和方法加以解决。

**1. 灰色系统简介**

(1) 灰色系统理论思想

灰色系统的概念是黑箱概念的一种拓广。从信息的观点来看,黑箱代表信息完全未知或信息不确定的系统;白箱是指信息完全确知的系统;灰箱则是指既含有已知信息,又含有未确定信息的系统,即灰色系统。

灰色系统理论认为:灰色性广泛存在于各种系统中,系统的随机性和模糊性只是灰色性的两个不同方面的不确定性,因而灰色系统理论能广泛应用于各个领域。灰色系统理论就是用已知的白化参数通过分析、建模、控制和优化等程序,将灰色问题淡化和白化。它主要研究灰色系统理论的建模思想、建模方法、关联分析、灰色预测、系统分析、灰色决策和控制等有关问题。

(2) 关联分析

任何一个系统都包括许多因素,影响系统总行为的各因素中哪些影响大,哪些影响小;哪些主要,哪些次要;哪些显露,哪些隐蔽,这就是系统的因素分析。灰色系统理论也可以对不同系统的行为进行对比、分类、分析,以了解哪些系统行为比较接近,哪些差别较大,这称为系统的行为分析。

对于上述的两种分析,灰色系统理论提出了关联分析方法。所谓关联分析,是根据系统各因素间或各系统行为间的数据列或指标列的发展态势与行为作相似或相异程度的比较,以判断因素的关联与行为的接近。对抽象系统作关联分析时,关键是找抽象指标或抽象因素的映射量。通过定性研究,映射量一般都是可以找到的。关联分析的基本公式是关联系数公式,其定义如下:

设参考时间序列和比较时间序列分别为

$$X_0 = \{x_0(t_1), x_0(t_2), \cdots, x_0(t_n)\}; \quad X_j = \{x_j(t_1), x_j(t_2), \cdots, x_j(t_n)\} \quad (3-52)$$

则 $X_0$ 与 $X_j$ 在 $t_k$ 时刻的关联系数可表示为

$$x_{0j}(t_k) = \frac{\Delta_{\min} + \xi \Delta_{\max}}{\Delta_{0j}(t_k) + \xi \Delta_{\max}} \quad (3-53)$$

式中:$\xi \in [0,1]$ 为分辨系数,是一个事先取定的常数;

$$\Delta_{\min} = \min_j \min_k |x_0(t_k) - x_j(t_k)| \quad (k=1,2,\cdots,n) \quad (3-54)$$

$$\Delta_{\max} = \max_j \max_k |x_0(t_k) - x_j(t_k)| \quad (j=1,2,\cdots,m) \quad (3-55)$$

$$\Delta_{0j}(t_k) = |x_0(t_k) - x_j(t_k)| \quad (3-56)$$

关联系数是一个实数,它表示各时刻数据间的关联程度。它的时间平均值为

$$r_{0j} = \frac{1}{n} \sum_{k=1}^{n} x_{0j}(t_k) \quad (3-57)$$

称为 $X_j$ 对 $X_0$ 的关联度。

上述的关联分析法具有下述特点:①不追求大样本量(只要有三个以上数据就可以分析);②不要求数据有特殊的分布,无论 $X_0$ 和 $X_j$ 的数据怎样随 $t_k$ 改变,都可以计算;③只须做四则运算,计算量比回归分析小得多;④可以得到较多的信息,如关联序、关联矩阵等;⑤这些关系是以趋势分析为原理的,即以定性分析为前提,因此不会出现与定性分析结果不一致的量化关系。

(3) 灰色系统建模

灰色系统建模思想是将原始信息数列通过一定的数学方法进行处理,将其转化为微分方程来描述系统的客观规律。灰色系统理论对数据的处理通常采用累加或累减生成方法,使无序数据列转化为有序数据列,使生成数据序列适宜微分方程建模。这种使系统信息由不确知到确知,由知之不多到知之甚多的过程,就是通常所说的使系统由"灰"变"白"。其信息处理和建模方法如下:

记 $X^{(0)}$ 为原始数据列:$X^{(0)} = \{x^{(0)}(1), x^{(0)}(2), \cdots, x^{(0)}(n)\}$。

记 $X^{(1)}$ 为一次累加生成数据列:$X^{(1)} = \{x^{(1)}(1), x^{(1)}(2), \cdots, x^{(1)}(n)\}$。

其累加生成规则为

$$x^{(1)}(k) = \sum_{j=1}^{K} x^{(0)}(j) \quad (3-58)$$

事实上,在许多系统中,通过累加生成,可使原始数据通过累加后的生成数据 $x^{(1)}(k)$ 有较明显的指数规律,适合于建立微分方程的动态模型。灰色系统理论建立的是微分方程的动态模型,其中 GM$(1,N)$ 是 $N$ 个变量的一阶灰色动态模型,其形式为

$$\frac{\mathrm{d}x_1^{(1)}}{\mathrm{d}t} + ax_1^{(1)} = b_1 x_2^{(1)} + \cdots + b_{N-1} x_N^{(1)} \quad (3-59)$$

其中,最特殊也最常用的是单序列一阶线性动态 GM$(1,1)$ 模型:

$$\frac{\mathrm{d}x^{(1)}}{\mathrm{d}t} + ax^{(1)} = u \quad (3-60)$$

式中:辨识参数 $a$、$u$ 组成矩阵,并按最小二乘拟合确定:

$$\hat{a} = \begin{bmatrix} a \\ u \end{bmatrix} = (\boldsymbol{B}^{\mathrm{T}} \boldsymbol{B})^{-1} \boldsymbol{B}^{\mathrm{T}} \boldsymbol{Y}_N \quad (3-61)$$

式中:矩阵

$$B = \begin{bmatrix} -\dfrac{1}{2}\{x^{(1)}(1) + x^{(1)}(2)\} & 1 \\ -\dfrac{1}{2}\{x^{(1)}(2) + x^{(1)}(3)\} & 1 \\ \vdots & \vdots \\ -\dfrac{1}{2}\{x^{(1)}(m-1) + x^{(1)}(m)\} & 1 \end{bmatrix} \qquad (3-62)$$

$$Y_N = [x^{(0)}(2), x^{(0)}(3), \cdots, x^{(0)}(m)]^T \qquad (3-63)$$

"$-1$"和"T"分别表示对矩阵求逆和转置;$x^{(1)}(k)$ 为由原始数据序列 $x^{(0)}$ 经累加生成得到的累加生成数据序列;$x^{(1)}(1) = x^{(0)}(1)$ 为初始值。

（4）灰色决策

1）局势决策

所谓决策,是指综合考虑不同目标的效果,根据决策准则,选择一个合适的对策去应付某个事件的发生,以取得最佳效果。然而,在客观世界中,往往信息不全或信息中含有不甚明确的灰元,使决策困难,因而要用灰色决策。灰色决策是建立在 GM(1,1) 模型或其他灰色模型上的决策。灰色决策空间由事件、对策和效果组成。

2）灰色聚类

聚类分析是研究多要素（或多个变量）的客观分类方法。聚类原则是对不同个体（空间点或时间点）的某些相似性指标进行相似分析,相似的就归为一类。由于个体之间的相互关系是不明确的,因而在度量任何两个个体的相似程度时,常常具有灰色性,所以多数的聚类应属灰色聚类。灰色聚类也是一种决策。所谓灰色聚类,就是区分聚类元素在聚类指标下的所属类型。

3）灰色统计

一个决策过程,要搜集各方面的各种指标信息和各种情况信息,许多信息都是分散的。因此,如何将分散的信息进行归纳统计,以及将灰色信息转为决策过程可利用的信息,这便是灰色统计法的任务。

**2. 灰色聚类环境评价模型**

聚类分析是用数学方法定量地确定聚类对象间的亲疏关系并进行分类的一种多元分析方法。灰色聚类是普通聚类方法的一种拓广,是在聚类分析方法中引进灰色理论的白化函数而形成的一种新的聚类方法。灰色聚类分析法步骤如下。

（1）确定聚类白化数

把聚类对象作为样本,把样本的量化性质作为样本指标。若有 $m$ 个样本（监测点）,每个样本各有 $n$ 个指标（影响因子）,且每个指标有 $j$ 个灰类（环境质量分级）,则由 $m$ 个样本的 $n$ 个指标的白化数构成矩阵为

$$\begin{bmatrix} c_{11} & c_{12} & \cdots & c_{1n} \\ c_{21} & c_{22} & \cdots & c_{2n} \\ \vdots & \vdots & & \vdots \\ c_{m1} & c_{m2} & \cdots & c_{mn} \end{bmatrix}$$

式中：$r_{ij}$ 为第 $i$ 个影响因子第 $j$ 个灰类的标准化处理值。

（5）求聚类系数

聚类系数反映了聚类监测点对灰类的亲疏程度。若有 $m$ 个监测点，第 $k$ 个监测点对 $j$ 个灰类的聚类系数用 $\varepsilon_{kj}$ 表示。其计算式如下：

$$\varepsilon_{kj} = \sum_{i=1}^{n} f_{ij}(d_{ki}) w_{ij} \tag{3-70}$$

式中：$\varepsilon_{kj}$ 为第 $k$ 个监测点关于第 $j$ 个灰类的聚类系数；$f_{ij}(d_{ki})$ 为第 $k$ 个监测点第 $i$ 个影响因子第 $j$ 个灰类的白化系数；$w_{ij}$ 为第 $i$ 个影响因子的第 $j$ 个灰类的权值。

（6）聚　类

灰色聚类是根据聚类系数的大小来判断监测点所属的类别。其方法是将每个监测点对各个灰类的聚类系数组成聚类行向量。在行向量中聚类系数最大的所对应的灰类即是这个监测点所属的类别，并把各个监测点同属的灰类进行归纳，便是灰色聚类结果。

除上述几种环境评价方法外，基于物元可拓集、人工神经网络、遗传算法、集对分析和粗集理论的环境评价也逐渐得到应用并具有较好的应用前景，在此不再赘述。

# 3.3　装备环境评价案例分析

环境作为一个多目标、多层次、多变量系统，由于评价对象、评价目标和影响因子的不同，其系统评价方法的选择和应用也各不相同。本节试图通过对几个弹药运用环境案例的安全评价，进一步阐述 3.2 节所述层次分析决策、模糊数学理论和灰色系统理论等在装备环境评价中的应用。

为了使案例的实用性和操作性更强，在这里不仅讨论环境评价，还将环境评价融入整个弹药安全系统评价之中。弹药安全系统评价即综合运用各种评价方法对系统的安全性进行度量和预测，通过对系统存在的危险性进行定性和定量的分析，从而确认系统安全水平，并提出必要的改进措施，以寻求最低的事故率、最小的事故损失和最优的防护投资效益。其评价原理如图 3-2 所示。

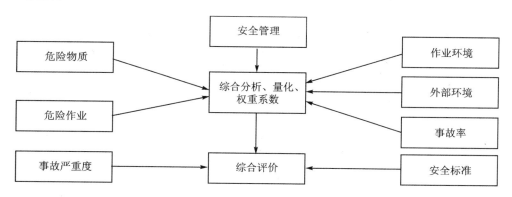

**图 3-2　系统安全水平的综合评价原理图**

下面是分别运用层次分析决策、模糊数学理论、灰色系统理论等对弹药运用环境及整个安全系统进行评价的示例。

### 3.3.1 基于层次分析法的弹药管理环境安全评价

运用 AHP 的基本原理,依据相关安全检查表各级项目,将复杂的安全系统评价决策层次化,通过一系列成对比较的评判来得到各影响因子的相对重要程度的量度,然后通过层次的递阶关系归结为最低层相对于最高层的相对重要性权值或排序,并得出评判结果,可实现对弹药安全环境的科学评价。

**1. 单环境评价**

单环境评价即针对单个安全检查表评价。通过弹药安全管理系统分析,确立了一系列单项安全检查表,其中每个检查表都可进行独立的定量评价,具体方法如下:

(1) 确定检查表检查项目权重 $X_j$

由于弹药安全管理的专业性极强,所以检查项目权重的确定主要是根据检查表中的重要度及条目的多少,采用专家评估确定。

$$X_j = [0,1] \quad (j = 1,2,\cdots,n), \sum_{j=1}^{n} X_j = 1 \qquad (3-71)$$

(2) 检查内容条目等级的划分

检查表的每个检查项目有若干检查内容条目,各条目之间不再区分权重。检查时,由检查者通过检查对所检查内容条目的状况作出回答。对用"是"或"否"可以回答的问题,"是"即给定符号"A","否"即给定符号"D"。对有些问题的回答,当仅用"是"或"否"来表示尚不能反映所查问题的实质时,如灭火器的配置,某库房按规定应配置 10 个 1211 灭火器,而实际只配备了 8 个灭火器,此时将"8 个灭火器的配备"回答为"否"就等同于没有配备灭火器,这显然不妥,为此在"是""否"回答的基础上再给出有关检查条目的等级判定符号,这样,每个条目的等级划分为 A、B、C、D 四个等级。

对完全"是""否"回答的条目,如"禁区出入口是否设置门卫?"则"A"代表"是","D"代表"否"。对用量化判定的条目,给出 A、B、C、D 四个等级,取值如下:

A:完全符合要求　　　　　　　　　(A=100)

B:80%以上符合要求　　　　　　　(B=75)

C:60%以上符合要求　　　　　　　(C=50)

D:40%以上不符合要求　　　　　　(D=0)

另外,考虑到有的检查项目受历史原因或地理条件的制约,无法达到特殊要求,且仓库无法解决的问题,则该项属特殊情况,判定为"T",即特殊不合格项,计算分值时不计此项。但安全提示时应显示,以便引起重视。

采用上述方式后,每个检查表的检查结果中,不管是用"是"或"否"回答的条目还是用量化回答的条目,以及特殊不合格项目,检查者都只须给出 A、B、C、D、T 中某一回答符号即可,操作十分简便。

(3) 单个安全检查表评分

根据安全检查表的结构、项目及内容,可求出单个安全检查表的得分 $F_I$,即

$$F_i = \sum_{j=1}^{h} \left\{ \sum_{j=1}^{n} X_j \left[ \left( \sum_{k=1}^{m_j} T_k \right) \middle/ m_j \right] \right\} \middle/ h \qquad (3-72)$$

式中:$F_i$ 为第 $i$ 表的得分(满分为 100);$h$ 为参加检查专家人数;$n$ 为检查表的项目数;$X_j$ 为第 $j$

项目的权重;$T_k$为第 $j$ 项目中第 $k$ 条检查内容的得分(A,B,C,D);$m_j$ 为第 $j$ 项目中的检查内容条目数。

需要指出的是,为了评分准确、科学,我们对检查表的项目进行了权重分析,其评分方法采用 04 评分法。项目权重分析范围包括全部检查表,即人员管理、场地管理、物资管理、设施设备管理及技术作业管理等。

**2．环境综合评价**

(1) 确定检查表权重

关于弹药安全管理环境检查表的权重确定,在这里只分析安全管理和设施设备管理两类安全检查表,技术作业管理检查表作为业务部门自查表,我们不再分析权重。安全管理部分和设施设备检查部分的检查表权重分析采用相关权重分析的方法,将人员管理、库区管理、库房管理、储存管理、消防设施设备、防雷设施设备、防洪设施、电气设施设备、防盗设施设备及搬运机械管理十个表统一分析,给出权重。之所以把技术作业中的储存管理单独提出进行分析,主要是考虑到在弹药安全中实际应用较为广泛。当安全检查只进行部分检查时,将被选用的检查表的权重直接重新归一,即构成新的检查表权重。

1)事故危险性权重分析

弹药运用环境中安全管理问题易发生的事故包括火灾、物资损伤、失窃、洪灾、电气事故和雷灾等,事故危险性权重分析也主要针对以上问题进行。

① 事故危险性指标分析。事故危险程度由事故率和危险率表示。弹药安全管理事故的危险性主要取决于事故发生的可能性和事故发生后所造成的损失。因此,本书提出安全事故危险性由事故发生概率和事故损失强度构成。

由事故发生概率和事故损失强度来表征事故危险性权重系数的数学表示方法,主要有均值法(($A+B$)/2)和双曲线法($\sqrt{A\times B}$)。均值法的缺点是当事故发生概率和事故损失强度相差较大时,所得的权重系数较大,并不合理,如特别严重却很难发生的,或者经常发生却损失很小的都不宜占太大比重。双曲线只要两项中有一项数值小,就会使综合评价值降低许多,所以双曲线法较为合适,便于事故两项指标的评价与决策。具体表达式为

$$W_j = \sqrt{W_{jr}} \times \sqrt{W_{js}} \tag{3-73}$$

式中:$W_j$为 J 类事故危险性权重系数;$W_{jr}$为 J 类事故发生概率;$W_{js}$为 J 类事故损失强度。

② 事故危险性权重系数计算。利用评分方法对弹药管理各类问题的发生概率和损失强度进行权重评分,在此基础上进行综合计算即可求出各类事故的危险性权重系数。

a. 04 评分法。常见的权重评分方法有直接评分法、01 评分法、04 评分法、多比例评分法等多种方法。由于直接评分法主观性太大,01 评分法评分项重要性分级过于简单,多比例评分法操作过于烦琐,而 04 评分法则在便于操作的基础上,对评分项重要性作了合理分级,适合弹药安全管理评分使用。

04 评分法先将各评分项填表,然后根据评分项在总项中所占的比重进行一对一的比较评分,两两相比,非常重要的打 4 分,较重要的打 3 分,同等重要的打 2 分,不太重要的打 1 分,很不重要的打 0 分。例如,评分项 1 与评分项 2 相比,评分项 2 比评分项 1 重要,则评分项 1 比评分项 2 不重要,故在评分项 1 与评分项 2 相比栏给 1 分,而在评分项 2 与评分项 1 相比栏给 3 分,见表 3-3。在具体评分时,可以分两步进行:一是专家根据评分项的重要性进行直观评

判排序;二是根据直观排序结果相比评分,得出权重得分及权重系数,如表3-3所列。

表 3-3 04 评分表

| 评分项 | 一对一评比结果 | | | | 权重得分 | 权重系数 |
|---|---|---|---|---|---|---|
| | 评分项 1 | 评分项 2 | 评分项 3 | 评分项 4 | | |
| 评分项 1 | 2 | 1 | 3 | 2 | 8 | 0.25 |
| 评分项 2 | 3 | 2 | 3 | 4 | 12 | 0.38 |
| 评分项 3 | 1 | 1 | 2 | 3 | 7 | 0.22 |
| 评分项 4 | 2 | 0 | 1 | 2 | 5 | 0.15 |

b. 弹药管理事故发生概率权重评分。组织有关专家对事故发生的容易性进行比较评估,得出发生概率权重系数,见表3-4。

表 3-4 事故发生概率评分表($W_{jr}$)

| 事故项 | 火 灾 | 物资毁伤 | 失 窃 | 洪 灾 | 电气事故 | 雷 灾 | 发生概率 | 权重系数 |
|---|---|---|---|---|---|---|---|---|
| 火 灾 | 2 | 1 | 1 | 3 | 1 | 3 | 11 | 0.149 |
| 物资毁伤 | 3 | 2 | 3 | 4 | 3 | 4 | 19 | 0.256 |
| 失 窃 | 3 | 1 | 2 | 4 | 3 | 3 | 16 | 0.216 |
| 洪 灾 | 1 | 0 | 0 | 2 | 1 | 1 | 5 | 0.068 |
| 电气事故 | 3 | 1 | 2 | 3 | 2 | 3 | 14 | 0.189 |
| 雷 灾 | 1 | 1 | 1 | 3 | 1 | 2 | 9 | 0.122 |

c. 弹药管理事故损失强度评分。

- 事故损失强度指标分析。弹药管理事故损失主要在人员伤亡、经济损失、军事损失和社会影响四个方面。因此,首先应确定弹药管理事故损失强度指标,可由下式求得:

$$
\begin{aligned}
J \text{ 类事故损失强度}(W_{js}) =\ & \text{人员伤亡严重性}(W_{j1}) \times \text{人员伤亡权重系数}(P_1) + \\
& \text{经济损失严重性}(W_{j2}) \times \text{经济损失权重系数}(P_2) + \\
& \text{军事损失严重性}(W_{j3}) \times \text{军事损失权重系数}(P_3) + \\
& \text{社会影响严重性}(W_{j4}) \times \text{社会影响权重系数}(P_4)
\end{aligned}
$$

下面将分别确定损失项之间的权重比和事故之间分项损失权重比。

- 损失项权重系数分析。组织有关专家对人员伤亡、经济损失、军事损失和社会影响在同类事故中所占的比重进行评分,得出各自的权重系数见表3-5。

表 3-5 损失项权重评分表($P_j$)

| 损失项 | 人员伤亡 | 经济损失 | 军事损失 | 社会影响 | 权重得分 | 权重系数 |
|---|---|---|---|---|---|---|
| 人员伤亡 | 2 | 3 | 2 | 4 | 10 | $P_1 = 0.31$ |
| 经济损失 | 1 | 2 | 1 | 3 | 7 | $P_2 = 0.22$ |
| 军事损失 | 2 | 3 | 2 | 4 | 12 | $P_3 = 0.38$ |
| 社会影响 | 0 | 1 | 0 | 2 | 3 | $P_4 = 0.09$ |

- 事故分项损失严重性评分。人员伤亡、经济损失、军事损失和社会影响在六类事故中分项评分见表3-6~表3-9。

表 3 - 6　六类事故人员伤亡严重性评分表($W_{j1}$)

| 事故项 | 火　灾 | 物资毁伤 | 失　窃 | 洪　灾 | 电气事故 | 雷　灾 | 重要度 | 权重系数 |
| --- | --- | --- | --- | --- | --- | --- | --- | --- |
| 火　灾 | 2 | 1 | 3 | 3 | 3 | 3 | 15 | 0.21 |
| 物资毁伤 | 3 | 2 | 3 | 3 | 1 | 3 | 15 | 0.21 |
| 失　窃 | 1 | 1 | 2 | 1 | 3 | 3 | 11 | 0.16 |
| 洪　灾 | 1 | 1 | 3 | 2 | 3 | 3 | 13 | 0.19 |
| 电气事故 | 1 | 3 | 1 | 1 | 2 | 3 | 9 | 0.13 |
| 雷　灾 | 1 | 1 | 1 | 1 | 1 | 2 | 7 | 0.10 |

表 3 - 7　六类事故经济损失严重性评分表($W_{j2}$)

| 事故项 | 火　灾 | 物资毁伤 | 失　窃 | 洪　灾 | 电气事故 | 雷　灾 | 重要度 | 权重系数 |
| --- | --- | --- | --- | --- | --- | --- | --- | --- |
| 火　灾 | 2 | 3 | 3 | 1 | 3 | 3 | 15 | 0.21 |
| 物资毁伤 | 1 | 2 | 3 | 1 | 1 | 1 | 9 | 0.12 |
| 失　窃 | 1 | 1 | 2 | 1 | 1 | 1 | 7 | 0.10 |
| 洪　灾 | 3 | 3 | 3 | 2 | 3 | 3 | 17 | 0.24 |
| 电气事故 | 1 | 3 | 3 | 1 | 2 | 1 | 11 | 0.15 |
| 雷　灾 | 1 | 3 | 3 | 1 | 3 | 2 | 13 | 0.18 |

表 3 - 8　六类事故军事损失严重性评分表($W_{j3}$)

| 事故项 | 火　灾 | 物资毁伤 | 失　窃 | 洪　灾 | 电气事故 | 雷　灾 | 重要度 | 权重系数 |
| --- | --- | --- | --- | --- | --- | --- | --- | --- |
| 火　灾 | 2 | 4 | 4 | 2 | 3 | 3 | 18 | 0.24 |
| 物资毁伤 | 0 | 2 | 2 | 1 | 1 | 1 | 8 | 0.11 |
| 失　窃 | 0 | 2 | 2 | 1 | 1 | 1 | 8 | 0.11 |
| 洪　灾 | 3 | 3 | 3 | 2 | 3 | 3 | 17 | 0.23 |
| 电气事故 | 1 | 3 | 3 | 1 | 2 | 2 | 12 | 0.16 |
| 雷　灾 | 1 | 3 | 2 | 1 | 2 | 2 | 11 | 0.15 |

表 3 - 9　六类事故社会影响严重性评分表($W_{j4}$)

| 事故项 | 火　灾 | 物资毁伤 | 失　窃 | 洪　灾 | 电气事故 | 雷　灾 | 重要度 | 权重系数 |
| --- | --- | --- | --- | --- | --- | --- | --- | --- |
| 火　灾 | 2 | 3 | 1 | 1 | 3 | 3 | 13 | 0.18 |
| 物资毁伤 | 1 | 2 | 1 | 3 | 3 | 3 | 13 | 0.18 |
| 失　窃 | 3 | 3 | 2 | 3 | 3 | 3 | 17 | 0.24 |
| 洪　灾 | 3 | 1 | 1 | 2 | 3 | 1 | 11 | 0.15 |
| 电气事故 | 1 | 1 | 1 | 1 | 2 | 2 | 8 | 0.11 |
| 雷　灾 | 1 | 1 | 1 | 3 | 2 | 2 | 10 | 0.14 |

● 事故损失强度系数计算。根据六类事故在人员伤亡、经济损失、军事损失和社会影响四项的评分,可以得出安全事故在该四项所得权重系数。前面已论述了六类事故的损失严重性组成,因此,六类事故损失强度权重系数可由下式得出:

$$\begin{bmatrix} W_{1s} \\ W_{2s} \\ W_{3s} \\ W_{4s} \\ W_{5s} \\ W_{6s} \end{bmatrix} = \begin{bmatrix} W_{11} & W_{12} & W_{13} & W_{14} \\ W_{21} & W_{22} & W_{23} & W_{24} \\ W_{31} & W_{32} & W_{33} & W_{34} \\ W_{41} & W_{42} & W_{43} & W_{44} \\ W_{51} & W_{52} & W_{53} & W_{54} \\ W_{61} & W_{62} & W_{63} & W_{64} \end{bmatrix} \begin{bmatrix} P_1 \\ P_2 \\ P_3 \\ P_4 \end{bmatrix} = \begin{bmatrix} 0.22 \\ 0.15 \\ 0.14 \\ 0.21 \\ 0.15 \\ 0.14 \end{bmatrix}$$

d. 事故危险性权重系数。根据事故危险性指标分析结果，火灾、物资毁伤、失窃、洪灾、电气事故和雷灾六类事故的危险性权重系数计算如下：

$$W_j = \sqrt{W_{js} \times W_{jr}} \tag{3-74}$$

将事故发生概率系数和事故损失强度系数结果代入式（3-74）并进行归一处理，结果见表3-10。

表 3-10　事故危险性权重系数（$W_j$）

| 事故类别 | 火　灾 | 物资毁伤 | 失　窃 | 洪　灾 | 电气事故 | 雷　灾 |
|---|---|---|---|---|---|---|
| 权重系数 | 0.186 | 0.210 | 0.176 | 0.123 | 0.172 | 0.139 |

2）检查表权重分析

以上分析了弹药管理事故的类别及其危险权重，由于安全检查是一个综合检查，为杜绝事故的发生，每一个安全检查表都在不同程度上包含了对各类安全事故隐患检查的内容，因此安全检查表权重分析，就以各个检查表中所包含的安全事故检查内容的多少或者说重要程度的不同来进行打分，进行权重分析。专家们根据检查内容中所包含的某类事故检查的重要程度的大小进行04打分。检查表的权重系数由下式得出：

$$V_i = \sum_{j=1}^{6} X_{ij} \times W_j \tag{3-75}$$

式中：$V_i$ 为 $i$ 检查表权重系数；$X_{ij}$ 为 $i$ 检查表在 $J$ 类事故中的权重；$W_j$ 为 $J$ 类事故危险性权重系数。

具体打分见表3-11。

表 3-11　$J$ 类事故管理中安全检查表权重评分表（$X_{ij}$）

| 项　目 | 人员组织 | 库区管理 | 库房管理 | 储存管理 | 消防检查 | 防雷检查 | 防洪检查 | 电气设备 | 防盗检查 | 搬运机械 |
|---|---|---|---|---|---|---|---|---|---|---|
| 人员组织 | | | | | | | | | | |
| 库区管理 | | | | | | | | | | |
| 库房管理 | | | | | | | | | | |
| 储存管理 | | | | | | | | | | |
| 消防检查 | | | | | | | | | | |
| 防雷检查 | | | | | | | | | | |
| 防洪检查 | | | | | | | | | | |
| 电气设备 | | | | | | | | | | |
| 防盗检查 | | | | | | | | | | |
| 搬运机械 | | | | | | | | | | |

安全检查表权重系数计算如下：

$$
\begin{array}{l}
\text{人员组织} \\
\text{库区管理} \\
\text{库房管理} \\
\text{储存管理} \\
\text{消防检查} \\
\text{防雷检查} \\
\text{防洪检查} \\
\text{电气设备} \\
\text{防盗检查} \\
\text{搬运机械}
\end{array}
\begin{bmatrix}
V_1 \\ V_2 \\ V_3 \\ V_4 \\ V_5 \\ V_6 \\ V_7 \\ V_8 \\ V_9 \\ V_{10}
\end{bmatrix}
=
\begin{bmatrix}
X_{11} & X_{12} & \cdots & X_{16} \\
X_{21} & X_{22} & \cdots & X_{26} \\
X_{31} & X_{32} & \cdots & X_{36} \\
X_{41} & X_{42} & \cdots & X_{46} \\
X_{51} & X_{52} & \cdots & X_{56} \\
X_{61} & X_{62} & \cdots & X_{66} \\
X_{71} & X_{72} & \cdots & X_{76} \\
X_{81} & X_{82} & \cdots & X_{86} \\
X_{91} & X_{92} & \cdots & X_{96} \\
X_{101} & X_{102} & \cdots & X_{106}
\end{bmatrix}
\times
\begin{bmatrix}
W_1 \\ W_2 \\ W_3 \\ W_4 \\ W_5 \\ W_6
\end{bmatrix}
\qquad (3-76)
$$

当进行专项检查或多项检查时,检查表的权重分析不需要重新打分确定,可以直接根据上述结果,将本次检查所选用的检查表权重系数直接归一即可。

（2）系统综合评分

计算出单项检查表的评估得分及检查表的权重后,在此基础上可进行系统的综合评价以此衡量评价对象的整体环境安全状况。其计算方法为

$$
Z = \sum_{i=1}^{n} V_i F_i \qquad (3-77)
$$

式中：$Z$ 为安全检查综合得分；$n$ 为安全检查表项目；$V_i$ 为第 $i$ 个检查表的权重。

（3）环境评价结果及分析报告

通过系统检查和得分对弹药环境的整体安全状况给出正确评价的同时,再对管理中存在的不足之处给以提示和警告,有利于对安全工作存在的问题引起重视。同时,对评价结果进行分析,便于在以后管理实践中加以完善和提高。

1）环境状况评定

环境状况评定方法取决于系统安全检查得分,具体评分方法见表 3-12。

表 3-12　环境安全状况评定表

| 评定标准 | 安全等级 |
| --- | --- |
| $Z \geqslant 90$ | 绿牌 |
| $75 \leqslant Z < 90$ | 黄牌 |
| $Z < 75$ | 红牌 |

2）安全提示

安全提示内容主要是 T、D、C,以发现弹药管理环境中存在的安全问题,并针对这些问题采取相应的改进措施。

3）检查结果及分析报告

评价报告主要有以下三部分内容：

① 评分结果。

② 安全等级提示。

③ 检查结果分析。

## 3.3.2 基于模糊数学理论的弹药野战环境评价

现有评价方法中，不安全隐患系数的取值一般采用直观经验处理法，具体地说就是采用安全检查表，到现场对人员安全素质和环境管理水平（$S_X$）、弹药安全状态（$S_Y$）、环境安全条件（$S_Z$）逐项检查，进行打分，然后与相应项目的标准分（$S_人$、$S_弹$、$S_环$）比较，得出各项达标率，从而得出 $K$ 值。该方法的不足之处是：实际打分时受安全检查表条款的限制，受人为主观因素影响比较大，不能准确地反映生产现场的危险程度。我们尝试用模糊数学综合评价法代替安全检查表法，对不安全隐患系数 $K$ 进行综合评价，使评价结果更加准确、更加符合客观实际。

**1. 弹药野战安全系统评价**

以对弹药野战环境下不安全隐患系数 $K$ 进行评价为例，具体说明模糊数学在野战弹药系统危险源评价中的应用。

根据事故致因理论，对于影响危险源系统危险度的诸多因素，可以分解为"人的不安全行为""弹药的不安全状态""环境的不安全条件"三个子系统，事故发生是由这三个子系统两两相互作用的结果。分别以 $S_人$、$S_弹$、$S_环$ 表示人、弹、环境三个子系统的标准值，以 $S_X$、$S_Y$、$S_Z$ 表示人、弹、环境三个子系统的安全评估值。根据"事故致因理论"和各子系统对事故影响的不同权重，则野战弹药系统下不安全隐患系数 $K$ 为

$$K = 6.1\left(1-\frac{S_X}{S_人}\right)\left(1-\frac{S_Y}{S_弹}\right) + 2.2\left(1-\frac{S_X}{S_人}\right)\left(1-\frac{S_Z}{S_环}\right) + 1.7\left(1-\frac{S_Y}{S_弹}\right)\left(1-\frac{S_Z}{S_环}\right)$$

$$(3-78)$$

设 $\mu_1 = S_X/S_人$，$\mu_2 = S_Y/S_弹$，$\mu_3 = S_Z/S_环$，则式（3-78）变为

$$K = 6.1(1-\mu_1)(1-\mu_2) + 2.2(1-\mu_1)(1-\mu_3) + 1.7(1-\mu_2)(1-\mu_3) \quad (3-79)$$

在评价过程中，需要多位专家。以专家评审小组10人为例。具体的评价因素层次和各项取值见表3-13。

表3-13 评价因素、权重及等级评价表

| 项 目 | 内容类别（权重） | 详细项目 | 优秀 | 良好 | 一般 | 较差 | 很差 | 极差 | 详细项目权重 |
|---|---|---|---|---|---|---|---|---|---|
| 人的安全行为 | 领导安全意识和素质（0.28） | 工作态度 | 6 | 3 | 1 | 0 | 0 | 0 | 0.25 |
| | | 制度制定情况 | 1 | 8 | 1 | 0 | 0 | 0 | 0.16 |
| | | 制度执行情况 | 1 | 8 | 1 | 0 | 0 | 0 | 0.16 |
| | | 人员配备 | 1 | 8 | 1 | 0 | 0 | 0 | 0.08 |
| | | 培训教育情况 | 7 | 2 | 1 | 0 | 0 | 0 | 0.17 |
| | | 费用使用情况 | 0 | 0 | 0 | 9 | 1 | 0 | 0.18 |
| | 战士文化教育水平、安全知识素质（0.28） | 战士文化结构 | 1 | 8 | 1 | 0 | 0 | 0 | 0.16 |
| | | 战士技术等级结构 | 1 | 8 | 1 | 0 | 0 | 0 | 0.16 |
| | | 战士教育培训情况 | 8 | 1 | 1 | 0 | 0 | 0 | 0.25 |
| | | 反事故演练情况 | 8 | 1 | 1 | 0 | 0 | 0 | 0.18 |
| | | 战士遵守规章制度情况 | 0 | 1 | 7 | 2 | 0 | 0 | 0.25 |

| 项　目 | 内容类别（权重） | 详细项目 | 优秀 | 良好 | 一般 | 较差 | 很差 | 极差 | 详细项目权重 |
|---|---|---|---|---|---|---|---|---|---|
| 人的安全行为 | 管理部门职能作用（0.16） | 建立和健全安全法规 | | 1 | 1 | 0 | | 0 | 0.125 |
| | | 监督检查操作规程的正确性 | 8 | 1 | 1 | 0 | 0 | 0 | 0.125 |
| | | 开展安全教育和培训 | 8 | 1 | 1 | 0 | 0 | 0 | 0.200 |
| | | 现场安全检查 | 1 | 8 | 1 | 0 | 0 | 0 | 0.125 |
| | | 监督隐患整改 | 1 | 8 | 1 | 0 | 0 | 0 | 0.125 |
| | | 保护设施管理 | 1 | 8 | 1 | 0 | 0 | 0 | 0.125 |
| | | 事故管理 | 1 | 8 | 1 | 0 | 0 | 0 | 0.175 |
| | 执行规章制度情况（0.28） | 岗位责任执行情况 | 8 | 1 | 1 | 0 | 0 | 0 | 0.25 |
| | | 管理制度执行情况 | 0 | 1 | 7 | 2 | 0 | 0 | 0.25 |
| | | 操作规程执行情况 | 0 | 8 | 1 | 1 | 0 | 0 | 0.25 |
| | | 工艺规程执行情况 | 8 | 1 | 1 | 0 | 0 | 0 | 0.25 |
| 弹药的安全水平 | 弹体安全性（0.30） | 防腐蚀性能 | 0 | 0 | 7 | 2 | 1 | 0 | 0.200 |
| | | 机械强度 | 8 | 1 | 1 | 0 | 0 | 0 | 0.125 |
| | | 抗老化性能 | 0 | 0 | 0 | 2 | 8 | 0 | 0.335 |
| | | 连接件可靠性 | 0 | 0 | 0 | 2 | 8 | 0 | 0.340 |
| | 包装安全性（0.20） | 力学防护性能 | 8 | 1 | 1 | 0 | 0 | 0 | 0.33 |
| | | 密封防护性能 | 8 | 1 | 1 | 0 | 0 | 0 | 0.17 |
| | | 抗老化性能 | 8 | 1 | 1 | 0 | 0 | 0 | 0.25 |
| | | 电磁防护性能 | 1 | 8 | 1 | 0 | 0 | 0 | 0.25 |
| | 装药安全性（0.20） | 物理安定性 | 0 | 0 | 0 | 2 | 8 | 0 | 0.67 |
| | | 化学安定性 | 0 | 0 | 0 | 8 | 2 | 0 | 0.33 |
| | 引信安全性（0.16） | 隔爆功能 | 8 | 2 | 0 | 0 | 0 | 0 | 0.30 |
| | | 保险机构 | 0 | 0 | 0 | 2 | 8 | 0 | 0.30 |
| | | 传爆管防护性能 | 0 | 0 | 0 | 2 | 8 | 0 | 0.20 |
| | | 解除保险性能 | 0 | 0 | 8 | 2 | 0 | 0 | 0.20 |
| | 底火安全性（0.14） | 火帽 | 0 | 0 | 0 | 2 | 8 | 0 | 0.625 |
| | | 点火药 | 8 | 2 | 0 | 0 | 0 | 0 | 0.125 |
| | | 底火体 | 8 | 2 | 0 | 0 | 0 | 0 | 0.125 |
| | | 击发药 | 0 | 0 | 0 | 2 | 8 | 0 | 0.125 |
| 环境的安全水平 | 气候环境水平（0.30） | 防潮性能 | 0 | 0 | 0 | 2 | 8 | 0 | 0.70 |
| | | 隔热性能 | 0 | 1 | 8 | 1 | 0 | 0 | 0.15 |
| | | 防日照性能 | 0 | 1 | 8 | 1 | 0 | 0 | 0.15 |
| | 伪装防护水平（0.22） | 防探测 | 0 | 1 | 8 | 1 | 0 | 0 | 0.50 |
| | | 防识别 | 0 | 0 | 0 | 2 | 8 | 0 | 0.25 |
| | | 防击中 | 0 | 1 | 8 | 1 | 0 | 0 | 0.25 |

| 项　目 | 内容类别（权重） | 详细项目 | 等级评价* | | | | | | 详细项目权重 |
|---|---|---|---|---|---|---|---|---|---|
| | | | 优秀 | 良好 | 一般 | 较差 | 很差 | 极差 | |
| 环境安全的水平 | 力学环境水平（0.16） | 防冲击 | 0 | 1 | 8 | 1 | 0 | 0 | 0.15 |
| | | 防振动 | 0 | 0 | 0 | 2 | 8 | 0 | 0.40 |
| | | 防摩擦 | 8 | 2 | 0 | 0 | 0 | 0 | 0.15 |
| | | 防挤压 | 8 | 2 | 0 | 0 | 0 | 0 | 0.15 |
| | | 防跌落 | 0 | 0 | 0 | 2 | 8 | 0 | 0.15 |
| | 电磁环境水平（0.16） | 静电防护 | 0 | 1 | 8 | 1 | 0 | 0 | 0.50 |
| | | 雷电防护 | 8 | 2 | 0 | 0 | 0 | 0 | 0.15 |
| | | 射频防护 | 8 | 2 | 0 | 0 | 0 | 0 | 0.15 |
| | | 其他电磁脉冲防护 | 8 | 2 | 0 | 0 | 0 | 0 | 0.20 |
| | 防爆防护水平（0.16） | 防爆技术水平 | 0 | 0 | 0 | 2 | 8 | 0 | 0.35 |
| | | 防爆管理水平 | 0 | 0 | 1 | 8 | 1 | 0 | 0.65 |

\* 评价矩阵各列是专家赞同的人数

以其中的"人的安全行为"部分为例说明评价过程。

(1)"人的安全行为"中"领导安全意识和素质"的初级层次评价

1)确定评价因素

由表 3-13 可知,评价"领导安全意识和素质"的因素有 6 个,由此组成的因素集为

$$U=\{工作态度(u_1),制度制定情况(u_2),制度执行情况(u_3),$$

$$人员配备(u_4),培训教育情况(u_5),费用使用情况(u_6)\};$$

抉择评语集可根据情况分级,这里采用将评价因素论域中的每一因素分成 6 个评价等级,即

$$V=\{优秀(V_1),良好(V_2),一般(V_3),较差(V_4),很差(V_5),极差(V_6)\}$$

其次确定各因素隶属度。专家 10 人组中对"工作态度"的评价:6 人认为"优秀",占 0.6;3 人认为"良好",占 0.3;1 人认为"一般",占 0.1;没有人认为"较差",占 0;没有人认为"很差",占 0;没有人认为"极差",占 0,则

"工作态度"的隶属度为

$$r_1=(0.6,0.3,0.1,0,0,0)$$

同理,"制度制定情况"的隶属度为

$$r_2=(0.1,0.8,0.1,0,0,0)$$

"制度执行情况"的隶属度为

$$r_3=(0.1,0.8,0.1,0,0,0)$$

"人员配备"的隶属度为

$$r_4=(0.1,0.8,0.1,0,0,0)$$

"培训教育情况"的隶属度为

$$r_5=(0.7,0.2,0.1,0,0,0)$$

"费用使用情况"的隶属度为

$$r_6 = (0, 0, 0, 0.9, 0.1, 0)$$

则"领导安全意识和素质"中 6 个因素组成的评价矩阵为

$$\boldsymbol{R}_1 = \begin{bmatrix} 0.6 & 0.3 & 0.1 & 0 & 0 & 0 \\ 0.1 & 0.8 & 0.1 & 0 & 0 & 0 \\ 0.1 & 0.8 & 0.1 & 0 & 0 & 0 \\ 0.1 & 0.8 & 0.1 & 0 & 0 & 0 \\ 0.7 & 0.2 & 0.1 & 0 & 0 & 0 \\ 0 & 0 & 0 & 0.9 & 0.1 & 0 \end{bmatrix}$$

2)再次确定权重

根据野战弹药储运防护的特点和对评价因素的分析,评价组对影响野战弹药防爆安全的因素进行了安全重要性的对比,并将对比结果做了综合统计,得到各种评价因素的权重值见表 3 – 13。"领导安全意识和素质"中"工作态度"的权重为 0.25;"制度制定情况"的权重为 0.16;"制度执行情况"的权重为 0.16;"人员配备"的权重为 0.08;"培训教育情况"的权重为 0.17;"费用使用情况"的权重 0.18。这些权重数必须满足归一化的要求,即 0.25＋0.16＋0.16＋0.08＋0.17＋0.18＝1。

这六个权重数构成因素集 $U$ 的一个模糊向量为

$$\boldsymbol{A}_1 = (0.25, 0.16, 0.16, 0.08, 0.17, 0.18)$$

由此可得"领导安全意识和素质"的综合评价为

$$\boldsymbol{B}_1 = \boldsymbol{A}_1 \boldsymbol{R}_1 = (0.25, 0.16, 0.16, 0.08, 0.17, 0.18) \begin{bmatrix} 0.6 & 0.3 & 0.1 & 0 & 0 & 0 \\ 0.1 & 0.8 & 0.1 & 0 & 0 & 0 \\ 0.1 & 0.8 & 0.1 & 0 & 0 & 0 \\ 0.1 & 0.8 & 0.1 & 0 & 0 & 0 \\ 0.7 & 0.2 & 0.1 & 0 & 0 & 0 \\ 0 & 0 & 0 & 0.9 & 0.1 & 0 \end{bmatrix} =$$

$$(0.309, 0.429, 0.082, 0.162, 0.018, 0)$$

因 0.309＋0.429＋0.082＋0.162＋0.018＋0＝1,这是归一化的评价结果。 如果评价结果不归一,可以用评价结果各项除以总和。

依据以上的推论,同理"战士文化教育水平、安全知识素质"的综合评价结果为

$$\boldsymbol{B}_2 = (0.376, 0.324, 0.250, 0.050, 0, 0)$$

"管理部门职能作用"的综合评价结果为

$$\boldsymbol{B}_3 = (0.410, 0.427, 0.095, 0, 0, 0)$$

"执行规章制度情况"的综合评价结果为

$$\boldsymbol{B}_4 = (0.400, 0.275, 0.250, 0.075, 0, 0)$$

（2）二级层次的综合评价

由"领导安全意识和素质""战士文化教育水平、安全知识素质""管理部门职能作用""执行规章制度情况"权重数构成了"人的安全行为"的一个模糊向量为

$$\boldsymbol{A}_1^* = (0.28, 0.28, 0.16, 0.28)$$

则得到"人的安全行为"的综合评价结果为

$$\boldsymbol{B}_1^* = \boldsymbol{A}_1^* \cdot \begin{bmatrix} \boldsymbol{B}_1 \\ \boldsymbol{B}_2 \\ \boldsymbol{B}_3 \\ \boldsymbol{B}_4 \end{bmatrix} = (0.28, 0.28, 0.16, 0.28) \begin{bmatrix} 0.309 & 0.429 & 0.082 & 0.162 & 0.018 & 0 \\ 0.376 & 0.324 & 0.250 & 0.050 & 0 & 0 \\ 0.410 & 0.427 & 0.095 & 0 & 0 & 0 \\ 0.400 & 0.275 & 0.250 & 0.075 & 0 & 0 \end{bmatrix} =$$

$$(0.369, 0.356, 0.178, 0.080, 0.050, 0)$$

经过相同的计算得到"弹药的安全水平"、"环境的安全水平"两项的综合评价结果为

$$\boldsymbol{B}_2^* = (0.221, 0.075, 0.091, 0.176, 0.436, 0)$$

$$\boldsymbol{B}_3^* = (0.102, 0.062, 0.298, 0.277, 0.055, 0)$$

（3）等级参数评价

上述评价结果 $\boldsymbol{B}_1^*$、$\boldsymbol{B}_2^*$、$\boldsymbol{B}_3^*$ 是一个等级模糊子集，即 $\boldsymbol{B}^* = (b_1, b_2, \cdots, b_6)$。为了充分利用 $\boldsymbol{B}^*$ 所反映的信息，不采用按"最大隶属度原则"取最大的 $b_j$ 所对应的等级 $V_j$ 作为评价结果，而是设抉择评语集中各等级 $V_j$ 的参数列向量为

$$\boldsymbol{C} = (c_1, c_2, c_3, c_4, c_5, c_6)^T = (1, 0.8, 0.6, 0.4, 0.2, 0)^T$$

这样，就有

$$\boldsymbol{\mu} = \boldsymbol{B}^* \boldsymbol{C} = (b_1, b_2, b_3, b_4, b_5, b_6) \begin{bmatrix} c_1 \\ c_2 \\ \vdots \\ c_6 \end{bmatrix} = \sum_{j=1}^{6} b_j c_j$$

则"人的安全行为"的达标率为

$$\boldsymbol{\mu}_1 = \boldsymbol{B}_1^* \boldsymbol{C} = (0.369, 0.356, 0.178, 0.080, 0.050, 0) \begin{bmatrix} 1 \\ 0.8 \\ 0.6 \\ 0.4 \\ 0.2 \\ 0 \end{bmatrix} = 0.80$$

"弹药的安全水平"的达标率为

$$\boldsymbol{\mu}_2 = \boldsymbol{B}_2^* \boldsymbol{C} = (0.221, 0.075, 0.091, 0.176, 0.436, 0) \begin{bmatrix} 1 \\ 0.8 \\ 0.6 \\ 0.4 \\ 0.2 \\ 0 \end{bmatrix} = 0.49$$

"环境的安全水平"的达标率为

$$\boldsymbol{\mu}_3 = \boldsymbol{B}_3^* \boldsymbol{C} = (0.102, 0.062, 0.298, 0.277, 0.055, 0) \begin{bmatrix} 1 \\ 0.8 \\ 0.6 \\ 0.4 \\ 0.2 \\ 0 \end{bmatrix} = 0.45$$

不安全隐患系数 $K$ 值为

$$K=6.1(1-\mu_1)(1-\mu_2)+2.2(1-\mu_1)(1-\mu_3)+1.7(1-\mu_2)(1-\mu_3)=1.32$$

"人—弹—环境"系统综合评价防护级别划分见表 3-14。

表 3-14  系统综合评价级别

| 级　别 | 优　秀 | 良　好 | 一　般 |
|---|---|---|---|
| 达标率 | 1～0.90 | 0.89～0.70 | 0.69～0.50 |
| 级　别 | 较　差 | 很　差 | 极　差 |
| 达标率 | 0.49～0.30 | 0.29～0.10 | 0～0.09 |

通过计算,得出"人的安全行为"的达标率 $\mu_1=0.80$,根据评价分级标准,属于"良好"级别;"弹药的安全水平"的达标率 $\mu_2=0.49$,"环境的安全水平"达标率 $\mu_3=0.45$,属于"较差"级别。评价结果说明,"人的安全行为"控制较好,系统安全性会有效性高;"弹药的安全水平"、"环境的安全水平"较低,危险因素大都未受到控制,由潜在危险发展成显现事故的可能性增大。弹药、环境中存在着较严重的薄弱环节,需采取行之有效的措施,提高弹药、环境的安全性。

**2. 野战弹药库环境评价**

假设某野战弹药库环境评判结果统计见表 3-15,表中 18 个评价因素指选址、土质、布局和分区等环境因子,不再一一列出。

表 3-15  某野战弹药库环境评判结果统计　　　　　　　　　%

| 评价因素 | 级　别 | | | |
|---|---|---|---|---|
| | 好($V_1$) | 中($V_2$) | 差($V_3$) | 极差($V_4$) |
| $P_1$ | 25.90 | 53.96 | 18.71 | 1.43 |
| $P_2$ | 33.81 | 49.64 | 12.23 | 4.32 |
| $P_3$ | 28.79 | 48.20 | 14.39 | 8.62 |
| $P_4$ | 28.06 | 38.13 | 25.90 | 7.91 |
| $P_5$ | 35.25 | 41.18 | 17.69 | 5.88 |
| $P_6$ | 14.29 | 70.82 | 13.67 | 1.22 |
| $P_7$ | 34.52 | 38.14 | 15.11 | 12.73 |
| $P_8$ | 56.10 | 26.62 | 16.55 | 0.73 |
| $P_9$ | 30.88 | 43.17 | 20.90 | 5.05 |
| $P_{10}$ | 40.76 | 41.01 | 11.51 | 6.72 |
| $P_{11}$ | 27.34 | 19.42 | 37.41 | 15.83 |
| $P_{12}$ | 35.28 | 40.59 | 15.67 | 8.46 |
| $P_{13}$ | 24.54 | 47.36 | 19.49 | 8.61 |
| $P_{14}$ | 18.24 | 64.37 | 14.16 | 3.23 |
| $P_{15}$ | 7.34 | 66.67 | 14.28 | 11.71 |
| $P_{16}$ | 5.04 | 33.81 | 48.92 | 12.23 |
| $P_{17}$ | 14.39 | 75.54 | 9.35 | 0.72 |
| $P_{18}$ | 29.50 | 30.94 | 30.93 | 8.63 |

根据数据可列出矩阵为

$$R = \begin{bmatrix} 0.259\,0 & 0.539\,6 & 0.187\,1 & 0.014\,3 \\ 0.338\,1 & 0.496\,4 & 0.122\,3 & 0.043\,2 \\ 0.287\,9 & 0.482\,0 & 0.143\,9 & 0.086\,2 \\ 0.280\,6 & 0.381\,3 & 0.259\,0 & 0.079\,1 \\ 0.352\,5 & 0.411\,8 & 0.176\,9 & 0.058\,8 \\ 0.142\,9 & 0.708\,2 & 0.136\,7 & 0.012\,2 \\ 0.345\,2 & 0.381\,4 & 0.151\,1 & 0.122\,3 \\ 0.561\,0 & 0.266\,2 & 0.165\,5 & 0.007\,3 \\ 0.308\,8 & 0.431\,7 & 0.209\,0 & 0.050\,5 \\ 0.407\,6 & 0.410\,1 & 0.115\,1 & 0.067\,2 \\ 0.273\,4 & 0.194\,2 & 0.374\,1 & 0.158\,3 \\ 0.352\,8 & 0.405\,9 & 0.156\,7 & 0.084\,6 \\ 0.245\,4 & 0.473\,6 & 0.194\,9 & 0.086\,1 \\ 0.182\,4 & 0.643\,7 & 0.141\,6 & 0.032\,3 \\ 0.073\,4 & 0.666\,7 & 0.142\,8 & 0.117\,1 \\ 0.050\,4 & 0.338\,1 & 0.489\,2 & 0.117\,1 \\ 0.143\,9 & 0.755\,4 & 0.093\,5 & 0.007\,2 \\ 0.295\,0 & 0.309\,4 & 0.309\,3 & 0.086\,3 \end{bmatrix}$$

综合评价模型为

$B = P \times R = (0.104\,3 \quad 0.161\,5 \quad 0.072\,4 \quad 0.049\,4 \quad 0.032\,9 \quad 0.116\,4 \quad 0.082\,7 \quad 0.056\,7$
$\quad 0.038\,3 \quad 0.025\,9 \quad 0.013\,0 \quad 0.052\,2 \quad 0.050\,5 \quad 0.027\,4 \quad 0.016\,1 \quad 0.058\,7$
$\quad 0.026\,2 \quad 0.015\,5) \times R =$

$[(0.104\,3 \wedge 0.259\,0) \vee (0.161\,5 \wedge 0.338\,1) \vee (0.072\,4 \wedge 0.287\,9) \vee$
$(0.049\,4 \wedge 0.280\,6) \vee (0.032\,9 \wedge 0.352\,5) \vee (0.116\,4 \wedge 0.142\,9) \vee$
$(0.082\,7 \wedge 0.345\,2) \vee (0.056\,7 \wedge 0.561\,0) \vee (0.038\,3 \wedge 0.308\,8) \vee$
$(0.025\,9 \wedge 0.407\,6) \vee (0.013\,0 \wedge 0.273\,4) \vee (0.052\,2 \wedge 0.352\,8) \vee$
$(0.050\,5 \wedge 0.245\,4) \vee (0.027\,4 \wedge 0.182\,4) \vee (0.016\,1 \wedge 0.073\,4) \vee$
$(0.058\,7 \wedge 0.050\,4) \vee (0.026\,2 \wedge 0.143\,9) \vee (0.015\,5 \wedge 0.295\,0),$
$(0.104\,3 \wedge 0.539\,6) \vee (0.161\,5 \wedge 0.496\,4) \vee (0.072\,4 \wedge 0.482\,0) \vee$
$(0.049\,4 \wedge 0.381\,3) \vee (0.032\,9 \wedge 0.411\,8) \vee (0.116\,4 \wedge 0.708\,2) \vee$
$(0.082\,7 \wedge 0.381\,4) \vee (0.056\,7 \wedge 0.266\,2) \vee (0.038\,3 \wedge 0.431\,7) \vee$
$(0.025\,9 \wedge 0.410\,1) \vee (0.013\,0 \wedge 0.194\,2) \vee (0.052\,2 \wedge 0.405\,9) \vee$
$(0.050\,5 \wedge 0.473\,6) \vee (0.027\,4 \wedge 0.643\,7) \vee (0.016\,1 \wedge 0.666\,7) \vee$
$(0.058\,7 \wedge 0.338\,1) \vee (0.026\,2 \wedge 0.755\,4) \vee (0.015\,5 \wedge 0.309\,4),$
$(0.104\,3 \vee 0.187\,1) \vee (0.161\,5 \wedge 0.122\,3) \vee (0.072\,4 \wedge 0.143\,9) \vee$
$(0.049\,4 \wedge 0.259\,0) \vee (0.032\,9 \wedge 0.176\,9) \vee (0.116\,4 \wedge 0.136\,7) \vee$
$(0.082\,7 \wedge 0.151\,1) \vee (0.056\,7 \wedge 0.165\,5) \vee (0.038\,3 \wedge 0.209\,0) \vee$
$(0.025\,9 \wedge 0.115\,1) \vee (0.013\,0 \wedge 0.374\,1) \vee (0.052\,2 \wedge 0.156\,7) \vee$

$$(0.050\ 5 \wedge 0.194\ 9) \vee (0.027\ 4 \wedge 0.141\ 6) \vee (0.016\ 1 \wedge 0.142\ 8) \vee$$
$$(0.058\ 7 \wedge 0.489\ 2) \vee (0.026\ 2 \wedge 0.093\ 5) \vee (0.015\ 5 \wedge 0.309\ 3),$$
$$(0.104\ 3 \wedge 0.014\ 3) \vee (0.161\ 5 \wedge 0.043\ 2) \vee (0.072\ 4 \wedge 0.086\ 2) \vee$$
$$(0.049\ 4 \wedge 0.079\ 1) \vee (0.032\ 9 \wedge 0.058\ 8) \vee (0.116\ 4 \wedge 0.012\ 2) \vee$$
$$(0.082\ 7 \wedge 0.122\ 3) \vee (0.056\ 7 \wedge 0.007\ 3) \vee (0.038\ 3 \wedge 0.050\ 5) \vee$$
$$(0.025\ 9 \wedge 0.067\ 2) \vee (0.013\ 0 \wedge 0.158\ 1) \vee (0.052\ 2 \wedge 0.084\ 6) \vee$$
$$(0.050\ 5 \wedge 0.086\ 1) \vee (0.027\ 4 \wedge 0.032\ 3) \vee (0.016\ 1 \wedge 0.117\ 1) \vee$$
$$(0.058\ 7 \wedge 0.117\ 1) \vee (0.026\ 2 \wedge 0.007\ 2) \vee (0.015\ 5 \wedge 0.086\ 3)]$$

式中:符号"$\wedge$"表示取最小值;符号"$\vee$"表示取最大值。

$$\boldsymbol{B} = (0.161\ 5, 0.161\ 5, 0.122\ 3, 0.082\ 7)$$

归一化调整后

$$\boldsymbol{B} = (0.305\ 9, 0.305\ 9, 0.231\ 6, 0.156\ 6)$$

经过综合评价,有 61.18% 的人认为该弹药库环境状况好、中等,而 38.82% 的人认为该弹药库环境安全状况差、极差,因此该弹药库的环境状况属于中等,情况不容乐观。

### 3.3.3　基于灰色模糊理论的弹药野战环境评价

野战弹药环境是一个由多种因素构成的多层次复杂系统。由于对评判对象某些因素的不完全了解,致使在实际评判过程中,往往在一个信息不完全的问题中存在许多模糊的因素,或是具有模糊因素的一个问题不具备完全充分的资料,即在一个问题中既存在模糊性,又具有灰色性,这就要在综合评判中同时考虑模糊性和灰色性两方面的影响,即采取灰色模糊综合评判。灰色模糊综合评判是在已知信息不充分的前提下,评判具有模糊因素的事物或现象的一种方法,其中"灰色"指信息量少、不充分、不确定,为"量"的概念,而"模糊"指评判信息具有概念不明确的因素,可理解为信息的"质"的概念。

**1. 灰色模糊评判的数学基础**

设 $A$ 是空间 $X = \{x\}$ 上的模糊子集,若 $x$ 对于 $A$ 隶属度 $\mu_A(x)$ 为 $[0,1]$ 上的一个灰数,其点灰度为 $\upsilon_A(x)$,则称 $A$ 为 $X$ 上的灰色模糊集合,记为

$$\underset{\otimes}{\bar{A}} = \{[x, \mu_A(x), \upsilon_A(x)] \mid x \in X\} \qquad (3-80)$$

可以用集偶表示成 $\underset{\otimes}{\bar{A}} = (\bar{A}, \underset{\otimes}{A})$,其中,$\bar{A} = \{[x, \mu_A(x)] \mid x \in X\}$ 称为 $\underset{\otimes}{\bar{A}}$ 的模糊部分(简称模部),$\underset{\otimes}{A} = \{[x, \mu_A(x)] \mid x \in X\}$ 称为 $\underset{\otimes}{\bar{A}}$ 的灰色部分(简称灰部)。若灰色模糊集合 $\underset{\otimes}{\bar{A}}$ 的灰部 $\underset{\otimes}{A}$ 为经典集合 $A$,则 $\underset{\otimes}{\bar{A}} = (\bar{A}, A) = \bar{A}$,故模糊集合是灰色模糊集合的特例;而若 $\underset{\otimes}{\bar{A}}$ 的模部 $\bar{A}$ 为经典集合 $A$,则 $\underset{\otimes}{\bar{A}} = (A, \underset{\otimes}{A})$,故灰色集合是灰色模糊集合的特例。所以,灰色模糊集合既是模糊集合的推广又是灰色集合的推广,因而更是经典集合的推广。

给定空间 $X = \{x\}$,$Y = \{y\}$,若 $x$ 与 $y$ 对模糊关系 $\bar{R}$ 的隶属度 $\mu_R(x, y)$ 有点灰度 $\upsilon_R(x, y)$,则称直积空间 $X \times Y$ 中的灰色模糊集合

$$\underset{\otimes}{\bar{R}} = \{[(x, y), \mu_R(x, y), \upsilon_R(x, y)] \mid x \in X, y \in Y\}$$

为 $X \times Y$ 上的灰色模糊关系,也可以用灰色模糊矩阵的形式表示为

$$\overline{\underset{\otimes}{R}} = [(\mu_{ij}, v_{ij})]_{m \times n} =$$

$$\begin{vmatrix} (\mu_{11}, v_{11}) & (\mu_{12}, v_{12}) & \cdots & (\mu_{1n}, v_{1n}) \\ (\mu_{21}, v_{21}) & (\mu_{22}, v_{22}) & \cdots & (\mu_{2n}, v_{2n}) \\ \vdots & \vdots & & \vdots \\ (\mu_{m1}, v_{m1}) & (\mu_{m2}, v_{m2}) & \cdots & (\mu_{mn}, v_{mn}) \end{vmatrix} \qquad (3-81)$$

还可以表示为 $\bar{R} = (\bar{R}, R)$，其中，$\bar{R} = \overline{\underset{\otimes}{R}} = \{[(x,y), \mu_R(x,y), v_R(x,y)] \mid x \in X, y \in Y\}$ 表示 $X \times Y$ 上的灰色关系。若未确知各因素的恰当的权重分配,只知各权重的大概值或近似值,则可将各因素的权重分配看作灰色模糊关系矩阵:

$$\overline{\underset{\otimes}{A}} = [(a_1, v_1), (a_2, v_2), (a_m, v_m)] \qquad (3-82)$$

式中: $a_i \geqslant 0, i = 1, 2, \cdots, m$，且 $\sum_{i=1}^{m} = 1$。

灰色模糊矩阵之间运算时,模部与灰部的运算分别采用不同的算子,常用的算子有求下确界"∧"、代数积"·"、有界积"⊗"、求上确界"∨"、代数和"+"、有界和"⊕"等。为保留尽可能多的评判信息,在模部运算中常采用 $M(\cdot, +)$ 算子,而灰部运算中采用 $M(\otimes, +)$ 算子,因此灰色模糊评判的结果为

$$\overline{\underset{\otimes}{B}} = \overline{\underset{\otimes}{A}} \overline{\underset{\otimes}{R}} = [(b_j, v_{bj})]_n = \left[ \left\{ \left( \sum_{k=1}^{m} a_k \cdot \mu_{kj} \right), \prod_{k=1}^{m} (1 \wedge (v_k + v_{kj})) \right\} \right]_n \qquad (3-83)$$

若评判结果各隶属度之和不等于1,则可根据需要将它归一化。灰色模糊综合评判的灰度为

$$g(\overline{\underset{\otimes}{B}}) = \frac{1}{n} \sum_{j=1}^{n} \wedge [v_A + (a_k) \vee V_{kj}] \qquad (3-84)$$

**2. 弹药野战环境灰色模糊综合评判**

根据弹药野战环境结构的复杂性,可以分为多层次综合评判。篇幅所限,这里仅对级别较高的两层进行综合评判。

(1) 分析影响因素体系

针对弹药野战环境构成,确定其评判指标体系如图3-3所示。

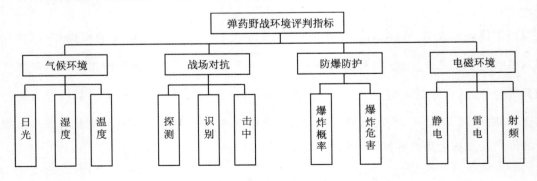

**图3-3 弹药野战环境评判指标体系**

建立弹药野战环境因素集 $X$，即

$$X = (x_1, x_2, x_3, x_4, x_5, x_6, x_7, x_8, x_9, x_{10}, x_{11}), x_i \subset X \qquad (3-85)$$

式中：$x_1$ 为日光；$x_2$ 为湿度；$x_3$ 为温度；$x_4$ 为探测；$x_5$ 为识别；$x_6$ 为击中；$x_7$ 为爆炸概率；$x_8$ 为爆炸危害；$x_9$ 为静电；$x_{10}$ 为雷电；$x_{11}$ 为射频。

将这些因素划分成 4 类，4 个子集：

$$X = \{X_1, X_2, \cdots, X_n\} \qquad (3-86)$$

（2）确定权值集

各影响因素权重的确定在综合评判中占有非常重要的位置，权重确定的合理性与否将直接影响评判结果。确定权重的有效方法很多，如多元统计分析法、层次分析法、专家评议法和两两对比法等。

这里采用层次分析法确定同一层次中各因素关于上一层次因素及相应的点灰度，构成权重集，见表 3-16。其中各权重值要求归一化（假定所有权重的灰度均为零）。

表 3-16　各因素权重集

| 一级评判项目 | 二级评判项目 | 权重 | 评分 好 | 评分 较好 | 评分 一般 | 评分 差 | 评分灰度 |
|---|---|---|---|---|---|---|---|
| 气候环境（$X_1$）（权重 0.35） | 日光 | 0.40 | √ | | | | 0.7 |
| | 湿度 | 0.40 | | √ | | | 0.1 |
| | 温度 | 0.20 | | | √ | | 0.1 |
| 战场对抗（$X_2$）（权重 0.25） | 探测 | 0.50 | | √ | | | 0.4 |
| | 识别 | 0.30 | | √ | | | 0.5 |
| | 击中 | 0.20 | √ | | | | 0 |
| 防爆防护（$X_3$）（权重 0.20） | 爆炸概率 | 0.35 | | √ | | | 0.9 |
| | 爆炸危害 | 0.65 | | √ | | | 0.2 |
| 电磁环境（$X_4$）（权重 0.20） | 静电 | 0.35 | | √ | | | 0.2 |
| | 雷电 | 0.35 | √ | | | | 0.1 |
| | 射频 | 0.30 | | | | √ | 0 |

（3）建立评判矩阵

下面根据已经填好的表（评分与评分灰度两栏是由评判者现场填写），先对 $X_i (i=1, 2, 3, 4)$ 作一级灰色模糊综合评判，然后作二级灰色模糊综合评判。

1）一级评判

A 气候环境（$X_1$）

$$\mathop{\boldsymbol{B}}\limits_{\otimes}_1 = [(0.40, 0)(0.40, 0)(0.20, 0)] \begin{vmatrix} (1, 0.7) & (0, 1) & (0, 1) & (0, 1) \\ (0, 1) & (1, 0.1) & (0, 1) & (0, 1) \\ (0, 1) & (0, 1) & (1, 0.1) & (0, 1) \end{vmatrix} =$$

$$[(0.40, 0.7)(0.40, 0.1)(0.2, 0.1)(0, 1)]$$

B 对抗环境（$X_2$）

$$\underset{\otimes}{\bar{\boldsymbol{B}}}_2 = [(0.20,0)(0.50,0.4)(0,1)(0,1)]$$

C 环境防爆($X_3$)

$$\underset{\otimes}{\bar{\boldsymbol{B}}}_3 = [(0,1)(0.65,0.2)(0,1)(0,1)]$$

D 电磁环境($X_4$)

$$\underset{\otimes}{\bar{\boldsymbol{B}}}_4 = [(0.35,0.1)(0.35,0.2)(0,1)(0.30,1)]$$

将以上各评判结果中的隶属度之和归一化,经检查 $\underset{\otimes}{\bar{\boldsymbol{B}}}_1$,$\underset{\otimes}{\bar{\boldsymbol{B}}}_4$ 已归一化,对 $\underset{\otimes}{\bar{\boldsymbol{B}}}_2$,$\underset{\otimes}{\bar{\boldsymbol{B}}}_3$ 进行归一化得

$$\underset{\otimes}{\bar{\boldsymbol{B}}}_2 = [(0.29,0)(0.71,0.4)(0,1)(0,1)]$$

$$\underset{\otimes}{\bar{\boldsymbol{B}}}_3 = [(0,1)(1,0.2)(0,1)(0,1)]$$

2)二级评判

已知 $X_i(i=1,2,3,4)$ 在 $X$ 中的权重分配为

$$\underset{\otimes}{\bar{\boldsymbol{A}}}^* = [(0.35,0)(0.25,0)(0.20,1)(0.2,0)]$$

故二级评判为

$$\underset{\otimes}{\bar{\boldsymbol{B}}}^* = \underset{\otimes}{\bar{\boldsymbol{A}}}^* \circ \underset{\otimes}{\bar{\boldsymbol{R}}}^* = \underset{\otimes}{\bar{\boldsymbol{A}}}^* \circ \begin{vmatrix} \underset{\otimes}{\bar{\boldsymbol{B}}}_1^* \\ \underset{\otimes}{\bar{\boldsymbol{B}}}_2^* \\ \underset{\otimes}{\bar{\boldsymbol{B}}}_3^* \\ \underset{\otimes}{\bar{\boldsymbol{B}}}_4^* \end{vmatrix} = [(0.35,0)(0.25,0)(0.20,0)(0.20,0)] \circ$$

$$\begin{vmatrix} (0.40,0.7) & (0.40,0.1) & (0.20,0.1) & (0,1) \\ (0.29,0) & (0.71,0.4) & (0,1) & (0,1) \\ (0,1) & (1,0.2) & (0,1) & (0,1) \\ (0.35,0.1) & (0.35,0.2) & (0,1) & (0.30,0) \end{vmatrix} =$$

$$[(0.35,0.1)(0.35,0.1)(0.20,0.1)(0.20,0)]$$

根据最大隶属原则和最小灰度原则,这里"优""良"为并列的两个结论。若再规定一个"取好原则",则环境安全性评估结论是:优。这里的评判灰度为

$$g(\underset{\otimes}{\bar{\boldsymbol{B}}})^* = 0.3/4 = 0.075$$

# 习 题

3.1 装备环境评价有哪些方法?

3.2　环境要素、评价要素、评价参数有何区别？

3.3　应用专家评价法应注意哪些方面？

3.4　常用的综合指数评价法各自有何应用特点？

3.5　如何对环境因子赋权？

3.6　试选取任一典型装备运用环境并运用层次分析法对其进行环境评价。

3.7　分析灰色评判与模糊评判的区别与联系。

# 第 4 章  装备环境试验

武器装备在特定的环境条件下完成运输、储存和使用等状态转换与任务实现,各种环境应力必然会对装备产生激励。在外界环境应力的作用下,装备部组件的材料、结构及性能必然发生不同程度的退化,甚至造成装备功能失效。为有效评估环境应力对装备的影响,在装备研制、生产和使用过程中,应分别开展不同类型的环境试验,满足装备质量监测需求。装备环境试验通常分为自然环境试验、实验室环境试验和使用环境试验,本章重点以实验室环境试验为研究对象,在介绍装备环境试验工作流程和基本内容的基础上,分别阐述气候环境试验、力学环境试验及电磁环境试验相关技术方法。

## 4.1  装备环境试验概述

装备环境试验是将武器装备暴露于特定的环境中,确定环境对其影响的过程,目的是确定武器装备在设计使用的各种环境中的适应性、可靠性和安全性,对研究、评定、考核武器装备的适应性、可靠性和安全性指标具有重要的意义。

### 4.1.1  试验基本类型

装备环境试验按其目的可分为两大类:装备抗环境应力试验和可靠性环境试验。

**1. 装备抗环境应力试验**

(1)极限试验

不断增加某一个或几个环境应力的水平,直至试验样品(简称试样)发生故障,且故障模式不变。比较其正常使用时相应的环境因素的应力水平,确定装备正常使用的安全系数和允许使用的最大环境应力范围。

(2)功能适应性试验

根据装备实际使用环境条件的极限应力水平,在试验中给试样施加一个或几个环境因素的极限应力水平,检查试样的机械特性与电气输入、输出特性。

(3)结构完好性试验

根据装备实际使用环境条件的极限应力水平,在试验中给试样施加一个或几个环境因素1.5倍的极限应力水平,或大于极限应力水平的环境应力,考核装备能否长期承受这种大的应力且结构不发生损坏;或者考核装备在比正常使用极限应力大的应力水平下使用的潜在能力,验证装备结构是否达到最低的安全系数要求。这种试验要求试样在试验中或应力去掉以后,试样结构完好,电气、力学性能正常,不允许有结构失效,或潜在的结构失效现象(如固有频率变化等)。

(4)坠撞安全试验

以飞机、汽车、舰船等为搭载平台的一些装备,在飞机迫降以及汽车、舰船受到强烈冲击的情况下,为了保证乘员的安全,这些装备可以失效,但不能发生零部件及装备脱落,以免伤人;在故障记录系统及安全救生设备附近的装备不能有影响这些设备工作的较大位移。为了考核

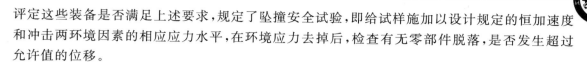

评定这些装备是否满足上述要求,规定了坠撞安全试验,即给试样施加以设计规定的恒加速度和冲击两环境因素的相应应力水平,在环境应力去掉后,检查有无零部件脱落,是否发生超过允许值的位移。

**2. 可靠性环境试验**

（1）极限试验

逐步加大环境应力,找到装备(包括元器件)耐环境应力的上限,确定装备在要求的环境条件下使用的安全系数。

（2）研制试验

在原理样机加工出来以后,在原理性试验样机上施加环境应力,检查其可靠性指标。在装备方案阶段,用同样环境应力施加在各种不同元器件、材料、结构和工艺的原理样机上,对比其可靠性指标,选取最佳方案,从而可以得到高可靠性、经济效益好的装备。这类试验的另一目的是测量其可靠性指标。

（3）可靠性增长试验

在装备加工成形后,失效模式已明确,有针对性地对某一个或几个对可靠性指标影响较大的失效因素采取改进措施,从而达到增加平均相邻故障时间的目的。

（4）鉴定试验

按某种抽样模式确定试样后,对试样施加一个或几个环境因素的典型环境应力水平,进行长时间试验,得到可靠性指标,从而对研制的装备作出达到要求与否的结论。如果试样是工厂小批量试制品,则是对该批装备生产工艺装备和管理程序能否符合要求作出结论。

（5）筛选试验

装备从研制转为批量生产后,由于元器件、材料、工艺缺陷和工作人员在生产中的过失,给装备带来新的失效因素,或扩大了装备原有的潜在失效因素,造成装备早期失效,从而使装备的可靠性指标降低。为了接近或达到装备在研制鉴定时的可靠性指标,在装备出厂前或生产过程中,用某种不留剩余应力且不会给装备寿命带来严重后果的方法,使装备的故障暴露出来。这类试验的目的在于,把暴露出来的故障加以排除,使出厂的合格装备能有较好的可靠性指标。

（6）可靠性验收试验

对装备施以能暴露其故障的使用环境应力水平,来检查装备由于工艺、元器件、材料、生产及质量管理过程中存在的隐患和细小变化,把装备的可靠性水平降低到可靠性鉴定认可的水平以下。

（7）实地环境可靠性试验

将装备直接拿到实地环境现场使用,考核装备的可靠性,统计其可靠性数据。如果实地环境现场试验的条件具有典型性、代表性,那么在现场得到的可靠性数据最为重要。因为实地试验反映了使用环境的真实情况,可用来校验室内环境模拟试验所得到的数据是否真实。

## 4.1.2　试验流程与程序

**1. 试验工作流程**

装备环境试验应依据合同、任务书和试验实际需要,系统开展相关试验研究、评价等工作。

试验工作流程如图4-1所示。

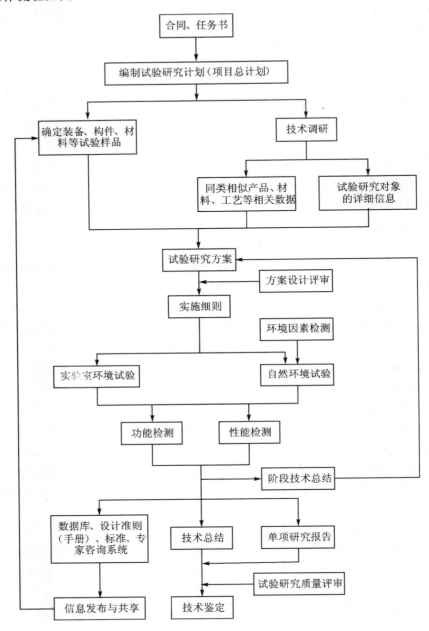

**图4-1 环境试验工作流程**

试验过程中,应根据项目合同或任务书的要求,编制试验研究总计划。通过技术调研收集同类装备、材料及工艺的相关信息,收集试验研究对象的详细信息,以项目合同或任务书以及试验研究的装备、构件、材料在寿命历程中受到的各种环境的预计影响为依据,编制试验方案和实施细则。

按照试验方案和实施细则的要求,对装备、构件、材料在典型环境条件下进行环境试验,通过环境因素监测、性能和功能的检测,获取各种数据,对装备、构件、材料的环境适应性进行分

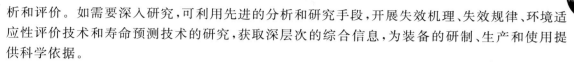

析和评价。如需要深入研究,可利用先进的分析和研究手段,开展失效机理、失效规律、环境适应性评价技术和寿命预测技术的研究,获取深层次的综合信息,为装备的研制、生产和使用提供科学依据。

通过试验可制定新的标准、规范和设计准则,建立数据库、专家系统和仿真模型等,不仅为装备的全寿命周期服务,而且可以进一步提升环境试验技术,更加快速、高效地为装备的设计、生产、使用服务。通过受控的信息发布和共享,又为下一代装备的全寿命期服务,形成装备、材料、构件及环境试验研究的有机循环。由于实验室环境试验能够较快地对装备进行试验分析和评价,因此本章重点对实验室环境试验进行探讨和分析。

**2. 试验基本程序**

（1）预处理（必要时）

在试验开始前,为了消除或部分消除试样过去所受的影响,需要对试样进行预处理。如果有要求,则预处理作为试验程序的第一步。

（2）初始检测

在进行任何环境试验前,试样都应在试验的标准大气条件下(特殊要求除外)进行电性能、机械性能和其他性能的测量以及外观检查,并记录检测数据。

（3）试样在试验设备中的安装

若无其他规定,试样在试验设备中应模拟实际使用状态安装、连接,并按需要附加测试设备。实际工作中使用而在试验中不用的插头、外罩及检测板应保持原状。实际工作中加以保护的而在试验中不用的机械或电气连接处应加以适当的覆盖。对于那些要求控制温度的试验,试样应当在正常试验的标准大气条件下进行安装,并应尽可能安装在试验设备中央,如果规定试样在试验过程中需要工作,则安装时应考虑满足工作要求。被安装的试样之间,以及试样与试验箱壁、箱底及箱顶之间应当有适当间隔,以使空气能自由循环。试样安装完后,应进行工作并检查,避免因安装不当而造成故障。

（4）试　验

给试样施加规定的环境条件,以便确定这种条件对试样的影响。

（5）中间检测

在试验期间要求试样工作时,为将其试验时的性能与初始检测的性能进行比较,应进行中间检测。中间检测应在规定的环境条件下进行。

（6）恢复（必要时）

在试验后,最终检测前,为使试样的性能稳定,应在正常试验的标准大气条件下(特殊要求除外)进行恢复处理。

（7）最后检测

恢复期结束后,试样应按设备有关标准或技术文件规定进行电性能、机械性能和其他性能的测量以及外观检查,并与初始检测数据进行比较。

（8）合格判据

当试样发生下列任何一种情况时,则认定为不合格:

① 性能参数指标的偏离值超出了试样有关标准和技术文件规定的允许极限;

② 结构上的损坏影响了试样功能;

③ 不能满足安全要求,或出现危及安全的故障;

④ 试样出现某些变化(如某一部分腐蚀等)使其不能满足维修要求;

⑤ 不符合设备有关标准和技术文件规定的其他判据。

## 4.1.3 试验方法与信息

**1. 试验方法的内容**

为了使试验环境能够较好地反映装备的实际使用情况,除了对装备预期使用中的环境因素、环境应力水平进行研究外,环境试验技术和试验方法也是环境模拟试验必须考虑的主要方面,试验方法的主要内容包括:

① 试验目的、装备应用范围;

② 试验顺序的安排;

③ 应力施加方式;

④ 应力持续时间;

⑤ 试样的安装方式;

⑥ 试样的质量、体积与试验装置的关系;

⑦ 试验条件中的容差规定;

⑧ 试验设备及测试仪器精度要求;

⑨ 试验设备操作方式;

⑩ 试验准备技术及要求;

⑪ 试验实施方法及要求;

⑫ 试验记录;

⑬ 数据处理方法;

⑭ 综合试验方法;

⑮ 试验条件的装载;

⑯ 判定依据;

⑰ 试验中断处理;

⑱ 特殊要求。

**2. 试验条件的剪裁**

试验的剪裁包括选择和改变试验方法、试验条件、试验应力水平、试验条件的容差和故障判定等过程。剪裁的目的是要模拟或扩大试验装备在寿命期内将受到的一个或多个环境因素强迫作用而造成的影响。

试验的剪裁过程,实际上是根据装备的实际情况、结合现有的环境试验标准中提供的方法、设计装备特有环境试验的过程。环境试验标准是一个时期的产物,在广泛调查分析的基础上,进行深入的理论研究,并在总结大量试验经验的基础上形成了试验条件的标准。

(1)试验标准的特点

试验标准的特点如下:

① 规定了统一的标准试验条件;

② 规定了统一的试验方法和试验程序;

③ 标准中虽然有选择试验条件、应力等级等方面的灵活性,但缺乏指导性纲领;

④ 标准中许多试验条件是以最恶劣的气候条件和动力学环境为基础确定的,基本出发点是用最严酷的环境代替未知环境,以保证装备的安全性和可靠性;

⑤ 标准是一个固定的,供通用装备规范直接引用的例行文件,不能任意改动。

这些特点决定了"标准"是一个通用性文件,是适合大多数装备基本情况的一个试验标准。由于武器装备的战术任务、装备体制、装备地域的不同,武器装备的预期使用环境也是千差万别的,而标准中却不能囊括所有武器装备的使用条件,试验条件和试验方法往往也不能反映武器装备实际遇到的各类环境和实际使用方式。另外,标准中也规定了一套成熟的试验项目,但缺乏武器装备试验在不同阶段如何应用的说明,往往导致工程研制试验、鉴定试验、验收试验混为一谈,缺乏针对性。

（2）剪裁应考虑的因素

在试验过程中,必须根据武器装备的具体特点,对试验方法进行剪裁。剪裁的目的是使设计的环境条件能够反映装备预期的真实环境,使试验具有重现性。剪裁过程应考虑以下 7 个方面因素:

① 被试装备本身的特征。每一种被试装备均有其自身的结构和使用特点,包括被试装备的大小、形状、质量等特点,应根据被试装备的实际情况而确定试验方法。

② 被试装备的平台微环境情况。

③ 被试装备在使用中将要遇到的环境。被试装备的预期使用环境是进行试验剪裁的根本依据。

④ 重现性。试验的重现性能保证类似装备用不同试验设备试验得到的结果具有可比性。单纯保证环境参数一致或一成不变的应用预定试验参数不能保证重现性。

⑤ 费效比。剪裁试验时应充分考虑试验费用,不能单纯追求某一项试验条件而无谓地提高试验费用。

⑥ 根据装备研制的不同阶段剪裁。应根据不同性质的试验,采用不同的试验方法。

⑦ 考虑试验设备。剪裁试验项目时,应根据现有试验设备的状况而确定,应充分考虑试验设备所能达到的能力和精度。

**3. 试验顺序的安排**

被试装备在试验期间所发生的变化,不仅与各种试验方法及试验的严酷等级有关,而且与试验顺序的选择有关。试验顺序选择不当,会导致试验结果不真实,给试验质量带来严重影响。选择环境试验顺序应注重以下 4 项原则:

① 若试验的目的是以较短的时间和较小的代价获得试验信息,则以最严酷的试验项目或对试样影响最大的试验项目开始。此方法适用于研制试验。

② 若试验的目的是在被试装备损坏之前取得尽可能多的试验数据,则以对被试装备性能影响最小的试验项目开始。

③ 在被试装备使用环境条件已知的情况下,试验顺序的安排应尽可能与被试装备在储存、运输和使用中所经受的环境条件出现的先后顺序一致。

④ 在被试装备的预期使用环境条件未知的情况下,选择试验顺序时,必须考虑前一项试验所产生的结果由后一项试验所产生的结果来暴露或加强。

**4．试验信息的处理**

（1）试验前的信息

试验前应收集下列信息：

① 试验所要使用的设备和仪器；

② 要求的试验程序；

③ 试件中关键的部件和组件（适用时）；

④ 试验持续时间；

⑤ 试件的技术状态；

⑥ 试验量值及其持续时间、应力施加方式；

⑦ 仪器/传感器的安装位置；

⑧ 试件安装要求，包括安装准备、方向和连接等；

⑨ 冷却措施（适用时）。

试件在安装过程中，应尽可能模拟实际使用状况，并按需要进行试件连接和测试仪器连接。环境试验开始前，应将试件置于标准大气条件下正常工作，并采集基线性能数据，主要包括：

① 试件的基本数据，包括试件标识（名称、型号、研制单位等）、试件外观/状态、检查结果和试件的环境试验履历；

② 用于比较试验中、试验后的性能参数的试验前数据，规范或要求文件中规定的性能参数及其工作范围。

（2）试验中的信息

试验中应收集下列信息：

① 性能检查结果。如果试件需在试验中工作，则应进行适当的测试或分析，并与试验前的基线性能数据进行对比，以确定性能是否发生了变化。

② 施加在试件上的环境条件的记录。

③ 试件对施加的环境作用的响应记录。

（3）试验后的信息

每次环境试验完成后，应按规范检验试件。若适用，应使试件工作以采集所要监控的性能参数，并将其与试验前的信息作比较。试验后应收集下列信息：

① 试件的标识；

② 试验设备的标识；

③ 实际试验顺序；

④ 对试验大纲的偏离及其说明；

⑤ 所要监控的性能参数；

⑥ 试验期间定期记录的室内环境条件；

⑦ 试验中断的记录及其处理结果；

⑧ 初步的失效分析（适用时）；

⑨ 确认试验数据有效的人员签名及日期。

## 4.1.4　加速试验技术

作为保障武器装备高可靠长寿命的有效手段，加速试验技术的发展备受关注。从 20 世纪

50 年代采用单应力模拟的研制试验与鉴定试验,到 20 世纪 70 年代开始采用综合应力模拟试验,模拟试验一直都是保障可靠性的主要试验手段。模拟试验通过模拟任务的真实环境来确保可靠性,其效率问题一直都是关注的焦点问题。针对这一问题,1967 年美国罗姆航站中心提出了加速寿命试验(Accelerated Life Test,ALT),1988 年美国 Gregg. K. Hobbs 博士提出了高加速寿命试验(Highly Accelerated Life Test,HALT)和高加速应力筛选试验(Highly Accelerated Stress Screens,HASS)。这三项加速试验分别与常规的可靠性验证试验、可靠性增长试验和环境应力筛选试验相对应,形成了完整的加速试验的技术体系。高加速寿命试验和高加速应力筛选试验也称为激发试验,采用加速应力高效激发潜在缺陷,消除缺陷,提高可靠性和寿命,属于工程试验范畴;加速寿命试验则以评价可靠性为目的,属于统计试验范畴。

**1. 加速试验基本组成**

(1) 高加速应力筛选试验

高加速应力筛选试验(HASS)与传统的环境应力筛选试验相对应,主要应用于装备的生产阶段,快速暴露装备在生产过程中的各种制造缺陷,剔除存在早期缺陷的装备。由于常规的环境应力筛选本身就是一类激发试验,因此高加速应力筛选与环境应力筛选没有清晰的界线,两者在内涵上没有质的区别。

HASS 在装备生产过程中进行 100% 的筛选,所使用的应力明显高于在正常使用(包括运输和储存)中所经受的应力。这种方法也可能包括预期使用中不会出现的应力,这些应力有助于定位在预期的环境中可能发生的缺陷。

HASS 目的是检测生产、运输、储存和使用过程中可能引起装备故障的潜在缺陷,具体包括:

① 以最低成本和最短时间将相关潜在的缺陷析出,变为明显的缺陷;

② 以最低的总成本和最短的时间检测尽可能多的缺陷,以缩短反馈延迟并降低成本;

③ 针对在筛选中发现的所有缺陷,提供闭环回路故障分析和纠正措施大纲的起点;

④ 通过降低发往现场的故障总数,提高现场可靠性;

⑤ 降低生产、筛选、维修和保证的总成本;

⑥ 明显提高用户的满意度。

HASS 包括由下述 6 个步骤组成的闭环回路:

① 析出。将产品中的某种潜在的(未显现的或潜藏的)缺陷变为明显的(显见的或可检测的)缺陷。例如部件上有缺陷的黏结点或焊点发生破裂。

② 检测。以某种方法观察存在的异常。例如用肉眼或电气方法检测引线、黏结点或焊点是否遭到破坏。

③ 故障分析。确定缺陷的源头或原因。例如确定生产过程中引线断裂、黏结不好、焊封不牢的原因。

④ 纠正措施。执行更改,用以消除未来的产品中的缺陷源头。例如缺陷引线可以通过使用合适的成形工具来防止;黏结可以通过使用不同的压力或温度,或者更好的清洗来纠正;而焊点可以通过使用不同的焊剂或温度来纠正。

⑤ 纠正措施验证。验证实际采取的纠正措施已经消除了所检测的缺陷类型的发生。验证通常要求复现检测到缺陷的条件,以确定异常情况不再存在。

⑥ 获得知识积累。将获得的信息纳入数据库,以防再犯相同的错误。

（2）高加速寿命试验

由于高加速寿命试验（HALT）主要应用于装备的研制阶段，实现高效可靠性增长，因此又称为可靠性强化试验。可靠性强化试验突出了这类试验的特点，与传统的可靠性增长相对应，为高可靠长寿命工程提供了高可靠的增长技术。

施加在产品上的试验应力远超过正常运输、储存和使用量值的试验，称为高加速寿命试验。HALT 的主要优点是利用应力量值来代替样本量，是一种非常有效的费用权衡。进行 HALT 的常见方法是使用步进应力方法，在这种方法中，渐进地施加较高的一种激励的应力量值，直到记下工作极限或破坏极限。一旦记下一个极限，在能够获得更高的量值之前，就需要进行某种意义上的改进。此时，将会发现设计和工艺两类问题，因此要求按照试验进程作出工程评价和决策。试验目标是要找到提高产品的工作极限和破坏极限的方法，将典型的或预期的应力量值用于设计，然后利用 HALT 找出产品中带时间压缩的薄弱环节，增大时间压缩。在 HALT 中使用所有的应力之后，许多设计更改得以确定，以引入有益的、永久的更改，制造出新的样本，重复此循环直到所有应力分别达到其基本技术极限，随后再以组合方式达到所有应力的基本技术极限。作为各种类型的 HALT 的最后步骤，应该进行受控激励，以使潜在缺陷的检测成为可能。这些潜在缺陷在其他情况下可能是无法检测的。

（3）加速寿命试验

加速寿命试验是在进行合理工程及统计假设的基础上，利用与物理失效规律相关的统计模型对加速条件下获得的失效数据进行转换，得到装备在正常应力水平下可靠性特征的试验方法。采用加速寿命试验可以缩短试验时间，降低试验成本，进而使可靠长寿命的验证与评价成为可能。

（4）加速退化试验

对于某些可靠长寿命装备，即使采用加速寿命试验方法，有时也难以得到失效数据，使得基于失效数据分析的加速寿命试验方法得不到预期结果，因此基于故障退化模型的加速退化试验技术应运而生。加速退化试验通过提高应力水平来加速性能退化，搜集在高应力水平下的性能退化数据，利用这些数据来预测常规使用应力下的退化寿命。

**2. 加速试验发展现状**

目前，国内外对加速试验技术的研究与应用主要集中于可靠性强化试验、加速寿命试验和加速退化试验，满足装备的高可靠增长与长寿命的评价需求，构成了加速试验技术的核心，代表了加速试验技术的发展方向。

国外对可靠性强化试验的研究和应用已有几十年，并形成了一些规范和指南，同时关于可靠性强化试验理论、技术与试验系统的学术交流活动也非常活跃，其中影响较大的是 Accelerated Stress Testing & Reliability（简称 ASTR）会议。国内是从 20 世纪 90 年代中后期开始进行可靠性强化试验研究的，随后主要在卫星有效载荷、激光捷联定位定向系统、空空导弹飞空组件等装备的高可靠性增长中进行了应用。

国外对加速寿命试验的研究始于 20 世纪 60 年代，其研究内容主要包括统计分析方法、优化设计技术和工程应用等。20 世纪 70 年代初，加速寿命试验技术进入我国，立即引起了统计学界与可靠性工程界的广泛兴趣，一直处于边研究边应用的状态。目前，有关恒定应力试验统计分析的研究主要围绕如何提高统计分析精度问题来开展，而步进应力试验统计分析的关键问题是如何从步进试验的失效数据中分离出每个加速应力水平下的寿命信息。

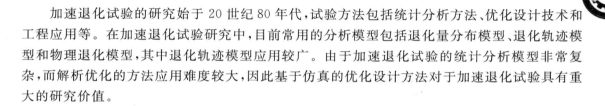

加速退化试验的研究始于 20 世纪 80 年代,试验方法包括统计分析方法、优化设计技术和工程应用等。在加速退化试验研究中,目前常用的分析模型包括退化量分布模型、退化轨迹模型和物理退化模型,其中退化轨迹模型应用较广。由于加速退化试验的统计分析模型非常复杂,而解析优化的方法应用难度较大,因此基于仿真的优化设计方法对于加速退化试验具有重大的研究价值。

# 4.2　气候环境试验

武器装备在储存、运输、使用过程中,极易受到阳光、空气、雨水和盐雾等气候环境因素影响,出现构成材料老化、腐蚀、变质等变化,从而导致自身结构损坏和性能下降。气候环境试验通过模拟大气压强、温度、湿度、太阳辐射、淋雨和盐雾等各种气候环境条件,检验装备在某些极端状况下的环境抗力及性能变化。

## 4.2.1　低气压(高度)试验

低气压(高度)试验主要用于评估装备在常温条件下的耐受低气压环境及在低气压环境下正常工作和耐受空气压力快速变化的能力。一般情况下,低气压(高度)试验在试验顺序的早期进行;若其他试验可能对装备的低气压试验效果产生很大影响,则低气压(高度)试验可在这些试验之后进行。例如,低温和高温试验可能影响密封;力学环境试验可能影响装备结构的完整性;非金属零部件的老化可能降低其强度等。

**1. 低气压(高度)试验程序**

低气压(高度)试验包括 4 个程序:储存/空运、工作/机外挂飞、快速减压和爆炸减压。

(1) 储存/空运程序

储存/空运程序适用于高海拔地区运输或储存的装备,或在运输/储存技术状态下空运的装备。具体试验步骤如下:

① 使试样处在储存或运输技术状态下,按技术文件规定的高度变化速率调节试验箱内的空气压力,使之达到与所要求的试验高度相对应的压力;

② 保持压力至少 1 h,但技术文件另有规定的除外;

③ 按技术文件规定的高度变化速率,调节试验箱内的空气压力,使之恢复到标准大气条件压力;

④ 目视检查试样,检测工作性能,并记录检测结果。

(2) 工作/机外挂飞程序

工作/机外挂飞程序适用于确定装备在低气压条件下的工作性能。具体试验步骤如下:

① 使试样处在工作技术状态下,按技术文件规定的高度变化速率调节试验箱内的空气压力,使之达到与所要求的工作高度相对应的压力;

② 按技术文件规定的要求检测试样的工作性能,并记录检测结果;

③ 按技术文件规定的高度变化速率,调节试验箱内的空气压力,使之恢复到标准大气条件压力;

④ 目视检查试样,检测工作性能,并记录检测结果。

（3）快速减压程序

快速减压程序适用于确定装备周围环境压力的快速降低是否会引起装备发生反应、伤害周围人员或损坏运输装备的平台。具体试验步骤如下：

① 使试样处在储存或运输技术状态下，按技术文件规定的高度变化速率调节试验箱内的空气压力，使之达到与 2 438 m 高度相对应的压力（75.2 kPa）；

② 在不超过 15 s 的时间内，使试验箱内的空气压力降到与所要求的试验高度 12 192 m 相对应的压力（18.8 kPa），或者降到与技术文件规定的其他最大飞行高度相对应的压力，然后在该低气压下至少稳定地保持 10 min；

③ 按技术文件规定的高度变化速率，调节试验箱内的空气压力，使之恢复到标准大气条件压力；

④ 目视检查试样，检测工作性能，并记录检测结果。

（4）爆炸减压程序

爆炸减压程序除减压速率比快速减压程序快外，其他均与快速减压程序相同。具体试验步骤如下：

① 使试样处在储存或运输技术状态下，按技术文件规定的高度变化速率调节试验箱内的空气压力，使之达到与 2 438 m 高度相对应的压力（75.2 kPa）；

② 在不超过 0.1 s 的时间内，使试验箱内的空气压力降到与所要求的试验高度 12 192 m 相对应的压力（18.8 kPa），或者降到与技术文件规定的其他最大飞行高度相对应的压力，然后在该低气压下至少稳定地保持 10 min；

③ 按技术文件规定的高度变化速率，调节试验箱内的空气压力，使之恢复到标准大气条件压力；

④ 目视检查试样，检测工作性能，并记录检测结果。

**2. 低气压（高度）试验条件**

（1）试验压力

根据装备预期的使用或飞行剖面，确定具体的试验压力。

① 地面。若得不到测量数据，压力值按最大高度为 4 570 m 来确定（对应的大气压力为 57 kPa）。

② 运输机货舱压力条件。试验程序包括储存/空运、工作/机外挂飞、快速减压和爆炸减压，每个程序用于每个装备的试验压力都不相同。因为运输机运输装备时的装载形式不同，其增压系统的种类也各不相同；飞机有不同的"巡航高度"，在运输极重的装备时可能达不到正常的"巡航高度"；大多数增压系统在飞机达到某一特定高度之前只给货舱提供外界大气压力（即飞机内外没有压差），当高于这个高度后才保持规定压力。

（2）高度变化速率

若具体的高度变化速率（爬升/下降速率）未知，或有关文件未作规定时，则可参考采用下列指导性数据：军用运输机全推力起飞时，其平均高度变化速率通常为 7.6 m/s。除非证明预计使用的平台环境需要采用其他高度变化速率或另有规定，试验均采用 10 m/s 的高度变化速率。

（3）快速减压时间

下列情况下的快速减压时间相差很大：

① 飞机遭受重大损坏,但幸免于坠毁。减压实际上是在瞬间发生的爆炸减压,它在 0.1 s 甚至更短的时间内完成。

② 外来物造成的相对较小的损伤。由此产生的是快速减压时间比上一种情况稍长的快速减压,但减压时间不超过 15 s。

（4）试验持续时间

储存/空运程序的试验持续时间应代表装备在低气压环境下的预期使用时间,若这样做需要的时间太长,则可以适当缩短时间。对大多数装备来说,试验时间至少持续 1 h。工作/机外挂飞程序、快速减压程序和爆炸减压程序的试验时间持续到所要求的各项性能测完为止。

（5）试样的技术状态

根据预期的装备运输、储存或工作的实际状态,确定装备的技术状态。试验至少应考虑下列技术状态:

① 处于运输/储存容器或运输箱内的状态;

② 正常使用状态。

**3. 低气压（高度）试验设备**

低气压（高度）试验所需设备包括试验箱（室）,并配有能保持和监控低气压条件所需要的辅助仪器。复压时,注入试验箱（室）的空气应干燥、清洁、不污染试样。

## 4.2.2　高温试验

高温试验主要用于评价高温条件对装备的安全性、完整性和性能的影响。确定高温试验顺序,须遵循两个原则:节省寿命和施加的环境应能最大限度地显示叠加效应。

**1. 高温试验程序**

高温试验包括两个试验程序:储存和工作。

（1）储存程序

储存程序用于考查储存期间高温对装备的安全性、完整性和性能的影响,即先将试样暴露于装备储存状态可能遇到的高温下,随后在标准大气条件进行性能检测。具体试验步骤如下:

1）循环储存试验步骤

① 使试样处于储存技术状态。

② 将试验箱内的环境调节到试验开始阶段的试验条件,并在该条件下使试样温度达到稳定。

③ 将试样暴露于储存循环的温度（适用时还有湿度）条件下,暴露持续时间至少应为 7 个循环（若采用 24 h 循环,则总共 168 h）,或技术文件规定的循环数。若技术文件有要求,则应记录试样的温度响应。

④在循环温度暴露结束后,将试验箱内空气温度调节到标准大气条件,并且保持在标准大气条件下,直至试样温度稳定。

⑤对试样进行目视检查和工作性能检测,记录结果,并与试验前数据进行比较。

2）恒温储存试验步骤

① 使试样处于储存技术状态。

② 将试验箱内的环境调节到试验开始阶段的试验条件,并在该条件下使试样温度达到

稳定。

③ 在试样温度达到稳定后再继续保持试验温度至少 2 h,以确保测量不到的内部元(部)件的温度真正达到稳定。若内部元(部)件的温度无法测量,则应根据热分析确定额外的热浸时间,以确保整个试样的温度都达到稳定。

④ 在恒定温度暴露结束后,将试验箱内的空气温度调节到标准大气条件,并保持在该标准大气条件下,直至试样温度稳定。

⑤ 对试样进行目视检查和工作性能检测,记录结果,并与试验前数据进行比较。

(2) 工作程序

工作程序用于考查装备工作时高温对其性能的影响,即在高温暴露试验期间进行性能检测。具体试验步骤如下:

1)循环工作试验步骤

① 按工作技术状态安装好试样。

② 调节试验箱内的空气温度(适用时还有湿度),使之达到技术文件规定的工作循环初始条件,并保持此条件直至试样温度达到稳定。

③ 将试样暴露至少 3 个循环,或为确保达到试样的最高响应温度所需要的循环数。循环暴露期间尽可能对试样进行全面的目视检查,并记录检查结果。

④ 在暴露循环的最高温度响应时段使试样工作(由于试样的热滞后效应,最高温度响应时段与温度循环的最高温度时段可能不一致)。重复进行本步骤,直到按技术文件完成试样的全部工作性能检测,并记录检测结果。

⑤ 使试样停止工作,将试验箱内的空气温度调节到标准大气条件,并保持该条件直到试样温度达到稳定。

⑥ 按技术文件的要求对试样进行全面的目视检查和工作性能检测,记录检查和检测结果,并与试验前数据进行比较。

2)恒温工作试验步骤

① 按工作技术状态安装好试样。

② 调节试验箱内的空气温度使之达到所要求的恒定温度(适用时还有湿度)。

③ 在试样温度达到稳定后继续保持试验箱内条件至少 2 h。若内部元(部)件的温度无法测量应根据热分析确定额外的热浸时间,以确保整个试样的温度都达到稳定。

④ 尽可能目视检查试样,记录检查结果,并与试验前的数据进行比较。

⑤ 使试样工作,并使其温度重新稳定。根据技术文件的要求对试样进行工作性能检测,记录检测结果并与试验前的数据进行比较。

⑥ 使试样停止工作,将试验箱内的空气温度调节到标准大气条件,并保持该条件直到试样温度达到稳定。

⑦ 按技术文件的要求对试样进行全面的目视检查和工作性能检测,记录检查和检测结果,并与试验前数据进行比较。

**2. 高温试验条件**

(1) 气候条件

世界范围内基本热和热两种气候类型的高温日循环数据如表 4-1 和表 4-2 所列。

**表 4 - 1　高温日循环**

| 时　间 | 气候类型——基本热 | | | | 气候类型——热 | | | |
| | 环境空气条件 | | 诱发条件 | | 环境空气条件 | | 诱发条件 | |
| | 温度/<br>℃ | 相对湿度/<br>% | 温度/<br>℃ | 相对湿度/<br>% | 温度/<br>℃ | 相对湿度/<br>% | 温度/<br>℃ | 相对湿度/<br>% |
|---|---|---|---|---|---|---|---|---|
| 01 | 33 | 36 | 33 | 36 | 35 | 6 | 35 | 6 |
| 02 | 32 | 38 | 32 | 38 | 34 | 7 | 34 | 7 |
| 03 | 32 | 41 | 32 | 41 | 34 | 7 | 34 | 7 |
| 04 | 31 | 44 | 31 | 44 | 33 | 8 | 33 | 7 |
| 05 | 30 | 44 | 30 | 44 | 33 | 8 | 33 | 7 |
| 06 | 30 | 44 | 31 | 43 | 32 | 8 | 33 | 7 |
| 07 | 31 | 41 | 34 | 32 | 33 | 8 | 36 | 5 |
| 08 | 34 | 34 | 38 | 30 | 35 | 6 | 40 | 4 |
| 09 | 37 | 29 | 42 | 23 | 38 | 6 | 44 | 4 |
| 10 | 39 | 24 | 45 | 17 | 41 | 5 | 51 | 3 |
| 11 | 41 | 21 | 51 | 14 | 43 | 4 | 56 | 2 |
| 12 | 42 | 18 | 57 | 8 | 44 | 4 | 63 | 2 |
| 13 | 43 | 16 | 61 | 6 | 47 | 3 | 69 | 1 |
| 14 | 44 | 15 | 63 | 6 | 48 | 3 | 70 | 1 |
| 15 | 44 | 14 | 63 | 5 | 48 | 3 | 71 | 1 |
| 16 | 44 | 14 | 62 | 6 | 49 | 3 | 70 | 1 |
| 17 | 43 | 14 | 60 | 6 | 48 | 3 | 67 | 1 |
| 18 | 42 | 15 | 57 | 6 | 48 | 3 | 63 | 2 |
| 19 | 40 | 17 | 50 | 10 | 46 | 3 | 55 | 2 |
| 20 | 38 | 20 | 44 | 14 | 42 | 4 | 48 | 3 |
| 21 | 36 | 22 | 38 | 19 | 41 | 5 | 41 | 5 |
| 22 | 35 | 25 | 35 | 25 | 39 | 6 | 39 | 6 |
| 23 | 34 | 28 | 34 | 28 | 38 | | 37 | 6 |
| 24 | 33 | 33 | 33 | 33 | 37 | 6 | 35 | 6 |

注:1 这些值代表了在该种气候类型中的典型高温日循环条件。"诱发条件"是指装备在储存或运输状态下可能暴露
于其中的由日晒而加剧的空气温度条件。

2 高温试验期间通常不必控制湿度,这些值只是在特殊情况下使用。

**表 4 - 2　高温日循环温度变化范围一览表**

| 气候类型 | 地理位置 | 周围空气温度/<br>℃ | 诱发温度/<br>℃ |
|---|---|---|---|
| 基本热 | 亚洲、美国、墨西哥、非洲、澳大利亚、南非、南美、西班牙南部<br>和西南亚外延的世界许多地方 | 30～43 | 30～63 |
| 热 | 北非、中东、巴基斯坦、印度、美国西南部和墨西哥北部 | 32～49 | 33～71 |

注:温度和湿度日循环数据由表 4-1 给出。

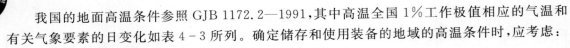

我国的地面高温条件参照 GJB 1172.2—1991,其中高温全国 1‰工作极值相应的气温和有关气象要素的日变化如表 4-3 所列。确定储存和使用装备的地域的高温条件时,应考虑:

① 所涉及的气候区域;

② 装备是否暴露于太阳辐射环境,太阳辐射是否直接作用于装备、运输包装箱、保护性包装遮盖物等;

③ 周围空气和太阳辐射向装备传热的途径。

表 4-3　高温全国 1‰工作极值相应的气温和有关气象要素的日变化

| 时　间 | 温度/℃ | 相对湿度/% | 露点温度/℃ | 风速/(m·s⁻¹) | 太阳辐射/(W·m⁻²) | 前或后一天温度/℃ | 前或后两天温度/℃ |
|---|---|---|---|---|---|---|---|
| 01 | 34.7 | 23 | 10.5 | 1.5 | 0 | 34.6 | 32.8 |
| 02 | 33.7 | 26 | 11.5 | 0.8 | 0 | 33.7 | 32.0 |
| 03 | 33.3 | 26 | 11.2 | 1.5 | 0 | 32.7 | 30.9 |
| 04 | 32.3 | 26 | 10.4 | 1.7 | 0 | 32.3 | 28.7 |
| 05 | 31.6 | 27 | 10.3 | 1.6 | 0 | 31.6 | 28.5 |
| 06 | 31.7 | 29 | 11.5 | 0.8 | 103 | 31.7 | 28.8 |
| 07 | 34.4 | 29 | 13.8 | 1.0 | 240 | 33.9 | 32.5 |
| 08 | 36.4 | 26 | 13.8 | 1.0 | 429 | 35.7 | 34.3 |
| 09 | 38.2 | 24 | 14.1 | 1.3 | 598 | 37.3 | 35.8 |
| 10 | 40.4 | 21 | 13.8 | 1.6 | 721 | 39.1 | 37.4 |
| 11 | 42.1 | 18 | 12.9 | 1.6 | 819 | 40.8 | 38.8 |
| 12 | 43.2 | 17 | 12.9 | 1.2 | 887 | 42.0 | 40.2 |
| 13 | 44.4 | 16 | 12.9 | 0.8 | 890 | 42.9 | 41.2 |
| 14 | 45.5 | 15 | 12.8 | 0.6 | 832 | 43.7 | 41.9 |
| 15 | 45.5 | 14 | 11.7 | 1.0 | 734 | 43.7 | 41.9 |
| 16 | 45.2 | 15 | 12.5 | 1.2 | 609 | 43.4 | 41.7 |
| 17 | 44.4 | 16 | 12.9 | 0.6 | 438 | 42.7 | 41.1 |
| 18 | 43.4 | 18 | 13.9 | 1.0 | 264 | 41.9 | 40.3 |
| 19 | 41.7 | 19 | 13.4 | 1.2 | 116 | 40.4 | 38.5 |
| 20 | 40.0 | 19 | 12.0 | 1.8 | 0 | 38.0 | 36.7 |
| 21 | 38.8 | 20 | 11.8 | 1.6 | 0 | 36.7 | 35.3 |
| 22 | 38.2 | 20 | 11.3 | 1.8 | 0 | 36.0 | 34.4 |
| 23 | 37.3 | 20 | 10.6 | 1.6 | 0 | 35.6 | 33.8 |
| 24 | 36.8 | 21 | 10.9 | 1.8 | 0 | 35.5 | 33.7 |

（2）暴露条件

在确定试验温度量值之前,应确定装备在正常储存环境和工作环境中的热暴露方式。

① 装备的技术状态。包括敞开暴露状态和有遮蔽状态。敞开暴露状态是指装备在无任何保护性遮蔽的情况下所经历的最严酷条件;有遮蔽状态是指装备在有保护性遮蔽的情况下所经历的最严酷条件,如不通风的罩壳内、封闭的车体内、帐篷内等。

② 特殊条件。高温试验通常只考虑装备周围空气的平均温度,但特定的加热条件能产生显著的局部加热,使局部温度明显地高于周围空气的平均温度,从而对装备的热特性和性能的评价产生显著影响。这类特殊情况主要包括强化的太阳辐射和人为热源。

（3）试验持续时间

对于装备在已确定的各种暴露条件下所要经受的暴露持续时间,可以是恒定的,也可以是循环的,在循环情况下,还要确定暴露发生的次数。

① 恒温暴露。试样暴露于高温环境中达到温度稳定后,再保持试验温度至少 2 h。

② 循环暴露。试样循环暴露试验的持续时间应根据满足设计要求所需要的预计循环数来确定。储存试验和工作暴露试验都要将试样暴露在循环温度下,所以循环数很关键,一般情况下,每循环周期为 24 h。

（4）试样的技术状态

试样的技术状态应根据装备储存和工作中预期的实际状态确定,至少应考虑以下技术状态:

① 装在运输/储存容器内或转运箱内;

② 有保护状态或无保护(有顶棚、遮蔽等)状态;

③ 正常使用状态;

④ 为特殊用途改装后的状态;

⑤ 堆码或托板堆码的技术状态。

（5）湿　　度

高温试验期间通常不需要控制相对湿度。在特殊情况下,高温试验期间极低的相对湿度可能对某些装备产生很大影响。若极低的相对湿度会影响装备的某些特殊性能,则应使用表 4-1或表 4-3 所给出的相对湿度。

**3. 高温试验设备**

高温试验设备应包括试验箱或试验室,能够使装备周围的空气保持在所需要的高温条件(必要时,湿度条件)的升温设备,强迫空气循环设备,以及连续地监控试验条件的辅助仪器与记录仪器。

## 4.2.3　低温试验

低温试验主要用于评价在储存、工作和拆装操作期间,低温条件对装备的安全性、完整性和性能的影响。确定低温试验顺序,需遵循两个原则:最大限度地利用装备的寿命期限和施加的环境应能最大限度地显示叠加效应。

**1. 低温试验程序**

低温试验包括 3 个试验程序:储存、工作和拆装操作。

(1) 储存程序

储存程序用于检查储存期间的低温对装备在储存期间和储存后的安全性,以及储存后对装备性能的影响。具体试验步骤如下:

① 使试样处于储存技术状态;

② 将试验箱内的空气温度调节到技术文件中规定的低温储存温度;

③ 试样温度稳定后,按技术文件中规定的持续时间保持此储存温度;

④ 对试样进行目视检查,并将检查结果与试验前的数据进行比较,记录检查结果;

⑤ 将试验箱内的空气温度调节到标准大气条件下的温度,并保持此温度直到试样达到温度稳定;

⑥ 对试样进行全面的目视检查,并记录检查结果;

⑦ 需要时,对试样进行工作性能检测,并记录检查结果;

⑧ 将这些数据与试验前的数据进行比较。

(2) 工作程序

工作程序用于检查装备在低温环境下的工作情况。具体试验步骤如下:

① 试样装入试验箱后,调节试验箱内的空气温度到技术文件中规定的低温工作温度,在试样达到温度稳定后保持此温度至少 2 h;

② 在试验箱条件允许的情况下,对试样进行工作性能检测,并记录检查结果;

③ 按技术文件对试样进行工作性能检测,记录检测结果;

④ 将试验箱内的空气温度调节到标准大气条件下的温度,并保持此温度直到试样达到温度稳定;

⑤ 对试样进行全面的目视检查,并记录检查结果;

⑥ 需要时,对试样进行工作性能检测,并记录检测结果;

⑦ 将这些数据与试验前的数据进行比较。

(3) 拆装操作程序

拆装操作程序用于检测操作人员穿着厚重的防寒服组装和拆卸装备时是否容易。具体试验步骤如下:

① 试样装入试验箱后,将试验箱内的空气温度调节到技术文件规定的低温工作温度,在试样温度稳定后,保持此温度 2 h;

② 保持低温工作温度的同时,按步骤④中的选择方案使试样处于其正常工作技术状态;

③ 使温度恢复到步骤①中的温度;

④ 根据所使用的试验箱种类的不同,选择适用的操作方法;

⑤ 对试样进行全面的目视检查,记录检查结果,以便与试验前的数据进行比较;

⑥ 将试验箱内的空气温度调节到标准大气条件下的温度,保持此温度直到试样达到温度稳定;

⑦ 对试样进行全面的目视检查,记录检查结果;

⑧ 需要时,对试样进行工作性能检测,并记录检测结果;

⑨ 将这些数据与试验前的数据进行比较。

**2. 低温试验条件**

**(1) 气候条件**

最好根据技术要求文件选择具体的试验温度。若没有这方面的信息,则应根据装备要使用的地域以及其他因素来确定试验温度。

1) 特定地区使用的装备

当装备仅用于特定地区时,可按表 4-4 来确定试验温度。表 4-4 所列的空气温度极值是以该气候区(极冷地域除外,极冷地区是根据 20% 的出现概率来确定的)所包括的地理位置中最冷的地点、在最冷的月份内出现该温度值的小时数为 1% 的频度为基础的。表 4-4 所列的值代表温度日循环的范围。在低温试验中,通常仅考虑每一范围的最低值。

**表 4-4　低温环境循环范围摘要**

| 气候区 | 地理位置 | 温度/℃ | |
|---|---|---|---|
| | | 自然环境空气 | 诱发环境 |
| 微 冷 | 主要受海洋影响的西欧海岸区、澳大利亚东南部和新西兰的低洼地 | -6～-19 | -10～-21 |
| 基本冷 | 欧洲大部分地区、美国北部边界区、加拿大南部、高纬度海岸区(如阿拉斯加南部海岸)和低纬度的高原地带 | -21～-31 | -25～-33 |
| 冷 | 加拿大北部、阿拉斯加(其内陆除外)、格陵兰岛("冷极"除外)、斯堪的纳维亚北部、北亚(某些地区)、高海拔地区(南半球)、阿尔卑斯山、喜马拉雅山和安第斯山 | -37～-46 | -37～-46 |
| 极 冷 | 阿拉斯加内陆、尤卡(加拿大)、北方岛的内陆、格陵兰冰帽和北亚 | -51 | -51 |

2) 世界范围内储存和使用的装备

当装备要在各地储存或工作时,温度的选择不但要考虑极端温度,还要考虑出现该极端低温出现的频度。频度是指在世界范围内最极端地区和最极端月份的总小时数的百分比,也称为时间风险率。在这种比例相应的小时数内,出现的最低温度将等于或低于给定的试验低温温度。大多数情况下采用 20% 的频度;为满足特定应用和试验要求,也可选择其他值,如表 4-5 所列。

**表 4-5　低温极值出现概率**

| 中国的低温极值 | | 世界范围的低温极值 | |
|---|---|---|---|
| 低温/℃ | 出现概率/% | 低温/℃ | 出现概率/% |
| -41.3 | 20 | -51 | 20 |
| -44.1 | 10 | -54 | 10 |
| -46.1 | 5 | -57 | 5 |
| -48.8 | 1 | -61 | 1 |

注:出现概率是指时间风险率。

3) 世界范围内长期储存和使用的装备

若装备在没有遮蔽物或保护的情况下长期(以年计)储存于温度极低的地区,则装备经受

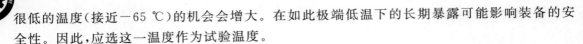

很低的温度(接近−65 ℃)的机会会增大。在如此极端低温下的长期暴露可能影响装备的安全性。因此,应选这一温度作为试验温度。

(2)暴露持续时间

低温暴露持续时间影响装备安全性、完整性和性能,可根据装备自身材料、结构特性和使用情况进行选择。非危险性或与安全性无关的(非生命保障型的)装备,在低温下达到温度稳定后不会出现性能退化现象,储存时间可取 4 h;含爆炸物、弹药、有机塑料的装备,在温度稳定后性能可能还会继续恶化,最少要进行 72 h 的储存试验;含限位玻璃的装备,往往会由于出现静疲劳而使装备损坏,推荐使用 24 h 的暴露时间。

(3)试样的技术状态

试样的技术状态是决定其受温度影响程度的重要因素。因此,试验时应采用装备在储存或使用期间预期的技术状态。至少应考虑以下技术状态:

① 装在运输/储存容器内或运输箱内;

② 有保护或无保护状态;

③ 正常使用状态;

④ 为特殊用途改装后的状态。

**3. 低温试验设备**

低温试验设备包括试验箱或试验室,以及能够使试样周围的空气保持在所需要的低温条件的降温设备,使箱(室)空气温度均匀的空气循环设备,连续地监控试验条件的辅助仪器与记录仪器。根据试验目的、试验性质、试验的温度要求与试样的体积,所采用的制冷方式也不同。目前,采用的制冷方式有氟利昂制冷、氨制冷、空气制冷和液氮冷却等。箱式设备大部分采用氟利昂双级压缩和复叠式制冷方式。用于高空的真空试验箱大部分采用液氮冷却。建筑式低温设备,温度在−40 ℃时有采用双级压缩氨制冷的,−40～−70 ℃采用氟利昂双级压缩或复叠式制冷较多。

## 4.2.4 温度冲击试验

温度冲击试验主要评估装备在经受周围大气温度的急剧变化(温度冲击)时产生的物理损坏或性能下降。温度冲击试验一般在高低温试验之后进行。

**1. 温度冲击试验程序**

温度冲击试验包括两个程序:恒定和循环。

(1)恒定程序

恒定程序的每个极值冲击条件采用恒定的温度。恒定极值温度冲击具体试验步骤如下:

① 将试样放入试验箱,以不超过 3 ℃/min 的速率将箱内的空气温度调节到技术文件中规定的低温极值(图 4-2 中的 $a$)。保持此温度至技术文件中规定的时间(图 4-2 中的 $a$～$b$)。

② 在 1 min 之内(图 4-2 中的 $b$～$c$)将试样转移到温度为 $T_2$ 的环境中,以产生技术文件中规定的温度冲击,并按技术文件的规定保持此温度(图 4-2 中的 $c$～$e$)。

③ 若技术文件中有要求,则在可行的范围内评价温度冲击对试样的影响。

④ 若要求反方向进行其他循环,则在 1 min 之内将试样转换到 $T_1$ 环境中(图 4-2 中的 $e$～$f$),并按技术文件的要求达到稳定(图 4-2 中的 $f$～$b$),必要时评价温度冲击的影响,然后

按步骤②和③继续试验；若要求再进行一次单向的温度冲击，则将试样以不大于 3 ℃/min 的温度变化率返回 $T_1$ 环境并重复步骤①～③；若不要求其他温度冲击，则进行步骤⑤。

⑤ 试样返回到标准大气条件。

⑥ 检查试样，若需要，则使试样工作，记录结果，并与试验前数据比较。

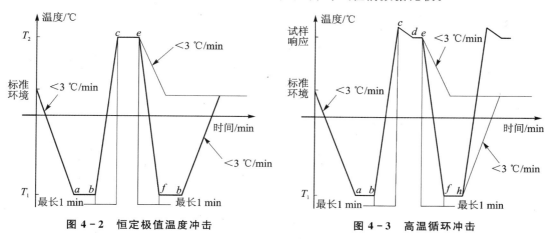

图 4 - 2　恒定极值温度冲击　　　　　　　　图 4 - 3　高温循环冲击

（2）循环程序

若要求对真实环境进行模拟时，应采用循环程序，因为高温是随着相应的日循环出现的。高温循环冲击具体试验步骤如下：

① 将试样放入试验箱，以不超过 3 ℃/min 的速率将箱内空气温度调节到技术文件中规定的低温极值（图 4 - 3 中的 $a$）。保持此温度至技术文件中规定的时间（图 4 - 3 中的 $a$～$b$）。

② 在 1 min 之内将试样转移到高温循环的最高空气温度中（图 4 - 3 中的 $c$）（按技术文件的规定）。一旦关上试验箱门，并使箱温恢复到峰值温度，立即按照适当的日循环部分使试验箱进入温度循环，直到箱内空气温度达到试样响应温度（图 4 - 3 中的 $d$），并按技术文件的规定保持此温度（图 4 - 3 中的 $d$～$e$）。

③ 若不要求其他的循环，试样以不超过 3 ℃/min 的温度变化速率返回到标准大气条件，进行步骤⑦。

④ 在 1 min 之内将试样转换到低温环境（图 4 - 3 中的 $f$），并按技术文件的要求达到稳定（图 4 - 3 中的 $f$～$h$），若要求其他循环，则进行步骤⑥。

⑤ 若不要其他循环，则试样返回到标准大气条件，进行步骤⑦。

⑥ 按技术文件的规定，重复步骤②～④。

⑦ 检查试样，若需要，则使试样工作，记录结果，并与试验前数据比较。

**2. 温度冲击试验条件**

温度冲击试验应根据有关文件的规定、应力筛选要求等选定试验条件和试验技术。若有实测数据，则应使用实测数据。温度冲击试验根据暴露条件可以分为飞机飞行暴露、空运-沙漠暴露和陆运或空运-寒冷暴露。应根据预期的使用情况和极端暴露值的范围确定试验条件，但需要发现设计缺陷时，也可加大试验量值。

（1）气候条件

气候条件应根据装备预期工作和储存的地理区的气候数据确定。装备暴露于不同的地面气候类型中得到的实际响应温度,可以从装备工作或储存技术状态的高、低温暴露试验的结果中获得。对于储存技术状态,必须考虑在不同的气候中储存和运输期间太阳辐射的诱发效应。

(2)暴露条件

温度冲击试验应根据现场数据或有关文件选择试验温度。若没有这些数据或文件,则可以根据装备预期的部署应用情况或将要部署的区域,或根据其最极端的非工作温度要求确定试验温度。建议使用的温度范围应反映预期的使用情况,而不是一个任意的极值范围。

1)部署应用(飞机飞行暴露)

装备暴露于空中飞行工作环境期间,经受的热应力和温度变化速率取决于周围环境条件、飞行条件和机上环境控制系统的性能。

2)空运/空投

这种暴露的试验条件要根据飞机货舱内(或其他运输位置)可能的条件和空投地面着陆点可能的条件而定。高空中的温度可以从 GJB 1172.12—1991 中查到。地表高温极值应根据 GJB 150.3A—2009 中的相关内容确定。

3)地面运输/空运至北极

在寒冷地区采取供暖加热措施的室内条件是 21 ℃和 25％的相对湿度,这些条件与北极地区正常加热后和飞机正常加热后的实际情况大致相当。外部环境条件的选择应根据 GJB 150.4A—2009 气候类别或地区确定。

4)工程设计

温度冲击试验应采用能反映预期的极端储存条件的试验条件。

(3)试验持续时间(冲击次数)

对暴露于温度冲击可能性很小的装备,在每种相应的条件下只进行一次温度冲击。当预计装备比较频繁地暴露于温度冲击环境时,没有多少可用的数据用于证实具体的冲击次数。较好的方案是在每种条件下进行 3 次或 3 次以上冲击,冲击次数主要由预期的使用事件来决定。温度冲击试验的目的是要确定快速的温度变化对装备的影响。因此,试样暴露于温度极值的持续时间或者等于实际工作时间,或者等于达到温度稳定所需要的时间。

(4)高温暴露极值

在热和基本热气候区的装备在太阳下储存期间很可能经受最大的加热影响。因此,从热到冷的转换应在试样稳定在其储存高温的情况下进行;从冷到热的转换,应在相应的循环中,高温试验箱内的空气温度达到最高储存温度的情况下进行。在从冷到热的转换完成以后,立即通过适当的日循环(GJB 150.3A—2009)使高温箱开始循环,该循环从经受最高气温的那个小时开始直到试样达到最高工作响应温度为止。其他试验,例如应力筛选试验可能要求更极端的温度。

(5)试样的技术状态

试样的技术状态对试验结果有很大影响,因此,要按装备预期的储存、运输或使用时的技术状态进行试验。至少应考虑以下情况:

① 装在运输/储存容器内或运输箱内,以及将处于一种温度状态的装备装到处于另一温度值的容器内;

② 有保护或无保护状态;

③ 正常使用状态;

④ 为特殊用途改装后的状态；

⑤ 适用于空投的包装。

（6）温度稳定

试样温度稳定（在转换之前）的时间至少应保证试样整个外部的温度均匀。

（7）相对湿度

大部分试验方案都不控制相对湿度。但是温度冲击试验过程中的相对湿度,对某些常见的多孔渗水材料（如纤维材料）可能有显著的影响——渗入的湿气可以移动并在结冰时会膨胀。除专门提出要求外,否则不必考虑控制相对湿度。

（8）转换时间

转换时间应能保证反映寿命期剖面中实际温度冲击的相应时间。转换时间应尽可能短,但若转换时间大于 1 min,则应证明这些额外的时间是合理的。

**3. 温度冲击试验设备**

温度冲击试验设备由温度冲击试验箱（室）或采用高温试验箱（室）和低温试验箱（室）进行温度冲击试验,并配备能监测试样周围空气试验条件的辅助仪表,以提供试样经受周围空气温度急剧发生变化的环境温度。

## 4.2.5　太阳辐射试验

太阳辐射试验主要用于评价寿命期炎热季节直接暴露于太阳辐射环境中的装备耐受太阳辐射产生的热效应或光化学效应的能力。太阳辐射试验在试验顺序中一般不作限制,但高温或光化学效应可能影响材料的强度或尺寸,以致影响后续试验（如振动试验）的结果,对此应予以考虑。

**1. 太阳辐射试验程序**

太阳辐射试验包括两个程序:循环和稳态。

（1）循环程序

循环程序将试样暴露于模拟的太阳辐射环境中,着重于太阳辐射产生的热效应。具体试验步骤如下:

① 在无辐照的情况下将试验箱内的空气温度调节到温度循环的最小值。

② 按图 4-4 所示或技术文件的规定控制试验箱的辐照度和干球温度,在整个试验期间测量并记录试样温度。当试验装置不能按图 4-4 所示的连续曲线进行控制时,只要每次循环的总能量和光谱能量的分布符合表 4-6 的规定,即可在每次循环的上升段和下降段分别采用至少 4 个量值（8 个量值更好）来分段增加和降低太阳辐照度,使其近似于图 4-4 的连续曲线。

③ 试样在试验期间是否工作由技术文件规定。若要求试样工作,则在循环温度达到峰值时试样处于工作状态。对于一次性使用的试样（如火箭）,则在试样的关键部位装上温度传感器以确定温度峰值出现的时间和量值,在循环温度达到峰值时使试样工作。按技术文件对试样进行工作检测,并记录结果。

④ 将试验箱内的空气温度调节到标准大气条件并保持,直到试样的温度得到稳定为止。

⑤ 对试样进行全面的外观检查,并记录结果。为便于试验前后对检查结果进行比较,必

要时可对试样拍照并提取试样的材料样本。

⑥ 按技术文件对试样进行工作检测,并记录结果。

⑦ 将试验前后的数据进行比较。

| A1 | 35 | 34 | 34 | 33 | 33 | 32 | 33 | 35 | 38 | 41 | 43 | 44 | 47 | 48 | 48 | 49 | 48 | 48 | 46 | 42 | 41 | 39 | 38 | 37 |
| A2 | 33 | 32 | 32 | 31 | 30 | 30 | 31 | 34 | 37 | 39 | 41 | 42 | 43 | 44 | 44 | 44 | 43 | 42 | 40 | 38 | 36 | 35 | 34 | 33 |
| A3 | 30 | 29 | 29 | 28 | 28 | 28 | 29 | 30 | 31 | 34 | 36 | 37 | 37 | 38 | 39 | 39 | 38 | 37 | 35 | 34 | 32 | 32 | 31 |
| W | 0 | 0 | 0 | 0 | 0 | 55 | 270 | 505 | 730 | 915 | 1 040 | 1 120 | 1 120 | 1 040 | 915 | 730 | 505 | 270 | 55 | 0 | 0 | 0 | 0 | 0 |

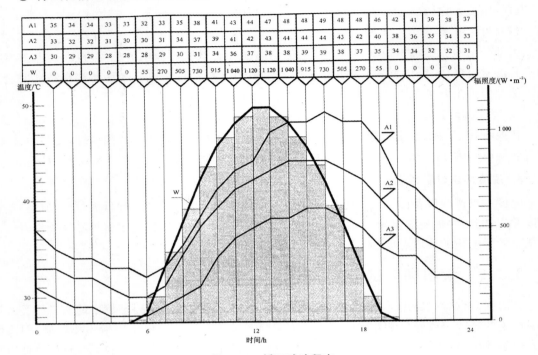

**图 4-4　循环试验程序**

**表 4-6　光谱能分布和允差**

| 特　性 | 光谱范围 | | | |
|---|---|---|---|---|
| | 紫外线 | | 可见光 | 红外线 |
| 波长范围/μm | 0.28~0.32 | 0.32~0.40 | 0.4~0.78 | 0.78~3.00 |
| 辐照度/(W·m$^{-2}$) | 5 | 63 | 560 | 492 |
| 辐照度允差/% | ±35 | ±25 | ±10 | ±20 |

注:到达地球表面波长小于 0.30 μm 的辐射量是很小的,但对材料的劣化效应可能很显著。如果装备在自然环境中不会受到波长小于 0.30 μm 的短波辐射而在试验中受到这种辐射时,则其材料可能产生不必要的劣化;与此相反,如果装备在自然环境中会受到波长小于 0.30 μm 的短波辐射而在试验中没有受到这种辐射时,则会导致本来不合格的材料可能通过试验。这完全取决于材料的特性及其使用的自然环境条件。

(2) 稳态程序

循环程序将试样暴露于模拟的太阳辐射环境中,着重于加速太阳辐射产生的光化学效应。具体试验步骤如下:

① 将试验箱内的空气温度调节到技术文件规定的温度。

② 将辐射灯的辐照度调节到(1 120±47)W/m² 或装备规范规定的量值。

③ 保持这些条件达 20 h,测量并记录试样温度。

④ 关闭辐射灯 4 h。若需要,则在每次循环的无辐射期间当试样温度最高时进行工作检测。

⑤ 按技术文件规定的循环次数重复步骤①~④。

⑥ 在最后一次辐射循环结束时,将试样恢复到标准大气条件。

⑦ 对试样进行全面的外观检查,并记录结果。为便于试验前后对检查结果进行比较,必要时可对试样拍照并提取试样的材料样本。

**2. 太阳辐射试验条件**

(1) 日循环

1)循环程序

对于循环程序试验,图 4 - 4 中提供了三个高温日循环。根据装备预期经受的气候环境或装备实测数据以及下列内容选择试验条件:

① 热效应循环 A1 的峰值条件为 1 120 W/m² 和 49 ℃,代表了世界范围内的最热条件,在最热地区最热月份中出现和超过这一条件的小时数不超过 1%,这些最严酷地区具有十分高的温度并伴随高强度太阳辐射,如中国新疆的沙漠地区、北非炎热干燥的沙漠地区、中东的部分地区、印度北部和美国的西南部地区。

② 热效应循环 A2 的峰值条件为 1 120 W/m² 和 44 ℃,代表了较严酷的条件,其所在地区具有高温和中等偏低的湿度并伴随高强度太阳辐射,如中国大部分地区、欧洲最南部地区、澳洲大陆的大部分地区、中南亚、非洲的北部和东部地区、北非的沿海地区、美国的南部和墨西哥的大部分地区。

③ 热效应循环 A3 的峰值条件为 1 120 W/m² 和 39 ℃,代表了不严酷的条件,其所在地区在一年中至少部分时间经历中等偏高温和中等偏低湿度条件,如欧洲最南部以外的地区、加拿大、北美和澳洲大陆的南部地区。

2)稳态程序

稳态程序包括三种循环,其相应的温度和太阳辐射量值如图 4 - 5 所示,试验条件的选择同循环程序。

(2) 试验持续时间

1)循环程序

循环程序至少进行 3 次循环,最多进行 7 次循环。每次循环时间为 24 h,按图 4 - 4 所示或技术文件的规定对太阳辐射和干球温度加以控制。

热效应循环至少进行 3 次循环的理由是在大多数情况以及其他试验条件确定的情况下,试样经历 3 次循环就可以达到最高响应温度(即末次循环达到的响应温度峰值与前一次循环达到的响应温度峰值之差在 2 ℃ 以内)。

若在 3 次循环期间没有达到最高响应温度,则进行更多次循环,直到试样达到最高响应温度为止,但最多不宜超过 7 次循环。因为对于选定的气候地区高温峰值在极端热的月份大约出现 7 h。若需要更精确的模拟,则应查询需要考虑的特殊地区的气象数据,详细说明理由并提出充分证据,以此可调整试验的持续时间。若可能,还应说明纬度、海拔、预期暴露的月份或其他因素(如某类装备专门在北方使用或专门在冬天使用)。

2)稳态程序

就试样接收到的总能量而言,稳态程序的 1 次 24 h 循环(如图 4 - 5 所示)提供的能量约为 1 次 24 h 自然太阳辐射日循环的 2.5 倍。稳态程序循环的每次循环含有 4 h 无照射期,以使热应力和所谓的"黑暗"过程交替出现。

为了模拟 10 天的自然暴露,可以按图 4-5 所示进行 4 次循环。

对于偶然在户外使用的装备,如便携式装备等,建议进行 10 次循环。

对于连续暴露在户外条件的装备,建议至少进行 56 次循环。

由于有过热危险,不要使辐照度超过规定的量值。目前还无证据表明这种加速试验的结果与装备在自然太阳辐射条件下得到的结果之间的相关性。

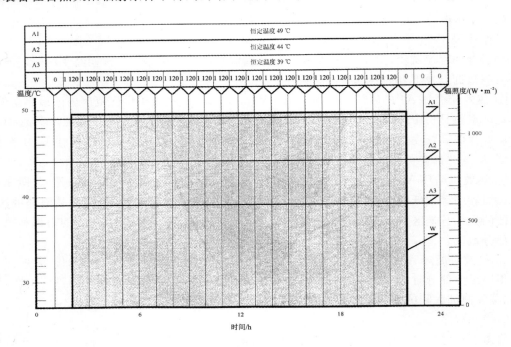

**图 4-5  稳态试验程序**

(3) 湿　度

在自然环境中相对湿度的量值各不相同,在很多情形下湿度、温度和太阳辐射综合对装备造成有害影响。若已知或认为装备对相对湿度敏感,则在循环程序的试验要求中包括湿度条件。湿度条件由实测值来确定,也可参考有关标准确定。

(4) 光谱的分布——海平面与高海拔地区

一般使用表 4-6 所列的国际公认光谱进行试验,该光谱更接近于海平面以上 4~5 km 的实际环境。与海平面相比,高海拔地区的太阳辐射含有更大比例的有害紫外辐射。如果使用表 4-6 所列的光谱评价海平面太阳辐射对试样的影响效应,则在试验期间试样预期的劣化速度可能比使用海平面相应光谱产生的劣化速度要快,此时应对试验持续时间作相应调整。

(5) 风　速

保持适当的风速是循环程序和稳态程序的关键。应控制风速,以免试样产生不符合自然条件下的响应温度。因此,进行太阳辐射试验前应确定装备在自然条件下将经受的最高响应温度。最高响应温度可采用现场或平台数据,根据确定的最高响应温度来调节风速。

(6) 试样的技术状态

试样的技术状态应与装备暴露于自然太阳辐射的实际状态相同。试样相对于辐射方向的

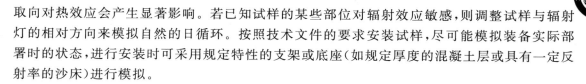

取向对热效应会产生显著影响。若已知试样的某些部位对辐射效应敏感,则调整试样与辐射灯的相对方向来模拟自然的日循环。按照技术文件的要求安装试样,尽可能模拟装备实际部署时的状态,进行安装时可采用规定特性的支架或底座(如规定厚度的混凝土层或具有一定反射率的沙床)进行模拟。

**3. 太阳辐射试验设备**

太阳辐射试验所需要的试验设备包括一个试验箱或试验室、辅助检测仪器和太阳辐射灯,其基本要求如下:

① 能够保持和监测试验要求的温度、风速和辐照度,并符合 GJB 150.1A—2009 中的规定。

② 应考虑热效应循环和光化学效应循环的风速对试验可能产生的冷却效应。1 m/s 的风速就能导致温升降低 20% 以上。除另有规定外,应测量并控制试样附近的风速,并使其尽可能小,通常在 0.25~0.5 m/s。

③ 为最大限度地减小或消除来自试验箱内表面的辐射反射,通常试验箱(室)的容积至少为试样外壳体积的 10 倍。

④ 使用(1 120±47)W/m² 的最大辐照度,确保试样受到均匀辐射,并且在试样的上表面所测得的辐照度偏差不超过要求值的 10%。

## 4.2.6　淋雨试验

淋雨试验主要用于评估暴露于淋雨、水喷淋或滴水下的装备的物理损坏或密封性能下降。一般情况下,根据淋雨试验的特殊要求,可在任何阶段进行。若在力学环境试验后进行,则在确定机壳结构完整性方面,其有效性最好。

**1. 淋雨试验程序**

淋雨试验包括三个程序:降雨和吹雨、强化、滴水。

(1) 降雨和吹雨程序

降雨和吹雨程序适用于户外没有防降雨和吹雨措施的设备。具体试验步骤如下:

① 若水和试样间的温差小于 10 ℃,可加热试样使之高于雨水温度,或降低水温。当每个暴露试验周期开始时,试样的温度都稳定在高于水温(10±2)℃的温度上。试验开始前,将试样恢复到正常工作状态。

② 当试样在试验装置内并处于正常工作状态时,按技术文件的规定调节降雨强度。

③ 按技术文件规定的风速开始通风并保持至少 30 min。

④ 若试验期间要求进行检查,可在 30 min 淋雨的最后 10 min 内进行。

⑤ 转动试样,使其在试验周期内可能暴露在吹雨中的任何其他表面,都能暴露在降雨和吹雨中。

⑥ 重复步骤①~⑤直到试样所有表面均已经受试验。

⑦ 如有可能,在试验箱内进行试样外观质量检查;否则将试样从试验箱中取出进行外观检查。若水已渗入试样内部,试样工作前必须做出判断。为防止安全事故,有必要排空试样内部的渗水,并测量排出的水量。

⑧ 测量并记录试样防护区内发现的游离水。

⑨ 如有要求,使试样工作,以判断是否符合技术文件的要求,并记录结果。

（2）强化程序

强化程序适用于不能使用降雨和吹雨装置的大型装备。该程序不模拟自然降雨,但可使装备防水性的可信度提高。具体试验步骤如下:

① 将试样按正常工作状态放入试验箱中,关闭所有门、窗、入口和通风孔等;

② 按技术文件的要求定位喷嘴;

③ 用水喷淋试样的所有暴露表面,每个面至少 40 min;

④ 每个 40 min 的喷淋周期后,检查试样内部是否有游离水的迹象,估计进水量和可能的进水点,并记录;

⑤ 按技术文件的规定对试样进行工作检查,并记录检查结果。

（3）滴水程序

滴水程序适用于通常能防雨、但可能暴露于由于冷凝或上表面泄露而产生滴水的装备。具体试验步骤如下:

① 将试样按正常工作状态放入试验箱内,并接好所有的连接件和装配件,确保试样和水的温度不小于 10 ℃;

② 使试样工作,并使其以均匀速率承受规定高度不小于 1 m 的降雨 15 min(该高度是从试样的正面上部测量的),试验期间所有试验装置应能保证试样所有上表面同时受到水滴的作用,带有玻璃罩仪表的试样应倾斜 45°,刻度朝上;

③ 15 min 暴露结束后,从试验箱中取出试样,并卸下足够的面板或盖板,以便检查内部渗水情况;

④ 目视检查试样的渗水迹象;

⑤ 对试样内的任何游离水进行测量,并记录结果;

⑥ 按技术文件中的规定对试样进行工作检查,并记录结果。

**2. 淋雨试验条件**

（1）降雨强度

降雨和吹雨程序使用的降雨强度可以根据预期使用场所和持续时间加以剪裁。推荐使用 1.7 mm/min 的降雨强度。

（2）雨滴尺寸

降雨和吹雨程序以及强化程序,采用雨滴直径为 0.5～4.5 mm。滴水程序采用分撒管,分撒管外加套聚乙烯套管将小雨滴增大到最大限度。

（3）风　速

在暴雨期间,通常伴有 18 m/s 的风速。除另有规定或已规定稳态条件外,推荐此风速。试验装置限制不能使用该风速情况下,可采用强化程序。

（4）试样暴露面

风吹雨对垂直表面的影响通常比对水平表面的影响大,而对垂直或接近垂直方向的雨而言,其影响则正好相反。应使能落到或吹到雨的所有表面都暴露于试验条件下,试验时试样应转动,使所有易受损表面均暴露于试验条件下。

（5）水　压

强化程序取决于水的压力,可按技术文件规定适当改变压力,但最小喷嘴压力为 276 kPa。

（6）预热温度

试样与雨水之间的温差能影响淋雨试验的结果，对密封的试样，在每个暴露周期开始时应使试样温度加热到高于水温 10 ℃，使试样内部产生负压，可更好地检验试样的水密性。

（7）试验持续时间

根据装备使用寿命决定试样暴露持续时间，但不少于各项试验程序规定的持续时间。对于由吸潮材料制成的试样，持续时间可以延长，以反映真实的寿命期试验，而对于这种试样的滴水试验，雨滴速率也要适当地减小。对特定装备，水的渗透和因此导致的性能退化主要是由于时间（暴露的时间长短）而非水的体积或者降雨/滴水的速度。

（8）试样的技术状态

试样在淋雨试验中的技术状态和放置方法是确定环境对试样影响的重要因素。除另有规定外，试样应按其预期的储存、运输或使用状态来放置。除设计规范有要求外，不应使用任何密封垫圈、密封胶带和缝隙嵌塞等，同时也不应使用表面有污染油脂或油灰的试样。至少应考虑下列技术状态：

① 在运输/储存容器内或运输箱内；

② 有保护或无保护状态；

③ 工作技术状态；

④ 为特殊用途改装后的状态。

**3. 淋雨试验设备**

（1）降雨和吹雨程序

淋雨试验设备应有产生降雨并伴随着规定的风速吹风的能力。雨滴的直径应符合 0.5～4.5 mm 的要求，当伴有规定风速的风时，应确保该降雨喷散到整个试样上，可在雨水中加入荧光素一类的水溶性染料，以帮助定位和分析水渗漏。根据试样来布置风源位置，以使雨水具有从水平到 45°方向的变化，并均匀地扑打在试样一侧面上。水平风速应不小于 18 m/s，在试样放入试验装置前在试样处测量。

（2）强化程序

所有喷嘴应产生水压约为 276 kPa、雨滴尺寸在 0.5～4.5 mm 内的方格喷淋网阵或其他形式的交错水网阵，以达到最大的表面覆盖。在每个 0.56 m² 接受淋雨的表面范围内，且在距试样表面 48 mm 处至少有一个喷嘴。必要时可调整此距离以达到喷淋网的交叠。雨水中可加入荧光素一类的水溶性染料，以帮助定位和分析水渗漏。

（3）滴水程序

试验装置应能提供大于 280 L/(m²·h) 的滴水量，水从分配器中滴出，但不能聚成水流。分配器上有以 20～25.4 mm 间隔点阵分布的滴水孔。采用的水分配器应有足够大的面，以覆盖试样的整个上表面。雨水中可加入荧光素一类的水溶性染料，以帮助定位和分析水渗漏。

## 4.2.7　湿热试验

湿热试验主要用于评价装备耐湿热大气影响的能力。若湿热试验对同一试样的其他后续试验有影响，则应将湿热试验安排在这些试验之后进行。同样，由于潜在的综合环境影响没有代表性，一般不宜在经受过盐雾试验、砂尘试验或霉菌试验的同一试样上进行湿热试验。

**1. 湿热试验程序**

湿热试验的具体步骤如下：

① 完成初始检测后,调节试验箱内的温度为(23±2)℃、相对湿度为50%±5%,并保持24 h;

② 调节试验箱内的温度为30 ℃、相对湿度为95%;

③ 按图4-6所示的试验条件暴露试样;

④ 调节温湿度条件使其达到标准大气条件,并进行性能检测以便与试验前检测结果对比;

⑤ 全面目视检查试样,并记录试样在湿度条件下暴露引起的变化情况。

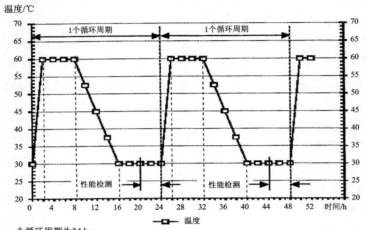

注: 一个循环周期为24 h;
　　除了在温度下降期间相对湿度可以降至85%外，在其他所有时间内相对湿度均应保持在95%±5%。

**图4-6　湿热循环控制图**

**2. 湿热试验条件**

（1）试验持续时间

湿热试验以24 h 为一个循环周期,最少进行10 个周期。一般10 个周期足以展现湿热环境对大多数装备的潜在影响。为了使湿热试验结果更真实地反映装备耐湿热环境的能力,可按有关文件的规定,延长试验持续时间。

（2）温湿度量值

温湿度量值如图4-6 所示。虽然温度为60 ℃、相对湿度为95%的情况在自然环境中不会出现,但从该温度和相对湿度量值的情况能发现装备有潜在问题的部位。

（3）试验中的性能检测时段

如果装备应在湿热环境中工作,则应每5 个循环至少进行一次性能检测,检测应在图4-6所示的时间段内进行。

**3. 湿热试验设备**

湿热试验所需要的试验设备由一个试验箱(室)和辅助仪器设备组成。试验箱(室)的容积必须使试样不论是否运转都不会妨碍试验环境条件的形成或维持;辅助仪器设备能够使试样四周空气保持在所要求的温度和相对湿度条件下,并能进行连续不断的监测。流过湿球传感器的风速不应低于4.6 m/s,且湿球纱布应在风扇吸气的一侧以避免风扇热量的影响。试样周围空气任何部位的风速应保持为0.5～1.7 m/s。试验设备可采用蒸汽或喷水的方法加湿试样周围的空气。

## 4.2.8　盐雾试验

盐雾试验主要用于确定材料保护层和装饰层的有效性,测定盐的沉积物对装备物理和电气性能的影响。因为盐沉积物会干扰其他试验的效果,所以若使用同一试样完成多种气候试验,在绝大多数情况下,建议在其他试验后再进行盐雾试验。一般不使用同一试样进行盐雾、霉菌和湿热试验,但若需要,应在霉菌和湿热试验之后再进行盐雾试验;一般不使用同一试样进行砂尘试验和盐雾试验,但若需要,应将沙尘试验安排在盐雾试验之后。

**1. 盐雾试验程序**

盐雾试验的具体步骤如下:

① 调节试验箱温度为 35 ℃,并在喷雾前将试样保持在这种条件至少 2 h。

② 喷盐雾 24 h 或有关文件规定的时间。在整个喷雾期间,盐雾沉降率和沉降溶液的pH 值至少每隔 24 h 测量一次,保证盐溶液的沉降率为(1～3)mL/(80cm² · h)。

③ 在标准大气条件温度(15～35 ℃)和相对湿度不高于 50% 的条件下干燥试样 24 h 或有关文件规定的时间。在干燥期间,不能改变试样的技术状态或对其机械状态进行调节。

④ 干燥阶段结束时,除另有规定外,应将试样重置于盐雾试验箱内并重复步骤②和③至少一次。

⑤ 进行物理和电气性能检测,记录试验结果。若对此后的腐蚀检查有帮助,则可以在标准大气条件下用流动水轻柔冲洗试样,然后再进行检测并记录试验结果。

⑥ 按有关文件规定对试样进行目视检查,并记录检查结果。

**2. 盐雾试验条件**

(1) 盐溶液

盐溶液的浓度一般采用 5%±1%。溶液用水应避免带来污染或酸碱条件的变化从而影响试验结果。

(2) 试验持续时间

盐雾试验推荐使用交替进行的 24 h 喷盐雾和 24 h 干燥两种状态共 96 h(2 个喷雾湿润阶段和 2 个干燥阶段)的试验程序。经验证明,这种交变方式和试验时间,能提供比连续喷雾96 h 更接近真实暴露情况的盐雾试验结果,并具有更大的潜在破坏性,因为在从湿润状态到干燥状态的转变过程中,腐蚀速率更高。如果需要比较多次试验之间的腐蚀水平,为了保证试验的重复性,要严格控制每次试验干燥过程的速率,将装备干燥 24 h。为了对装备耐受腐蚀环境的能力给出更高置信度的评价,可以增加试验的循环次数;也可能采用 48 h 喷盐雾和 48 h 干燥的试验程序。

(3) 温　度

喷雾阶段的试验温度为(35±2)℃。此温度并不模拟实际暴露温度。如果合适,也可以使用其他温度。

(4) 风　速

试验过程中,应保证试验箱内的风速尽可能为零。

(5) 沉降率

调节盐雾的沉降率,使每个收集器在 80 cm² 的水平收集区内(直径 10 cm)的收集量为 1～

3 mL/h 溶液。

（6）试样的技术状态

试样在盐雾试验中的技术状态和取向是确定环境对试样影响的重要参数。除另有说明外，试样应按其预期的储存、运输或使用中的技术状态和取向来放置。

**3. 盐雾试验设备**

盐雾试验设备包括盐雾试验箱（室）、盐雾喷射装置、盐溶液箱、空气调湿装置、盐雾收集器及测试仪器等。与试样接触的所有部件都不能引起电化学腐蚀，冷凝液不能滴落在试样上，任何与试验箱或试样接触过的试验溶液都不能返回到盐溶液槽中。

# 4.3 力学环境试验

为了检验装备的力学可靠性，评估装备在一定范围内发生结构损坏、工作性能失效以及工艺性能破坏的可能性及后果严重程度，工程上必须开展力学环境试验。常见力学环境试验包括振动试验、冲击与碰撞试验、恒加速度试验和自由跌落试验等。

## 4.3.1 振动试验

振动试验用于验证装备能否承受寿命周期内的振动与其他环境因素叠加的条件并正常工作。振动试验利用预期寿命周期事件的顺序作为通用的试验顺序，同时还要考虑振动应力引起的累积效应可能影响在其他环境条件（如温度、湿度等）下装备的性能。

**1. 振动试验程序**

振动试验包括 4 个程序：一般振动、散装货物运输、大型组件运输以及组合式飞机外挂的挂飞和自由飞。

（1）一般振动程序

一般振动程序适用于试样固定在振动台上的情况，振动通过夹具/试样界面作用在试样上。根据试验要求，可以施加稳态振动或瞬态振动。具体试验步骤如下：

① 对试样进行外观和功能检查。

② 如有要求，进行夹具的模态测试以验证夹具是否满足要求。

③ 将试样按寿命周期实际使用状态安装在夹具上。

④ 在试样/夹具/振动台连接处或附近安装足够数量的传感器，测量试样/夹具界面的振动数据，根据控制方案的要求控制振动台并测量其他需要的数据。把控制传感器安装在尽量靠近试样/夹具的界面处，保证测量系统的总体精度足以验证振动量级在规定的允差之内，并能满足附加的具体精度要求。

⑤ 如有要求，进行试样模态测试。

⑥ 对试样进行外观检查，如果适用，还要进行功能检查。

⑦ 在试样和夹具连接处施加低量级振动。如有要求，还要施加其他环境应力。

⑧ 检查振动台、夹具和测量系统是否符合规定要求。

⑨ 在试样/夹具连接处施加所要求的振动量级以及其他要求的环境应力。

⑩ 检查试样/夹具连接处的振动量值是否符合规定。如果试验持续时间不大于 0.5 h，则

在首次施加满量值振动后和全部试验结束前立即进行这个步骤；否则，在首次施加满量值振动后，每隔 0.5 h 和全部试验结束前立即进行这个步骤。

⑪ 在整个试验过程中监测振动量值，如可行，应连续检测试样性能。如果振动量级出现变化或发生失效，则终止试验。确定振动量级变化原因，然后按试验中断恢复程序进行处理。

⑫ 在达到要求的试验持续时间时，停止振动。根据试验目的，技术文件可能会要求在结束试验前进行附加的不同量级的振动。如果这样，则根据技术文件的要求重复步骤⑥～⑫。

⑬ 检查试样、夹具、振动台和测量仪器。如果发生失效、磨损、松动或其他异常，按试验中断恢复程序进行处理。

⑭ 核查测量设备功能，进行试样的功能检查。

⑮ 在每个要求的激振轴向上重复步骤①～⑭。

⑯ 在每种要求的振动环境上重复步骤①～⑮。

⑰ 将试样从夹具上卸下，检查试样、安装硬件和包装等。

（2）散装货物运输程序

散装货物运输程序用于卡车、拖车或履带车运输的且没有固定安装（捆绑）到运输工具上的装备。具体试验步骤如下：

① 对试样进行外观和功能检查；

② 如有要求，进行试样的模态测试；

③ 把试样按技术文件的要求放在运输颠簸台上的限制挡板内；

④ 安装足够的传感器，测量所有需要的数据，保证测量系统的精度满足规定的精度要求；

⑤ 运行运输颠簸台，运行时间为预定试验持续时间的一半；

⑥ 对试样进行外观和功能检查；

⑦ 根据技术文件的要求，调整试样与挡板/碰撞墙的朝向；

⑧ 运行运输颠簸台，运行时间为所规定试验持续时间的一半；

⑨ 对试样进行外观和功能检查。

（3）大型组件运输程序

大型组件运输程序用于复现在轮式或履带车上安装或运输的大型组件经受的振动和冲击环境，适用于大型装备或占车辆总质量比例很高的货物堆以及成为车辆内部组成部分的装备。具体试验步骤如下：

① 对试样进行外观和功能检查；

② 根据技术文件要求把试样安装在试验车辆上；

③ 在试样上或附近安装传感器，以便测量试样和车辆界面处的振动参数和其他要求的参数，保护传感器以防止它们与安装面之外的其他表面接触；

④ 对装有试样的车辆施加规定的试验；

⑤ 对试样进行外观和功能检查；

⑥ 按技术文件要求的其他试验里程、试验负载或试验车辆，重复步骤①～⑤。

（4）组合式飞机外挂的挂飞和自由飞程序

组合式飞机外挂的挂飞和自由飞程序用于飞机外挂在固定翼飞机上的挂飞和自由飞，以及地面或海上发射导弹的自由飞。具体试验步骤如下：

① 将外挂悬挂在实验室中并使测试设备工作，测量悬挂系统的固有频率，检查外挂悬挂系统动态特性是否符合规定。

② 如有要求，进行试样的模态测试。

③ 将试样置于工作方式并确认其正常工作。

④ 在振动台/外挂界面处施加低量级振动，确保振动台和测试系统工作正常。对加速度反馈控制，按监测传感器所要求谱的 −9 dB 开始施加振动。对力反馈控制，施加平直推力谱，监测加速度传感器的响应在整个试验频段上应低于所要求试验监控值的 −9 dB。对于动弯矩反馈控制，按监控传感器所要求谱的 −9 dB 开始施加振动。

⑤ 调节振动台激励，使监控传感器在激励方向上满足试验要求。对于加速度控制，找出监控传感器谱超出输入谱 6 dB 以上的峰值（外挂前后两端的频率可能不同）。对于力反馈控制，从力测量数据中找出主要峰值，校验监控加速度计传递函数。两种情况下都要对输入谱进行均衡，直到所找出的那些峰值等于或超出试验要求的量级。在达到所要求的峰值响应时，输入谱应尽量平滑、连续。对于动弯矩反馈控制，升高和调整输入谱形直到它满足所要求的谱（峰值利谷）为止。

⑥ 当振动输入调节到所需的响应（$A_1$）时，测量其他轴的响应（$A_2$，$A_3$）。用式（4-1）和式（4-2）中的方程验证其他轴的响应量级在所要求的量级内。如果方程得到的结果（左边）大于由方程确定的值（右边），则降低输入振动量级直到输入和其他轴的响应值使方程平衡。每个峰值单独使用这些方程。对于要求在两个相互独立的正交轴向上施加振动的试验，使用式（4-1）；对于要求在 3 个相互独立的正交轴向上施加振动的试验，使用式（4-2）。

$$2 = \frac{R_1}{A_1} + \frac{R_2}{A_2} \tag{4-1}$$

$$3 = \frac{R_1}{A_1} + \frac{R_2}{A_2} + \frac{R_3}{A_3} \tag{4-2}$$

式中：$R_i$ 为要求的量级，$g^2/Hz$ 或 $(N \cdot m)^2/Hz$，$i=1\sim3$；

$A_i$ 为相应的量级，$g^2/Hz$ 或 $(N \cdot m)^2/Hz$，$i=1\sim3$。

⑦ 验证振动量级是否符合规定的量级。如果试验持续时间不大于 0.5 h，在满量级振动首次施加后和全部试验结束前立即进行这个步骤。否则，在满量级振动首次施加后，此后每隔 0.5 h 和全部试验结束前立即进行这个步骤。

⑧ 在整个试验过程中监测振动量级和试样性能。如果量级出现超差、性能超出允许范围或发生失效，终止试验。确定异常原因，按试验中断恢复程序进行处理。

⑨ 在达到了要求的试验持续时间时，停止振动。根据试验目的，技术文件可能会要求在结束试验前进行附加的不同量级的振动。如果这样，根据技术文件要求重复步骤⑥～⑨。

⑩ 检查试样、夹具、振动台和测量仪器。如果发现失效、磨损、松动或其他异常，按试验中断恢复程序处理。

⑪ 验证测量设备功能是否符合要求，进行试样的功能检验，与初始检测数据进行比较。

⑫ 在每个要求的激振轴向上重复步骤①～⑪。

⑬ 在每种要求的振动环境上重复步骤①～⑫。

⑭ 将试样从夹具上卸下，检查试样和安装硬件等。

**2. 振动试验条件**

（1）气候条件

多数实验室振动试验是在 GJB 150.1A—2009 所规定的标准大气条件下进行。但当要模拟寿命周期中实际环境的气候条件与标准大气条件有明显差别时，应在振动试验时考虑施加这些环境因素。对于需要在温度条件下进行的试验，尤其是高温条件下高能材料或爆炸物的高温试验，要考虑到极端温度下材料的老化，要求其总试验程序的气候暴露不能超过材料的寿命。

（2）试样的技术状态

试样应模拟所对应的寿命周期阶段的技术状态。在模拟运输时，应包括所有包装、支撑、填充物和其他特殊运输方式的技术状态的修改。运输技术状态可能由于运输方式的不同而有所区别：

1）散装货物

对于卡车、拖车和其他地面运输，最符合实际情况的是大型组件运输程序的方法。需注意的是大型组件运输程序要求有运输车辆和满载货物。

2）紧固货物

一般振动程序假定车辆货箱或飞机货舱与货物之间没有相对运动。这个程序直接用于捆绑的装备或以其他形式固定的装备，这些装备在振动、冲击和加速度作用下不允许有相对位移。当货物没有固定或允许有限的相对位移时，应在试验装置和振动激励系统中留有一定间隙以考虑这种运动。对于地面运输的装备，也可用大型组件运输程序。

3）堆放货物

对于成组堆放或捆绑在一起的装备，可能会影响传递到每个货物上的振动。须保证试样的技术状态含有合适的装备数目和组数。

**3. 振动试验设备**

振动试验设备应能达到技术文件规定的振动环境、控制方案和试验允差要求。测量传感器、数据记录和数据处理设备应符合数据测量、记录、分析和显示的要求。除另有规定外，应在 GJB 150.1A—2009 中规定的标准大气条件下进行振动试验和测量。

（1）一般振动程序试验设备

一般振动程序利用通用的试验室振动台（激振器）、滑台以及夹具。根据所要求的试验频率范围、低频行程（位移）以及试样和夹具的尺寸和质量来选定振动台。

（2）散装货物运输程序试验设备

散装货物运输程序所需环境要用运输颠簸台来模拟，它能在台面的垂直面内产生频率为 5 Hz、双振幅值为 25.4 mm 的圆周运动。夹具并不是把试样固定在运输颠簸台的台面上，运输颠簸台的大小应足够放置特定的试样（大小和质量）。

（3）大型组件运输程序试验设备

大型组件运输程序所用的试验设备是能代表装备在运输和服役阶段的所受振动环境的试验路面和车辆。为反映寿命周期中所经历的情况，试样要装载到车辆上并加以限位或固定。运输车辆以能复现运输或服役条件的方式驶过试验路面。试验路面可以是设计的试验道路、典型公路或在指定的专用公路（如生产场地和军用仓库之间的专用路线）。如有可能，这种试验还可以包括所有与轮式车辆运输有关的环境因素（振动、冲击、温度、湿度和压力等）。

(4) 组合式飞机外挂的挂飞和自由飞程序试验设备

组合式飞机外挂的挂飞和自由飞程序采用通用的试验室振动台(激振器)直接或通过夹具驱动试样。试样用与激振器独立的试验架支撑。根据所要求的试验频率范围、台面低频行程(位移)以及试样和夹具的尺寸和质量来选择振动台。

## 4.3.2 加速度试验

加速度试验用于验证装备在结构上能够承受使用环境中由平台加、减速和机动引起的稳态惯性载荷的能力,以及在这些载荷作用期间和作用后装备性能不会降低或不会发生危险。加速度通常在装备安装支架上和装备内部产生惯性载荷,导致装备产生损坏情况。例如,结构变形影响装备运行,电子线路板短路等。一般来讲,在加速度试验前进行高温试验。

**1. 加速度试验程序**

加速度试验包括3个程序:结构试验、性能试验和坠撞安全试验。

(1) 结构试验程序

结构试验程序用来验证装备结构承受由使用加速度产生的载荷的能力。具体试验步骤如下:

① 按技术文件的规定,定向安装试样,并将其置于工作模式。

② 使离心机达到试样能产生表4-7规定的 $g$ 值的转速。离心机转速稳定后,在该值上至少保持1 min。

③ 对试样进行功能测试和检查。

④ 在其余5个试验方向上,重复步骤①~③。

⑤ 当6个试验方向全部完成后,对试样进行功能测试和检查。

**表4-7 结构试验推荐 $g$ 值**

| 飞行器分类[a] | | 前向加速度[b]<br>$A/g$ | 试验量值 | | | | | |
|---|---|---|---|---|---|---|---|
| | | | 飞行器加速度方向(见图4-7) | | | | | |
| | | | 前 | 后 | 上 | 下 | 侧 向 | |
| | | | | | | | 左 | 右 |
| 飞机[c,d] | | 2.0 | 1.5A | 4.5A | 6.75A | 2.25A | 3.0A | 3.0A |
| 直升机 | | [e] | 4.0 | 4.0 | 10.5 | 4.5 | 6.0 | 6.0 |
| 载人航天器 | | 6.0~12.0[f] | 1.5A | 0.5A | 2.25A | 0.75A | 1.0A | 1.0A |
| 飞机外挂物 | 安装在机翼/浮筒上 | 2.0 | 7.5A | 7.5A | 9.0A | 4.9A | 5.6A | 5.6A |
| | 安装在机翼翼尖上 | 2.0 | 7.5A | 7.5A | 11.6A | 6.75A | 6.75A | 6.75A |
| | 安装在机身上 | 2.0 | 5.25A | 6.0A | 6.75A | 4.1A | 2.25A | 2.25A |
| 陆基导弹 | | [g,h] | 1.2A | 0.5A | $1.2A'$[i] | $1.2A'$[i] | $1.2A'$[i] | $1.2A'$[i] |

[a] 按不同平台和安装在平台的不同位置取值;仅当平台量值未知时,使用表中的值。

[b] 当飞行器前向加速度未知时,用该列值;已知时,A采用已知值。

[c] 对于舰载飞机,A至少取4,这代表了弹射的基本情况。

[d] 对于强击机和歼击机,应适当增加俯仰、偏航和横滚加速度。

[e] 直升机的前向加速度与其他方向的加速度无关,试验量值以在役的和新一代直升机的设计要求为依据。

[f] 前向加速度未知时,应取上限值。

[g] A是由最高燃烧温度的推力曲线数据推导而来的。

[h] 有时最大机动加速度和最大纵向加速度会同时出现,此时对试样应在最大加速度方向试验量值乘以适当系数进行试验。

[i] $A'$ 为最大机动加速度。

（2）性能试验程序

性能试验程序用来验证装备在承受由使用加速度产生的载荷时以及之后的性能都不会降低。具体试验步骤如下：

1）采用离心机的试验步骤

① 按技术文件的规定，定向安装试样，并将其置于工作模式。

② 对试样进行功能测试和检查。

③ 将试样处于工作状态，使离心机达到试样能产生表 4-8 规定的 $g$ 值的转速。离心机转速稳定后，在该值上至少保持 1 min，进行性能检测并记录结果。

④ 停下离心机，检查试样。

⑤ 在其余 5 个试验方向上，重复步骤①～②。

⑥ 当 6 个试验方向全部完成后，对试样进行功能测试和检查。

2）采用带滑轨火箭橇的试验步骤

① 按技术文件的规定，定向安装试样，并将其置于工作模式。

② 对试样进行功能测试和检查。

③ 将试样处于工作状态，加速火箭橇到试样能产生表 4-8 所规定的 $g$ 值。当试样达到规定 $g$ 值时，进行性能检测并记录结果。

表 4-8　性能试验推荐 $g$ 值

| 飞行器分类[a] | | 前向加速度[b] $A/g$ | 试验量值 | | | | | |
|---|---|---|---|---|---|---|---|---|
| | | | 飞行器加速度方向（见图 4-7） | | | | | |
| | | | 前 | 后 | 上 | 下 | 侧　向 | |
| | | | | | | | 左 | 右 |
| 飞机[c,d] | | 2.0 | 1.0A | 3.0A | 4.5A | 1.5A | 2.0A | 2.0A |
| 直升机 | | [e] | 2.0 | 2.0 | 7.0 | 3.0 | 4.0 | 4.0 |
| 载人航天器 | | 6.0～12.0[f] | 1.0A | 0.33A | 1.5A | 0.5A | 0.66A | 0.66A |
| 飞机外挂物 | 安装在机翼/浮筒上 | 2.0 | 5.0A | 5.0A | 6.0A | 3.25A | 3.75A | 3.75A |
| | 安装在机翼翼尖上 | 2.0 | 5.0A | 5.0A | 7.75A | 4.5A | 4.5A | 4.5A |
| | 安装在机身上 | 2.0 | 3.5A | 4.0A | 4.5A | 2.7A | 1.5A | 1.5A |
| 陆基导弹 | | [g,h] | 1.1A | 0.33A | $1.1A'$[i] | $1.1A'$[i] | $1.1A'$[i] | $1.1A'$[i] |

[a] 按不同平台和安装在平台的不同位置取值；仅当平台量值未知时，使用表中的值。

[b] 当飞行器前向加速度未知时，用该列值；已知时，$A$ 采用已知值。

[c] 对于舰载飞机，$A$ 至少取 4，这代表了弹射的基本情况。

[d] 对于强击机和歼击机，应适当增加俯仰、偏航和横滚加速度。

[e] 直升机的前向加速度与其他方向的加速度无关，试验量值以在役的和新一代直升机的设计要求为依据。

[f] 前向加速度未知时，应取上限值。

[g] $A$ 是由最高燃烧温度的推力曲线数据推导而来的。

[h] 有时最大机动加速度和最大纵向加速度会同时出现，此时对试样应在最大加速度方向试验量值乘以适当系数进行试验。

[i] $A'$ 为最大机动加速度。

④ 评价试验滑跑参数，确认是否达到所要求的试验加速度。若需要，应在规定的试验加速度下重复滑跑试验来验证试样的性能是否合格，并记录试验滑跑参数。

⑤ 在其余 5 个试验方向上，重复步骤①～②。

⑥ 当 6 个试验方向全部完成后，对试样进行功能测试和检查。

（3）坠撞安全试验程序

坠撞安全试验程序用来验证装备在坠撞加速度作用下不会破裂或不从固定架上脱落。具体试验步骤如下：

① 按技术文件的规定，定向安装试样，并将其置于工作模式。

② 使离心机达到试样能产生表 4-9 规定的 g 值的转速。离心机转速稳定后，在该值上至少保持 1 min。

③ 对试样进行功能测试和检查。

④ 在其余 5 个试验方向上，重复步骤①～③。

⑤ 当 6 个试验方向全部完成后，对试样进行功能测试和检查。

表 4-9　坠撞安全试验推荐 g 值[c]

| 飞行器分类 | | 试验量值[a] | | | | | |
| --- | --- | --- | --- | --- | --- | --- | --- |
| | | 飞行器加速度方向（见图 4-7） | | | | | |
| | | 前 | 后 | 上 | 下 | 左 | 右 |
| 除运输机外所有有人驾驶飞机 | 乘员舱 | 40 | 12 | 10 | 25 | 14 | 14 |
| | 弹射座椅 | 40 | 7 | 10 | 25 | 14 | 14 |
| | 所有其他部件[b] | 40 | 20 | 10 | 20 | 14 | 14 |
| 运输机 | 驾驶员和空勤人员座椅 | 16 | 6 | 7.5 | 16 | 5.5 | 5.5 |
| | 乘员座椅 | 16 | 3 | 4 | 16 | 5.5 | 5.5 |
| | 两侧面对面部队座椅 | 3 | 3 | 5 | 16 | 3 | 3 |
| | 乘员安全装置 | 10 | 5 | 5 | 10 | 3 | 3 |
| | 密集型部队座椅 | 10 | 5 | 5 | 10 | 10 | 10 |
| | 所有其他部件[b] | 20 | 10 | 10 | 20 | 10 | 10 |

[a] 按不同平台和安装在平台的不同位置取值；仅当平台量值未知时，使用表中的值。

[b] 本试验的目的是考核装备结构不能因受坠撞时或受坠撞后造成损坏而伤及乘员，考核当受坠撞时装备安装、减震装置不会失效，装备上的零件不会损坏飞出。适用范围：安装在乘员活动区域的装备，以及受坠撞后有可能堵塞空勤人员、乘员和营救人员的通道的装备。

[c] 本试验不需考核试样性能。因此可用其他试验不能用的试样来进行本试验。试样可以用结构上的模拟件（强度、刚度、质量、惯量模拟）替代，装备内外的所有零件（包括液体）都应考虑。

**2. 加速度试验条件**

（1）试验轴向

对于加速度试验，总以前向加速度方向为平台前向加速度的方向。对于每个试验程序，试样应分别沿三个互相垂直轴的轴向进行试验。一个轴与平台的前向加速度一致（前和后，$X$），另一个轴与平台翼展方向一致（侧向，$Z$），而第三个轴垂直于上述两个轴所构成的平面（上和下，$Y$），如图 4-7 所示。

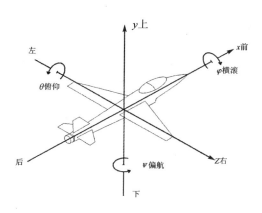

**图 4 - 7　飞行器加速度方向**

（2）通用试验量值和条件

表 4 - 7、表 4 - 8、表 4 - 9 分别列出了结构试验、性能试验和坠撞安全试验的试验量值。当装备相对于运行平台的定向未知时，各个轴向的试验应选用表中所列的各轴向对应值的最大量值。

（3）歼击机和强击机试验量值和条件

从表 4 - 7 和表 4 - 8 中确定的试验量值是根据平台重心处的加速度确定的。对于歼击机和强击机来说，考虑到横滚、俯仰和偏航机动产生的载荷，远离中心处的装备其试验量值应该增大。当确定具体飞机的试验条件时，要考虑机动情况所引起的附加角加速度对线性加速度的影响。当按式（4 - 3）～（4 - 8）计算时，应假定过载系数总是相加的，因此式中使用的是绝对值。将下列公式导出的过载系数和表 4 - 8 性能试验的量值相加。将下列公式导出的过载系数乘上 1.5，再与表 4 - 7 结构试验的量值相加。表 4 - 9 坠撞安全试验不用上面导出的过载系数。

① 横滚机动，上下试验方向，由横滚产生的附加过载系数（$\Delta N_y$）按下式计算：

$$\Delta N_y = (y/g)(\mathrm{d}\varphi/\mathrm{d}t)^2 + (z/g)\mathrm{d}^2\varphi/\mathrm{d}t^2 \qquad (4-3)$$

② 横滚机动，左右侧试验方向，由横滚产生的附加过载系数（$\Delta N_z$）按下式计算：

$$\Delta N_z = (z/g)(\mathrm{d}\varphi/\mathrm{d}t)^2 + (y/g)\mathrm{d}^2\varphi/\mathrm{d}t^2 \qquad (4-4)$$

③ 俯仰机动，上下试验方向，由俯仰产生的附加过载系数（$\Delta N_y'$）按下式计算：

$$\Delta N_y' = (y/g)(\mathrm{d}\theta/\mathrm{d}t)^2 + (x/g)\mathrm{d}^2\theta/\mathrm{d}t^2 \qquad (4-5)$$

④ 俯仰机动，前后试验方向，由俯仰产生的附加过载系数（$\Delta N_x$）按下式计算：

$$\Delta N_x = (x/g)(\mathrm{d}\theta/\mathrm{d}t)^2 + (y/g)\mathrm{d}^2\theta/\mathrm{d}t^2 \qquad (4-6)$$

⑤ 偏航机动，左右侧试验方向，由偏航产生的附加过载系数（$\Delta N_z'$）按下式计算：

$$\Delta N_z' = (z/g)(\mathrm{d}\psi/\mathrm{d}t)^2 + (y/g)\mathrm{d}^2\psi/\mathrm{d}t^2 \qquad (4-7)$$

⑥ 偏航机动，前后试验方向，由偏航产生的附加过载系数（$\Delta N_x'$）按下式计算：

$$\Delta N_x' = (x/g)(\mathrm{d}\psi/\mathrm{d}t)^2 + (z/g)\mathrm{d}^2\psi/\mathrm{d}t^2 \qquad (4-8)$$

式中：$x$ 为装备距飞机重心前后距离，m；

　　　$z$ 为装备距飞机重心侧向距离，m；

　　　$y$ 为装备距飞机重心垂向距离，m；

$g$ 为重力加速度,9.81 m/s²;

$\varphi$ 为绕 $X$ 轴(横滚)的转角,rad;

$d\varphi/dt$ 为最大横滚速度,rad/s(如未知,取 5 rad/s);

$d^2\varphi/dt^2$ 为最大横滚加速度,rad/s²(如未知,取 20 rad/s²);

$\theta$ 为绕 $Z$ 轴(俯仰)的转角,rad;

$d\theta/dt$ 为最大俯仰速度,rad/s(如未知,取 2.5 rad/s);

$d^2\theta/dt^2$ 为最大俯仰加速度,rad/s²(如未知,取 5 rad/s²);

$\psi$ 为绕 $Y$ 轴(偏航)的转角,rad;

$d\psi/dt$ 为最大偏航速度,rad/s(如未知,取 4 rad/s);

$d^2\psi/dt^2$ 为最大偏航加速度,rad/s²(如未知,取 3 rad/s²)。

**3. 加速度试验设备**

对于结构试验、坠撞安全试验和大多数性能试验一般采用离心机,要求离心机能够产生规定加速度值所需的转速,且达到所需的转速后,应保持不少于 10 s 或规定的时间;当某些试样对回转力偶比较敏感时,只能使用能够产生直线加速度的设备进行试验,一般采用带滑轨火箭橇。

## 4.3.3 冲击试验

冲击试验适用于评估装备在其寿命期内可能经受的机械冲击环境下的结构和功能特性。机械冲击环境的频率范围一般不超过 10 000 Hz,持续时间不超过 1.0 s。多数机械冲击环境作用下,装备的主要响应频率不超过 2 000 Hz,响应持续时间不超过 0.1 s。当与其他试验共同使用同一试样时,试验顺序取决于试验的类型(如研制试验、鉴定试验、耐久性试验等),以及试样的通用性。一般情况下,在试验程序中应尽早安排冲击试验,但应在振动试验之后。

**1. 冲击试验程序**

冲击试验包括 8 个程序:功能性冲击、需包装的装备、易损性、运输跌落、坠撞安全、工作台操作、铁路撞击、弹射起飞和拦阻着陆。

(1)功能性冲击程序

功能性冲击程序是对处在工作状态下的装备(包括机械的、电气的、液压的和电子的)进行冲击试验,以评估在冲击作用下装备的结构完好性和功能一致性。通常,要求装备在冲击作用期间能工作,并且在实际使用期间可能遇到典型冲击作用时不受损坏。具体试验步骤如下:

① 选择试验条件,并按相关要求校准冲击试验设备。

② 对试样进行冲击前的功能检查。

③ 在工作状态下,对试样施加冲击激励。

④ 记录必要的数据以检查试验是否达到或超过要求的试验条件,并符合技术文件规定的允差要求。这些数据包括试验装置照片、试验记录、从数据采集系统得到的实际冲击波形照片等。对内装隔振部件的试样,应对隔振部件作测量/检查,以确保这些部件不与相邻的部件发生碰撞。若需要,记录的数据能够说明在冲击期间装备的功能满足要求。

⑤ 对试样进行冲击后的功能检查,记录性能数据。

⑥ 若采用规范规定的冲击响应谱,则在每一正交轴上重复步骤②~⑤三次。如果采用经

典冲击脉冲,试样应承受正反两个方向的输入脉冲。若冲击响应谱的波形既满足脉冲时间历程允差,又满足冲击响应谱允差,考虑极性的影响,每一正交轴上应进行 2 次,总共 6 次冲击试验。如果试验脉冲的时间历程和冲击响应谱中有一种超差或都超差,则需继续调整波形,直到两者的试验都满足允差为止。若两种允差不能同时满足,则应优先满足冲击响应谱试验允差。

⑦ 记录试验次序。

（2）**需包装的装备程序**

需包装的装备是指用于需要集装箱运输的装备。它将最小临界抗冲击能力规定为装卸跌落高度,为包装设计人员提供设计依据。该程序不能用于极易损坏装备（如导弹制导系统、精确校准试验设备和陀螺和惯性制导平台等）的试验。对特别易损的装备,其抗冲击能力的量化应考虑采用易损性程序。具体试验步骤如下:

① 调校冲击设备。

② 卸去模拟负载,把试样安装在冲击设备上。

③ 对试样进行冲击前的功能检查。

④ 对试样施加冲击激励。

⑤ 记录必要的试验资料,包括试验装置照片、试验记录、由数据采集系统得到的实际冲击波形图片等。

⑥ 对试样进行冲击后的功能检查。

⑦ 对经典梯形冲击脉冲,在 3 个正交轴的每一轴的正和负方向上,重复步骤③～⑥一次（共 6 次冲击）;对复杂瞬态冲击,在 3 个正交轴的每一轴上重复步骤③～⑥一次（共 3 次冲击）。

⑧ 记录试验结果,包括测量的试验响应波形图和冲击试验前、后试样的功能异常。

（3）**易损性程序**

易损性程序用于确定装备的易损性量级,为装备包装设计或重新设计装备提供依据,以满足运输或搬运要求。该程序用于确定装备的临界冲击条件,在临界冲击条件下装备的结构和功能有可能降级。如果要获得更实际的极限能力,该程序应在极限环境温度下进行。下面的程序适用于在单个轴向上进行试验,一种用于经典脉冲,另一种用于复杂波形,如果需要在更多的轴向上进行试验,程序应作相应修改。

1）经典脉冲

本程序采用经典脉冲方法来确定易损性量级,通过增加试样跌落高度从而直接增加 $\Delta V$ 来实现。易损性量级以测量变量——经典脉冲的峰值加速度给出。具体试验步骤如下:

① 将模拟负载按类似于真实试样的安装方式安装到试验设备上,夹具的结构类似于支撑装备的冲击减震系统（如果有）,夹具应尽可能刚硬以防止传递给试样的冲击脉冲畸变。

② 进行调校冲击,直到加到模拟负载上的连续两次冲击波形都在试验规定的允差限内。若冲击校准的响应相对冲击输入量级而言是非线性的,则依据在达到"应力阈值"之前的非线性程度,确定是否需要采用其他试验程序来确定易损性。

③ 选取一个足够低的跌落高度,以确保试样不发生损伤。

④ 将试样安装到夹具上,对试样进行外观和功能检查,并记录试验前的状态。

⑤ 在选定的量级上进行冲击试验,检查记录的数据以确保试验在允差范围内。

⑥ 对装备进行外观和功能检查,以确定试样是否损伤。若发现损伤或达到预定的试验目

的,转到步骤⑦。

⑦ 如果需要在多个轴向上确定试样的易损性,在改变跌落高度前,在其他轴向上继续进行试验。

⑧ 若试样完好,则选取下一跌落高度。

⑨ 重复步骤⑤~⑧,直到到达试验目的。

⑩ 记录结果,用与跌落高度相关联的测量变量来表示易损性量级。若试验期间试样在某一轴向上发生损坏,则用另一个相同技术状态的试样来替代损坏的试样,并从步骤④开始进行试验,已确定其余轴向上的易损性量级。

2)合成脉冲

本程序假定易损性量级是加速度峰值的函数,该加速度峰值由一个复杂瞬态过程的最大加速度冲击响应谱表示。对于在时域上定义的复杂瞬态脉冲,本程序可使用时间历程的加速度峰值来表示易损性量级。具体试验步骤如下:

① 将模拟负载按类似于真实试样的安装方式安装到试验设备上,夹具的结构类似于支撑装备的冲击衰减系统(如果有),夹具应尽可能刚硬以防止传递给试样的冲击脉冲畸变。

② 进行调校冲击,直到加到模拟负载上的连续两次最大加速度冲击响应谱都在规定的允差限内。若冲击调校的响应相对冲击输入量级而言是非线性的,则依据在达到"应力阈值"之前的非线性程度,确定是否需要采用其他试验程序来确定易损性。

③ 选取一个足够低的最大加速度冲击响应谱,以确保试样不发生损伤。

④ 将试样安装到夹具上,对试样进行外观和功能检查,并记录试验前的状态。

⑤ 在选取的量级上进行冲击试验,检查记录的数据以确保试验的最大加速度冲击响应谱在允差范围内。

⑥ 对装备进行外观和功能检查,以确定试样是否损伤。若发现损伤或达到预定的试验目的,则转到步骤⑦。

⑦ 如果要求在多个轴向上确定试样的易损性,在改变最大加速度冲击响应谱量级之前,在其他轴向上继续进行试验。

⑧ 若试样完好,选取下一预定的最大加速度冲击响应谱的量级。

⑨ 重复步骤⑤~⑧,直到到达试验目的。

⑩ 记录结果,用最大加速度冲击响应谱来表示易损性量级。若试验期间试样在某一轴向上发生损坏,则用另一个相同技术状态的试样来替代损坏的试样,并步骤④开始进行试验,已确定其余轴向上的易损性量级。

(4) 运输跌落程序

运输跌落程序用于确定装备是否能经受住正常装卸所引起的冲击,这些装备通常搬入或搬出运输箱或组合箱内外,或供外场使用(靠人力、卡车、火车等运到战场)。该程序不适用于正常后勤运输环境中所遇到的冲击,如集装箱内的装备经受的并在装备寿命周期剖面中确定的冲击(见需包装的装备程序)。具体试验步骤如下:

① 在进行外观和功能检查,获取基准数据后,将试样安装在为外场使用而准备的运输箱或组合箱内。如果要获取测量信息,则须安装和校准测量仪器。

② 按技术文件和表 4-10 确定跌落高度、每一试样的跌落次数和跌落面。

③ 按表 4-10 用试验设备执行所要求的跌落。建议在跌落试验中,定期对试样作外观和

功能检查,便于以后可能需要的失效评估。

④ 记录每次跌落的碰撞点或碰撞面,以及所有明显的损坏。

⑤ 在完成需要的跌落次数后,对试样作外观检查,并记录试验结果。

⑥ 按技术文件的规定进行功能检查。

⑦ 记录结果,并与步骤①得到的数据作比较。若跌落期间已获得测量数据,则检查其时间历程,并根据技术文件规定的程序对其进行数据处理。

表 4 - 10　运输跌落试验

| 试样和箱子质量/<br>kg | 最大尺寸/<br>cm | 跌落方式 | 跌落高度/<br>cm | 跌落次数 |
|---|---|---|---|---|
| ≤45.4,<br>人工包装或<br>人工搬运 | <91 | 由快速脱钩或跌落试验机进行跌落试验。试样的取向应使撞击时撞击的角或棱边到箱子和其内装物的重心的连线垂直于撞击面 | 122 | 对每个面、棱边和角跌落,总共跌落26次[a] |
| | ≥91 | | 76 | |
| >45.4~90.8 | <91 | | 76 | 对每个角跌落,总共跌落8次 |
| | ≥91 | | 61 | |
| >90.8~454 | <91 | 使装有试样的运输箱或组合箱的最长尺寸边平行于地面,其一端的一角用13 cm高的垫块支承,而在同端的另一角或棱用30 cm高的垫块支承。提起箱子的对端使最低的未支撑角达到规定的高度并让其自由下落 | 61 | |
| | 91~152 | | 61 | |
| | >152 | | 61 | |
| >454 | 不限 | 在正常运输状态下,箱子和箱内物应经受如下的棱边跌落试验(若不知正常运输状态,则箱子的放置应使两个最大尺寸边平行地面):箱子底面一条棱边支承在13~15 cm高的垫块上,提起对角棱边到规定的高度并让其自由下落。对箱子底面每一棱边进行一次试验(总共跌落4次) | 46 | 每个底棱边跌落,底面或垫木跌落;总共跌落5次 |

[a] 如果可能,将 26 次跌落分配给不多于 5 个试样。

(5) 坠撞安全程序

坠撞安全程序用于安装在空中及地面运载工具上的装备。在坠撞中,装备可能从安装夹具、系紧装置或箱体结构上脱离,危及人员安全。该程序验证在模拟的坠撞条件下,装备的安装夹具、系紧装置或箱体结构的结构完好性。本程序也验证装备整体结构的完好性,如在冲击作用下装备的零部件不会弹出。本程序不适用于作为货物运输的装备。具体试验步骤如下:

① 将试样按使用中的安装方式安装在冲击设备上。所用的试样可以是与装备动力学特性相似的试样,或是力学特性等效的模拟件。若使用模拟件,则表明它与被模拟装备具有相同的潜在危险、质量、质心和相对安装点的惯性矩。如果要获取测量信息,则须安装和校准测量仪器。

② 沿试样的 3 个正交轴的每个方向进行 2 次冲击,最多总计 12 次冲击。

③ 对试验装置进行结构检查,不要求试样工作。

④ 记录结构检查结果,包括评估由于装备的损坏或结构变形或两者综合而引起的潜在危险。按最大加速度冲击响应谱或伪速度冲击响应谱的要求处理测量数据。

(6) 工作台操作程序

工作台操作程序用于需在工作台上操作、维护或包装的装备。该程序用于确定装备是否能够承受在典型的工作台上操作、维护、包装中产生的冲击。本程序也可应用于有伸出部件的装备试验,由于有伸出部件,即使整个装备未受冲击,装备也极易受损。这种试验应特别注意装备伸出部件的结构在工作台上操作、维护或包装时的受损情况。本程序适用于从装在最长边大于 23 cm 的运输箱中搬出的装备。而对于小于该尺寸的装备一般按运输跌落程序在较高量级上进行试验。具体试验步骤如下:

① 在进行功能和结构检查后,按实际使用状态装配试样,例如,拆除机壳的底盘和前壁板组件,按使用状态安装试样(试样在试验期间一般不工作)。

② 用一条边作为转轴,把底盘的另一边抬高,抬高到下列条件之一出现(取决哪一个先发生):

● 底盘抬高的那边已高出水平工作台面 10 mm;

● 底盘与水平工作台面成 45°角;

● 底盘被抬高的那边正好处在完全平衡点下方。

③ 使底盘自由跌落到水平工作台面上,以同一水平面的其他可用边作为转轴,依此重复上述过程,共计跌落 4 次。

④ 对试样其余的放置面重复步骤②和③,使试样在实际使用中可能放置的每个面都进行了总计 4 次跌落试验。

⑤ 进行试样外观检查,并记录试验结果。

⑥ 按技术文件的规定使试样运行。

⑦ 记录试验结果,并与步骤①中检查情况作比较。

(7) 铁路撞击程序

铁路撞击程序用于由铁路运输的装备试验。该程序用于验证在铁路运输中常规铁路车辆撞击时,装备的结构完好性,评估系紧系统和系紧程序的适用性。如果对装备的运输要求没有专门的规定,所有装备应在最大额定总质量(满负载)下试验。该程序不适用于小的、单独包装的、通常安装在货架上或作为大型装备的一部分来运输(或试验)的装备试验。具体试验步骤如下:

① 对全体乘员简要介绍本程序。当要进行试验时,委派一人通知相关的车上工作人员。命令所有参试人员和参观者注意人身安全,遵守参试运输车辆和单位的安全规定。若可行,进行一次不撞击试样的试验演练以确定准确的速度。

② 对试样进行 4 次冲击试验,前 3 次在同一方向,速度分别为 6.4 km/h、9.7 km/h 和 13 km/h,对速度为 6.4 km/h 和 9.7 km/h,其速度的允差为 ±0.8 km/h,对速度为 13 km/h,允差为 ±0.8 km/h。

③ 以 $13^{+0.8}_{0}$ km/h 的速度进行第 4 次冲击试验,与前 3 次不同,冲击试验车辆的另一端。若由于轨道的布局原因而不能将试验车辆换向,也可将试验车辆开到缓冲车的另一端,然后按以上方法冲击。

④ 如果试验中装载的试样或固定装置松弛或失效,拍摄或记录这些情况。若有必要,调整装载的试样或固定装置,校正系紧装置,继续进行试验,并从 6.4 km/h 的速度重新开始进行试验。

⑤ 将装载试样的铁路车辆拖到远离缓冲车辆的地方。然后,用机车将试验车辆向缓冲车辆方向牵引直到达到要求的速度,释放试验车辆,从而让试验车辆自由地滑向具有连接铰链接头的缓冲车辆。

⑥ 若装备可以用两个方向装运(如沿铁路车厢的纵向和横向),对每个方向应重复 4 次冲击。

(8) 弹射起飞和拦阻着陆程序

弹射起飞和拦阻着陆程序用于安装在经受弹射起飞和拦阻着陆的固定翼飞机内或上的装备。对于弹射起飞,装备首先经受一个初始冲击,紧接着经受一个有一定持续时间的低量级的瞬态振动,该振动的频率与安装平台最低频率量相近,最后依据弹射程序再经受一个冲击。对于拦阻着陆,装备会经受一个初始冲击,紧接着经受一个具有一定持续时间的低量级的瞬态振动,该振动的频率与安装平台最低频率分量相近。具体试验步骤如下:

① 沿第一个试验轴向,将试样安装在冲击设备的振动/冲击夹具上。

② 按技术文件要求的方式连接试验仪器。

③ 按技术文件的规定进行运行和外观检查。

④ 根据现场测量数据的情况,按以下方式处理:

● 若无测量数据,则在试样的第一个试验轴向上施加几个周期的瞬态正弦波(每一段包含若干周期的瞬态正弦波代表了一个单次的弹射起飞或拦阻着陆)。每个瞬态正弦之后紧随着一段停止时间,以防止非代表性的效应出现。在瞬态正弦作用同时试样按适当的运行方式运行。

● 若有测量数据,可在振动台上进行波形控制,实现测量的响应数据,或者把飞机弹射处理为由一个瞬态振动分隔的两个冲击过程,而拦阻着陆可处理为一个冲击其后跟随一瞬态振动。

⑤ 若试样在试验期间没有故障,则按技术文件的规定进行运行和外观检查。若出现故障,为避免硬件的进一步损伤,则在进行运行检查之前最好进行彻底的外观检查。如果发生了故障,则应根据试验目的(工程信息或合同要求)分析故障的性质,考虑修补措施,以便确定是重新试验还是从中断处继续试验。

⑥ 沿下一个试验轴向上,重复步骤①～⑤。

⑦ 记录试验信息,包括幅值时间历程曲线和试样所有功能或结构上的性能降低。

**2. 冲击试验条件**

(1) 冲击试验条件考虑的一般因素

冲击响应的时域特征可用振幅和持续时间等来描述。冲击的有效持续时间有两种定义方式,一般使用有效持续时间 $T_e$;冲击响应的频域特征可用冲击响应谱、能量谱和傅里叶谱等描述。冲击响应谱的定义也有数种,推荐使用最大绝对加速度冲击响应谱作为冲击响应的描述方法,最大伪速度的冲击响应谱作为次选方法。冲击试验一般测量输入的加速度冲击环境和装备的加速度响应,也可以测量装备的其他响应,如速度、位移、应变、压力等。

通常情况下,如果对系统完好性的要求相当,在进行过任一足够严酷的随机振动试验的轴向上,就不需要再沿这些轴向进行任何冲击试验程序。如果有关标准规定装备要进行随机振动试验和冲击试验,根据规定的随机振动激励谱求得的单自由度系统的高斯 3σ 加速度响应谱,在指定的固有频率范围内每一处都超过根据规定的冲击激励求得的最大加速度冲击响应谱,则认为随机振动试验是足够严酷的,可用一个相对比较高量级的随机振动试验来替代相对较低量级的冲击试验。用于响应谱分析的 Q 值一般取 10,相当于 5% 的临界粘性阻尼。随机振动试验的 3σ 冲击响应谱为单自由度系统的固有频率的函数,可由下式给出:

$$A(f) = 3\left[\frac{\pi}{2}G(f)fQ\right]^{\frac{1}{2}} \qquad (4-9)$$

式中:$A(f)$ 为加速度冲击响应谱在频率 $f$ 处的幅值;

$G(f)$ 为在频率 $f$ 处的加速度谱密度值。

(2) 冲击响应谱和有效持续时间

根据装备工作环境所测的时间历程数据、相似动态环境测量数据的外推数据、预计数据,或这三种数据的综合进行统计处理,确定冲击响应谱 SRS 和有效持续时间 $T_e$。为便于剪裁,应尽量在装备寿命期剖面内使用环境相似的条件下获取测量数据。推导出冲击响应谱 SRS 和有效持续时间 $T_e$ 后,按数据获取的情况选用试验方法。

1) 有测量数据

试验的有效持续时间 $T_e$ 通过对典型的冲击时间历程的分析来确定。$T_e$ 从冲击时间历程上第一个有效响应的点开始,一直延伸到由分析得到的有效持续时间或仪器系统的本底噪声中的较短值。试验要求的冲击响应谱通过分析计算确定。如果有效持续时间 $T_e > \frac{1}{2f_{min}}$(其中 $f_{min}$ 为冲击响应谱最低频率),试验的有效持续时间 $T_e$ 可延长到 $\frac{1}{2f_{min}}$;至少在 5~2 000 Hz 内,取 $Q=10$,以 1/12 倍频程或更小的频率间隔,对交流耦合的时间历程进行冲击响应谱分析。

2) 没有测量数据

如果没有测量的数据,对于功能性冲击程序和坠撞安全程序可使用图 4-8 中的合适的谱作为每个轴向的试验谱,而且冲击时间历程的有效持续时间 $T_e$ 应在表 4-11 中给出的值之间,图 4-8 给出的谱与后峰锯齿脉冲的冲击响应谱相似。推荐的冲击波形合成方法有两个:一个是有限个指定频率的衰减正弦波的叠加;另一个是有限个指定频率的调幅正弦波(小波)的叠加。这种波形的冲击响应谱与图 4-8 的冲击响应谱相似,冲击波形的有效持续时间是表 4-11 提供的 $T_e$ 的最大值。只要瞬态脉冲的响应谱在 5~2 000 Hz 频率范围内等于或超过图 4-8 给出的谱,且有效持续时间满足要求,就可采用作为冲击波形。采用经典后峰锯齿脉冲和梯形脉冲是在没有测量数据情况下最低可接受的选择。

表 4-11 没有测量数据时使用的试验冲击响应谱

| 试验程序 | 峰值加速度/g | $T_e$/ms | 频率折点/Hz |
| --- | --- | --- | --- |
| 飞行器设备功能性试验 | 20 | 15~23 | 45 |
| 地面设备功能性试验 | 40 | 15~23 | 45 |
| 飞行器设备坠撞安全试验 | 40 | 15~23 | 45 |
| 地面设备坠撞安全试验 | 75 | 8~13 | 80 |

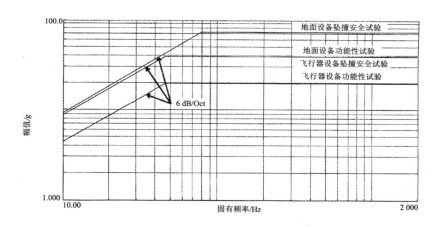

**图 4 - 8　没有测量数据时使用的冲击响应谱**

3)经典冲击脉冲

如果程序要求采用经典冲击脉冲,并且实测的数据在经典冲击脉冲的允差之内,则可采用经典冲击脉冲;否则,不予采用。

对功能冲击程序和坠撞安全程序,可选用后峰锯齿脉冲,后峰锯齿脉冲的波形和允差如图 4 - 9 所示,波形图应显示大约 $3T_D$ 时间长度的时间历程,脉冲大致位于中心。锯齿脉冲的峰值加速度是 $P$,持续时间为 $T_D$。测量的加速度脉冲应在虚线界线以内,测量的速度变化量(可通过加速度脉冲积分得到)应处在 $V_i \pm 0.1V_i$ 的范围之内,其中 $V_i$ 是理想脉冲的速度变化量,等于 $0.5T_D P$。确定速度变化量的积分区间应从脉冲前的 $0.4T_D$ 延伸到脉冲后的 $0.1T_D$。

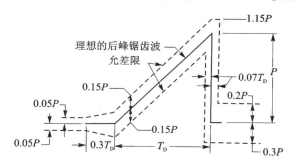

**图 4 - 9　后峰锯齿波形参数和允差**

对需包装的装备程序或易损性程序,可选用对称梯形脉冲,对称梯形脉冲的波形和允差如图 4 - 10 所示,波形图应显示包含了大约 $3T_D$ 时间长度的时间历程,脉冲大致位于中心。梯形脉冲的峰值加速度为 $A_m$,它的持续时间为 $T_D$,测量的加速度脉冲应在虚线界线以内,测量的速度变化量(可通过加速度脉冲积分得到)应处在 $V_i \pm 0.1V_i$ 的范围之内,其中 $V_i$ 是理想脉冲的速度变化量,近似等于 $0.5A_{mg}(2T_D - T_R - T_F)$。确定速度变化量的积分区间应从脉冲前的 $0.4T_D$ 延伸到脉冲后的 $0.1T_D$,上升沿时间($T_R$)和下降沿时间($T_F$)应小于或等于 $0.1T_D$。

(3)试验轴向和冲击次数

1)一般要求

试样应承受足够次数的冲击。为满足规定的试验条件,3 个正交轴的每一个轴的两个方

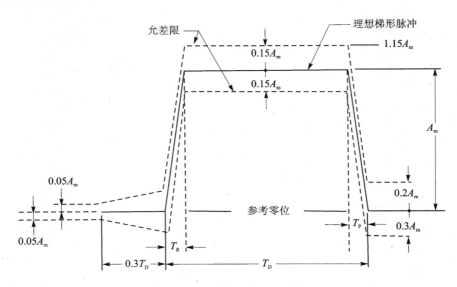

图 4 - 10   对称梯形脉冲波形参数和允差

向上都至少各进行 3 次冲击。对每个试验轴的每个方向上的经典冲击脉冲或复杂瞬态冲击脉冲，其在规定频率范围内的冲击响应谱应在要求的试验谱允差之内，并且其有效持续时间在 20％的允差之内。计算最大绝对加速度谱(或是等效静态加速度谱)时 $Q$ 一般取 10，频率间隔应小于或等于 1/12 倍频程。如果要求的试验谱在一个轴的两个方向上同时满足，则重复 3 次冲击可满足该轴的要求。如果仅一个方向能满足试验要求，可在改变冲击时间历程的极性或者调换装备的方向后，对装备再施加 3 次冲击，以满足另一个方向的试验要求(对于复杂瞬态脉冲，变换试验冲击时间历程的极性通常不会明显影响试验量级)。

2)对复杂瞬态冲击的特殊处理办法

由冲击响应谱合成的复杂瞬态冲击脉冲，如果超过了冲击施加系统的能力(通常在位移或速度上)，或持续时间比给定的 $T_e$ 长 20％以上，应折中考虑谱形和持续时间的允差。处理方法如下：

① 如果装备没有明显的低频模态响应，为了满足冲击响应谱对高频部分的要求，允许冲击响应谱的低频部分超出允差限，高频部分规定为至少应从低于装备的第一阶固有频率的一个倍频程处开始，持续时间应保持在允差内。

② 如果装备有明显的低频模态响应，为了满足冲击响应谱对低频部分的要求，而复杂瞬态脉冲持续时间不超过 $T_e + \dfrac{1}{2f_{\min}}$，允许复杂瞬态脉冲的持续时间超出允差限；如果为保持 SRS 的低频部分在允差内，而持续时间超出 $T_e + \dfrac{1}{2f_{\min}}$，则应采用其他冲击程序。

不能采用将一个冲击响应谱分解成低频(大速度和位移)和高频两部分的办法来满足冲击要求。为实现最佳方案满足试验要求，可合理地设置复杂瞬态脉冲合成算法的输入参数。

**3. 冲击试验设备**

冲击试验设备应能产生技术文件所确定的试验条件。冲击试验设备可以是自由跌落、弹性回弹、非弹性回弹、液压、压缩气体、电动振动台、电液振动台、有轨车辆和其他激励装置。选择试验设备时应考虑试验设备能产生试样所要求的冲击持续时间、幅值和频率范围。需包装的装备程序和易损性程序需要有相对较大位移的冲击试验设备。铁路撞击程序应采用铁路车厢的特殊试验装置,并能同时提供甚低频和中高频的响应。弹射起飞和拦阻着陆程序通过采用两个冲击脉冲和一个位于这两个冲击脉冲之间的瞬态振动来满足弹射起飞的要求。

# 4.4　电磁环境试验

随着微电子元器件在武器装备上的广泛应用,装备性能得到提高的同时其电磁敏感性也愈发明显,而现代战场的电磁环境又表现得空前复杂,静电、雷电、电磁辐射、电磁脉冲等各种自然的或人为的效应交互作用,使武器装备的生存与工作面临严重的威胁。电磁环境试验就是通过对静电参数、电磁兼容性的测量来衡量装备及元器件的抗电磁干扰能力。

## 4.4.1　静电测量

**1. 静电电位测量试验**

电位是描述静电场的一个最基本的物理量。静电场中某点的电位定义为把单位正电荷从该点沿任意路径移动到参考点时电场力所作的功,当参考点的电位为零电位时,该点的电位在量值上等于该点与参考点之间的电压。在实际测试中,一般选大地为零电位参考点,故静电电位的测试亦称静电电压的测试。

（1）接触式测量

使被测物体与静电电压表直接接触,利用等电位原理进行测试的方法称为接触式测量。该类方法仅适用于对静电导体带电电位的测试。图 4-11 所示为利用接触法制作的象限式静电计的示意图,它实际上是金属箔验电器的变形。当带电体与固定金属棒 1 上端的球接触时,棒 1 和可转动的指针 2 与被测带电体具有相等的电位。棒 1 与指针 2 带有相同符号的电荷,由于静电力的作用,指针 2 将转动而离开固定棒 1 一个角度 $\theta$,直

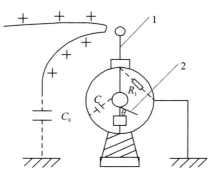

图 4-11　象限式静电计结构示意图

到静电力与指针所受重力平衡为止。指针偏离角度与带电体电位的平方成正比,经过校准,$\theta$ 角的大小就代表了静电电位的高低。

（2）非接触式测量

测试仪表不直接与带电体接触,而是运用静电感应或空气电离的原理间接测试带电体的静电电位。静电感应原理是将测试探头靠近带电体,利用探头与被测带电体之间产生的畸变电场测试带电体的表面电位。空气电离原理是利用放射性同位素电离空气,在带电体与测试仪表输入端、输入端与接地端之间分别产生电阻分压,测试带电体电位的。与接触式测量相比,非接触式测量结果受仪表输入电容、输入电阻的影响较小,但受测试距离、带电体几何尺寸的影响较大。根据工作原理的不同,该类仪表主要分为直接感应式、交流调制式和空气电离式三类。

**（3）动态测试**

在现代静电安全工程中，静电造成危害的概率大小，不仅取决于危险静电源的静态电位或能量，而且与静电的动态特性密切相关。因此，研制静电电位动态测试仪器，准确测试不同环境条件下危险静电源的动态电位值，对于制定防静电危害的技术措施和进行静电安全管理工作是至关重要的。为此，国内学者提出了"信号自屏蔽—电荷耦合"的静电电位测试原理，并研制了静电电位动态测试仪，如图 4-12 所示，解决了高电位、高起电率危险静电源的动态测试问题。

**图 4-12　ZPD-1 静电电位动态测试仪的构成方框图**

图 4-12 中 GY-2 型高压传感器采用"信号自屏蔽—电荷耦合"测试原理，把被测电位信号转换为与其成正比的电荷量，传感器的外电极既是被测信号的输入端，又是耦合信号的屏蔽导体。利用静电高压信号的自屏蔽特性，解决了接地屏蔽带来的高压非线性失真等问题，而且随屏蔽深度的增加，传感器的灵敏度和抗干扰能力均得到提高。准静态电荷放大器把 GY-2 型高压传感器的输入电荷量转换为电压信号，经进一步处理后，送到模拟输出口，以便驱动数字存储示波器或 $x-t$ 函数记录仪显示被测带电体的起电放电动态波形。为便于记录测试值，该仪器运用采样保持电路对模拟信号进行了处理，能够把整个测试过程中被测电位信号的最大绝对值（或实时值）送到表头显示，以便确定静电源的动态特性及其危险性。

**2. 电场强度测量试验**

电场强度是静电实验研究中的重要参数之一。电场强度过高将引起介质击穿而释放静电能量，可能导致燃烧或爆炸等恶性事故。因此，测试研究空间的电场强度分布对静电防灾工作是至关重要的。

**（1）利用电光效应测试电场强度**

一些光学上各向同性或者各向异性的物质，在外加电场作用下，产生或改变了其光学各向异性，这种现象称为电光效应。具有这种电光调制性质的物质，一般以晶体材料为主，故该类物质一般称为电光晶体。如果光通过晶体时获得的附加位相差与外场的一次方成正比，则称为线性电光效应或普克尔效应；如果光通过晶体时获得的附加位相差与外场的二次方成正比，则称为二次电光效应或克尔效应，该效应一般出现在较强的外加电场中，且以液体材料为主，在电场强度测试中用得不多。

**（2）利用电位差测试电场强度**

在电场中某一点放入一个探测电极，电极上就会感应出与该点的场强成正比的电位或电荷，如果测得探测电极上的电位或电荷，即可换算出该点的电场强度。感应式静电电压表就是利用这一原理测试带电体的静电电位。值得注意的是：在静电电位的测试中，引入非接触式测试仪表后，同时也在被测带电体附近引入了一个接地体，在测试仪表的探极与被测带电体之间形成畸变的电场，而该电场正比于被测带电体的静电电位，只要测试探极的线度远远小于被测带电体的线度，即带电体的对地电容远远大于它与测试仪表之间的耦合电容，引入测试仪表并不导致被测带电体电位的大幅度降低，这种方法能够利用畸变场强比较准确地测试带电体的表面电位。用非接触式静电电位计测试电场强度时，要选用合适的探头电极。探头的形状和大小应尽量不扰乱被测电场,并装设保护电极。

**3.　电阻测量试验**

（1）电阻测量方法

电阻的测量方法多种多样,应用最广泛的主要有恒流法、恒压比较法、伏安法、充电(泄漏)法和摇表法。对低阻($10^6\Omega$ 以下)测试一般采用恒流法,即用稳恒电流通过被测电阻,被测电阻两端的电压与其阻值成正比,把电阻测试转换为电压测试,直接由表头指示被测电阻值。这种方法在普通万用表中用得较多,而在高阻测试中很少应用。

1)恒压比较法

对高阻($10^6\Omega$ 以上)测试一般采用恒压法,原理如图 4 - 13 所示。图中 $R_x$ 是被测电阻,$R_0$ 是标准电阻,若高阻直流放大器的放大倍数为 $A$ 且其输入阻抗远远大于 $R_0$,则可求得

$$R_x = \left(\frac{AU}{U_0} - 1\right)R_0 \tag{4 - 10}$$

式中:$U$ 为直流稳压电源的输出电压;

$U_0$ 为高阻直流放大器的输出电压。

经过适当的标定,可以直接读出被测电阻值。改变电源电压 $U$、标准取样电阻 $R_0$ 或放大倍数 $A$ 的大小,可以改变量程。超高阻计就是带有 $10\sim1\,000$ V 可调稳压电源、标准取样电阻、放大机构和测量仪表的仪器。一般的高阻计能够测量 $10^6\sim10^{13}$ Ω 的电阻,有的甚至可测量高达 $10^{19}$ Ω 的绝缘电阻。

2)伏安法

伏安法是根据欧姆定律测量电阻的一种基本方法,测量原理如图 4 - 14 所示。测量时,首先把开关 K 拨到右边,短路被测电阻,使其所带的静电电荷泄漏掉,然后把开关 K 拨到左边,给被测电阻两端施加一定的直流电压,用直流电压表 V 并联于电源的两端,读取此电压值 $U$,同时用直流电流表与被测电阻串联,读取流过被测电阻的电流值 $I$,从而求出被测电阻值 $R_x$ 为

$$R_x = U/I \tag{4 - 11}$$

电源电压的高低要根据被测电阻的大小改变,并选择不同灵敏度的电流测量仪表,以保证测量的准确度。

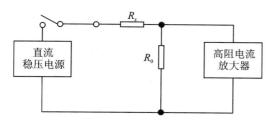

图 4 - 13　恒压比较法测量电阻的原理图

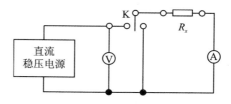

图 4 - 14　伏安法测量电阻的原理图

3)充电(泄漏)法

高值电阻或绝缘材料的电阻还可以用充电(泄漏)法测量,测量原理是将流过被测电阻的电流对电容器充电或放电,测量标准静电电容器两端的电压随时间的变化规律来求被测电阻值,电路如图 4 - 15 所示。

采用这种方法测试高值电阻,要求静电电压表的电阻、标准静电电容器的泄漏电阻均远远大于被测电阻值,否则将带来较大的测量误差。为提高测量结果的准确性,可选用较大容量的

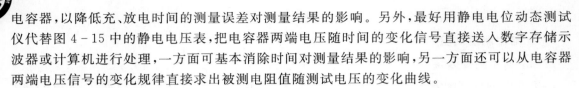

电容器,以降低充、放电时间的测量误差对测量结果的影响。另外,最好用静电电位动态测试仪代替图4-15中的静电电压表,把电容器两端电压随时间的变化信号直接送入数字存储示波器或计算机进行处理,一方面可基本消除时间对测量结果的影响,另一方面还可以从电容器两端电压信号的变化规律直接求出被测电阻值随测试电压的变化曲线。

4)摇表法

在测量准确度要求不高且阻值较低的情况下,可以用摇表(兆欧表)测量电阻。摇表测量的实质是给被测电阻加上直流脉动电压,通过与标准电阻比较,测量通过它的泄漏电流的相对值,并在表盘上给出经过换算得出的电阻值。摇表主要由作为电源的手摇发电机和作为测量机构的磁电式流比计组成,其工作原理如图4-16所示,其中 $R_1$ 为标准比较电阻,$R_2$ 为保护电阻(防止被测电阻过小时烧坏仪表),$R_x$ 为被测电阻。仪表指针偏转的角度取决于通过流比计两个线圈的电流 $I_1$ 和 $I_2$ 之比,即取决于 $I_1/I_2$。由于 $I_2$ 取决于被测电阻 $R_x$ 的大小,则电流比 $I_1/I_2$ 也取决于被测电阻 $R_x$ 的大小。这个电流比只取决于图4-15中两条并联支路的电阻值,而与施加的电压无关(忽略被测电阻的高压非线性时),由此可见,仪表指针偏转的角度可直接指示被测电阻的大小。

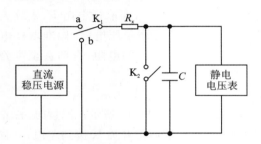

图4-15 充电(泄漏)法测量电阻的原理

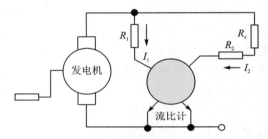

图4-16 摇表的原理示意图

(2)静电泄漏电阻的测量

静电泄漏电阻是被测对象上某一测量点(面)与大地之间的总电阻。为了测量被测点与大地之间的总电阻,必须在被测对象一方和大地一方分别装设适当形式的测量电极。在实际测试中,一般使用与被测表面紧密接触的标准活动电极作为测量静电泄漏电阻的电极。如需要装设固定电极,被测点为金属导体时,本身可作为测量电极;被测对象为金属以外的固体材料时,可在其被测表面安装与之紧密接触的面积不小于 $20\ mm^2$ 的金属箔电极、导电橡胶电极或导电涂料电极,作为测量静电泄漏电阻的电极。在大地一方,一般以接地体作为测量电极。测量静电泄漏电阻的方法与测量高阻的方法相同。测量电压一般取 100 V、500 V 或 1 000 V,测量开始后 1 min 读取测量值。GB 4386规定了防静电胶底鞋、导电胶底鞋电阻值的测量方法,这实际上就是测量鞋底的静电泄漏电阻。

(3)接地电阻的测量

测量接地电阻的目的是检查接地设施是否可靠接地,接地体附近的土壤流散电阻是否满足接地的要求。接地电阻的测量方法一般采用接地电阻表法。

采用便携式接地电阻表测量接地电阻时,测量方法如图4-17所示。接地电阻测量仪有 $C_2$、$P_2$、$P_1$、$C_1$ 四个接线柱,测量时分别接于被测接地体和辅助电压极、电流

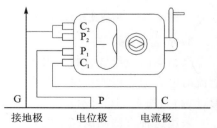

图4-17 接地电阻测量接线图

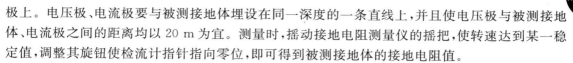

极上。电压极、电流极要与被测接地体埋设在同一深度的一条直线上,并且使电压极与被测接地体、电流极之间的距离均以 20 m 为宜。测量时,摇动接地电阻测量仪的摇把,使转速达到某一稳定值,调整其旋钮使检流计指针指向零位,即可得到被测接地体的接地电阻值。

(4) 静电接地电阻的测量

静电接地电阻是评价静电接地系统良好程度的主要技术指标,其测量方法依接地方式的不同而变化。对直接静电接地,一般采用接地电阻的测量方法,测量被接地物体上接地极与大地之间的电阻,即直接静电接地电阻。对间接静电接地,一般采用静电泄漏电阻的测量方法进行测量。

**4. 静电电量测量试验**

电量是反映带电体情况的本质物理量,它决定着带电体产生静电放电的概率和危险性。静电电量的测量也就是静电电荷量的测量,一般情况下,电荷量不是直接测量,而是通过测量其他有关参量来计算电荷量的多少。

(1) 直接测量带电体电位的方法

直接测量带电体电位的方法仅适用于静电导体带电量的测量。由于静电导体为一等势体,其带电量 $Q$ 与其对地电位 $U_0$ 和对地电容量 $C$ 成正比,即 $Q=CU_0$,只要测定带电体的对地电位 $U_0$ 和对地电容量 $C$,即可计算出其带电量。对确定的与大地绝缘的导体而言,其对地电容量 $C$ 保持不变,因此,可以通过测量带电体电位的方法测定绝缘导体的带电量 $Q$。将接触式静电电压表与被测带电体相连,则导体的带电量将在 $C$ 和 $C_i$ 上重新分配,导致被测带电体对地电位下降,系统对地总电容变为 $C+C_i$,但系统的总电量不变。准确测得此时带电体的对地电位 $U$,在不考虑测试仪表输入电阻的影响下,有

$$Q = (C + C_i)U \qquad (4-12)$$

由式(4-12)可知,被测电量与静电电压表的读数成正比,读出电压表的读数 $U$,即可得到被测绝缘导体的带电量 $Q$。但是,这种测量方法的准确性受到带电体所处环境的影响。因带电体所处的环境不同,其对地电容 $C$ 也不同,为使式(4-12)中的比例系数 $C+C_i$ 尽量保持不变,要求 $C \ll C_i$,此时 $C$ 可以略去,则式(4-12)变为

$$Q = C_i U \qquad (4-13)$$

这就是电量测试仪的工作原理,如图 4-18 所示。

电量测试仪的输入级采用高输入电阻的运算放大器,作为阻抗变换器,最大限度地降低测试仪器对被测带电体产生的静电泄漏。同时,输入级 $A_1$ 并联的输入电容 $C_i$ 把被测带电体的电位降低,转换为与此成正比的电压信号,调整放大器 $A_2$ 的放大倍数,使测试仪的输出(指示值)代表被测电量。应该注意的是,测量时仪器的电位参考点应接大地,输入端直接与被测绝缘导体相连,即可显示被测带电导体的电量值。对绝缘体,不能用该方法测量其带电量。

(2) 利用法拉第筒测量带电量的方法

对导体带电量的测量,实质上是把被测导体上的部分乃至绝大部分电荷转移到测量仪器上,通过测量电压反映被测电量的。绝缘体与导体的不同之处在于所带的电荷不能转移,而且电荷不一定是完全分布在表面上,不同位置的电位也不相同。因此,对绝缘体不能简单地利用接触式或非接触式静电电压表测量带电体电位的方法求出所带的电量,必须利用静电感应的原理,借助法拉第筒,间接测量其带电量,测量原理如图 4-19 所示。当然,对静电导体也可以利用该方法测量其带电量。

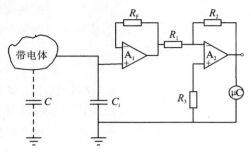

图 4-18  电量测试仪的工作原理

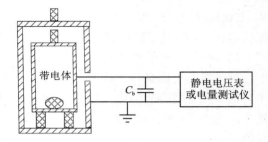

图 4-19  法拉第筒测量电量的原理

法拉第筒由两个相互绝缘的金属筒组成,外筒接地,内筒用聚四氟乙烯、聚苯乙烯等绝缘材料与外筒绝缘,内筒和外筒最好都有带绝缘把手的金属盖。例如,没有金属盖,则内、外筒均应有较大的高度:被测带电体在内筒所占的高度不应大于内筒高度的 10%且外筒应高出内筒 10%以上。

被测带电体放入内筒里面时,由高斯定理可知,内筒内壁上感应出等量的异号电荷,内筒外壁和外筒内壁上也同时感应出与被测带电体等量的同号电荷和异号电荷(包括测量仪表输入电容 $C_b$ 上的电荷),因此,用电量测试仪可直接测出被测电量的大小和极性,也可以用接触式静电电压表测量法拉第筒的内筒与外筒之间的电压 $U$,被测电量 $Q$ 为

$$Q = (C_F + C_b)U \tag{4-14}$$

式中:$C_F$ 为法拉第筒的内筒与外筒之间的电容;

$C_b$ 为接触式静电电压表的输入电容或与其并联电容的代数和。

利用法拉第筒测量时,所用测量仪表的输入电阻和法拉第筒的泄漏电阻均不应低于 $10^{14} \Omega$,否则,应在法拉第筒的内筒与外筒之间并联聚苯乙烯或空气介质的高绝缘电容器,以提高系统的放电时间常数,保证测量数据的稳定性。并联电容的量值应能够兼顾放电时间常数和测试仪表的灵敏度。

应该指出,上述关于绝缘体带电量的测试方法与装置,同样可以对其他物体的带电量进行测试。

(3)运动物体局部电荷量的测量

利用法拉第筒可以测量绝缘体及其他物体的带电量,但不适用于长度很长的物体或连续运动的物体。此时,可以根据被测带电体的大小、形状,利用模拟法拉第筒的方法,测量其局部带电情况,测量原理如图 4-20 所示。

此时法拉第筒的内筒、外筒的两端都是开口的,筒体的横向限度视测量的具体情况而定,只要使被测带电体能够从内筒无摩擦地顺利通过即可。所测定的电量是处于内筒范围内的那部分带电体的电量。为保证测量的准确性,测量仪器应定时调零。但是,仪表调零应在仪表输入端接地,且内筒没有带电体(或能够确认带电体上的电荷已经泄漏完毕)、或在带电体与内筒之间插入接地的金属屏蔽筒的情况下进行。若仅把测试仪表输入端接地调零,由于内筒内壁上的电荷不能泄放,以后的测量值则是相对调零时筒内存在电荷的变化量。测量局部电荷量的方法和计算公式与测量绝缘体带电量的要求相同。

(4)面电荷密度的测量

当带电体的全部带电量不足以说明其带电情况时,如估算带电体附近的电场强度时,需要

测量电荷的表面分布情况,即单位面积的带电量——面电荷密度。

面电荷密度是采用非接触式仪表进行测量的,原理如图 4 - 21 所示。一般采用圆板形的感应式探头,探头接地屏蔽筒的前方做成与探极共面的延展平面,以使探极与被测带电体之间形成均匀电场。

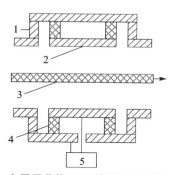

1—金属屏蔽筒;2—模拟法拉第筒;
3—被测带电体;4—绝缘材料;5—测试仪表

**图 4 - 20　模拟法拉第筒测量局部电荷**

图右侧：

测量仪表

接地屏蔽筒

**图 4 - 21　面电荷密度测量**

若带电体的电荷面密度为 $\sigma$,则探头与被测带电体之间的电场强度为

$$E = \sigma/\varepsilon_0 \qquad (4 - 15)$$

若探极的面积为 $S$,则探极上的感应电荷量为

$$Q = \sigma S \qquad (4 - 16)$$

由此可见,只要能够测试探头附近的电场强度或探头上感应的电荷量,即可根据以上两式求出被测带电体的电荷面密度,也可以通过标定,直接由测量仪表读出被测点的电荷面密度。由于该测量方法得到的只是探极所对面积的平均面电荷密度,为提高测量位置的分辨率,探极面积应当小一些。但是,探极面积越小,测量仪表的输入信号也越小,要求仪表的测量灵敏度越高,这两方面的要求均应予以兼顾。

为反映被测带电体的真实带电情况,被测带电体应相对孤立,附近不应有接地静电导体或线度较大的物体,以免这些物体的感应电场对测量值产生影响。对于薄膜带电体,这种测量方法原则上只能测量其两面所带电荷密度的代数和,而难以分别确定其两面的带电情况。

对绝缘体而言,由于电荷不能移动,其表面附近的电场强度仅取决于其电荷面密度,与探极靠近的距离无关。探极离被测带电体越近,它们之间的电场越接近均匀电场,测量结果越准确。但对静电导体而言,由于电荷能够自由移动,在探极靠近的过程中,其表面电荷重新分布以保持其表面的等电位,因而被测电荷面密度值与探极靠近的距离有关,探极越接近,测量值越高,电场的畸变越严重。在测量过程中应使探极与被测带电体之间的距离适当,以便准确反映被测带电体的电荷分布情况,同时避免出现火花放电。

应当指出,如果被测带电体系绝缘体,一般其内部也带有电荷,由测试原理可知,这部分电荷也参与静电感应作用,因此,所测定的电荷密度并非真正的电荷面密度值,而只能是视在的或等效的电荷面密度。当带电体形状很不规则或带电体内部带有较多的异号电荷时,测量值可能具有较大的误差。

(5)静电放电电量测量试验

为了鉴别火花放电的危险性,需要知道放电火花的能量。而放电火花的能量不仅取决于带电体与其他物体之间的电位差,而且直接取决于放电电量的多少,故在实际工作中往往需要测量放电电量。由于静电放电时间极短,测量放电电量需要采用冲击电流计或数字存储示波器。

1) 冲击电流计测量法

冲击电流计测量法原理如图 4-22 所示。当探极接近带电体时,发生火花放电。放电电流瞬时流过电阻 $R_2$、$R_1$ 与含有内阻 $R_0$ 的冲击电流计组成的并联电路。冲击电流计线圈虽然来不及转动,但冲击电流使线圈获得了初速度,开始转动,且最大偏转角与通过冲击电流计的电量 $q$ 成正比,经过标定,即可直接测定放电能量。因流过冲击电流计的电流是总电流的一部分,故放电总电量为

$$Q = \frac{R_0 + R_1 + R_2}{R_2}q \tag{4-17}$$

2) 示波器测量法

示波器测量法原理如图 4-23 所示。$R_1$ 和 $R_2$ 是放电电阻,且 $R_2$ 兼取样电阻。从电阻 $R_2$ 上取出的电压信号 $U_2(t)$ 被送入示波器,数字存储示波器即可记录并显示其放电波形,则静电放电电量为

$$Q = \int_0^t i(t)\mathrm{d}t = \frac{1}{R_2}\int_0^t u_2(t)\mathrm{d}t \tag{4-18}$$

电压波形的积分值可以直接由示波器读取或输出波形后再计算。

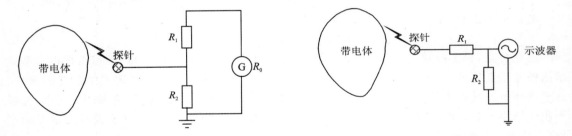

图 4-22　冲击电流计测量放电电流　　　　图 4-23　示波器测量放电电流

探极形状、放电电阻值应根据测量目的来选择。一般多采用金属针状探针或直径为 1~30 mm 的金属球探针,放电电阻值应尽量取得小一些,以免影响静电放电,掩盖其危险性。

## 4.4.2　电磁兼容试验

### 1. 传导发射测量试验

传导发射测试是测量被测设备通过电源或信号线向外发射的干扰。因此,测试对象为设备的输入电源线、互连线及控制线等。根据干扰的性质,传导发射测量的可能是连续波干扰电压、连续波干扰电流,也可能是尖峰干扰信号。

（1）测试布置

测试布置参见电磁兼容(简称 EMC)国军标要求。试样放在离地面 80~90 cm 高的实验台上,实验台面有铺金属接地板的导电平面或非导电平面,一般以试样实际使用的环境、地点选择使用导电的或非导电的实验台,如便携式设备可置于非导电实验台上,安装在船舱内的设备需在金属导电实验台上测试。被测电源线通过电源阻抗稳定网络接到电网上,试样的电缆

可按所依据标准的要求摆放,选择不同的长度敷设。

（2）测量方法

依据测试频段和被测对象的不同,可采用以下方法测试:电流探头法、电源阻抗稳定网络法、功率吸收钳法和定向耦合器法。

1）电流探头法

电流探头法测试所用传感器为电流探头,主要测量试样沿电源线向电网发射的干扰电流,测量频率为 25 Hz～10 kHz,测量在屏蔽室内进行。测试示意图如图 4－24 所示。

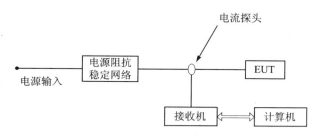

**图 4－24　传导发射电源探头法测量示意图**

测量时,在电网与试样之间插入一个电源阻抗稳定网络,将电网和试样隔离,使测量到的干扰电流仅为试样发射而非电网干扰混入,并且为测量提供一个稳定的阻抗,使测量的干扰电流有统一的基准,规定的统一阻抗通常为 50 Ω。电流探头输出端接到测量接收机的输入端,通过电流探头转换系数将接收到的电压转换为电流,即可得到不同频率上干扰电流的幅度值。计算公式如下:

$$I = U + F \tag{4－19}$$

式中:$I$ 为干扰电流,dBA;

　　　$U$ 为端口电压,dBV;

　　　$F$ 为电流探头转换系数,dB/Ω。

测量前先确定环境的影响,因为阻抗稳定网络与被测设备之间的连接电缆可能起到天线的作用,从而引起虚假信号。为排除这种现象,应切断被测设备的电源,并检查环境电平是否有信号,保证本底噪声和环境信号均小于极限值 6 dB。

正式测试可由自动测量系统完成参数设置、仪器控制、测量和数据处理功能,并给出测量的幅-频曲线。

2）电源阻抗稳定网络法

电源阻抗稳定网络法即利用电源阻抗稳定网络测量试样沿电源线向电网发射的干扰电压,测量频率为 10 kHz～30 MHz,测量在屏蔽室内进行。电源阻抗稳定网络不仅起隔离电网和试样的作用,使测量到的干扰电压仅为试样发射的,不会混入来自电网的干扰,也为测量提供了一个稳定的 50 Ω 阻抗,使测量的干扰电压有统一的基准。

测量直接通过阻抗稳定网络上的监视测量端进行,此端口通过电容耦合的形式,将电源线上试样产生的干扰电压引出。测量连续波干扰电压由测量接收机接收,并通过阻抗稳定网络的转换系数将接收到的电压转换为线上的实际电压,得到不同频率上干扰电压的幅度。测试示意图如图 4－25 所示。

利用阻抗稳定网络测量连续波传导干扰需特别注意过载问题,试样因开关或瞬时断电会引起瞬态尖峰,其幅度远远超过接收机的测量范围,很容易损坏接收设备,因此需在接收设备前端加过载保护衰减器,并且保证在试样通电、调试好之后再接上测试设备。

测量尖峰干扰信号时,阻抗稳定网络的监视测量端接示波器,因为尖峰干扰电压的幅度较大,如交流 220 V 电源线的开关动作产生的瞬态电压尖峰可能达到 400 V。电源线上产生的尖峰信号通常在设备和分系统中操作开关、继电器闭合瞬间出现,属于瞬态干扰,测量过程中要不断做开关动作,通过具有一定带宽的带存储功能的示波器捕捉和测量。测试并记录一段时间内出现的尖峰干扰的最大值,将其与极限值比较,评价其是否超标。测试示意图如图 4-26 所示。

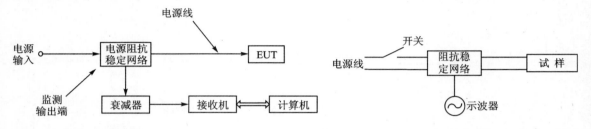

图 4-25  传导发射电源阻抗稳定网络法测量示意图      图 4-26  尖峰干扰信号测量示意图

3)功率吸收钳法

功率吸收钳法用于测量被测设备通过电源线辐射的干扰功率。对于带有电源线的设备,其干扰能力可以用起到辐射天线作用的电源线所提供的能量来衡量。该功率近似等于功率吸收钳环绕引线放置时能吸收到的最大功率。除电源线外的其他引线也可能以与电源线同样的方式辐射能量,吸收钳也能对这些引线进行测量。测量频段为 30~1 000 MHz。测试示意图如图 4-27 所示。

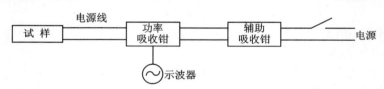

图 4-27  功率吸收钳测量传导发射示意图

4)定向耦合器法

测量发射机或接收机天线端子的传导发射时,采用定向耦合器法测量。通过定向耦合器将大功率的发射机天线输出接至模拟负载,通过定向耦合器的耦合端测量天线端口的传导发射。由于耦合出的载波功率仍很大,超出了接收机的幅度测量范围,而所测的传导发射值则远小于载波功率,因此需要将发射机的载波频率抑制掉,即在测量接收机和定向耦合器的耦合输出端之间接入抑制网络,其功能类似带阻滤波器,将载频抑制掉,测量可由自动测量系统完成,并给出测量的幅-频曲线。测量频段为 10 kHz~40 GHz。测试示意图如图 4-28 所示。

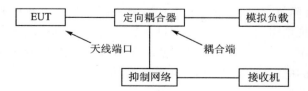

图 4-28  天线端子传导发射示意图

**2. 辐射发射测量试验**

辐射发射测量试样通过空间传播的干扰辐射场强,在标准要求的开阔场或半电波暗室中进行测试。由于符合要求的开阔场不易得到,现在大多在屏蔽暗室中测试。干扰信号通过测量天线接收,由同轴电缆传送到测量接收机测出干扰电压,再加上天线系数,即得到所测量的场强值。辐射发射分磁场辐射发射和电场辐射发射,两者测量的频段不同,所用天线也不相同。

(1) 测试布置

与传导测试相似,选择表面有金属接地板的或非导电的实验台,一般以试样实际使用的环境、地点为依据,如便携式设备可置于非导电实验台上,安装在船舱内的设备需在金属导电实验台上测试。被测电源线通过电源阻抗稳定网络接到电网上,试样的电缆可按所依据标准的要求摆放。在辐射发射测试中,电缆也是产生电磁辐射的干扰源,因此,电缆应与试样并排敷设,便于天线测试接收。天线到试样的测试距离为 1 m。

(2) 测量方法

1)磁场辐射发射测试

测量 25 Hz～100 kHz 频段来自试样及其电线和电缆的磁场发射,采用环形磁场接收天线,如图 4－29 所示。GJB 151A/152A 中规定环的直径为 13.3 cm,测量距离为 7 cm。测量时,将环天线平行于试样待测面,或平行于电缆的轴线,移动环天线,记录接收机指示的最大值,并给出所测频点和磁场强度的测量曲线。

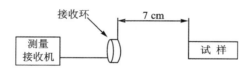

**图 4－29　磁场辐射发射测量示意图**

2)电场辐射发射测试

① 天线测量法　电场辐射发射是测量 10 kHz～18 GHz 频段来自试样及电源线和互连线的电场泄漏,测试要求在半电波暗室中进行,以排除外界电磁环境的影响。测试设备包括测量接收机、测量天线及阻抗稳定网络等。在整个测量频段,需由四副天线覆盖,不同频段需更换测量天线,分别为杆天线(10 kHz～30 MHz)、双锥天线(30～200 MHz)、双脊喇叭天线或对数周期天线(200～1 000 MHz)、双脊喇叭天线(1～18 GHz)。

② 近场探头测量法　近距离探测试样的电磁场辐射发射,如在机箱表面探测有电磁泄漏的缝隙,在电路板表面探查电磁辐射大的元器件,通过不同部位接收值大小的变化,可以判别电磁辐射或泄漏的位置。此方法多用于诊断测试。

**3. 传导抗扰度测量试验**

传导抗扰度测量试样对耦合到其输入电源线、互连线及机壳上的干扰信号的承受能力。施加的干扰信号类型主要有连续波干扰和脉冲类干扰。

(1) 测量设备

传导抗扰度测试所需设备主要包括三部分:信号产生器、干扰注入装置及监测设备。

1)信号产生器

信号产生器为被测设备提供测量标准规定的极限值电平。低频段可采用功率源或信号源加宽带功率放大器的方式得到所需电平;在需要调制信号输出时,可采用带调制的信号源加宽带功率放大器。频率范围为 25 Hz～400 MHz,一般需分频段由两台信号产生器覆盖。

2)干扰注入装置

干扰注入装置有注入变压器、电流注入探头、耦合网络等形式,依测量频段、测量对象和注入的干扰形式确定,一般测量标准会规定具体的干扰注入方式,以便保证测量结果的一致性。

3)监测设备

监测设备用于测量所施加的干扰信号是否达到标准极限值,通常采用示波器监测干扰电压,测量接收机加电流测量探头监测干扰电流。

其他辅助测量装置还有同轴衰减器、同轴负载等。

(2)测试方法

1)连续波传导敏感度测试方法

施加的模拟干扰信号为正弦波,对电源线进行测试时,50 kHz 以下考核来自电源的高次谐波传导敏感度;10 kHz～400 MHz 考核电缆束对电磁场感应电流的传导敏感度。干扰信号的注入方式与测量的频段及测试对象有关。

① 变压器注入法

变压器注入法适用于 50 kHz 以下频段电源线的连续波干扰注入。测试时,先截断靠试样端的一根被测电源线,将注入变压器的次级串入,信号产生器接在注入变压器的初级。因需要监测的是干扰电压,故采用示波器直接测量。测试连接示意图如图 4-30 所示。

测试时按频点施加干扰电压直到标准规定的限值,并观察试样的工作情况。

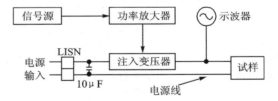

图 4-30　变压器注入法测传导敏感度示意图

② 电流探头注入法

电流探头注入法用于 10 kHz～400 MHz 频段电缆线束的连续波干扰注入。测试时,直接将电流注入探头卡在靠试样端的一束被测电缆上,信号产生器与电流注入探头相连。因需要监测的是干扰电流,故采用接收机或频谱仪加电流测量探头的方法进行监测。测试连接示意图如图 4-31 所示。

测试中,在信号产生器的每一个输出频率上分别调节输出幅度,使之达到标准规定的极限电平,保持输出不变,观察试样是否有工作失常、性能下降或出现故障的现象。

若发生敏感现象,则采用将信号产生器调到发生敏感的频率上,降低信号产生器输出幅度到敏感门限以下,然后再上升至门限值以上的方法来检查信号幅度的滞后,选择两者中较小的幅度作为敏感门限。

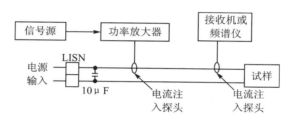

**图 4 - 31　电流探头注入法测传导敏感度示意图**

2）脉冲信号的传导敏感度测试方法

施加的模拟干扰信号为各种脉冲信号,考核被测设备电源线对尖峰信号的传导敏感度或电缆束对脉冲干扰产生的感应电流的传导敏感度。脉冲型干扰的注入方式有变压器注入法、并联注入法和电流探头注入法。

① 电源线尖峰信号传导敏感度测试方法

电源线尖峰信号传导敏感度模拟设备开关或因故障产生的电源瞬变所引起的瞬变尖峰信号,测试对象是从外部给试样供电的不接地的交流和直流引线,特别针对采用脉冲和数字电路的设备电源线。

对使用交流供电的试样,采用串联注入法,尖峰信号产生器接到注入变压器的初级,变压器的次级与被测电源线串联。测量连接图与图 4 - 30 相似,只要将其中的信号源、功率放大器换成尖峰信号产生器即可。而使用直流供电的设备则比较简单,尖峰信号产生器直接与被测电源线并联进行测量。测试连接图如图 4 - 32 所示。

② 阻尼正弦及瞬变脉冲传导敏感度测试方法

模拟干扰由阻尼正弦或瞬变脉冲产生器产生,测试对象为电源线和互连电缆束,考核被测设备电源线或电缆束对阻尼正弦或瞬变脉冲干扰的承受能力。干扰脉冲的注入方式采用电流探头注入法。测试示意图如图 4 - 33 所示。

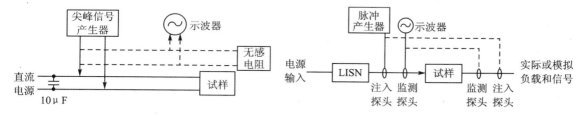

**图 4 - 32　并联注入法测尖峰信号传导敏感度**　　　**图 4 - 33　电流探头注入法测脉冲传导敏感度**

③ 电快速瞬变脉冲群抗扰度测量方法

电快速瞬变脉冲群模拟电感性负载在断开时,由于开关触点间隙的绝缘击穿或触点弹跳等原因,在断开点产生瞬态脉冲群。如果电感性负载多次重复开关,则脉冲群会以相应的时间间隔重复出现。这种瞬态脉冲的能量较小,一般不会引起设备的损坏,但由于其频谱分布较宽,所以仍会对电子、电气设备的可靠工作产生影响。详细的测试方法和要求见 GB/T 17626.4—1998《电磁兼容试验和测量技术 电快速瞬变脉冲群抗扰度试验》。

④ 浪涌抗扰度测试方法

浪涌抗扰度测试方法用于评估被测设备对大能量的浪涌骚扰的承受能力。浪涌来自电力系统的操作瞬态、感应雷击、瞬态系统故障等在电网或通信线上产生的暂态过电压或过电流。浪涌呈脉冲状，其波前时间为数微秒，脉冲半峰值时间从几十微秒至几百微秒，脉冲幅度可达几万伏，或一百千安以上，是一种能量较大的骚扰。对电子仪器、设备的破坏较大。浪涌抗扰度的波形、试验等级、试验设备和试验程序在 GB/T 17626.5 中有详细描述，可作为试验的依据和参考。

**4. 辐射抗扰度测量试验**

辐射抗扰度考核电子设备对辐射电磁场的承受能力，观其是否会出现性能降低或故障。试验对象包括电子系统、设备及其互连电缆。干扰场强分为磁场、电场和瞬变电磁场。干扰信号的类型可以是连续波、加调制的连续波及瞬变脉冲。辐射电磁场的施加方式有电波暗室中的天线辐射法、横电磁波传输室（Transverse ElectroMagnetic cell，简称 TEM 室）和吉赫横电磁波传输室（Gigahertz Transverse ElectroMagnetic cell，简称 GTEM 室）法等。测量在半电波暗室、TEM 室或 GTEM 室这样带屏蔽的环境中进行，可以防止很强的辐射电磁场对周围环境及测量仪器、测试人员造成不必要的影响。

（1）测量设备

辐射抗扰度测试所需设备主要包括三部分：信号产生器、场强辐射装置及场强监测设备。

1）信号产生器

信号产生器为被测设备提供测量标准规定的极限值电平。它可以是一台具有一定功率输出的信号发生器，也可用信号源加宽带功率放大器得到所需功率输出；在需要加调制时，可采用带调制的信号源。频率范围为 25 Hz～18 GHz（或 40 GHz），一般需分频段由多台信号产生器覆盖。

2）场强辐射装置

场强辐射装置有天线、TEM 室和 GTEM 室等形式。天线发射可覆盖全频段，为多数测量标准推荐的方法；TEM 室和 GTEM 室频率高端受其本身的尺寸限制，一般 TEM 室做辐射抗扰度测试最高可用到 500 MHz，GTEM 室可用到 6 GHz（理论上可达 18 GHz，但随频率的升高，衰减增大及驻波影响，1 GHz 以上频段不推荐使用）。

3）场强监测设备

场强监测设备用于测量所施加的场强是否达到标准极限值，通常采用带光纤传输线的全向电场探头监测。其他辅助测量装置还有同轴衰减器、同轴负载、定向耦合器和功率计等。

（2）测试方法

1）用天线法进行辐射抗扰度测试

在半电波暗室中进行天线法辐射抗扰度测试时，标准规定电场发射天线距试样 1 m，磁场天线距试样表面 5 cm。发射的干扰电磁场应对着试样最敏感的部位照射，如有接缝的板面、电缆连接处、通风窗和显示面板等处。天线法辐射抗扰度测量示意图如图 4-34 所示。

用于抗扰度测量的发射天线通常是宽带天线，可承受大功率。一般 25 Hz～100 kHz 磁场辐射抗扰度，采用小环天线；电场辐射抗扰度 10 kHz～30 MHz 用平行单元天线，30～200 MHz 用双锥天线，200～1 000 MHz 用对数周期天线，1 GHz 以上采用双脊喇叭或角锥喇叭天线。

辐射场强所需的宽带功率放大器的最大输出功率由辐射的场强来确定，一般辐射为 20 V/m 场强，10 kHz～200 MHz 需 1 000 W 功率放大器，200～1 000 MHz 需 75 W 功率放大器即可。因为在低频段，发射天线的尺寸远小于工作波长，辐射效率很低，必须用大功率推

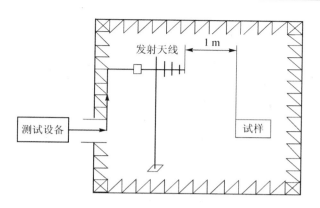

**图 4-34　天线法测量电场辐射抗扰度**

动,才能达到要求的场强值。

2)TEM 室和 GTEM 室辐射抗扰度测试方法

对于预兼容测试,可在 TEM 传输室中进行。此装置是扩展的 50 Ω 传输线,它的中心导体展平成一块宽板,称为中心隔板。当放大的信号注入到传输室的一端,就能在隔板和上下板之间形成很强的均匀电磁场。使用 TEM 室的好处是可以不必占用大的试验空间,并且用较小的功率放大器即可得到所需强度的场强。缺点是试样的尺寸受均匀场大小的限制,不能超过隔板和底板之间距离的 1/3,TEM 室的尺寸也决定了测试的上限频率,TEM 室尺寸越大,最高使用频率就越低。在 TEM 室内测量辐射抗扰度示意图如图 4-35 所示。

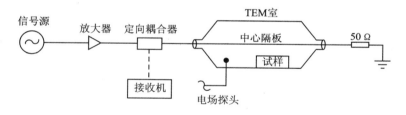

**图 4-35　TEM 室测量辐射抗扰度**

GTEM 室是在 TEM 室的基础上发展起来的。与 TEM 室一样,GTEM 室是一个扩展的传输线,其中心导体展平为隔板,其后壁用锥形吸波材料覆盖,隔板与分布式电阻器端接在一起,成为无反射终端。产生均匀场强的测试区域在隔板与底板之间,测试时,试样置于均匀场中,试样尺寸的最大值限制是小于内部隔板和底板之间距离的 1/3。GTEM 室的优点与 TEM 室相似,且使用频率上限有所扩展,可达几个 GHz。测试示意图如图 4-36 所示。

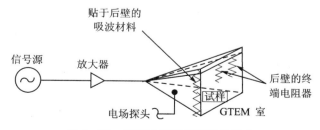

**图 4-36　GTEM 室测量辐射抗扰度**

# 习　题

4.1　依据国内外环境试验相关标准,试分析环境试验的影响因素。

4.2　什么是装备环境试验? 装备环境试验主要分为哪些类型?

4.3　装备环境试验顺序应遵循哪些原则? 如何对试验条件进行剪裁?

4.4　装备环境试验的基本程序是什么? 选择一类气候环境试验,试阐述其具体试验程序。

4.5　针对电子设备来讲,环境试验的重点内容是什么?

4.6　分析力学环境试验要求,试设计某种装备或部件的振动试验程序。

4.7　选取一种电发火弹药,试分析开展电磁环境试验的类型及具体的试验方法。

4.8　试分析加速试验技术在装备环境试验中的运用。

# 第5章　装备环境防护

装备在给定环境系统中的性能、可靠性、安全性等取决于两方面：一是装备自身适应环境的能力，即装备环境适应性；二是给定环境条件下装备防护技术的水平，即装备环境防护。前者将在第6章详细阐述，本章主要阐述装备环境防护的相关技术方法。

环境防护是装备环境工程的有机组成部分，其本质是指通过采用一定的技术方法在装备与环境之间实现一定程度的状态控制，抵制外界环境因素的不良影响，并在装备周围营造或维持特定良性环境，以有效保证装备的各项性能。针对不同的环境、不同的装备所采用的防护技术方法也是不同的。本章针对装备防护领域常用的防潮阻隔技术、缓冲包装技术和电磁屏蔽技术予以介绍。

## 5.1　防潮阻隔技术

大气腐蚀的影响因素主要有湿度、温度和大气成分等，潮湿环境对装备质量影响尤为明显。装备防潮的技术关键是阻隔，即通过表面涂覆、密封包装和环境控湿等手段，将装备与水蒸气进行隔离，从而延缓装备锈蚀、霉变、失效等各种环境效应。常见的装备防潮技术包括表面涂覆技术和包装封存技术。

### 5.1.1　表面涂覆技术

表面涂覆技术即将涂料、油脂或塑料薄膜等材料直接涂覆于装备表面，以阻隔外界潮湿环境对装备的作用，实现装备防护目的，是目前应用最为广泛的一种防护技术。涂覆材料即防护涂层可分为金属镀层和非金属涂层两大类。金属镀层既可按所镀金属分类，也可以按采用的工艺分类；非金属涂层则包括有机涂层、无机涂层和转化膜等，如图5-1所示。由于涂覆材料特性的不同，采用的工艺和方法各不相同，达到的防护效果也各异。本节重点介绍涂料、油脂、塑料和金属镀膜等防护技术。

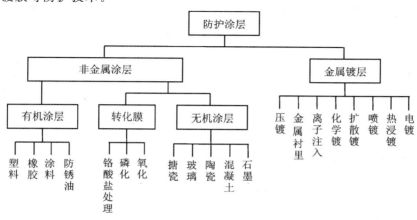

**图5-1 防护涂层的分类**

## 1. 涂　料

涂料是一种对装备腐蚀控制最经济、有效和可靠的手段。利用涂料控制腐蚀有以下优点：施工方便，而且易于现场施工，尤其适用于大面积、造型复杂的装备及构件的保护；不需要贵重的施工设备，成本较低；可通过添加各种填料和颜料，制成各种具有特殊功能的涂层，如各种隐身涂层；可与其他防护措施联合使用（如：阴极保护、金属涂镀层等），从而获得更好的防护性能。因此，涂料在武器装备及其基础设施的腐蚀控制中得到广泛应用。美军曾在通用弹药、舰艇等装备采用长寿涂层技术，使用寿命可达 20 年，每年节约数千万美元的维修费，同时由于减少维修而提高了装备的战备性能。

（1）防腐涂料

1）环氧涂料

在防腐涂料中，环氧涂料是应用最广泛的涂料品种之一。环氧树脂具有良好的耐酸性、耐碱性、耐水性、低收缩率和优良的附着力，但是存在固化应力较大，耐候性和耐紫外光性较差等缺点。因此，一般通过环氧结构改性、环氧合金化、填充无机填料和膨胀单体改性等高性能化后制成防腐涂料。以环氧防腐涂料的化学改性方法为例，较为常见的如聚合物改性、纳米材料改性和水性改性等。聚合物改性包括聚氨酯改性溶剂型环氧防腐涂料，如用蓖麻油反应物、E－20环氧树脂与 TDI（甲苯二异氰酸酯）反应，制得环氧-聚氨酯互穿聚合物网络作为防腐涂料的基料，兼有聚氨酯和环氧树脂的优点；有机硅改性溶剂型环氧防腐涂料，如用有机硅树脂和磷的化合物改性环氧树脂制成有机硅/含磷环氧防腐涂料，用烷氧基硅烷树脂和氢化环氧树脂制得有机无机杂化防腐涂料；其他聚合物改性溶剂型环氧防腐涂料，如用聚酰胺改性环氧树脂、聚硫橡胶改性环氧树脂和聚苯胺翠绿亚胺改性环氧树脂等。纳米材料由于其独特的物理和化学性质，与环氧防腐涂料结合使用可使环氧防腐涂料的各项性能得到很大提高，如纳米复合铁钛粉、纳米二氧化钛、纳米二氧化硅和多壁碳纳米管等均可和环氧树脂制成防腐涂料。另外，随着人们环保意识的增强，人们开始着手研究环氧树脂的水性化。通过对水性环氧涂料的改性，可使水性环氧涂料的性能更加接近于溶剂型涂料。

2）聚氨酯涂料

聚氨酯涂料具有许多优异的性能，如高硬度、耐磨损、柔韧性好、耐化学品性、附着力强、成膜温度低和可室温固化等。由于传统的聚氨酯涂料中添加的有机溶剂对人类和环境造成危害，水性聚氨酯应用越来越多。水性聚氨酯防腐涂料中含有大量的氨酯键、酯键、醚键和酰胺键等键结构，这些特殊键结构赋予了涂料优异的粘合性、耐磨性、柔韧性、耐化学品性、耐溶剂性、耐候性及耐腐蚀性。目前的水性聚氨酯防腐涂料主要有单组分水性聚氨酯、双组分水性聚氨酯及改性水性聚氨酯。单组分水性聚氨酯是应用最早的水性聚氨酯涂料，其优点是以水为分散介质，施工简单环保，可以低温固化，但是其力学性能、耐化学品性、耐水性和耐溶剂性较差。一般通过引入交联剂或者采用内交联法，提高单组分水性聚氨酯的性能。双组分水性聚氨酯涂料主要由含羟基的水性多元醇和低粘度含异氰酸酯基的固化剂组成，其涂膜性能主要由羟基树脂的组成和结构决定。涂料不但具有优异的物理性能，而且具有优异的耐老化、耐强酸、耐强碱、耐盐雾和耐盐水、耐油等性能。为提高水性聚氨酯涂料的综合性能，弥补由亲水基团导致的防腐蚀性、耐溶剂性及耐水性欠佳的缺陷，通常在聚氨酯分子主链或侧链上引入环氧树脂、丙烯酸酯和有机硅等功能性有机物制备成网络状聚合物，或在水性聚氨酯中添加纳米粒子，或对水性聚氨酯进行多元复合改性，以此来改善水性聚氨酯的防腐蚀性能。

3）聚苯胺防腐涂料

聚苯胺是从苯胺单体出发，通过化学氧化聚合或电化学聚合得到的一类导电高分子材料，它除具有其他芳杂环导电聚合物所共有的性质外，还具有独特的掺杂现象，可逆的电化学活性，较高的电导率，化学和热稳定性好，以及原料易得、合成方法简便等特点。1985 年 DeBerry 首次在不锈钢上电沉积聚苯胺膜，发现不锈钢在硫酸溶液中的腐蚀速率显著降低，从此聚苯胺和其他导电高分子作为新型的防腐蚀材料，日益受到环境保护工作者的关注。与常规缓蚀剂如铬酸盐、钼酸盐等相比，聚苯胺对环境没有任何副作用，是一种符合时代和科技发展的绿色缓蚀剂，目前广泛用于汽车、桥梁、造船业等恶劣条件下的重防腐。导电聚苯胺是一种具有氧化还原能力的共轭高分子，其氧化电位比铁高，二者接触时，在水和氧的参与下聚苯胺与铁分别发生氧化反应，使铁表面生成由 $Fe_3O_4$ 和 $\gamma - Fe_2O_3$ 组成的钝化层并且使氧化电位升高、极化电阻增大和腐蚀电流减小，从而阻止了腐蚀的发生。聚苯胺通过可逆的氧化还原反应，能催化氧的还原，在以氧为主要腐蚀物质的环境中聚苯胺起到了除氧剂的作用，从而降低了金属的腐蚀。此外，对掺杂态聚苯胺而言，掺杂剂离子会通过聚苯胺的氧化还原过程释放出来，某些本身具有缓蚀作用的掺杂剂离子，可能会促进聚苯胺/金属界面处致密氧化层的形成，或者对涂层缺陷处的金属产生缓蚀作用。为了发挥聚苯胺的防腐蚀作用，一般是以低含量的聚苯胺与聚合物基料配制成底漆，再与对水和离子有较好屏蔽作用的面漆配套应用，以达到良好的防腐效果。

4）高固体分涂料

普通防腐涂料中一般含有 40％左右的可挥发成分，它们绝大多数为有机溶剂，在涂料施工后会挥发到大气中去，不仅造成涂层缺陷影响防腐效果，而且污染环境。因此，近年来高固体分涂料成为涂料开发的新方向，目前增长速度超过了 5％，在美国汽车涂料中 95％是高固体分涂料。高固体分涂料中的挥发成分低，但并不降低涂料的施工性能与成膜性能，不仅能节省涂料生产和使用中的溶剂，降低污染，还能利用现在的施工设备，节省能源。对于不同种类的高固体分涂料，采用不同的技术措施，以达到降低溶剂使用量的目的。例如，高固体分醇酸树脂涂料的制备可以通过改变酯分子的结构以降低树脂的黏度，使用不同性能的助剂来改善涂料的性能；制备高固体分聚氨酯涂料，则使用高反应活性的多异氰酸酯交联剂及采用活性稀释剂取代一般的有机溶剂；制备高固体分丙烯酸涂料，除降低树脂的相对分子质量外，其官能团在分子中分布的均匀性十分重要，在合成单体的过程中，可加入链转移剂通过对链自由基的转移来调整聚合物的相对分子质量，增加涂料单体相对分子质量的均匀性，并使活性基团在涂料单体中分布得更均匀，提高漆膜的质量。目前，国外已研制出固体含量很高（达 95％）的防腐涂料，在油气田及水电工程中得到应用并取得很好的效果。国内有研究报道，采用改性环氧和聚氨酯预聚物制备的高性能、高固体分涂料的固体含量达 97％，涂料一次涂覆厚度在 150 $\mu$m 以上，同等条件下涂层出现针孔的数量比普通防腐涂料少 2/3 以上，且具有可挥发成分极少，高压下抗渗透性强，固化时间短，涂层光滑致密，抗冲击强度好，抗流挂性和施工工艺性好等优点。

5）鳞片树脂涂料

金属及某些无机化合物经用物理或化学的特殊方法处理后，使其呈大小一定、微厚的薄片，工程上称为鳞片。以鳞片为填料，合成树脂为成膜物质（黏合剂），再加以其他添加剂，可制成耐腐蚀材料。鳞片树脂涂料有下列共性：抗渗透性好、收缩性小、抗冲击性和耐磨性好。目

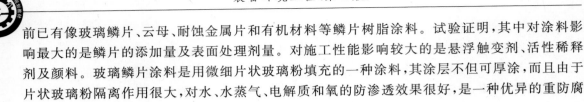

前已有像玻璃鳞片、云母、耐蚀金属片和有机材料等鳞片树脂涂料。试验证明，其中对涂料影响最大的是鳞片的添加量及表面处理剂量。对施工性能影响较大的是悬浮触变剂、活性稀释剂及颜料。玻璃鳞片涂料是用微细片状玻璃粉填充的一种涂料，其涂层不但可厚涂，而且由于片状玻璃粉隔离作用很大，对水、水蒸气、电解质和氧的防渗透效果很好，是一种优异的重防腐涂料。

6）无机富锌涂料

无机富锌涂料有水性和溶剂型两类。前者是以硅酸钠为基料，后者是以正硅酸乙酯为基料。正硅酸乙酯可溶于有机溶剂，涂刷后，在溶剂挥发的同时，正硅酸乙酯中的烷氧基吸收空气中的潮气并发生水解反应，交联固化成高分子硅氧烷聚合物。由正硅酸乙酯与锌粉（质量分数为70%～90%）制成的富锌涂料，锌粉具有阴极保护作用，所以该涂层有好的耐热性、耐磨性和耐溶剂性，同时有强的防锈性。其缺点是涂膜韧性差，往往须加一些有机树脂进行改性。

7）不锈钢粉末涂料

不锈钢粉末是近年发展起来的金属颜料，由于其具有不活泼性，特别是在高温强腐蚀环境中的防护性极好，所以既可用做主要颜料，也可作为复合颜料的一部分，与黏合剂组成防护性涂料。研究发现，通过极化方法可以实现不锈钢颜料与环氧树脂的最优化组合，生成的粉末环氧涂料可以弥补环氧树脂表面耐磨性差的缺点，从而可以直接用于露天环境。该涂料是双组分涂料，一部分是将70%的环氧树脂溶于甲基异丁酮、二甲苯等溶纤剂；另一部分则是由70%的聚酰胺溶于二甲苯而得，使用时将两者混合即可。通过力学、加速老化、电化学等方法测试可知，该涂料有良好的力学性能及在NaCl等溶液中长期保持金属形貌稳定的特性。

（2）军用防腐涂料发展趋势

目前，军用防腐涂料和涂装有两个问题引起人们的普遍关注：一是提出降低全寿命期总费用的腐蚀控制新策略，改变一味追求战技性能和降低采办成本的做法；二是寻求环境友好、环境兼容的涂料涂装技术。

1）长寿命涂层技术和简单涂装工艺

在降低全寿命期总费用的前提下，开发长寿命涂层技术、寻求更加简单的涂装工艺和更短的施工周期成为防腐涂料的重要发展趋势。提高涂装涂层的服役寿命，可以减少反复重新涂漆而造成的人力、物力的消耗，同时由于减少停机维修的时间而提高装备的战备性能。比如美国陆军委托新泽西工学院（New Jersey Institute of Technology）研发的"聪慧"涂层技术，该涂层主要用于军用车辆和直升机，当有腐蚀和划伤时，能自我检测和恢复。同时，涂层能在战场上自动改变颜色以融入背景，使装备具有瞬间隐蔽的能力。

但是，提高涂层的服役寿命要以减少全寿命期总费用为前提。美国海军在3艘小型舰艇上采用了全氟树脂涂料，因而使涂层的使用寿命提高2倍，但是由于成本过高而没有得到推广。简单的涂装工艺和短的施工周期，可以减少人力的消耗和停机维修时间，对减少全寿命期总费用很有价值。为此，应大力开发常温、快速固化涂层。

2）高环境兼容性涂层技术

在相关环保法规的约束下，开发高环境兼容性涂层技术。在环境保护方面，美国环境保护局出台了强制性的法规和标准，对有害气体、重金属和放射性等危害人类生存和健康的问题进行详细的规定。武器装备及其基础设施生产、维修、储存和训练过程中，必须满足环保法规的规定，其中有机挥发气氛（VOC）和重金属问题是主要问题。因此，目前重点开发低VOC和低

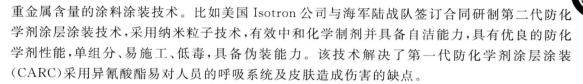

重金属含量的涂料涂装技术。比如美国 Isotron 公司与海军陆战队签订合同研制第二代防化学剂涂层涂装技术,采用纳米粒子技术,有效中和化学制剂并具备自洁能力,具有优良的防化学剂性能,单组分、易施工、低毒,具备伪装能力。该技术解决了第一代防化学剂涂层涂装(CARC)采用异氰酸酯易对人员的呼吸系统及皮肤造成伤害的缺点。

**2. 油　脂**

油脂主要用于金属防腐领域,主要依靠油层使防锈表面与大气隔离而达到防锈目的。早期较为常见的油脂如炮油,在常温下呈半固体膏状,其主要成分为 $60\%\sim75\%$ 的石油脂和 $25\%\sim30\%$ 的 11 号汽缸油,其中不含任何对铜和钢起保护作用的防腐添加剂。油脂封存具有取材容易、成本较低、适应性广和防护性能好等优点,在低温、干燥地区,基本能满足防锈要求。缺点也较为明显:封存期较短,一般防锈油脂的防锈期为 3～5 年,当防锈油脂变质时需要重新换油;须与外包装材料配合使用,启封手续麻烦,尤其是对用厚油封存的装备,2～3 mm 厚的油层必须在使用前予以刮除,难以适应随时使用的要求。另外,在高温(30～40 ℃)、高湿(相对湿度 80%)地区,厚层炮油是不能防锈的。

防锈油封存是目前军械、动力机械等常用的防锈涂敷层。防锈油是在基础油(机械油或变压器油等)中加入多种添加剂的复合产品,如两种(或两种以上)的复合缓蚀剂、成膜剂、稀释剂等。防锈油比早期使用的防锈炮油具有显著的优越性。主要特性是:油膜薄,膜层均匀透明,其膜层一般为 10～20 $\mu m$,最薄者仅为 3 $\mu m$;用油少,同样涂油面积上,薄层防锈油用量仅为炮油的 1/200;防锈效果好,不仅对钢有较好的防锈能力,而且对铸铁、铝、铜、黄铜都有较好的防锈能力;施工简单,既可喷涂,又可刷涂,不必另行加热,除油启封方便,用毛巾沾汽油轻擦即可,紧急情况下,弹药枪炮可以不除油进行射击。

（1）防锈缓蚀剂作用机理

按美国材料与试验协会 ASTM-G15 的定义,缓蚀剂是一种以适当的浓度和形式存在于环境(介质)中,即可以防止或减缓腐蚀的化学物质或复合物。它的作用机理,目前分为成膜理论和吸附理论。成膜理论认为:缓蚀剂分子吸附于金属表面以后,即与表面金属发生作用,形成不溶性或难溶于水的钝化膜,从而阻滞了金属的腐蚀过程。吸附理论认为:油溶性缓蚀剂分子结构具有不对称性,由极性部分和非极性部分组成,极性部分如—OH、—COOH、—$SO_3^-$,—$NH_3^+$ 等与金属、水等极性物质有亲合力;非极性部分(烃基)因与油的结构相似,从而有亲油、憎水的能力,这种双亲分子的极性头吸附在金属表面上,而非极性尾溶于油中,这样便产生了缓蚀剂分子在油-金属界面上的定向吸附现象。

缓蚀剂作用过程如下:当防锈油涂到金属表面时,由于缓蚀剂和金属表面的吸附作用,缓蚀剂极性分子成定向排列,其极性部分指向金属,并牢固地吸附在金属表面,非极性部分向外溶于油分子群中,共同形成一层排列紧密的吸附膜,因而阻缓了腐蚀介质对金属的侵蚀,缓蚀剂极性分子在定向排列时,还能吸附汗液中的无机盐类,使盐类溶解,并扩散到油中去,防止金属生锈。

此外,由于缓蚀剂分子极性部分较水分子的极性更强,当把防锈油涂于金属表面时,缓蚀剂还能把金属表面吸附的水分子置换掉,油溶性缓蚀剂在防锈油中增加了油膜的分子密度,形成更加紧密的膜层,能增加与金属之间的吸附力,所以提高了油膜抗外部腐蚀介质侵蚀的能力。

（2）防锈剂的应用

防锈剂主要用于没有镀层、涂层保护金属表面。铜、镍、铬或其他耐蚀的合金材料在非关键部位可不用防锈剂。纺织品、绳索、橡胶、塑料、云母、皮革及皮革制品等易受防锈剂的损害，在无特殊规定的情况下，不应使用防锈剂。某些类型的电气和电子设备如电容器、配电盘、电机转子等需涂敷防锈剂时，要采取屏蔽措施。

选择防锈剂时必须考虑：装备中所有材料的种类，特别是所有金属与非金属材料的种类和性质是否与所选防锈剂中各种成分相容，装备需要涂敷防锈剂的必要性和封存期长短要求。

1）多种缓蚀剂协同使用

所谓多种缓蚀剂协同使用，是指使用两种（或两种以上）复合缓蚀剂，比其中任何一种缓蚀剂单独使用具有更为优良的效果，即一组缓蚀剂其总防锈效率经常是大于各缓蚀剂单独使用时的缓蚀效率。此时，协同缓蚀剂的综合作用，显然是一种缓蚀剂在抑制阳极过程的同时，而另一种缓蚀剂却有抑制阴极过程的作用；由于相反电荷离子的相互作用，某些缓蚀剂的阴离子被吸附在金属阳极表面上，而某些缓蚀剂的阳离子则吸附在金属阴极表面上，从而阻滞两个电极的反应。

但是必须指出：两种缓蚀剂同时使用时，应该注意避免混合型缓蚀剂因吸附速度差异造成对某些金属保护的同时，而又使另一些金属遭到腐蚀。而复合协同缓蚀剂，一旦在防锈介质中分解，不同防锈基团就会各自与其亲合的金属进行优先吸附，从而达到同时协同保护的作用。

2）关于防锈油层厚度问题

根据实践证明：并不是防锈油层越厚，防锈的效果越好。而防锈油层的厚薄不是影响防锈效果的主要原因。如以水蒸气为例，它透过 2 mm 厚的变压器油层的速度为每昼夜 2 mm/cm$^2$，当油膜从 2 mm 增加到 20 mm 时，也很少能减弱水蒸气穿透的危害。关键是必须选择极性很强的缓蚀剂作为薄层防锈油的添加剂，这样就能增加油分子与金属表面的结合力，这样也就控制了阳极过程的进行，因而就有较好的防锈效果。当前对于防锈油层厚度问题的研究总是向薄层，超薄层和极薄层方向发展。如 2 号硬膜防锈油、MIO 超薄层防锈油和极薄层防锈油，其膜层从 10～20 μm，发展到只有 3 μm。大中口径炮弹涂敷 2 号硬膜防锈油后，再用浸蜡纸包裹油层，在一般库房里储存可在 5 年以上不生锈变质。特别是超薄层油膜在 3 μm 以下者，炮弹、枪炮可不除油即可投入使用，目前硬膜油还在鱼雷、导弹外部涂用，都取得较好的效果。

3）关于添加剂的浓度问题

关于防锈油中添加剂的浓度，以前存在争议，有人认为，随着浓度比例的提高，极性分子吸附在金属表面就越多，防锈效果就越好。也有人认为，防锈效果的好坏不全在添加剂的浓度，而在于极性分子在金属表面定向吸附的强弱。譬如在 MIO 超薄层防锈油的研制中发现：添加剂的量和防锈效果并不成正比。如 A5 号钢片，涂上 M1 添加剂浓度为 3% 的防锈油，当 RH＞95% 的条件下，在湿热箱里保持 100 h 不锈。如把 M1 添加剂的浓度增加到 4%，其他条件不变，也只能保持 100 h 不锈。一般极薄层防锈油，其中缓蚀剂含量只需 10% 左右。一旦使用后溶剂挥发，油膜中几乎具有 100% 的缓蚀剂。这一层高浓度缓蚀层必然产生两个结果：一是"单分子吸附层"厚度加强，缓蚀能力增加；二是薄层油膜比厚层油膜的防锈能力更强（主要指水、杂质通过能力变小）。由此可见，在配制防锈油时，添加剂的量应有一定的限度，过多并没有提高性能，反而是一种浪费。

4）防锈润滑两用油

防锈润滑两用油是指具有防锈与润滑双重性能的油品,可用于机器工作时的润滑,又可用于机械封存时的防锈。这类油根据不同的使用要求,又分为内燃机防锈润滑油、液压设备防锈润滑油、机械设备防锈润滑油和仪表防锈润滑油等。防锈润滑两用油特别适合于工作机械的封存,如封存前,在润滑油中加入适量的两用油,这样既可通过运转检查机械工作是否正常,又可把防锈油均匀分布到各个摩擦面上,以保证防止这些表面的锈蚀。目前,部队在舰艇、坦克和汽车封存时,广泛使用防锈润滑两用油进行发动机的封存,有的是在发动机工作一段时间停车后,向发动机气缸中用喷枪射油,有的是先灌入润滑系统中,利用发动机工作把防锈油布于各处需要部位。

**3. 可剥性塑料**

可剥性塑料涂覆于金属表面后,塑料涂膜阻隔环境腐蚀性物质与金属表面的直接接触,而涂膜内能析出由极薄的油液和缓蚀剂组成的保护性钝化液体,这种双重保护使得可剥性塑料封存效果十分显著,在较恶劣的条件下封存期可达 10 年以上。

保护液使涂膜层不直接粘附在被保护体上,启封容易,不需溶剂,只需用木片或手指即可剥离,减少了擦拭清洗工作量,也给军械装备的紧急启用创造了良好的条件。此外,干结后的涂膜具有一定的弹性,能承受一定的摩擦与冲击。大多数可剥性塑料与黑色金属、有色金属均有较好的适应性,这些都使得可剥性塑料在装备防护领域逐步得到广泛应用。

（1）组　成

可剥性塑料一般由成膜剂、增塑剂、润滑剂和溶剂等组成,如表 5－1 所列。

表 5－1　可剥性塑料组成

| 组　分 | 功　能 | 材　料 |
|---|---|---|
| 成膜剂 | 构成可剥性塑料的主要成分 | 过氯乙烯、聚乙烯-醋酸乙烯共聚物等 |
| 增塑剂 | 降低聚合物分子间的引力,增加塑料膜层的塑性,降低脆性提高弹性 | 邻苯二甲酸二丁酯、磷酸三丁酯等 |
| 润滑剂 | 降低塑料膜层与金属表面的粘结力,提高塑料层的可剥性。同时还有溶解缓蚀剂,组成防锈油的作用 | 变压器油、航空润滑油 |
| 溶剂 | 溶解树脂,调节粘度,便于施工保证成膜性 | 二甲苯、香蕉水、丙酮等 |
| 稳定剂 | 防止和减缓塑料的分解老化 | 二苯胺、2,6-二叔丁基对甲酚、硬脂酸钙等 |
| 防霉剂 | 防止塑料因发霉引起对金属的腐蚀 | 硫柳汞、醋酸基汞等 |
| 缓蚀剂 | 在金属表面分解和散发出缓蚀剂基团 | 羊毛脂、石油磺酸钡等 |
| 防水剂 | 提高膜层的密封性能 | 石蜡、蜂蜡等混合物 |

1）成膜剂

成膜剂是可剥性塑料的主体,决定了防护塑料的抗张强度、延伸率大小、可剥性、密封性好坏和防锈的优良程度。合理的选择成膜物质是确定塑料膜好坏的关键,要求成膜性好,具有较高的机械强度,耐水、耐寒、耐热及化学稳定性要好,并能与配方的其他添加剂均匀混合。有的可剥性塑料还使用辅助成膜剂提高膜层的机械强度,改善柔韧性、混溶性、流平性。常用成膜剂有过氯乙烯、聚乙烯-醋酸乙烯共聚物和乙基纤维素等。

2)增塑剂

增塑剂能降低聚合物中分子间的作用力,增加塑性及降低玻璃化温度,使成膜物质在一定的温度范围内具有优良的柔韧性。常用的增塑剂有邻苯二甲酸二丁酯、邻苯二甲酸二辛酯、蓖麻油、聚乙二醇和环氧树脂等。

3)缓蚀剂

可剥性塑料防止金属锈蚀,除了靠一层均匀的塑料膜层隔绝空气和腐蚀性介质外,还须有赖于溶解在防锈油中的缓蚀剂。它分解和散发出缓蚀剂基团在金属表面起防锈作用。常用的缓蚀剂有羊毛脂、石油磺酸钡等。

4)防水剂

一般的可剥性塑料膜层,仍有一定的透气性,所以加入适量的防水剂可提高膜层的密封性能,常用的防水剂有石蜡、蜂蜡等混合物,但用量不能多,如果加入的量过多,不仅影响其干燥时间,而且还影响膜层的韧性。

5)其他助剂

稳定剂,用于防止和减缓塑料的分解老化。常用的抗老化稳定剂有二苯胺、2,6-二叔丁基对甲酚和硬脂酸钙等。

润滑剂,用来降低塑料膜层与金属表面的粘结力,提高塑料层的可剥性。同时,还有溶解缓蚀剂,组成防锈油的作用。常用的润滑剂有变压器油、航空润滑油等。

防霉剂,防止塑料因发霉引起对金属的腐蚀。常用的防霉剂有硫柳汞、醋酸基汞等。

溶剂,溶解树脂,调节粘度,便于施工保证成膜性。为了提高溶解度和得到性能较好的塑料膜层,一般采用混合溶剂。常用的溶剂有二甲苯、香蕉水、丙酮等。

(2)分 类

可剥性塑料分为热熔型可剥性塑料和溶剂型可剥性塑料。

1)热熔型可剥性塑料

热熔型可剥性塑料是树脂在加热熔化的情况下和其他辅助材料混合在一起,组成的一种柔软的塑料。使用时要加温至 160 ℃左右,一般用浸涂法在金属表面形成 1.5~2 mm 厚的塑料膜,膜层富有弹性,机械强度较高,防锈性也好,但要高温浸涂,使用受到了限制。

某可剥性塑料参考配方如表 5-2 所列,主要适用于一些贵重金属工具的封存。

表 5-2 某热熔型可剥性塑料组成

g

| 组成成分 | 用 量 | 组成成分 | 用 量 | 组成成分 | 用 量 |
|---|---|---|---|---|---|
| 乙基纤维素 | 35 | 硫柳汞 | 0.05 | 羊毛脂 | 1 |
| 石蜡 | 0.1 | 蓖麻油 | 6.5 | 苯三唑 | 0.1 |
| 13#锭子油 | 48 | 二苯胺 | 0.5 | 邻苯二甲酸二丁酯 | 20~25 |

其配制工艺如下:

① 将乙基纤维素在(105±5)℃温度下烘 2~3 h,使之干燥无水分。

② 将定量的蓖麻油,羊毛脂、二苯胺加入锭子油中,加热至 140~150 ℃;搅拌混合均匀后,再加入石蜡、硫柳汞,升温至 160~170 ℃后加入乙基纤维素,迅速搅拌使之全溶。

③ 将苯三唑溶于邻苯二甲酸二丁酯中,然后加入已溶好的塑料溶液中,搅拌均匀;再升温

至 175 ℃继续搅拌约 10 min,在 160～170 ℃静置 2～3 h 无气泡后即可使用。

2)溶剂型可剥性塑料

溶剂型可剥性塑料是将树脂溶解在有机溶剂中,并添加其他成分,变成在常温下是液态的塑料液。在常温状态下可浸涂或喷涂,经 20～30 min 干燥即可在表面上形成 0.2～1 mm 厚的塑料膜。其防锈性虽不及热熔型可剥性塑料好,但由于常温下涂覆,却大大扩充了可剥性塑料的使用范围。

某溶剂型可剥性塑料参考配方如表 5-3 所列,对炮弹定心部、弹带封存效果良好。它不适用于结构复杂,特别是有盲孔的军械,因为启封剥离时特别困难。

表 5 - 3　某溶液型可剥性塑料组成
份

| 组成成分 | 用　量 | 组成成分 | 用　量 |
|---|---|---|---|
| 聚苯乙烯 | 30 | 苯 | 26 |
| 邻苯二甲酸二丁酯 | 12 | 甲苯 | 44 |
| 25♯变压器油 | 3 | 醋酸丁酯 | 17 |
| 无水羊毛脂 | 0.6 | | |

其配制工艺如下:

① 将邻苯二甲酸二丁酯、无水羊毛脂、变压器油混合加热到 100 ℃溶解;

② 将聚苯乙烯溶于苯、甲苯、醋酸丁酯的混合溶剂中;

③ 将上面调配的两种溶液混合搅拌至全溶,待气泡全部消除后即可使用。

## 5.1.2　包装封存技术

包装是装备系统的有机组成部分,随着新技术、新材料在武器装备的广泛应用,装备系统性能得到提高的同时,对环境防护的需求也在不断提高。包装作为实现装备防护的重要技术手段之一,直接影响到装备储存的可靠性、安全性及保障能力。按包装技术分类有防潮包装、防锈包装、防霉包装、缓冲包装、防静电包装和防电磁包装等,这里重点介绍常见的防潮包装封存。

**1. 密封包装封存**

密封包装封存是指利用具有阻隔性的材料制成一定形式的密封容器,将被包装物与氧气和水汽隔开的一种封存技术。该方法把装备同其周围的自然环境隔离,不仅避免了周围自然气氛对装备的腐蚀、老化和霉变等损伤,而且可以借助其他方法制造适合于装备长期储存的良好气氛条件,以利于防止和控制装备腐蚀、老化和霉变等。包装封存具有针对性强、适应性广、经济性好等特点。

密封包装主要有金属容器包装、玻璃钢容器密封包装、茧式包装和封套包装等。

(1)金属容器密封包装

金属容器的主要优点是密封性好、耐腐蚀(经处理后)、强度好、寿命长、可重复利用、能免除内包装和便于贮运等,但体积不宜太大。如枪弹、中小口径炮弹的内密封包装和部分大口径炮弹的外密封包装。金属容器实际上是一种多用途的包装箱,其特点如下:

1)能免除内包装

装备只要直接装入金属箱内,减少了其他包装手续。既是包装箱,又是运输箱。

2）适用多种封存方法

由于金属容器结实、密封性好、维护方便，因此可作干燥空气封存，气相缓蚀封存，充氮封存和混合方法封存。

3）适用于各种不同环境条件

金属容器能防潮、防水、防热，因此可以室内或露天存放，也可以洞库存放，还可以适应战备要求储存于水下或埋入土中。

（2）塑料密封包装

塑料具有阻隔性好、质量轻、化学性质稳定、不与金属发生反应、加工性能好、除封方便和价格便宜等诸多优点，是目前应用最广的密封包装材料。如中小口径弹药、发射药、引信等的密封内包装。

塑料包装筒的主要成分一般为高密度聚乙烯。除直接利用塑料制成密封包装外，还有将塑料与铝箔复合制成铝塑包装袋，用于炮弹和发射药等的内包装。由于铝箔的存在，大大提高了密封包装对气体渗透的阻隔性能，改善了封存效果。

（3）玻璃钢容器密封包装

玻璃钢又叫玻璃纤维增强塑料，它是以玻璃纤维及制品为增强材料，以合成树脂为粘结剂，经过一定的成形方法制作而成的一种新型材料。由于集中了玻璃纤维与合成树脂的优点，因此它具有比重小、比强度高、热性能好、耐腐蚀和抗烧蚀等优点，是一种良好的制作密封容器的材料。

玻璃钢容器多用于军工产品出厂时的密封包装，特别适用于批量大的弹药包装，或某些特殊要求的设备。玻璃钢筒由于材料和加工工艺特点，没有采用传统的螺纹、橡胶圈等连接密封结构，而是根据玻璃钢的工艺特点，只采用一个具有一定过盈量的筒盖和粘贴在口部的一段压敏胶带来连接和密封口部。使用时，撕去压敏胶带，筒盖便可很容易开启。

用玻璃钢制成的弹药包装筒由于具有防水、防潮性好，质量轻，不腐蚀，强度高，开启使用方便，又能再恢复密封反复使用等优点，广泛应用于弹药的包装，尤其适用于大、中口径单发密封包装的弹药。

（4）茧式包装

茧式包装是在装备周围构成一层类似蚕茧式的塑料外壳形成密封包装，内置干燥剂，使包装内保持 40％左右的相对湿度从而使装备得到保护的包装方法。

茧式包装的膜层由结网层、成膜层、覆盖层和铝粉反射层组成，防潮效果好，宜于长期储存。当厚度达到 5 mm 时，包装有效期达 5～10 年。但由于施工复杂、运输中塑料膜抗震耐磨性差、塑料膜溶剂蒸发对装备影响等原因，使它的应用受到限制。

（5）封套包装

封套是一种具有密封性能的软质容器，利用具有良好阻隔性的软体材料制成，封套内放入干燥剂，用热合的方法封口，使包装空间保持较低的相对湿度从而使装备得到保护。由于封套可重复使用，质量较轻，价格相对便宜，因而得到广泛应用。其原理是：利用具有良好阻隔性的软体材料制成密封套体，采用可重复使用的封口材料如密封胶条、拉链等，辅以一定的吸湿材料，形成一个干燥的密闭空间，来对装备进行密闭封存。

由于封套包装具有体积小、质量轻、成本低和使用可靠等优点，因而广泛地用于各种军民产品的长期包装。目前，美、英、法、德等国已普遍将这种技术应用于储存导弹、炮弹、军械、雷达、电子设备、精密仪器、卫生装备和军需品等。

　　铝塑复合材料、铝塑纸复合材料和塑塑复合材料等都是常用的封套材料,它们一般都具有透湿率低、能热封的特点,能够有效地防止装备受到潮湿空气的影响。

**2. 气氛保护封存**

　　气氛保护封存是在密闭包装空间内利用去湿、除氧、使用气相防锈剂或充入惰性气体等方法,把包装内的弹药同周围大气隔离开来,并且人工创造一个较理想的环境,以防止和控制弹药的腐蚀、霉变和老化。

　　(1)气相防锈封存

　　气相防锈封存是在密封的包装空间放置气相缓蚀剂(简称 VPI),又称挥发性缓蚀剂(简称 VCI)。它能在常温常压下不断缓慢挥发,充满包装空间内部,甚至弹药的缝隙,与潮湿空气吸附在金属表面之后产生水解或电离,分解出保护基团,隔离水汽和其他有害气体,从而有效地抑制金属腐蚀。它是目前国内外军用金属制品封存的一种有效防锈技术。如我国曾利用气相缓蚀剂封存半自动步枪,取得了 20 年不腐蚀的满意效果。

　　气相防锈材料的特点是:挥发气体无孔不入,使一般防锈材料无法涂覆的部位(如缝隙、小孔等)得到较好的防护。这种封存方法不需特殊工艺设备,劳动强度低,生产效率高,无油腻,启封方便,在短时间内就可拆封使用。但气相防锈封存技术也存在封存工艺要求严格(须清洗、密封等),有一定的毒性,有效作用半径小,以及在选择气相缓蚀剂时要考虑装备多种组成材料的适应性效果等缺点。此外,气相封存不能用于装备中的光学仪器,对一些精密仪器的传动件不能用结晶性气相缓蚀剂。

　　气相防锈材料包括:气相缓蚀剂、气相防锈油、气相防锈纸和气相防锈塑料薄膜等。气相缓蚀剂是一种不需与金属接触,在常温常压下能不断挥发出气态分子,充满封存空间及缝隙,并附着在金属表面形成一层保护膜,隔离水汽和其他有害气体,从而起到保护作用的防锈材料。常用的气相缓蚀材料有:亚硝酸二环己胺、碳酸环己胺和苯骈三氮唑等。将气相缓蚀剂附于防锈纸、防锈塑料薄膜上,即得气相防锈纸和气相防锈塑料薄膜。封存时,可将气相防锈材料放在包装物四周或直接用其包装,然后置于密封包装容器中。

　　(2)除氧封存

　　众所周知,水分和氧气是大气腐蚀的两个基本条件。如果控制封存容器内的含水量,使相对湿度尽可能低,将大大延缓金属的腐蚀速度。同样也可设想如果把封存容器内的氧气除掉,使水膜下的电极过程受到阻止,即使在潮湿情况下也能大大延缓金属的腐蚀速度。所以除氧也同样可以达到封存装备防腐的效果。另外,各种非金属材料在空气中易老化变质,其原因主要也是由于空气中氧的作用。例如橡胶,受空气中氧、臭氧作用使橡胶链产生断裂、交联等现象,致使表面出现龟裂、泛白,物理机械性能下降,以致失去使用功能。如果采用除氧的方法,也可大大延长非金属材料的封存期和使用寿命。

　　除氧封存也称吸氧封存,即在密封包装空间采用除氧剂和氧指示剂,使封存空间内的氧气浓度减少,从而达到产品封存的目的。除氧封存工艺简单,易于掌握,不需要昂贵的设备,容易推广应用。封存试验研究表明,在同样腐蚀条件下,袋内氧浓度低于 0.1% 者,除黄铜有变色外,各种金属均明显有降低腐蚀的作用。对非金属材料亦有减小老化变质的能力。特别适用于精密光学镜头和精密仪器等。

　　常用除氧方法有两种:一是氢氧化合法,即在封存容器内加入一定量的金属钯(Pd)或金属铂（Pt）作为催化剂及一定量的干燥剂即可达到上述目的。二是硫酸钠盐法，即在封存容器内放入氢氧化钙和硫酸钠盐，并用活性炭作催化剂，亦可除氧。

（3）充气封存

充气封存是在封存容器内充入惰性气体（二氧化碳或氮气）以置换其中的空气，使封存容器内的氧气分压和水蒸气分压大大减小，自然能改变封存空间的环境，使电化学腐蚀难以进行。

充氮封存可以使封存期长达 10 年以上。不仅能防止金属腐蚀，而且能减缓非金属的老化，防止长霉，不过充氮封存，设备比较昂贵，成本高，工艺比较复杂，一般只用于精密仪器，如舰艇的测距仪、潜望镜等光学仪器。有的装备如高压气瓶，利用其本身的密封性又特别适合于充氮封存，只要在其中充入一定压力的氮，就有很好的防锈功能。

封存过程如下：

1）装备处理

根据装备的性能特点选用不同的清洗剂进行清洗和干燥。不作内部油封的装备，宜在 50～60 ℃温度下干燥 1 h。然后在无镀（涂）层的钢零件表面涂一薄层防锈油，用内包装纸包扎好。

2）封　口

封存容器材料主要有以下两类：一类是无渗透性的金属材料，如马口铁、铁皮、铝或含有厚度在 0.25 mm 以上铝箔的铝塑复合材料；另一类是既能防止容器内惰性气体外逸，又能防止大气中氧气渗入的塑料，如尼龙及其复合材料。此外，要求焊缝和封口密封性好。装备放入储存容器后，要进行封口，不论是金属容器，还是铝塑封套容器都要确保封口的密封性。

3）抽气和充氮

抽气和充氮是首先把装有装备的封存空间（已经进行了密封）的空气抽出，一般抽到容器内余压为 260 mmHg（1 mmHg＝133.3Pa）时，再往容器内充入氮气（纯度大于 99％，露点为－40 ℃以下），使内部氮气浓度达到 95％左右，如充二氧化碳，则其浓度可不必这样高。

为提高容器内氮氧的纯度，抽气和充氮可反复进行 2～3 次。充氮后立即封焊抽气孔，并进行密封检查，如在封口处涂中性肥皂水，检查是否有气泡出现。另外，为了预防含湿材料和氮气干燥不彻底而引起的锈蚀，在充氮封存容器内须放一定量的干燥剂及湿度指示剂。

（4）去湿包装封存

去湿包装封存是利用干燥剂除去装备包装空间内的水分，使空气中的含湿量在规定的范围内。去湿包装封存必须和密封包装封存技术结合使用。干燥剂的种类很多，如硅胶、分子筛、铝凝胶、蒙托土和氯化钙等都可用做干燥剂。

1）硅　胶

硅胶是一种非晶体状的化合物，其主要化学成分是二氧化硅（$SiO_2 \cdot xH_2O$）。一般硅胶中二氧化硅含量可达 99％。它是由硅酸钠与硫酸或盐酸，经硅凝、洗涤、干燥、焙烘而成，市售硅胶一般都含有 3％～7％的水。硅胶具有多孔性和高表面积结构，1 g 粗孔硅胶总表面积可达 35 m²，细孔硅胶表面积可达 750～800 m²/g，表面覆盖着许多羟基，故它是一种极性吸附剂，它亲水特性强，但不溶于水，具有较高热稳定性和化学稳定性。硅胶质坚硬，具有不燃、不爆、无毒、无臭及无腐蚀等特性，是一种优良的干燥剂。硅胶品种很多，根据其组成和结构的不同有着不同的吸湿能力和用途。国产硅胶作干燥剂的有粗孔球形硅胶、细孔球形硅胶、变色球形硅胶、粗孔块状硅胶和细孔块状硅胶等。其中,以粗孔球形、细孔球形及变色球形硅胶为包装常用干燥剂。

2)分子筛

分子筛即人工合成泡沸石,是一种具有三方晶格的多水合硅铝酸盐。分子筛化学性能稳定,不溶于水及有机溶剂,一般可溶于强酸、强碱。具有以下特性:

① 选择性。各种型号的分子筛由于组成及晶格结构的不同而形成各自的大小严格一致的孔径和极性。首先,利用其微孔孔径的均一性把小于孔径的分子吸进孔内。而把大于孔径的分子阻挡在外,以筛分子的方式把分子大小不同的物质分离开。其次,在可吸附的前提下,分子筛的吸附性又有以下两个特点:按分子极性大小的选择吸附,即当分子相同时分子筛优先吸附极性较大的分子;按分子不饱和程度的吸附,分子筛对不饱和性的有机物分子具有较高的亲和性。吸附能力随分子的不饱和性增加而增高。

② 高效性。分子筛的高效性表现在晶格框架之中。分子筛晶格内部含有大量的包藏水,高温处理后水分失散,晶格框架内部就形成了呈网状密布的微孔,比表面积很大(内表面积为$700\sim800$ $m^2/g$,外表面积约 $1\sim3$ $m^2/g$),从而具备了很强的吸附能力,尤其是它能在低浓度吸附剂情况下保持很高的吸附量,这是其他吸附剂所不能相比的。经分子筛干燥后的气体和液体,含水量可小于 0.001%,从而使之得到深度干燥。

③ 催化性。由于分子筛晶体框架结构特点和极大的比表面积,能均匀地把起催化作用的金属高度地分散在框架上,使其表面利用率增高,因而增加了催化活性。此外,分子筛具有良好的抗病毒性和热稳定性,这都是催化剂和催化剂载体不可缺少的条件。

3)活性氧化铝

活性氧化铝又名铝凝胶,是一种疏松的多孔性吸附剂。它是由具有多晶相的氧化铝在不同温度下处理使其晶格发生变化而制得的活性水合物。化学成分中,$Al_2O_3>90\%$,$NaOH<8\%$,其余为 $SiO_2$、$Fe_2O_3$、$CaO$ 等。成品呈弱碱性。

活性氧化铝在失水过程中形成较大的内部活性表面积结构,比表面积达 $200\sim350$ $m^2/g$,因而具有较高吸附性。活性氧化铝还具有较高机械强度,化学性能稳定,耐高温、抗腐蚀,主要用做吸附剂和催化剂载体。

**3. 防潮阻隔材料**

阻隔性是指包装材料阻止各种气体透过的特性,它直接影响被包装物的储存质量。透湿率是防潮阻隔材料的一个重要参数,是选用包装材料、确定防潮期限、设计防潮工艺的主要依据。透湿率是指在单位面积上、单位时间内透过材料的水蒸气质量,其单位为 $g/(m^2\cdot24\ h)$。包装材料透湿率的值受测定方法和实验条件的影响很大,当改变测定条件时,其透湿率的值也随之改变。所以各国都制定了透湿率测定标准。

包装类材料均具有一定的阻隔性,这里主要研究塑料薄膜类软包装复合材料。

(1)常见阻隔材料

1)聚乙烯(PE)

聚乙烯是由乙烯聚合而成。由于聚合方法和分子量高低、链结构的不同,分为低密度聚乙烯、高密度聚乙烯、线性低密度聚乙烯及超高分子量聚乙烯等,它们的结晶行为、结晶度和性能也有差别,如低密度聚乙烯支链较多,密度低,但柔韧性较好,耐环境应力开裂能力较强,而高密度聚乙烯支链较少，密度较高，故可加工性能、韧性、耐环境应力开裂性能及着色性等较差，但它的模量和强度较高，熔点较高。

聚乙烯具有优良的耐低温性能（-70 ℃）和耐化学品侵蚀性能，对于低密度聚乙烯，它还具有特别优良的热粘合（热封合）特性，这使它在塑料软包装方面占有重要的地位。

2）聚丙烯（PP）

聚丙烯是比重很轻的一种塑料，没填充或增强的密度为 0.90～0.91 $g/cm^3$。其玻璃化转变温度 $T_g = -7 ～ 9$ ℃，所以通常都是结晶态，熔点 165～170 ℃，耐热性较好，可在 100～120 ℃长期使用，在无外力作用下，150 ℃不会变形。它无毒，是弱极性高聚物，所以热粘合性、印刷性较差，但刚性和延伸性好，经双轴拉伸制成的薄膜具有优良的光透过性。

3）聚氯乙烯（PVC）

聚氯乙烯树脂是氯乙烯加成聚合而成的产物，价格低廉，来源较广，具有良好的耐化学药品性、耐燃自熄性、耐磨性等，而且可以加入多种添加剂进行改性，生产技术比较成熟，是一种性价比较好的材料。PVC 具有良好的热封性能，可保证热封强度。PVC 阻隔材料的缺点是，对水蒸气和气体阻隔能力相对较弱，只有达到一定厚度才能具有较好的阻隔性，因此，材料的单位面积质量较重。

4）氯化聚乙烯（CPE）

氯化聚乙烯是聚乙烯氯化后的产物，分子结构中含有乙烯-聚乙烯-二氯乙烯的聚合体，其性质接近过氯乙烯树脂，随分子量、含氯量及分子结构的不同，可呈现从硬质到弹性体的不同特性。常用的含氯量为 25%～48%的氯化聚乙烯是弹性的。氯化聚乙烯具有优良的耐候性、耐寒性、耐燃性、耐冲击性、耐油性及耐化学药品性，并与其他塑料和填充剂有良好的混溶性，与 PVC 有良好的焊接性能。在相同的条件下，综合性能优于 PVC 和改性 PVC 复合封套材料。其缺点是机械适应性较差。

5）聚偏二氯乙烯（PVDC）

聚偏二氯乙烯是一种对水蒸气和氧气具有高阻隔性的材料，PVDC 的高阻隔性主要是分子主链富含电负性极强的氯离子，分子内聚能高，分子链极难运动，结晶度高；分子链结构中重复单元小，结构对称，分子链结构紧密，规整性好，形成的高聚物中自由空间小，密度很高。这些物理化学结构决定了 PVDC 共聚物对水蒸气和空气的高阻隔性，随环境相对湿度的变化很小。PVDC 阻隔材料的缺点是，热解温度较低，单独使用受到很大限制，必须与其他薄膜进行复合后，才能体现出其突出的阻隔性能。工艺上主要采用 PVDC 乳胶在塑料薄膜上涂敷加工，目前 PVDC 树脂与其他材料的复合加工还有一定的难度，成本也很高。

6）聚苯乙烯（PS）

聚苯乙烯是在引发剂作用下，苯乙烯加成聚合的产物。聚苯乙烯是一种透明塑料，易于染色，所以其注塑制品的外观特别光洁明亮，加上它的价格较低，易加工成形，所以在包装容器和片材方面受到欢迎，同时用它制成的泡沫塑料刚性较好，抗震耐压。聚苯乙烯性脆和耐化学药品性能较差，是限制它更广泛应用的原因，它能溶解于多种溶剂，接触一些酸、醇、油时，可能会开裂或部分分解，这是作包装材料时应注意的问题。

7）聚氨酯（PU）

主链中含有许多重复氨基甲酸酯基团的高聚物通称为聚氨基甲酸酯（简称聚氨酯），一般由多元醇与多元异氰酸酯反应而制得。组成配方不同，可以获得硬、半硬及软的泡沫塑料、塑料、弹性纤维和粘合剂等包装材料。

聚氨酯除含有氨基甲酸酯基团外,还含有酯或醚基等基团;不仅有柔性的链段,而且分子整体是网状的体型高分子。由于聚氨酯化学结构的强极性特点,使它具有耐磨性好,耐低温性优良,耐油、耐化学药品性能好等突出特点。因此,除用于制造耐磨制品外,还开发出用聚氨酯塑料制成的薄膜,在包装中得到应用。

8)铝塑复合薄膜

铝箔有很好的隔湿、隔气性能,利用铝箔的特性,可以采用挤出层压法或涂料干燥层压法与塑料薄膜紧密贴合的一种高阻隔复合薄膜。典型的铝塑复合薄膜有:布/聚乙烯/铝箔/聚乙烯、纸/聚乙烯/铝箔/聚乙烯、聚酯/铝箔/聚乙烯、聚酯/铝箔/聚丙烯、双向拉伸聚丙烯/铝箔/聚乙烯等。铝塑复合薄膜的突出特点是透湿率低,一般低于 1 g/(m² · 24 h),并随厚度的增加趋近于零。但是,由于铝箔较厚,不易弯折,弯折后产生裂纹,使透湿率增大,阻隔性下降,影响其应用范围。

9)真空镀铝膜

真空镀铝膜是真空条件下在塑料表面镀上一层薄的铝层,利用这层镀膜来提高材料阻隔性的一种复合材料。铝镀层的厚度很薄,如镀铝 OPP 薄膜的铝镀层厚度仅有 50 nm,相当于 150 层以上的铝原子,真空镀铝膜的镀层很薄,非常柔软,不易因揉曲发生龟裂、裂纹和气孔,克服了铝箔耐折性差、有针孔的缺点,显著改善了材料的阻隔性能和使用性能。在镀膜均匀和厚度相同的情况下,其阻隔效果与铝箔复合薄膜效果相当。

目前,国内常用薄膜阻隔材料及其透湿率如表 5-4 所列。

表 5-4　常用阻隔材料透湿率

| 材料名称 | 厚度/mm | 透湿率/[g · (m² · 24h)$^{-1}$] |
| --- | --- | --- |
| 聚氯乙烯(PVC)复合膜 | 1.05 | 3～11 |
| 聚氯乙烯增强复合膜 | 0.34 | 14～18 |
| 聚氯乙烯薄膜 | 0.25 | 42～48 |
| 聚乙烯(PE)薄膜 | 0.25 | 2～3 |
| 聚丙烯(PP)薄膜 | 0.04 | 8～13 |
| 聚偏氯乙烯(PVDC)薄膜 | 0.04 | 8～12 |
| 聚乙烯-铝复合薄膜 | 0.35 | 0.2～0.4 |
| 聚乙烯复合布 | 0.18 | 3.5 |
| 丁基橡胶布 | 0.45 | 0.85～2.2 |
| 氯丁橡胶布 | 0.75～0.85 | 35.5～43.5 |
| 聚氨酯薄膜 | 0.22 | 170～200 |
| 尼龙薄膜(1010) | 0.05～0.06 | 23 |
| LSBM 铝塑薄膜 | 0.51～0.55 | 0.465 |

(2) 阻隔材料改性复合

单层阻隔材料往往在阻隔性或使用性能上有这样或那样的缺陷,如阻隔性难以满足要求、强度不够、不耐老化及不能热焊热封等,对材料进行改性处理,或将两种以上的阻隔材料进行复合,可以使阻隔材料的综合性能得到大大改善,使用条件和范围得到极大拓宽。改进塑料薄膜阻隔性的方法主要有以下几种：

1)共　混

通过将阻隔性较好的塑料与阻隔性较差的塑料进行共混从而改善阻隔性能。其作用机理是：阻隔性好的材料在阻隔性差的材料中形成分散相，使气体分子在透过薄膜时的路径变得曲折，从而改善薄膜的阻隔性。

用聚乙烯等塑料对聚丙烯进行共混改性，可制得塑料合金，除改变聚乙烯的比例外，利用它们的熔融和结晶行为的差异，可制成性能各异的塑料合金。若用乙丙橡胶等弹性体共混改性聚丙烯，则将得到增韧的聚丙烯塑料及热塑弹性体等材料。如将聚丙烯与顺丁烯二酸酐混合制得改性聚丙烯，挤出成膜，再与 0.015 mm 厚的铝箔层压成复合膜。在复合膜的树脂面上再覆上一层 0.070 mm 厚的聚丙烯，在铝箔一侧与厚度为 0.012 mm 的聚酯薄膜复合，这种 PP/AL/PET 复合薄膜具有良好的耐热性与阻隔性。

2)共　聚

在树脂合成过程中加入第二种单体，可达到共聚改性的目的，此时一般形成难结晶的链段，得到的是橡胶状的共聚物，如聚丙烯共聚改性。若共聚过程中丙烯、乙烯及乙烯和丙烯混合物按一定的量和先后顺序进入反应系统，进行共聚反应，则得到的是嵌段共聚物，在保留聚丙烯的优良特性的前提下，对其不足之处达到了改进的结果。

聚氯乙烯塑料在包装行业有广泛的用途，如硬质塑料周转箱、桶，半硬质吸塑片材等。但其也具有热稳定性差、加工困难、脆性等缺陷，因此人们提出了共聚改性。共聚改性相当于增塑剂的作用，将使 $T_g$ 下降，此称为内增塑。通过共聚发展了多种以氯乙烯为主的共聚物系列，如氯乙烯与乙酸乙烯酯共聚物、氯乙烯与丙烯腈共聚物等。通过共聚的内增塑作用，可少用或不用外增塑剂，因此链间仍有较强的相互作用，既增韧，又保持较好的拉伸强度，同时迁移性较小，能较长时间保持材料的柔软性和抗物理老化性能(因增塑剂迁移析出而变硬变脆)。

3)拉伸取向

在加热条件下，将薄膜沿平面坐标中一个或两个方向进行拉伸，使得大分子链沿拉伸方向定向伸展排列以改善薄膜的某些性能，这样的过程叫做塑料薄膜的拉伸取向。拉伸取向分为单向拉伸和双向拉伸，双向拉伸又分为膜泡拉伸取向、依次双向拉伸和同时双向拉伸。

在拉伸时，随着拉伸比的增加，薄膜内聚合物的球晶结构逐渐变成了微纤结构而排列起来，使无定型区域也变得有序化，增加了渗透分子通过的难度。拉伸取向对结晶型聚合物的透过率影响较大，其变化在结晶度为 10～15 时最为明显，随着结晶度的提高，这种变化越来越小，当结晶度达 40%～50% 时，拉伸取向就几乎不再影响透过率了。拉伸取向对塑料薄膜的性能影响如表 5-5 所列。

4)多层复合

将阻隔性较差的塑料与阻隔性较好的塑料通过涂布或粘接制成多层复合薄膜可以改善阻隔性，并且利于充分发挥各组分的作用，获得综合性能良好而成本较低的薄膜。

PVDC 薄膜是一种对水蒸气和氧气具有高阻隔性的塑料薄膜，但由于其热解温度较低，单独使用受到很大限制，当与其他薄膜进行复合后，其突出的阻隔性能就体现出来。目前，由于国内对 PVDC 树脂的复合加工还有一定的难度，因而较广泛采用的是对其乳胶的复合加工，即将 PVDC 乳胶用于各种塑料薄膜的涂敷加工。

表 5 - 5　拉伸取向对塑料薄膜影响

| 性　　能 | 聚丙烯 | | 聚氯乙烯 | | 聚　酯 | | 聚酰胺 | |
|---|---|---|---|---|---|---|---|---|
| | 拉伸前 | 拉伸后 | 拉伸前 | 拉伸后 | 拉伸前 | 拉伸后 | 拉伸前 | 拉伸后 |
| 拉伸强度/MPa | 29～49 | 127～294 | 49～78 | 98～147 | 78 | 157～245 | 58～98 | 196～245 |
| 撕裂强度/(kN·m$^{-1}$) | 19～193 | 2～6 | 4～386 | 1～4 | — | 4～8 | 19 | 8～11 |
| 冲击强度/(kN·m$^{-1}$) | 4～8 | 15 | 8 | 58 | 4 | 97 | 97 | 935 |
| 透湿率/[g·(m$^2$·24h)$^{-1}$] | 324 | 2 | 9 | 6 | 17 | 5 | 90 | 40 |

目前,常用的 PVDC 复合膜有以下几种:PET/PVDC/PE、OPP/PVDC/EVA、PVDC/PET/PE、EVOH/PVDC/EVA、PVC/PVDC/EVA、NY/EVA/PVDC/EVA、纸/PVDC/PP、铝箔/PVDC/PE、PC/PVDC 等。表 5 - 6 所列为几种材料涂复 PVDC 后阻隔性对比。

表 5 - 6　不同材料涂复 PVDC 后阻隔性对比

| 材　料　性　能 | PVC 硬片 | | BOPP 膜 | | PET 膜 | |
|---|---|---|---|---|---|---|
| | 未涂布 | 涂　布 | 未涂布 | 涂　布 | 未涂布 | 涂　布 |
| 水蒸气透湿率(38 ℃,RH90%)/[g·(m$^2$·24h)$^{-1}$] | 3～8 | 0.3～0.6 | 6.5 | 4 | 20 | 5.5 |

5)薄膜的金属化

在塑料薄膜的表面镀上一层薄的金属层,利用金属所特有的分子结构和分子的规则排列,可大大提高塑膜的阻隔性。金属化复合薄膜有两种结构形式:一种是金属化薄膜与其他非金属化薄膜复合,称为第一代金属化复合薄膜;另一种是两层金属化薄膜再复合在一起,称为第二代金属化复合薄膜,由于其金属面与金属面粘结在一起,使得阻隔性又有了极大的提高。原因是两层金属化薄膜的复合使金属层在同一处出现破损和缺陷的概率大大降低。表 5 - 7 列出几种金属化复合薄膜的阻隔性参数。

表 5 - 7　金属化薄膜阻隔性比较

| 复合薄膜结构 | | 水蒸气透湿率(38 ℃,RH90%)/[g·(m$^2$·24h)$^{-1}$] |
|---|---|---|
| 第一层 | 第二层 | |
| PET | PE | 40.5 |
| 金属化 PET | PE | 0.78～1.55 |
| 金属化 OPP | OPP | 0.47～3.1 |
| 金属化 PET | 金属化 OPP | <0.155 |
| 金属化 PE | 金属化 PE | <0.155 |
| 金属化 PET | 金属化 PET | <0.155 |

# 5.2　缓冲包装防护

缓冲包装(cushioning packaging),指为减缓内装物所受到的震动和反作用力,保护其免受损坏所采取一定防护措施的包装,也可称为防震包装(shockproof packaging)。武器装备由于自身特殊属性及技术结构特点,其缓冲包装既与民品有相似之处,又在缓冲设计和缓冲包装材料方面要求更复杂、更严格。

## 5.2.1 缓冲包装概述

### 1. 缓冲包装理论发展

人类其实很早就有包装防震缓冲的工程实践,例如公元前 11 世纪,我国商朝出现的重要运输工具扁担,具有良好的防震缓冲作用,公元 7 世纪唐代已将易碎陶瓷器具完整无损远运日本、印度等国,说明当时已具有较高的防震缓冲技术水平。

缓冲包装虽然起源早,但理论形成却是在 20 世纪的第二次世界大战时期,为了将作战军用物资运抵前线,并避免运输过程中的损坏或失效,美国贝尔电话试验室明德林(Mindlin R. D.)的研究小组对几种缓冲材料进行了性能测试,并成功解决了军需物资运输过程中的破损问题,并于 1945 年发表了《缓冲包装动力学》论文,从理论上解决了多年来靠"试探法"或凭经验进行缓冲包装设计的传统作法,为缓冲包装设计奠定了理论基础。在论文中分析了产品损伤是由于缓冲防护不当、包装强度不够和产品自身脆弱等造成的;阐明了最大加速度与位移的关系、加速度与时间的关系、加速度对包装件强度的影响和衬垫材料的缓冲特性;找出了产品损坏的主要原因与冲击作用的时间长短有关;建立了二自由度简化动力学模型及产品跌落试验机。存在的缺陷是跌落试验时,难以保持冲击的姿势和防止反弹,冲击加速度的波形难以控制,无法精确确定产品强度。

1968 年,美国的 R. E. 牛顿教授发表了《脆值评价的理论与试验程序》,打开了冲击试验的大门,奠定了现代缓冲包装设计的基础。他在论文中提出了破损边界理论,为精确测量产品脆值、合理进行缓冲包装设计创造了条件;提出了冲击波形、强度、跌落姿态可精确控制的冲击试验。与此同时,Lansmont 公司和 MTS 公司相继开发出适合确定产品破损边界的冲击试验机。

1985 年,美国密歇根州立大学包装学院和 MTS 公司提出缓冲包装设计"五步法"。具体步骤是:确定物品流通环境条件;估计产品脆值;选用适当的缓冲衬垫;制造原型包装;试验原型包装。1986 年,Break 提出缓冲包装设计"六步法"。1977 年,美国国家标准中采用了牛顿教授的破损边界理论。

美国防部在 1964 年和 1978 年制定的《军用标准手册》中对军品缓冲包装做了专门规定。MIL - HOBK - 304《缓冲包装设计》对军品在运输过程中经受的自然环境和诱发环境,产品脆值和包装系统的防护能力,以及各种缓冲材料的性能、特点作了系统的规定和介绍。

1987 年我国制定了《缓冲包装设计方法》等四项国家标准。运输包装件基本试验方法现已逐渐完善;对缓冲包装的结构和材料进行了系统的研究;绘制了军品缓冲包装常用材料的动态和静态压缩特性曲线,并就温度、湿度和材料密度对缓冲性能的影响进行了广泛的研究。缓冲包装发展至今,按单自由度处理物品包装已持续数十年,而多自由度物品包装问题仍在进一步探索与研究中。按单自由度处理包装防震缓冲设计问题,具有工程上的实用和简便性,有利于开展物品包装基本运动规律的研究,但是物品包装类别繁多,运输环境复杂,很多情况下只有按多自由度分析才能提供合理的包装设计。

### 2. 基本概念

产品的易损度、强度是产品的固有特性,与产品的材料、质地、尺寸、形状、结构和状态等有

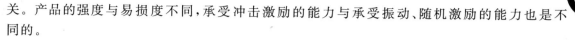

关。产品的强度与易损度不同,承受冲击激励的能力与承受振动、随机激励的能力也是不同的。

(1)脆　值

脆值(fragility),产品不发生物理损伤或功能失效所能承受的最大加速度值,通常用临界加速度与重力加速度的比值来表示,符号为 $G_m$。产品的脆值反映了产品的脆弱程度,是产品本身强度的反映,但由于产品尺寸、重心、结构和形状等各向异性,因此脆值具有方向性。从上述定义可知脆值计算公式如下:

$$G_m = \frac{a}{g}$$

式中:$a$ 为产品在不发生损坏或不发生功能失效时所能承受的最大加速度,$m/s^2$;

　　　$g$ 为重力加速度,$9.8\ m/s^2$。

(2)许用脆值

许用脆值(permissible fragility),根据产品的脆值,考虑到产品的价值、强度偏差、重要程度等规定的产品的许用最大加速度值。脆值反映产品自身的特性,不同的产品脆值是不一样的,表 5-8 所列为部分产品的脆值范围。对于同一产品来说,当遭受最大加速度作用时,破坏程度也不一样,所以,一般把一批产品的 95% 所能承受的最大加速度时的脆值视为许用脆值。

表 5-8　部分产品的脆值范围

| 脆　值 | 产品类型 |
| --- | --- |
| 15~24 | 导弹制导系统、精密校准试验设备、陀螺、惯性导航台 |
| 25~39 | 有机械减震的设备、真空管电子设备、高度计、机载雷达天线 |
| 40~59 | 飞机附件、电动打字机、大部分固态电子设备、示波器、计算机部件 |
| 60~84 | 电视接收机、飞机附件、某些固态电子设备 |
| 85~110 | 冰箱、电器、机电设备 |
| 110 以上 | 机械类、飞机结构件、一般机械材料、陶瓷器 |

(3)缓冲系数

缓冲系数(cushion coefficient),作用于缓冲材料上的应力与该应力下单位体积缓冲材料所吸收的冲击能量之比。它反映缓冲材料的缓冲效率,通常用字母 $C$ 表示,是一个无量纲量。从定义可知:

$$C = \frac{\sigma}{\varepsilon}$$

式中:$\sigma$ 为应力,Pa;

　　　$\varepsilon$ 为将缓冲材料受压到最大应变时每单位所需的能量,$kg \cdot cm/cm^3$。

缓冲系数是缓冲效率的倒数,是缓冲设计经常用到的指标。缓冲系数不是一个固定的数值,它随应力、能量、变形的不同而变化。缓冲效率决定材料的缓冲性能,缓冲效率高,则使用较少的材料就能达到缓冲目的。

(4)等效跌落高度

所谓等效跌落高度(equivalent depreciation height),是指为了比较货物在流通过程中产生的冲击强度,将冲击速度看作自由落体的末速度,并由此推算出的自由跌落高度。不同装卸方式下各种产品跌落参数情况如表 5－9 所列。

表 5－9　不同装卸方式下各种产品跌落参数表

| 产品参数 | | 装卸方式 | 跌落参数 | |
|---|---|---|---|---|
| 质量/kg | 长度/cm | | 部　位 | 高度/cm |
| 9 | 122 | 1 人抛掷 | 一端面或一角 | 107 |
| 12～23 | 92 | 1 人携运 | 一端面或一角 | 90 |
| 24～45 | 122 | 2 人搬运 | 一端面或一角 | 60 |
| 46～68 | 152 | 2 人搬运 | 一端面或一角 | 50 |
| 69～90 | 152 | 2 人搬运 | 一端面或一角 | 45 |
| 91～272 | 183 | 机械搬运 | 底面 | 60 |
| 273～1 360 | 不限 | 机械搬运 | 底面 | 45 |
| ＞1 360 | 不限 | 机械搬运 | 底面 | 30 |

对于电器、仪表、光学仪器包装件的等效跌落高度可用下式计算：

$$H = 300\frac{1}{\sqrt{W}}$$

式中：$H$ 为等效跌落高度，cm；

　　　$W$ 为包装件的质量，kg。

**3. 装备缓冲包装要求**

缓冲包装的目的是在运输、装卸过程中发生震动、冲击等外力时，保护被包装产品的性能和形态。以军械装备为例，其缓冲包装应符合下列要求：

① 减小传递到军械装备或装备包装件上的冲击、震动等外力；
② 当存在外力作用时，缓冲机构应分散作用在军械装备上的应力；
③ 保护军械装备的表面及凸起部分，如发射装置瞄准机构、炮弹的尾翼等；
④ 防止军械装备的相互接触，避免装备在包装件内相互摩擦；
⑤ 防止军械装备在包装容器内移动，适当运用卡板等装置固定；
⑥ 保护其他防护包装的功能。

## 5.2.2　缓冲包装技术

在产品外表面周围放上能吸收外力造成的震动或反作用力的材料，使产品不受物理损伤，称为缓冲（cushioning）；通过加固包装内装置以防止内装物产生移动而受损，并使重量分布在容器的所有面上的方法，称为加固（bracing）。选择缓冲包装方法要考虑到各种因素，特别是被包装产品的性质和不同应用技术所需的费用。

**1. 缓冲材料包覆**

缓冲材料包覆方法将缓冲衬垫置于产品周围以实现对产品的完全包覆，也称全面缓冲技术。当使用单个独立衬垫时，一般应在衬垫之间适当地留下一些空隙（约 3 mm）防止衬垫粘合。由于该方法一般不需要模具且极少使用预制材料，所以特别有利于小批量产品的缓冲。图 5－2 是我军某现役弹药全面缓冲包装。全面缓冲包装方法包括：压缩包装法，用缓冲材料把易碎物品填塞起来或进行加固以便吸收振动或冲击的能量;浮动包装法,所用缓冲材料为小块衬垫,且可以位移和流动,以便有效地充满直接受力部分的间隙,分散内装物承受的冲击力;裹包包装法,采用各种类型的片材把单件内装物裹包起来放入外包装箱盒内;模盒包装法,利用模型将聚苯乙烯树脂等做成和制品形状一样的模盒,用其来包装达到缓冲作用;就地发泡包装法,是在内装物和外包装箱之间充填发泡材料的一种缓冲包装技术。

图 5-2　某弹药全面缓冲包装

**2. 面积调节技术**

缓冲材料要在最佳承载范围内使用,为此常常要求缓冲衬垫尺寸不同于产品的支承面的尺寸。通常,防止轻的产品脱离缓冲衬垫、重的产品触底,以减小冲击时的最大加速度。缓冲支承面积调节一般方法如下:

(1)增加支承面积

通常用较硬的瓦楞纸板、胶合板或多层纸板作支承平板以增加缓冲衬垫对产品的支承面积,以便均匀地分担载荷。

(2)减小支承面积

减小缓冲衬垫对产品支承面积的简便方法是减小衬垫的尺寸,但同时要注意保持衬垫的理想位置以使产品在冲击过程中不致于翻滚。可使用以下三种办法:①角衬垫;②将平面衬垫粘接于外包装容器的内面的合适部位;③用波纹缓冲衬垫全面缓冲。

**3. 衬垫应用技术**

(1)空隙的填塞

用各种衬垫塞满包装箱里的空隙,以防被包装产品改变方向,并防止运输可能造成的损坏。填塞空隙的材料一般为各种形状的发泡聚苯乙烯,另外有些裹包材料,如纤维素衬垫、聚氨酯泡沫、柔性网状聚丙烯泡沫塑料和薄片也可用于包装中填塞空隙。这种填塞方法可防止运输中包装箱经受冲击和震动时产品在箱中过分移动,但应保证封顶盖时在材料上施加一定的压力。

(2)产品突出部位的保护

用衬垫材料对产品的突出部位进行包裹或衬垫。除用传统的纤维素衬垫外,一些新型衬垫材料也逐渐得到应用。如 1.6～6 mm 厚的聚丙烯泡沫可有效地用做缓冲包裹材料,另一类型的包裹材料由两层聚丙烯泡沫组成,它们封接在一起,两薄层之间形成 25 mm 或 6 mm 的气泡。这些气泡形成小的缓冲层,使用几层材料时,可使产品不受冲击。但是,必须防止这种材料过载,否则,气泡会破裂并导致过高的冲击值。

设计得当的角衬垫能有效地保护有方角的产品(或封闭在一个内容器中的不规则形状的产品)。但是,特定的产品要求有特定的尺寸和形状的衬垫进行防护。因此,对许多不同类型的小批量产品进行缓冲时,使用角衬垫也许是不实际的,因为这将需要增加生产劳动成本或储存许多不同尺寸的角衬垫。角衬垫常用于大批量产品的缓冲。产品角衬垫缓冲示意图如图5-3所示。

### 4. 其他技术应用

① 小型产品缓冲：体积小、形状类似的一系列产品可采用分层缓冲。

② 大型产品中脆性零件的缓冲：通常，较大产品中的脆性零部件可与产品本身分离并单独包装。这种技术的主要优点在于只要对实际需要保护的零部件提供专门的保护，可节省开支。但是，产品的零部件拆下进行包装前应获得适当的授权，而且所有的元件应清楚地贴上标签。

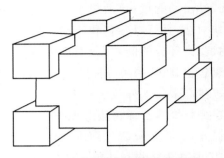

图5-3　产品角衬垫缓冲示意图

③ 不规则产品的缓冲：不规则形状产品的缓冲常有一些特殊问题，特别是当产品带有突出部分的易碎件时更是如此，可使用以下两种方法解决：a. 悬浮或用缓冲材料全面缓冲；b. 缓冲材料对处于固定状态的产品进行缓冲。

④ 应用缓冲材料防止产品磨损：有些产品有抛光或涂漆的表面，要求在运输中避免磨损。

⑤ 缓冲底座或垫木：大型的产品经常可固定在缓冲底座或垫木上。由于这些产品常常可在运输中保持正置，故只要求底部缓冲。除了起到冲击和震动隔离作用外，缓冲底座还作为整个包装容器的一个组成部分。

⑥ 现场发泡：许多类型的聚氨酯泡沫，无论硬质（用于填塞和加固）或软质都可以用液体的形式应用。两种化学材料在充填配制机器中充分混合喷注到容器中，使产品或产品一部分的周围充满聚氨酯泡沫。

应该指出的是，无论使用何种方法，基本要求是用有足够厚度的缓冲材料来保护产品突出部分，使其不致于碰坏或触底。因此，材料的厚度必须是从外包装容器到最外边的突出部位而不是到产品主体。但在实际包装中，计算最小缓冲材料有效厚度时常常忽略了产品突出部位，尤其是在缓冲模具设计上。

## 5.2.3　缓冲包装材料

所谓缓冲包装材料是指包装物品在流通过程中，因受外力的作用而遭受到冲击和震动时，能吸收外力产生的能量，以防止被包装物受损坏而使用的保护材料。

### 1. 常用缓冲包装材料

在大量使用泡沫塑料做缓冲包装材料之前，人们主要将稻麦草、稻壳、刨花、纸屑、木丝和藤丝等用于包装容器内空隙填充，起限位隔离和缓冲作用。但这些材料容易吸湿而发霉、生虫，且由于零散使用，造成包装操作困难、缓冲性能难以预测，于是开始寻求新型缓冲包装材料。

（1）泡沫塑料

泡沫塑料是以高分子树脂如 PE、PS、PVC 等为原料，经过发泡处理而制成的一种具有无数蜂窝状结构的缓冲材料。泡沫塑料的性能除取决于本身材质外，还取决于发泡程度和泡沫性质。而泡沫性质又取决于气泡结构，气泡结构可分为两种状态：一种是每个薄壁气泡相互隔离而形成独立气泡泡沫；另一种是气泡之间相互连通，成为连续的气泡泡沫。当泡体受到外力冲击作用时,这些开孔或闭孔气泡中的气体通过压缩和滞留使外力的能量被耗散,泡孔起到吸收外来冲击载荷的作用;具有质轻、易于加工成形、缓冲性能好、隔热、隔音、弹性好、耐化学腐蚀性等优点,是目前应用最普遍的缓冲包装材料。

泡沫塑料根据软硬程度不同,可分为软质泡沫塑料、半硬质泡沫塑料和硬质泡沫塑料三种形式。软质泡沫塑料具有柔软、弹性好的特性,以聚氯乙烯为主。硬质泡沫塑料具有一定的刚性,以聚苯乙烯为主。通常应用的泡沫塑料有聚乙烯、聚苯乙烯、聚氯乙烯、聚氨酯、环氧树脂、酚醛树脂、硅树脂、醋酸纤维素和脲树脂。包装中最常用的是聚氨酯、聚乙烯和聚苯乙烯泡沫塑料。

① 聚苯乙烯泡沫塑料:目前市场上大量使用的是聚苯乙烯(PS)泡沫塑料。这种泡沫塑料对于大批量的产品包装具有很大优势,但对于一些不能成批量的产品却不合适,如几件、几十件产品,人们就不可能做几套昂贵的模具作为聚苯泡沫塑料成型件。

② 聚氨酯泡沫塑料:耐热性能好,在耐化学性方面几乎不受油类(尤其是矿物油)的侵蚀,有良好的缓冲性能及阻隔性能,可用做隔热和隔音材料。目前,用量还不是很大,主要用于衬垫、量具盒、精密仪器仪表等非批量产品。PU 泡沫塑料可采用现场发泡包装方法,工艺简单、操作方便,不需要任何模具,以包装物和被包装物为模即可瞬时成型。对任何不规则的产品,特别是异形易碎物品均能按其形状、空间充填,使物品牢固地固定在包装箱内。由于其可将被包装物包裹起来,物品同包装物接触面积大,在碰撞时,单位面积所受的力很小,物品不易受损。

③ 聚乙烯(PE)泡沫塑料:近几年发展起来的新品种,是一种物美价廉的缓冲包装材料,其化学特性几乎保持原树脂的特性,而且分子交联使性能进一步提高。其缓冲性能好、隔热性好、耐化学腐蚀、吸水性小、质轻、成本低及加工性好,可用于精密仪器、玻璃及陶瓷制品等的缓冲包装材料,制成缓冲袋、缓冲箱等包装容器,还可以制成冷冻食品的保冷袋及热食品的保温容器。低发泡的聚乙烯还可以通过切、削等二次加工,制成护角、护棱等定型缓冲材料。

尽管泡沫塑料具有质量轻、易加工、保护性能好、适应性广、价廉物美等优点,但是也存在着体积大、废弃物不能自然风化以及焚烧处理会产生有害气体等缺点。在环境污染严重、自然界资源匮乏的情况下,泡沫塑料对环境的危害引起人们的极大重视。虽然随着科技的发展已经研制出可降解的塑料,但是这种塑料价格昂贵,处理的条件要求严格,且不能百分之百地降解,因此这种可降解塑料的大范围推广应用受到限制。所以,泡沫塑料将逐渐被其他环保缓冲材料所替代。

(2) 纸质缓冲包装材料

在空隙类结构物质中,纸质材料富有一定的弹性,既能起缓冲作用,又能分隔内装产品,使之牢固、稳定。纸类材料具有加工方便、价格便宜、可再生、处理简单等优点,特别是可以制成具有缓冲性能的容器,应用相当广泛。纸质缓冲包装材料的使用已有一段历史。但是,由于泡沫塑料在价格和性能上的优势,纸质缓冲包装材料的发展受到了限制。近几年来,严重的环境污染问题促使人们把目光转移到环保型缓冲包装材料的发展上,纸质缓冲包装材料就是其中之一。目前市场上使用较多的纸质缓冲包装材料有瓦楞纸板和蜂窝纸板。

① 瓦楞纸板:用牛皮卡纸(箱板纸)作里和面,中间用瓦楞原纸(波纹纸)作夹芯粘结而成。改变夹芯、里纸的层数及瓦楞的形状、尺寸,可得到不同种类的瓦楞纸板。瓦楞纸板具有环保性能好、使用温度范围广、成本低、取材便利、生产工艺成熟、加工性能好等优点,因此广泛用于

电子类、水果类等产品的缓冲包装材料,并可以制成各种形状的垫片、垫圈、隔板、衬板、护角和护棱等。但也存在一些缺点:如表面较硬,在包装某些商品时不能直接接触内装物的表面,内装物与缓冲纸板之间出现相对移动从而损坏内装物表面;耐潮湿性能差;复原性小等。国内学者提出了一种新型缓冲包装结构——瓦楞纸板与塑料薄膜相结合的形式,它不仅克服了瓦楞纸板表面较硬这个缺点,而且对各种形状的产品都可采用相同的包装形式,省去了加工特殊形状缓冲衬垫这道工序的费用和时间。针对复原性小这个缺点,也有人提出将瓦楞纸板做成互相平行、垂直和交错的多层结构,使其形状如蜂窝,这样就能大大提高其缓冲性能。

② 蜂窝纸板:与瓦楞纸板相似,其纸芯不是瓦楞而是蜂窝纸芯,蜂窝纸芯起类似工字梁胶板的作用,空间结构优于瓦楞纸板,抗压能力强,比强度和比刚度高,材耗少、质量轻、内芯密度几乎可与发泡塑料相当。蜂窝纸板是近几年发展起来的新型包装材料,主要应用于蜂窝纸箱、缓冲衬垫和蜂窝托盘等,适用于精密仪器、仪表、家用电器及易碎物品的运输包装。由于内芯中充满空气且互不流通,因此具有良好的防震、隔热、隔音性能。蜂窝纸板的生产采用再生纸板材料和水溶胶粘剂,可以百分之百回收,符合国际包装工业材料的应用发展趋势。但由于生产自动化程度低,蜂窝制品在技术、工艺等问题上还没有得到很好的解决以及价格昂贵等原因,蜂窝纸板制品在包装业尚未得到广泛使用。随着蜂窝纸板的进一步研究和开发、品种增加、质量提高,将会逐渐应用到包装的各个领域,是替代木箱、塑料箱(含塑料托盘、泡沫塑料)的一种新型绿色包装材料。

瓦楞纸板和蜂窝纸板各有优势。蜂窝纸板因其独特的结构使其较瓦楞纸板具有更强的抗压、抗折能力。蜂窝纸板质量轻这个优点使其在材料成本上比瓦楞纸板更具优势。但是,在抵挡外物侵入的能力上,瓦楞纸板却比蜂窝纸板高出几倍。在生产成本上,蜂窝纸板生产设备的生产效率远不如瓦楞纸板高,所以在材料加工费上瓦楞纸板要比蜂窝纸板低得多。为了综合瓦楞纸板和蜂窝纸板的优点,研究者们正致力于这两种材料复合件的研究工作,以期得到更好的缓冲包装结构。目前,一些研究结果已初步证明了瓦楞纸板和蜂窝纸板复合件的优越性能,这将是今后纸质缓冲包装材料的发展方向。

(3)纸浆模塑

纸浆模塑以纸浆(或废纸)为主要原料,经碎解制浆、调料后,注入模具中成型、干燥而得。该制品来源丰富、成本低、回收利用率高、不污染环境、使用范围广、质量轻、透气性好、可塑性和缓冲性好。纸浆模塑的应用始于 20 世纪 60 年代,我国在 80 年代初开始从国外引进数条各种型号的纸浆模塑生产线,目前已广泛应用于一次性快餐具、方便食品包装和鲜蛋、水果、玻璃、陶瓷、家用电器、五金工具及其他易碎产品的防震缓冲包装,是泡沫塑料的主要替换产品。但因其强度所限,未能用于较重产品的缓冲包装。

(4)气垫缓冲材料

早期的气垫缓冲材料为气垫薄膜,它是用聚氯乙烯薄膜高频热压成形,内充氮气,外形类似小枕头,透明、富有弹性,适用于轻小型产品的缓冲包装。但是该气垫薄膜易受其周围气温的影响而膨胀和收缩。膨胀将导致外包装箱和被包装物的损坏,收缩则导致包装内容物的移动,从而使包装失稳,最终引起产品的破损。

气泡塑料薄膜是一种在两层薄膜之间夹杂着整齐排列、大小均匀的空气泡的包装材料。多采用聚乙烯薄膜其上涂覆聚偏二氯乙烯,可以减少空气的透出。两层薄膜,一层为平面薄膜,另一层为成泡薄膜。一般情况下,基层比泡层厚 1 倍左右。根据缓冲要求不同,也可以制成两层的气垫薄膜。气泡的形状有圆筒形、半圆形和钟罩形三种。由于两层薄膜之间夹杂着大量的空气泡,所以能有效地吸收冲击能量,并且有良好的阻隔性和隔热性。气泡薄膜耐腐蚀、耐霉变、柔软、质轻、清洁、防潮、防尘。缺点是当内装物有突出部分时,会使气泡受到很大的压力,使空气泄漏而丧失缓冲效果。因此,不适于包装质量较重、负荷集中及形状尖锐的物品。它广泛用于仪器、仪表和工艺品等产品的包装,同时也是目前唯一的透明状缓冲包装材料,因此主要用做销售包装。

新型气垫缓冲材料由具有柔性和弹性的聚氨酯材料与普通气垫缓冲材料组成,克服了气垫薄膜的上述缺点。同时,它还采用多层聚乙烯薄膜与高强度、耐磨损的尼龙布作为缓冲垫的表面材料,延长了其使用寿命,使之可以回收利用,大大减少了包装废弃物对环境的污染。

（5）植物纤维类缓冲包装材料

植物纤维类缓冲包装材料是在考虑充分利用自然资源的情况下发展起来的。目前已经研制出来的这类材料有:农作物秸秆缓冲包装材料、聚乳酸发泡材料、废纸和淀粉制包装用泡沫填料。

用农作物秸秆粉碎物和粘接剂作为原料,经混合、交联反应、发泡、浇铸、烘烤定型、自然干燥等工艺后,即可制成减震缓冲包装材料。这种材料在低应力条件下,具有比聚苯乙烯泡沫塑料更好的缓冲性能,而且可降解、原料价廉易得。

玉米是我国北方地区广泛种植的农作物,植物纤维类缓冲材料充分利用了这种自然资源,所以极具开发潜力。日本针纺合纤公司以从玉米中提取的聚乳酸为原料,制作出可生物降解的发泡材料。这种发泡材料的强度、缓冲性、耐药性等均与苯乙烯泡沫塑料相同,而且可以使用现有的塑料发泡材料制作设备。用后焚烧产生的热量仅是苯乙烯的 $1/2 \sim 1/3$,不会损坏焚烧炉且无污染。美国天然淀粉及化学公司开发研制出生物分解型缓冲包装材料 ECO-Foam 也是采用玉米淀粉为原料制成的,缓冲性好,适用于轻质商品的缓冲包装,可替代聚苯乙烯和聚氨酯等泡沫塑料。另外,它可降解性好,分解速度快;具有良好的抗静电性,对精密的电子产品尤其适合。但它具有吸湿性,特别是当它在相对湿度 80% 以上的高湿条件下长期放置时,会因吸收水分收缩而失去实际使用价值,因此需采用防湿措施。

国外学者利用废纸和淀粉作原料,制成了缓冲包装材料。其方法是将废纸或劣质纸张切成或粉碎成细末,碾成独特的纤维,再与淀粉掺和在一起;然后将这种浆状物压制成颗粒,把它们放进密封的器皿中,施加高温、高热蒸汽,再急剧地减压使颗粒膨胀,从而形成多孔的小球。实验证明,用这种小球作包装用泡沫填料,能承受的冲撞优于苯乙烯泡沫塑料,且价格比苯乙烯便宜,更重要的是这种材料丢弃后,能很快地被微生物和真菌分解,不会对环境带来不良影响。

**2. 缓冲包装材料性能**

（1）抗振动特性

对于内装产品来说,缓冲材料的包装实质上是缓冲和减震装置。在流通过程中,产品振动的振源来自运输工具的振动。缓冲材料的弹性是衡量缓冲材料抗振能力的基本要素之一;在共振条件下,阻尼影响产品振动的唯一因素,增大阻尼,传递率会减小,起到了减震作用。

（2）缓冲性能

缓冲材料对冲击能量应具有良好的吸收性能,从而有效地减小传递到内装产品上的冲击。不同的缓冲材料,其弹性特性不同,对冲击能量的吸收能力也不同。如果不计冲击过程中的能量损失，且假设最大冲击的全部机械能都转变为缓冲材料的变形能，那么，单位体积吸收能量越大的缓冲材料，其缓冲效果就越好。工业上常用缓冲系数 $C$ 来表示材料的缓冲性能，它是缓冲效率的倒数。缓冲系数 $C$ 越小，表示缓冲材料单位体积吸收的能量越多，因而缓冲效率越高，用材也就越经济。缓冲系数的最小值一般表示缓冲材料的最佳使用状态。

（3）弹性系数

在包装力学模型中，一般都把缓冲材料视为理想的弹性体，认为它在长时间反复振动和多次冲击下，弹性仍然均匀、无变化。材料的弹性特性，通常用材料的弹性系数 $K$ 来表征，它是表征材料缓冲能力的一个重要参数。缓冲材料就是要选定一个 $K$ 值合适的材料，使产品因受外界冲击而产生的最大加速度小于产品可能承受的许用加速度（即脆值）。实际缓冲材料的弹性，从它们的力-形变曲线来看相当复杂。根据应力-应变（$\delta-\varepsilon$）曲线，缓冲材料分为线性弹性材料和非线性弹性材料两大类。非线性弹性材料又分为正切型弹性材料、双曲正切型弹性材料、三次函数型弹性材料与规则型弹性材料。

（4）抗蠕变性

蠕变是指缓冲材料在受到静外力作用下，随着时间的延长变形相应增大的一种现象。产品长期储存，缓冲材料就会发生蠕变，结果导致产品与衬垫间发生空隙，造成不利影响。因此，缓冲材料应有良好的抗蠕变性。缓冲材料的抗蠕变能力通常由蠕变率用 $C_r$ 表示为

$$C_r = (T_o - T_u)/T_o \times 100\%$$

式中：$T_o$ 为材料压缩前厚度；

$T_u$ 为材料变形后厚度。

（5）回弹性

缓冲材料具备的恢复原来尺寸和形状的能力称为回弹性。缓冲材料在每一次变形后不可能完全恢复到原来的形状与尺寸。缓冲材料经过几次冲击作用后，结构尺寸变化较大，一方面导致材料的应力-应变曲线发生变化，影响缓冲性能；另一方面材料尺寸变小，在外包装容器内部产生空隙，容易发生二次冲击，这两种情况都可能增大产品破损的可能性。产品的回弹性能用回弹率 $k$ 描述。为了加大缓冲材料的回弹性，在使用前应对材料进行预压力处理，使之发生塑性变形。这在一定程度上补偿了缓冲材料在初始冲击外力作用下的永久变形，从而给缓冲材料尺寸设计和充分保护产品带来了更大的可靠性。

**3. 缓冲包装材料力学性能测试方法**

（1）正交试验、曲线拟合法

这几年，大部分学者都通过静态压缩试验对材料力学强度的影响因素进行分析，通过正交试验，探讨各组分及工艺条件对材料性能及降解性能的影响，并对植物秸秆纤维材料本构关系框架进行扩充，建立非线性本构关系模型，利用实验数据成功识别模型参数。此种描述植物纤维类材料非线性力学行为的方法，为进一步研究和开发植物纤维聚苯乙烯材料提供了理论基础。

（2）计算机仿真设计

冲击和振动包装件在流通过程的时间不能完全用数学公式计算。冲击波的形状是复杂的，也没有明确的冲击作用时间。为了便于研究包装件在动态负荷作用下的力学特性，经常采用模型或模拟的方法，对实际的冲击负荷进行必要的简化，从而建立相应的力学模型和数学模型。

计算机仿真是基于模型的活动,模型是对实际系统的一种抽象,是系统本质的表述,包括物理仿真、数字仿真和动态仿真。仿真的基本框架是"建模—试验—分析"。它是将一个能够近似描述实际系统的数字模型经过二次模型转化为仿真模型,再利用计算机进行模型运行、分析处理的过程。在缓冲包装系统的仿真技术应用研究中主要采用数字模型,用数字语言描述系统行为的特征。

Matlab 语言的出现使数值计算技术与应用进入了一个新的阶段,与之配套的 Simulink 仿真环境又为系统仿真技术提供了新的解决方案,它用模块组合的方法使用户能够快速、准确地创建动态系统的计算机模型,可用来模拟线性或非线性的系统,以及连续或离散的或者两者混合的动态系统的强有力的工具。通过仿真不断优化和改善设计,特别对于复杂的非线性系统,具有更好的效果。

(3) 数字相关测量方法

数字相关测量方法(DICM)首先由 Peters 和 Sutton 等提出,是根据物体表面随机分布的粒子的反射光强分布在变形前后的概率统计相关性来确定物体表面位移和应变。根据统计学原理,计算处理变形前后的数字散斑图的参考图像与目标图像之间的相关性,其中需应用 Newton – Raphson 迭代方法。数字相关测量方法的测量系统主要由光学成像系统、CCD 摄像机、数字图像处理系统组成。

由于纸浆模塑材料单向拉伸时横向变形非常小,对温度、湿度等环境因素影响敏感,变形测量比较困难,不宜采用接触式变形侧量方法,所以利用这种技术测量纸浆模塑材料横向变形的测量,较好地解决了纸浆模塑材料的横向变形系数测量和全场变形测量问题。实验时,连接好数字相关测量系统,调整光源及 CCD 摄像头的位置,达到成像区域尺寸和合适位置;同时设置自动控制电子万能材料实验机加载参数,在加载实验过程中,通过数字相关测量系统记录加载前后的散斑图,将其存储于计算机硬盘上,利用数字相关分析软件对散斑图中的变形数据进行提取。这一测量方法可直接计算出测试区的全场应变,由此可以非常方便地得到材料的弹性模量和泊松比,从而为纸浆模塑缓冲包装结构的有限元分析和设计打下基础。

(4) 应用有限元理论和有限元方法

产品在运输过程中,损坏的主要原因是冲击与震动。为了避免损坏的发生,事先需对包装件进行测试,但这种测试对产品来说往往是破坏性的,且试验费用昂贵,因此必须对包装件作跌落仿真分析,进而完善产品内部结构及缓冲包装的优化设计。利用有限元理论可对自由跌落、空投试验的仿真验证,进行跌落问题的有效性和可靠性分析。国内学者应用有限元理论和 ANSYS/LS – DYNA 对仪器类运输包装件进行了跌落冲击响应仿真分析。采用中心差分法对时间进行循环计算采用对称罚函数法算法,讨论了跌落高度、跌落方向和结构形状对包装系统动态响应的影响,并结合以往试验结果,得出了缓冲包装的可靠性和包装件内部无法检测部件的环境适应性结论。通过改进数值模型的耐撞性可见,依据仿真结果进行结构强度评定和包装设计优化的方法是可行的。

**4. 缓冲包装材料性能研究进展**

表征缓冲包装材料缓冲特性最经典的方法是采用静态或动态材料本构关系。1952 年 Jansen 提出基于变形能的缓冲系数概念来表征缓冲包装材料的性能,后来又扩展为动态缓冲系数概念。1961 年,Franklin 和 Hatae 提出了最大加速度-静应力曲线,根据这些经验曲线,可简便地设计计算单自由度系统跌落缓冲包装设计,但误差较大。1974 年 Cost、Mc Daniel 和

Wyskida 分别建立了某种包装材料下物品最大加速度的数学表达式,根据不同静应力、厚度、跌落高度和环境温度,从这个表达式直接计算最大加速度值。人们对缓冲材料的性能研究主要集中在泡沫塑料、瓦楞纸板、蜂窝纸板和纸浆模塑。

(1)泡沫塑料缓冲性能研究

在大量使用泡沫塑料作为缓冲包装材料之前人们就开始研究其缓冲性能。研究内容涉及低密度闭孔泡沫塑料的应力-应变曲线和动特性、多冲击对闭孔泡沫塑料缓冲性能的影响等。通过对聚苯乙烯泡沫塑料、聚乙烯泡沫塑料、聚氨酯泡沫塑料这三种缓冲材料进行动态压缩试验,研究缓冲材料的动态压缩性能,绘制出动态压缩特性曲线,找出其规律性及材料的密度、厚度、跌落高度对动态压缩特性曲线的影响,指出动态压缩对缓冲包装设计的影响。国内学者对泡沫塑料衬垫提出了 29 个参数的非线性粘弹塑性模型并用于物品缓冲包装的优化设计;开发了一种用于聚氨酯泡沫塑料衬垫的粘弹性有限元分析程序,利用积分本构关系计算了轴对称衬垫中的应力松弛;也有人对带结构的 EPS 防震包装材料的动特性进行了研究,在材料的粘弹性非线性本构方程中引入了一个加权函数来表示材料形状特性。

(2)瓦楞纸板缓冲性能研究

瓦楞纸板的使用具有悠久的历史。对瓦楞纸板力学性能的研究,国内外许多学者作了不少工作。Cox 在 1954 年研究瓦楞纸箱侧板的受力分析时,得到一个半经验公式,指出纸箱侧板的压损强度与临界载荷及材料的边压强度有一个幂函数关系;Mckee 在 1963 年导出了纸箱抗压强度(BCS)的 Mc - kee 简化公式;J. Marcondes 研究了瓦楞纸板的缓冲性能及湿度对其缓冲性能的影响;F. Rousserie 和 J. Pouyet 对瓦楞纸板夹芯结构进行了试验研究,并建立了夹芯结构的模型。近十几年来,国内对瓦楞纸板也进行了大量的研究:对瓦楞纸板的平压冲击、边压及侧压性能研究,相应的应力应变曲线测试,并初步探讨了纸板非线性粘弹塑性模型的建立方法;对常用结构形式的瓦楞纸板衬垫进行了动态性能测试,得出了其相应的最大加速度-静应力曲线;由于瓦楞纸板的缓冲性能涉及非线性、塑性变形等,规律性十分复杂,为了进一步对其进行研究,可通过测试和应用非线性粘弹性理论对瓦楞纸板衬垫的压缩性能进行了理论性描述,在此基础上建立多参数瓦楞纸板衬垫平压时的非线性粘弹塑性模型,解决瓦楞纸板衬垫的平压动力学计算问题,为缓冲包装优化设计提供理论支持。

(3)蜂窝纸板缓冲性能研究

对蜂窝纸板的研究始于 20 世纪 40 年代。目前,国外的研究已经深入到蜂窝结构的力学模型、蜂窝芯的平面压缩数值模拟等,还研究了蜂窝结构隔热、隔音、吸震性能。研究出的蜂窝新产品包括具有双向强度的蜂窝板、用碳纤维加强的蜂窝结构等。国内对蜂窝纸板的研究大多处于试验研究阶段。比如通过对蜂窝纸板的静态压缩性能试验,对比研究不同厚度的蜂窝纸板的静态曲线,分析纸厚度与抗压强度的关系。资料表明,通过对蜂窝纸板进行静态压缩实验及缓冲性能研究,得到了 $\sigma$-$\varepsilon$、$c$-$\varepsilon$ 曲线,结果表明蜂窝纸板厚度对缓冲性能影响不大。

(4)纸浆模塑缓冲性能研究

近十几年来,纸浆模塑制品迅速发展。Danny G. Eagleton 将纸浆模塑材料的缓冲曲线与聚苯乙烯的相似曲线作比较,发现纸浆模塑在低应力和一次冲击的情况下比聚苯乙烯泡沫塑料具有更好的缓冲性能。Jorge Marcondes 等指出了纸浆模塑制品的缓冲能力是结构单元侧壁的周长的函数,而不是受力面积的函数。国内学者对纸浆模制品结构缓冲性能进行了研究,得出纸浆模制品结构对其缓冲性能影响很大的结论,研究内容还涉及根据纸浆模塑缓冲结构单元的静态压缩曲线分析纸浆模塑缓冲包装结构设计的原理。

（5）智能材料电流变流体在运输包装中的应用研究

智能材料电流变流体（Electro Rheological Fluid，ERF），具有在电场的作用下能产生明显的电流变效应，即在液态和类固态间进行快速可逆的转化，并保持粘度连续，这种转变极为迅速，仅需几毫秒，且转变可控，能耗极小，因此利用其阻尼可控的特性，利用 ERF 智能材料设计出的缓冲支座，不仅能有效地控制产品在运输过程中的震动冲击，而且能重复利用，对于导弹、火箭等这类大型的昂贵的仪器设备在运输过程中的振动冲击防护研究很有意义。国内学者在深入分析缓冲运输包装基本理论的基础上，将研制的 ERF 阻尼器用于缓冲隔振支座的设计中，实现产品的有效振动控制，为智能材料在缓冲包装运输领域的应用打下基础。

总起来说，目前国内外对这些缓冲材料的研究还大多处于试验研究阶段。至于理论研究也仅仅是对试验结果的拟合、修正。这种研究方法无法很好地描述材料本身的性能，要真正掌握材料特性，就应该从材料入手，建立材料的力学模型。所以，今后对材料性能的研究应该着眼于这个方向，并最终达到用其来指导产品缓冲设计的目的。

# 5.3　电磁屏蔽防护

现代武器装备对电子设备的依赖性和电子设备的电磁敏感性，使得装备防电磁危害能力成为影响装备性能发挥的一个重要因素。屏蔽、滤波器、优化布线及线路设计、保护电路是目前几种常用的抗电磁危害加固技术，它们在一定程度上起到了抗电磁环境危害的作用。其中，电磁屏蔽以其能有效地将电磁波能量转变成热能或使电磁波相干扰消失，消除电磁污染的特点，成为电磁领域研究的热点问题。

## 5.3.1　电磁屏蔽理论

在电磁场工程中，用于减弱由某些源产生的在空间某个区域内（不包含这些源）的电磁场的结构，称为电磁屏蔽。屏蔽是电磁干扰防护控制的最基本方法之一。其目的有两个方面：一是控制内部辐射区域的电磁场，不使其越出某一区域；二是防止外来的辐射进入某一区域。度量电磁波屏蔽的好坏，通常是用屏蔽效能（Shielding Effectiveness，SE）来表示。屏蔽效能定义为

$$SE = 10\lg(入射功率密度 / 透入功率密度) \quad (dB)$$

式中：入射功率密度为加屏蔽前测量点的功率密度；

透入功率密度为加屏蔽后同一测量点的功率密度。

只要两种场是在具有同一波阻抗的同一介质中进行测量，上述方程就可以用场强来定义：

$$SE = 20\lg(E_b/E_a) \quad (dB)$$
$$SE = 20\lg(H_b/H_a) \quad (dB)$$

式中：$E_b$ 为安装屏蔽体前的电场强度；

$E_a$ 为安装屏蔽体后的电场强度；

$H_b$ 为安装屏蔽体前的磁场强度；

$H_a$ 为安装屏蔽体后的磁场强度。

SE 越大，表明材料的电磁屏蔽效果越好。

（A+ B-）

**图5-4 静电感应示意图**

电磁波屏蔽中的电场屏蔽是消除或抑制由电场耦合引起的干扰。电场包括静电场和交变电场，对于静电场，如图5-4所示：A带正电，通过静电感应，使得B带上负电。对此，采用金属屏蔽体，使A发出的电力线不能到达B，达到了屏蔽的效果。而对于交变电场，也是采用金属屏蔽体进行屏蔽，使电场局限在导体与屏蔽体之间。

电磁波屏蔽中的磁场屏蔽是消除或抑制由磁场耦合引起的干扰。其中，静磁场是电磁铁或直流线圈产生的，它在空间散布磁力线，磁力线主要集中于低磁阻的磁路。针对这些特点，利用高磁导率的材料，如Fe、Ni、钢、坡莫合金等，将磁力线封闭在屏蔽体内，不外泄，从而起到磁屏蔽的作用。对于低频交变磁场的屏蔽原理基本上同静磁场。低频磁场干扰是一种最难对付的干扰，这种干扰是由直流电流或交流电流产生的，为了使对磁场敏感的设备能正常工作，磁旁路是另一种很有效的屏蔽方法。根据电磁屏蔽的传输线理论，低频磁场由于其频率低，趋肤效应很小，吸收损耗很小，并且由于其波阻抗很低，反射损耗也很小，因此单纯靠吸收和反射很难获得需要的屏蔽效能，只有使用磁导率高的屏蔽材料，为磁场提供一条磁阻很低的通路，将磁力线约束在这条低磁阻通路中，才能使敏感器件免受磁场的干扰。而高频磁场会在屏蔽体表面产生感生涡流，从而产生反磁场来抵消穿过屏蔽体的原来磁场，同时增加屏蔽体旁边的磁场，使磁力线绕行而过。高频磁场主要靠屏蔽壳体上感生的涡流所产生的反磁场起排斥原磁场作用，所产生的涡流越大，其效果越好，故可选用良导体材料，如Ag、Cu、Al等。频率$f$越高涡流$I$越大，效果越好，但当涡流产生的反磁场足以完全排斥干扰磁场时，涡流就不再增大，保持一个定值。此外，由于趋肤效应，涡流只在材料表面产生，所以，只需很薄的金属材料即可。

辐射源产生电场和磁场交互变化，能量以波动形式由近向远传播，形成电磁波。当外来的电磁波遇到屏蔽材料时，就会被吸收、反射和折射，电磁波能量的继续传递受到妨碍，以致削弱到不干扰仪器正常工作的程度即为屏蔽，如图5-5所示。

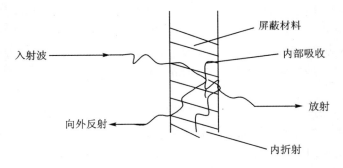

**图5-5 电磁波屏蔽示意图**

根据电磁屏蔽的传输线理论（Schelkunoff理论），屏蔽效能分为反射消耗、吸收消耗和多重反射消耗三部分，屏蔽材料的屏蔽效果总和SE可由下式来表示：

$$SE = A + R + M \quad (dB)$$

式中：$A$为吸收损耗；

$R$为反射损耗；

$M$为多重反射损耗。

（1）电磁波吸收损耗

工程中实用的表征材料吸收损耗 $A$ 的公式为

$$A = 131 \cdot 4t(\mu_r \cdot f \cdot \sigma_r)1/2 \quad (dB)$$

式中：$t$ 为屏蔽材料厚度，m；

　　　$\mu_r$ 为屏蔽材料的相对磁导率；

　　　$\sigma_r$ 为屏蔽材料相对于铜的电导率；

　　　$f$ 为电磁波频率，MHz。

由此可见，吸收损耗与屏蔽材料的电导率、磁导率、厚度、工作频率有关。

（2）电磁波反射损耗

反射衰减 $R$ 很大程度上依赖于入射波与屏蔽材料表面阻抗的匹配程度，同时也与电磁波的类型有关，主要分为三种类型。

平面波

$$R_P = 108.1 - 10\lg\frac{\mu_r f}{\sigma_r} \quad (dB)$$

电场（高阻抗场）

$$R_E = 141.7 - 10\lg\frac{\mu_r f^3 r^2}{\sigma_r} \quad (dB)$$

磁场（低阻抗场）

$$R_H = 74.6 - 10\lg\frac{\mu_r}{f\sigma_r r^2} \quad (dB)$$

式中：$r$ 为辐射源到屏蔽材料的距离，m。

金属屏蔽体的反射损耗不仅与材料本身的特性（电导率、磁导率）有关，而且与金属屏蔽体所在的位置有关，还与场源特性有关。

（3）多次反射损耗

在屏蔽材料比较薄或电磁波频率低的情况下，通常考虑屏蔽材料的内部损耗 $M$。

$$M = 10\lg\left|1 - \left[\frac{(Z_W - Z_S)^2}{(Z_W - Z_S)^2}\right] \times 10^{-A/10}(\cos 0.23A - j\sin 0.23A)\right| \quad (dB)$$

式中：$Z_S$ 为屏蔽材料的阻抗；

　　　$Z_W$ 为空气的阻抗。

在屏蔽材料厚或频率高的情况下，由于导体的吸收损失很大（$A > 10$ dB），$M$ 可忽略，故上式可简化为

$$SE = A + R \quad (dB)$$

由以上屏蔽机理分析中可以看出，由于电磁波不但有电场分量，还有磁场分量，在宽频率范围内都能够有较强适应性、性能优异的屏蔽材料应同时具有良好的导电性和导磁性。

哪些材料能提供最好的屏蔽效能是一个相当复杂的问题。很明显这种材料必须具有良好的导电性，所以未处理过的塑料是无用的，因为电磁波能直接通过它。然而不能只考虑导电性，其原因就在于如前所述，电磁波不但有电场分量，还有磁场分量。因此，高导磁率与高导电率同样重要，高导磁率的意思就是磁力线的高导通性。钢是一种良导体，而磁导率的量级也会令人满意。它也是相对廉价并能提供很大机械强度的材料，所以有理由利用钢材，廉价地获得满意的屏蔽效能。应当注意，低频电磁波比高频电磁波有更高的磁场分量。因此，对于非常低

的干扰频率,屏蔽材料的导磁率远比高频时更为重要。用于屏蔽外场直接耦合的机壳或机柜的材料是很重要的。由于是高反射屏蔽,通常采用提供电场屏蔽的薄导电材料。对于 30 MHz 以上更高的频率,通常应主要考虑电场分量,在后一种情况下,非铁磁性材料,诸如铝或铜,能提供更好的屏蔽,因为这种材料的表面阻抗很低。

## 5.3.2  导电涂料

导电涂料是涂于高电阻率的高分子材料上,使之具有传导电流和排除积累静电荷能力的特种涂料,可涂覆于任何形状基材的表面或内部。导电涂料按组成及导电机理可分为两大类:结构型(亦称本征型)导电涂料和复合型(亦称添加型)导电涂料。本征型导电涂料的导电材料是高聚物自身。添加型导电涂料的导电材料是在绝缘高聚物中添加的导电物质(金属、石墨等),利用导电物质的导电作用,使高聚物具有导电性能。

**1. 本征型导电涂料**

本征型导电涂料是指以本征型导电聚合物为成膜物质所制成的导电涂料。目前,导电高分子用于导电涂料的制备方法大多集中在直接利用导电高分子作成膜树脂、导电高分子与其他树脂混合使用、导电高分子材料作为导电填料使用等方面,其中最典型的代表有聚苯胺、聚吡咯、聚噻吩、聚喹啉等。

(1)聚吡咯导电涂料

聚吡咯(PPy)是一种具有广泛应用前景的导电高分子材料,与其他导电高分子相比具有电导率高、易成膜、无毒等优点。吡咯(Py)单体在氧化剂的存在下能比较迅速地氧化聚合成 PPy,但纯 PPy 即不经过掺杂时其导电性较差。只有经过合适掺杂剂掺杂后才能表现出较好的导电性。由于不易加工,所以对它研究主要集中在改性研究上。由于其电导率高,可用做导静电涂料。同传统的复合导电涂料相比其具有质轻、环境稳定性好等特点,在诸多领域都有潜在应用价值,极具发展前景。

用聚吡咯和有机蒙脱土制成的纳米复合材料作为导电添加剂,聚酰胺作为固化剂,制备了水性的环氧抗静电涂料。当导电添加剂用量为 4% 时。涂层电导率达到了 $3.2 \times 10^{-8}$ S/cm,而且在用量小于 12% 时,涂层的附着力、耐水性、冲击强度等均很好。在聚氨酯树脂中添加聚吡咯制备的涂料实验表明,没有加导电聚吡咯的涂膜很快降解,加入导电聚吡咯涂膜有很好的耐酸耐碱性,对碳钢有很好的保护性。采用相分离原位聚合法在醋酸纤维素(CA)基体中合成聚吡咯可制成均匀的 PPy/CA 导电复合薄膜,成膜后朝向玻璃的膜面(反面)是绝缘的,而朝向溶液的膜面(正面)却是导电的。膜中吡咯/醋酸纤维素的投料比为 0.091 时,导电复合膜的表面电阻约为 20 Ω/cm。

(2)聚苯胺导电涂料

在众多导电聚合物材料中,聚苯胺由于原料价格低、合成简单、导电率高、耐高温及抗氧化性好、环境稳定性好等优点,成为研究的热点,被认为是最具有应用前景的导电高分子材料。本征态的聚苯胺是不导电的,只有经过质子酸掺杂后才具有导电性,而用大分子质子酸掺杂的聚苯胺导电性能则更加优异,这是因为一方面大分子质子酸具有表面活化作用,相当于表面活性剂,掺杂到聚苯胺当中可以提高其溶解性;另一方面,大分子质子酸掺杂到聚苯胺中,使聚苯胺分子内及分子间的构象更有利于分子链上电荷的离域化,电导率得到大幅度提高。

国内有学者用樟脑磺酸掺杂的聚苯胺 100% 溶于间甲酚,用十二烷基苯磺酸掺杂的聚苯胺完全溶于甲苯,这种溶解性来源于掺杂剂本身的溶解性,掺杂剂中的 $SO_3H$ 基团与聚苯胺结合,可溶性基团分布在聚苯胺/掺杂剂复合物的外围,致使聚苯胺可溶。这种"掺杂剂诱导增溶"法对解决聚苯胺等导电高分子难以加工问题取得了突破性的进展。目前利用"掺杂剂诱导增溶"法已制得了可溶于水系的聚苯胺。由于聚苯胺有良好的导电性能,所以可应用在导静电涂层方面。填加量为 5%～8% 时,其导电效果可与导电填料 40% 时相比。还有人用化学氧化聚合方法合成了具有纳米尺寸的聚苯胺,以其为导电填料,以丙烯酸酯为成膜物,制备出一种电导率在 $10^{-8}～10^{-4}$ S/m 范围内的新型防腐导电涂料。采用氧化缩聚合成法制备了无机酸掺杂的低成本、高导电率的导电聚苯胺,以其为导电填料,以环氧树脂为成膜物,制备出一种电导率在 $10^{-8}～10^{-5}$ S/m 范围内的新型导电涂料。以十二烷基苯磺酸(DBSA)掺杂的聚苯胺(PANI)为导电组分,三氯甲烷为溶剂,采用溶液共混法制备聚苯胺/丙烯酸酯共聚物(AA)导电薄膜。研究表明聚苯胺粒子均匀地分布在基体中形成较为良好的导电网络而使共混物具有良好的导电性。

**2. 掺杂型导电涂料**

掺杂型导电涂料是指以高分子聚合物为基础加入导电物质,利用导电物质的导电作用,来达到涂层电导率在 $10^{-12}$ S/m 以上。它既具有导电功能,同时又具有高分子聚合物的许多优异特性,可以在较大范围内根据使用需要调节涂料的电学和力学性能,并且成本较低,简单易行,因而获得较为广泛的应用。掺杂型导电涂料由高分子聚合物、导电填料、溶剂及助剂等组成。常用的导电填料有金属系填料、碳系填料、金属氧化物系填料、复合填料、新型纳米导电填料等。

(1)碳系导电涂料

碳系导电涂料是目前用量较大的一种功能涂料,具有成本低、质量轻、无毒无害等优点。用做碳系导电涂料的导电填料主要有石墨、石墨纤维、碳纤维、高温煅烧石油焦、各种炭黑及碳化硅等。特别是炭黑填充导电聚合物已被广泛应用,因为导电炭黑具有价格便宜、密度小、不易沉降、耐腐蚀性强等优点,但导电性相对较差;同时由于表面含有大量的极性基团,存在难分散、易絮凝等缺点,最简便而有效的解决方法之一是加入分散剂降低炭黑粒子间的吸引力及凝聚力,从而使其能均匀稳定地分散在基质中。

碳系导电涂料通常由导电填料、基体树脂、助剂和溶剂组成,经机械混合后将其涂覆于非导电体底材表面,形成一层特殊固化膜,从而产生导电效果。根据现有的碳系导电涂料样品和研究报道中可知,基本都是采用增加导电填料含量的方法来提高涂料的导电性。

使用碳系填料制备导电涂料时,通常将石墨、碳纤维等混合使用,尤其是石墨几乎不单独使用。用石墨、炭黑、碳纤维及碳化硅粉末等复合型碳系填料与合成树脂可制成并联导电发热涂料,当填料含量相同时,复合型填料比单一填料具有更优良的导电特性。碳系填料与纤维匹配后构成了三维空间网络导电粒子链结构,更有利于导电和发热碳系导电填料的研究主要包括几方面:采用偶联热处理、化学接枝法对碳表面进行处理,提高导电性;静电复制用碳粉的表面氟化,该技术被美日两国垄断;导电性粉末用炭黑的表面处理。

目前,采用基体树脂和炭黑化学接枝制得的导电填料已被用于印刷电路的导电涂料中。为提高碳系导电涂料的导电性,减少碳粉的用量,在碳粉表面镀铜、镍、银等金属已成为研究课题。比如以化学镀银鳞片石墨对传统无溶剂型环氧玻璃鳞片涂料进行改性,既提高了导电性,又提高了耐蚀性。此外,碳纳米管具有很好的导电性,相对于其他金属颗粒,量很少时就能形成导电的网链,且密度小,不易沉降,很适合做导电填料。

（2）石墨导电涂料

石墨是一种高导电层状材料,将其作为导电填料,并与导电聚合物复合可制备出导电性能优良的聚合物基复合材料。石墨涂料以其良好的导电性、低廉的价格及操作工艺简单的特点得到广泛应用。为使涂料涂层有良好的导电性,须经深加工制备高纯超微细石墨,才能满足需要。天然石墨的晶体结构可分为晶质（鳞片状）和隐晶质（土状）两种。在高倍镜下观察,鳞片石墨制成的涂片,石墨粒子之间相互重叠,粒子间无空隙,因此导电性能好;土状石墨粒子间虽排列紧密,但粒子外形很不规则,表面粗糙,与鳞片石墨相比导电性稍差,但仍可满足低阻内导电石墨涂料的要求。近年来,随着纳米技术的发展,将石墨纳米材料与基体复合制得导电高分子材料正日益兴起;膨胀石墨作为新型导电填料,具有导电性好、摩擦损耗小、污染小等优点,而且膨胀石墨的加入可以大大提高高分子材料的导电性,降低其导电渗滤域值,因此在防静电涂料及导电高分子复合材料中具有重要的应用价值。

导电填料的形状对材料的导电性能有较大影响,一般认为导电粒子呈片状较好,球状较差。因为片状粒子面接触较多,形成导电通道的几率大,而球状粒子之间是点接触,形成导电通道的几率要小得多。

（3）金属系导电涂料

金属系导电涂料的导电性能取决于金属填料的种类、数量、金属纤维和金属粉末的种类、数量、填料的形状。金属系填料主要有银粉、镍粉和铜粉等,银粉的化学稳定性良好,防腐性能优异,导电性高,是较早被开发应用的导电填料。但由于银粉的价格比较昂贵,多应用于航空等特殊领域,在民用上应用较少,有人研究采用纳米技术降低银作为填料时的成本,或通过在银粉中掺杂带有聚合物乳化粒子的金属粒子,来降低渗滤阈值,从而减少了银粉的用量。铜粉具有低廉的价格,具有与银相近的导电性,其缺点是铜容易氧化,导电性也不稳定,但对其经过特殊表面处理,可获得稳定性的铜基导电涂料,随着铜粉防氧化技术的提高,铜系导电涂料的研究必将受到进一步的关注。一般选择铜粉粒径为 $10\sim100~\mu m$,可制得导电性良好的导电涂层。国内报道用二月桂酸丁基锡活化处理纳米铜粉表面,然后采用置换反应法制备与原来铜粉大小大致相同的核壳形铜-银双金属粉末,既降低了成本又解决了铜粉易氧化的问题。其中,铜粉还原银氨溶液中的 $Ag^+$ 生成的 $Cu^{2+}$ 与 $NH_3$ 形成络合物 $[Cu(NH_3)_4]^{2+}$,它吸附于铜粉表面而阻碍还原反应的继续进行,使制备的镀银铜粉表层的银含量降低,用氨水提高银氨溶液的 pH 值,可增加制备的镀银铜粉表层的银含量,提高其抗氧化性能。当用氨水调节银氨溶液的 pH 值至 11.50 时,可制得表层银的质量分数高达 47.91%,且具有常温抗氧化性能的镀银铜粉。镍系导电填料由于价格适中,化学稳定性能良好,具有有效的抗电磁干扰的性能,已经被应用于电磁屏蔽等很多领域。据报道采用钛酸酯偶联剂改性镍系电磁屏蔽涂料后,镍系电磁屏蔽涂料屏蔽效能在 9 kHz～1.3 GHz 范围 SE≥35 dB。

（4）金属氧化物系导电涂料

金属氧化物系导电填料产品目前较多的是对纳米 ATO 和纳米 ZAO 的研究。由于纳米 ATO 导电粉表面能高,在涂料制备与储存过程中易凝聚而导致性能劣化,可采用物理与化学结合的分散方法对纳米 ATO 进行预处理,解决了纳米粒子的分散与团聚的难题。对纳米 ATO 导电粉为填料,醇酸树脂为基体的复合导电涂料研究表明:当纳米 ATO 含量为 60% ～ 65% 时,涂料的导电性能较好,表面电阻率能够达到 $10^3~\Omega/cm^2$。目前,有关纳米 ZAO 的研究

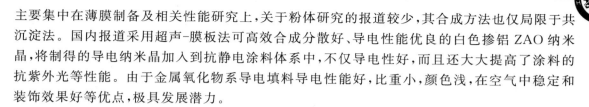

主要集中在薄膜制备及相关性能研究上,关于粉体研究的报道较少,其合成方法也仅局限于共沉淀法。国内报道采用超声-膜板法可高效合成分散好、导电性能优良的白色掺铝 ZAO 纳米晶,将制得的导电纳米晶加入到抗静电涂料体系中,不仅导电性好,而且还大大提高了涂料的抗紫外光等性能。由于金属氧化物系导电填料导电性能好,比重小,颜色浅,在空气中稳定和装饰效果好等优点,极具发展潜力。

**3. 导电涂料发展方向**

随着导电涂料需求量的越来越大,成本将是未来影响导电涂料发展的重要因素。开发导电高聚物和改性导电填料是行至有效的方法。本征性导电涂料由于不需要加导电填料,所以成本低。但是由于合成难度大,种类也较少,所以未能推广。目前对导电填料的改性大部分是采用化学镀技术,如在铜粉表面镀银,石墨表面镀铜等。此外,纳米技术的应用也在很大程度降低了成本,如纳米银粉、纳米镍粉,它们不仅降低了成本,同时还提高了导电率。

随着人们对环境质量和资源的重视,环保型导电涂料是未来发展的必然趋势。目前,实现环保型导电涂料主要有:水溶性导电涂料,固含量高的导电涂料及粉末导电涂料。有机溶剂型导电涂料不仅成本高,而且对环境和施工人员的伤害较大,在未来发展中势必被淘汰。水溶性导电涂料以水为溶剂或分散介质,降低了其危害性。而固含量高的导电涂料中有机溶剂的含量少,减少了对环境和人体的危害。粉末导电涂料不含溶剂,完全是固体体系,可采用闭路循环体系生产。

随着导电涂料的发展,不仅要求导电涂料有优良的导电性,还对其耐磨性、防腐性、耐老化、耐高温和耐低温等性能提出了要求。未来的导电涂料应是导电性与其他性能的兼优体。目前,我国研究的部分导电涂料的功能已由以前的单一的导静电发展到现在的导电、防腐、耐高温及阻燃等兼有的水平。

## 5.3.3　金属镀膜

通过表面镀金属膜可显著提高塑料、陶瓷、织物的阻隔性能及导电性能,这一技术可广泛应用于包装材料改性及装备防护领域。例如装备中的传统电子产品一般均为金属外壳,这种金属外壳能够切断电磁能量的传播路径而提供屏蔽作用。为了减轻装备的质量,降低成本,越来越多的电子产品及设备采用塑料机壳,这种机壳对电磁干扰是透明的,其内部的电子线路及敏感元器件都会受到电磁波的干扰而影响电子产品的工作性能。为适应装备需求人们着手对塑料机壳进行金属镀膜处理,以达到电磁屏蔽(EMI)的基本要求。

**1. 化学镀**

化学镀(electroless plating)又称"无电解镀",即在无外电流通过的情况下,利用还原剂将电解质溶液中的金属离子化学还原在活性催化的材料表面,沉积出与基体牢固结合的镀覆层。化学镀的沉积过程有三种方式:置换沉积、接触沉积、还原沉积。化学镀以其简单的工艺条件成为理想的非金属材料表面金属化的有效手段。其优点:①不管被镀物体形状如何复杂都能得到均匀一致的镀层。②沉积层具有独特的化学、物理和机械性能如抗蚀、电阻、磁性、硬度等。③投资少,简便易行,工艺方法简单,生产成本低,金属镀层在陶瓷表面附着力强,镀层细密,大面积镀覆合格率高。④对环境的污染较小。由于这些优点,化学镀镍已在机械、电子及微电子、航空航天、石油化工、汽车、纺织、食品及军事等工业部门获得广泛应用。

**(1) 压电陶瓷表面金属化**

压电陶瓷是一种具有许多电畴的多晶材料,由于其独特的铁电、介电、压电、热释电、光电等性能,在传感器、气体点火、超声清洗等方面应用十分广泛。由于陶瓷为非金属材料,因此制备压电陶瓷元件的一个重要工艺环节是在陶瓷表面局部金属化,亦称"上电极"过程,才能使陶瓷与其他元件相连接,发挥陶瓷的压电性能。自从 1947 年美国的 Brenner 和 Riddell 提出了沉积非粉状镍的方法,形成镀层的催化特性,实现化学镀镍等金属技术逐渐应用于工业生产,化学镀技术已广泛应用于陶瓷等非金属材料的金属化。

压电陶瓷表面化学镀镍是在陶瓷表面上进行镀金属镍的工艺过程,主要是利用强还原剂在陶瓷表面进行氧化还原反应,使金属镍离子沉积在陶瓷镀件上。陶瓷材料化学镀镍工艺是经过预处理及敏化、活化处理后,使陶瓷材料表面具有催化活性中心,这样镍等金属离子经过催化活性中心的活化才能被还原剂还原而沉积在陶瓷材料表面,形成镀层。Durkin 在1997 年美国化学镀镍年会上就提出了"S.C.R.A.P"化学镀工艺的重要步骤,其中:S 为基本,C 为清洗,R 为水洗,A 为活化,P 为镀。因此,压电陶瓷表面化学镀镍基本工艺流程为:基体机械处理—化学除油—化学粗化—敏化—活化—化学镀镍—镀层性能测试。

**(2) 电磁屏蔽材料表面处理**

在覆膜类电磁屏蔽材料表面处理工艺中,化学镀工艺因其具有镀层致密、节约贵金属材料等特点而受到人们的青睐。化学镀的优点是制备的镀层成分均匀且易于控制,与基体结合力强,可以在各种基体上施镀镍基合金和钴基合金,不受零件尺寸及形状限制,无需特殊设备,操作相对简单方便;同时化学镀制备的镀层具有一定功能特性,如较高的电磁屏蔽效能和环境可靠性。正因为以上特点,化学镀成为制备电磁屏蔽复合层的常用方法。粉体化学镀因其均镀能力强而被广泛用来制备各种金属复合材料。对碳纤维化学镀镍表面改性进行的研究结果表明,当在碳纤维表面获得厚度为 1 μm 均匀连续的镀层时,电磁防护性能大大提高,可达到 20 dB;对碳纤维表面镀铜进行的研究结果表明,碳纤维在镀铜后电阻值下降了 30 %;将化学镀铜与电镀铜进行对比,结果表明通过化学镀可得到碳纤维表面均匀、结合力较好的镀铜层,电镀方法得到的铜镀层不均匀、牢度差。

近几年来,化学镀镍磷、钴磷和镍钴磷软磁合金工艺逐渐在吸波材料的研制中受到关注。目前的研究多集中在微米级的空心微珠表面镀覆上述各种铁磁性金属或合金来制备轻质吸波材料。一些学者还尝试采用化学镀技术对碳纳米管进行修饰,也取得了一些成果。国内学者利用化学镀法制备了 Ni-Fe-Co-P 合金和 Ni-P 合金包覆的碳纳米管,两种材料的吸波峰值均可达到－25 dB。由上面的论述可以看出,化学镀工艺在吸波材料的制备中具有很好的应用前景,利用化学镀技术可能制备出具有优良吸波性能的新型吸波材料。

**(3) 化学镀发展趋势**

化学镀技术应用领域越来越广泛,也对化学镀技术提出了新要求,该项技术今后的发展方向,一是原有化学镀工艺的进一步完善和提高,二是具有商业价值的新领域以及具有超功能性能的新材料出现后所带来的化学镀技术的新应用。

**1)镀层成分环保化**

对镀层成分有害物质的控制已越来越来受到重视。2000 年 9 月 18 日,欧盟议会发布 ELV(End-of-Life Vehicle Directive)指令,该指令规定:"成员国必须保证:在 2003 年7月 1 日之后投放市场的车辆零件和材料中不得含有铅、镉、汞、六价铬……";2002 年 1 月 27 日,欧盟议会又发布了电工电子设备中限制使用某些有害物质的 RoHS 指令:"成员国应保证,自 2006 年 7 月 1 日投放市场的电子电工设备不得含铅、镉、汞、六价铬、多溴联苯、多溴二苯醚。"而添加铅、镉是传统化学镀溶液中最为有效的稳定剂和光亮剂,受以上两个指令的影响,研究无铅、无镉、无六价铬的环保型化学镀技术成为必然趋势。

2)镀层金属多元合金化

化学镀多元合金主要是 Ni、P 与其他元素的合金,这种镀层有很好的发展前景,因为它们可以使镀层有更高的硬度、耐磨性和热稳定性等。化学镀多元合金可以在 Ni‐P 合金中加入铜、钴和钨来改善其性能。这种多元合金镀层的市场发展比较慢,主要原因是多元合金化学镀工艺比 Ni‐P 难控制,随着自动控制应用的增长和应用更先进的工艺技术,化学镀多元合金必将成为化学镀的未来发展方向。

3)镀层材料复合化

压电陶瓷等表面在施镀时,使其镀层在沉积过程中形成以镍为基体的具有特殊功能的复合材料,展现出其应用的巨大优势。用于复合镀层的微粒包括氧化物、碳化物、氮化物、树脂粉末以及石墨、聚四氟乙烯等。复合粒子对镀层进行改性,获得许多具有特殊性能的复合镀层,如含硬质复合粒子的耐磨复合镀层、含固体润滑粒子的自润滑减摩复合镀层、含稀土元素的耐腐蚀复合镀层等。纳米复合粒子的应用和具有多种特殊性能的多元复合镀层的研究成为未来主要发展方向。

**2. 真空溅镀**

真空溅镀是一种物理镀膜方法。真空镀膜需要在较高真空度下在塑件表面沉积各种金属和非金属薄膜,分成蒸发和溅射两种,具体种类包括真空离子蒸发、磁控溅射、分子束外延、激光溅射沉积等多种。需要镀膜的零件称为基片,镀的材料称为靶材,基片与靶材同在真空腔中。蒸发镀膜一般是加热靶材使表面组分以原子团或离子形式被蒸发出来,并且沉降在基片表面,通过成膜过程(散点、岛状结构、迷走结构、层状生长)形成薄膜。

溅射类镀膜是利用辉光放电,将氩离子撞击靶材,使靶材的表面组分以原子团或离子形式被溅射出来,最终沉积在基片表面,经历成膜过程,最终形成薄膜。图 5‐6 所示为其工作示意图。溅镀薄膜的性质、均匀度都比蒸发镀膜好,但是镀膜速度却比蒸发镀膜慢得多。

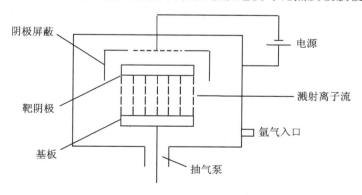

**图 5‐6　真空溅射示意图**

20 世纪 90 年代初,欧美国家就开始进行磁控溅射镀膜工艺技术及设备的研究开发工作。该方法的基本原理是将所镀的金属制成靶材,通过辉光放电过程,带电离子轰击靶材,溅射出金属粒子沉积在塑料部件上,从而获得屏蔽效果显著的导电膜层。此方法的优点是膜层均匀,厚度在 $0.5\sim2~\mu m$ 之间,不影响塑料的耐冲击强度以及内部公差。该方法还可根据需要制备出厚度最佳的导电膜层,生产成本低,效率高,可以形成大批量工业化生产,应用范围广,而且不会对环境造成污染,因而逐渐被广泛使用。

通过真空镀膜技术,使得在塑料表面沉积一层单质金属层,使其表面亮丽、金属感强,提高塑料的使用性能。在塑料表面镀制的单质金属膜,常发生膜层与基片附着力差的问题,在磁控溅射镀制铝膜中最常见的质量问题是:脱膜、膜层附着力差等,这直接影响镀膜塑料的应用。研究表明,镀膜前先对光学塑料表面进行超声清洗,然后用离子风枪吹净,起到清洁和去静电的作用,在合理的范围内,选择高的本地真空度和工作真空度以及大的基片运行速度,这样可以达到提高薄膜与塑料板材的附着力。

国内学者利用磁控溅射的方法制备高效能电磁波屏蔽织物,对纺织基材进行等离子体前处理表面改性,能改变织物表面形态,增强薄膜性能。通过合理控制设备真空度、施镀材质、织物形态等复合镀膜中的工艺参数,可确保镀膜致密、均匀,获得高效能屏蔽膜。通过对试样的金属增重率和对溅射织物的透气率以及电磁屏蔽性能的分析得出结论:金属增重率为 $0.77\%$ 或者 $1.88\%$ 附近,可以得到较理想的透气性溅射织物;金属增重率在 $0.77\%\sim1.41\%$ 范围内,溅射织物的屏蔽率较高。

## 5.3.4 其他电磁屏蔽材料

电磁屏蔽材料除了常用的导电涂料和金属镀膜,还有导电塑料、导电衬垫、导电胶带、导电粘合剂、金属化织物和磁屏蔽材料等。

**1. 导电塑料**

近几年来,为发展导电填充物作出了许多尝试和努力,这种导电填充物将在不损伤塑料的机械性质的情况下提供屏蔽性能。为了具有竞争力,所使用的材料必须比前述导电涂层技术中所用的材料价格低廉,并能提供 RFI/EMI 防护。导电聚合物模压元件能提供物理性能坚固的机壳,它能使设备受到冲击时得到防护,而且当受到磨损或物理损伤时,不致像喷涂涂层那样会使 RFI/EMI 屏蔽受到损害。设备制造者也因导电涂层不必抛光而降低了成本。

(1)填充物

不同材料被用做塑料中的导电填充物,包括铝粉和纤维、石墨、不锈钢、镍粉和涂银玻璃珠。影响选择填充物材料的三个因素如下:

① 成本。

② 要求导电填充物所占百分数。高分数填充物不仅增加设备的磨损,还影响模压件的表面光洁度和物理性能。

③ 纤维将按照处理时的熔液流动方向排列,而使角形和截面变化区域的屏蔽不均匀性增加,同时不定期引起机械强度的损失。

粉末金属已被证明具有某些优点,它能通过粉末与聚合物树脂的连接,改进模压件的机械性能。铝粉可使树脂基材的热传导增加,可用来改进导热性,而不锈钢纤维只须填充 $5\%$,就可获得良好的导电性,但铝粉通常则需要填充 $30\%\sim40\%$。低填充不锈钢纤维可以将模压件所处理材料的设计改为未加压材料所期望的压缩的设计。

（2）生产设计

应用填充树脂系列模压件,不仅应考虑设备的磨损问题,还应考虑在有些模压件中存在导电颗粒的不均匀漂移问题。特别是拐角区域和截面急剧改变的地方,以及几乎找不到任何颗粒的恶劣情况。如果需要采用此项技术,在机壳设计时需要特别仔细,尤其要注意截面的任何一个突变。在设计模具时,如缺乏周密的考虑,就会出现无法使用的模压制品。而在制冷设备中,此类填充物能提供有用的导热性质,并已成功应用在与 EMC 目的相反的静电控制中。

（3）可剥性导电塑料

采用碳纤维作为静电屏蔽材料的可剥性导电塑料包装封存剂是一种新的防静电包装材料。某封存材料采用乙基纤维素作为成膜剂,采用季戊四醇松香树脂甘油三松香脂作辅助成膜剂,采用碳素纤维作为防静电屏蔽添加材料,参考配方如表 5 - 10 所列。

表 5 - 10　某可剥性导电塑料配方

| 组成成分 | 用　量 | 组成成分 | 用　量 |
|---|---|---|---|
| 乙基纤维素 | 若干 | 季戊四醇松香树脂甘油三松香脂 | 若干 |
| 碳素纤维 | 8.5% | 甲苯 | 44 |
| 蓖麻油 | 10 g | 无水羊毛脂 | 7 g |
| 硬脂酸钙 | 0.5 g | 丙酮 | 250～350 g |
| 二甲苯 | 250～350 g | 环氧树脂 | 10 g |
| 变压器油 | 2 g | 临苯二甲酸丁酯 | 40 g |
| 对硝基氯苯 | 10 g | 添加剂 | 若干 |
| 乙基纤维素稀料 | 235 ml | | |

该包装封存剂具有耐水性好、干燥快、强度高、防潮、密封、抗静电和电子屏蔽等功能,只须覆涂在产品或包装物的表面,设置启封线,晾干即可在产品或包装物的表面形成一层防护塑料完成封存,启封时只须拉开预置线即可把塑料与被保护主体剥离,完成启封。工艺简单、成本低、启封容易,适用于各种产品,尤其是军工产品的防护包装。

**2. 胶箔和胶带**

当需要改变形状时,则可采用背胶金属箔,它主要用于塑料表面,以提供屏蔽。通常,柔软的箔或带是用铜或铝制成的,可以用于机壳的内表面。然而,该技术存在两个固有的问题:一是生产是基于手工在基体易损的表面上安放箔片;二是由基体至基体很少有完全相同的,特别是覆盖复杂的圆角等一些部件上,需要在箔片之间进行重叠,这就很可能留下缝隙而成为缝隙天线。所采用的背胶常常是非导电的,它将在重叠的胶带或箔片之间形成电阻层。

导电箔可用于改进在 EMC 测试中失败的产品,并提高它们的性能。尽管这些镍铁型合金有加工硬化的性质,不是一种理想的生产技术,但软磁合金箔带如果应用适当,在磁场中能提供有用的屏蔽效能,并能很容易地将金属组件、部件附加在塑料模压件上。如果用在适当设计的部件上,则不需要对镍铁带或箔片重新进行热处理,但如果应用此技术需要箔有一定的形变,则还须进行热处理提高导磁性质。

### 3. 编织丝网衬垫

机壳、机柜或机箱材料，无论是塑料喷涂导电漆的，还是用全金属的，在其上都有密封要求。在接头和缝隙处，导电衬垫是补救屏蔽体被破坏的方法之一。导电衬垫虽然不是屏蔽体，但能得到低阻接触，保持屏蔽体的连续性，而且衬垫是有弹性的，可以调节尺寸的变化，满足规定的机械允差。编织丝网衬垫是最普通、最经济的衬垫之一。

（1）衬垫原理

编织丝网衬垫的弹性结构满足长接缝的不均匀性，丝网的轻微磨损可以破坏氧化层，使表面间更好接触。机械硬度是重要的因素。丝网衬垫抗金属表面压力，其压力是集中在金属丝网的接触区。当丝网与金属表面的硬度相近，并在氧化膜上有大的压力出现时，氧化膜被破坏，重建了良好的电接触。衬垫可以减少接缝（金属机箱两部分之间的接缝）处的泄漏，是由于提供了两部分之间连续的、低阻路径。只要很好装填衬垫，且接触面干净，低阻是能够实现的。在衬垫与两个导电表面之间，不应有涂漆层、粘合剂、润滑剂或其他绝缘物。通常，为了改善电接触，金属机箱的配合表面可以涂些镍环氧树脂涂料。

（2）衬垫材料

用做编织丝网的材料是蒙乃尔合金、铜、镀锡铜、镀银铜、铝或不锈钢，也可使用镀锡、包铜的钢线；但实际上，任何市售的金属丝网都可以用来制作衬垫，其直径为 $2 \sim 30$ mm、线径为 $0.05 \sim 0.152$ mm。最常用的直径约为 $0.112$ mm，而用铝线来编织时，线径要大些。某些不常用的材料是金、钼、铬、镍铁合金、纯铁、铂、镍、银和镍铁高导磁合金。

（3）衬垫应用

编织丝网衬垫应用于对 RFI/EMI 屏蔽的非永久性措施，例如门的密封、面板与机壳、机柜与机箱间的密封，以及其他设备壳体间的密封。还应用于一些较永久性的密封，如设备上安装蜂窝板和其他屏蔽通风板；设备上安装透明的导电窗；用自攻螺丝、螺栓或其他紧固方法，把金属面板固定于金属框架上。编织丝网衬垫可分为全编织丝网衬垫和橡胶芯编织丝网衬垫，包括需要环境密封的衬垫和带边的衬垫等。其选择是根据衰减要求、环境要求、安装方法、防腐蚀、压紧力、接缝的不规则性和价格等因素。

### 4. 硅橡胶衬垫

编织丝网衬垫的屏蔽原理同样也用于掺有高导电填充料的硅材料。在硅橡胶中掺入均匀分布的金属颗粒，即加工时把金属颗粒掺入到粘合体中，形成导电的弹性化合物，既可屏蔽电磁干扰，又可气密。这是由于材料中金属颗粒和弹性体的联合作用。

硅橡胶系统通常用于模压成形、薄片冲压成形、印制板屏蔽衬垫和模制零件。与编织丝网比较，硅橡胶衬垫通常倒角容易，加工方便，粘合剂可改变。小截面衬垫用硅橡胶类，放在沟槽内，固定容易，更换方便，配合公差较小，可提供环境密封。另外，衬垫承受压力小、变形较小，可延长使用寿命。缺点是硅橡胶埋金属丝网衬垫价格较贵。如果不使用标准产品或截面形状，则费用较高。

硅橡胶中通常掺入银颗粒，但是近来由于成本的原因，由镀银的金属填充物代替。大多数的填充物为在铝、镍和镀银，后来在玻璃或陶瓷微球状的珠上镀银。纯镍粉是用于各种目的的填充料，碳或石墨也可用，但屏蔽效能较差，用于静电放电和地面设备。

**5. 金属化纺织物**

金属化纺织物是由一些纺织或编制材料作芯材制成的,这些材料包括尼龙、聚脂或纤维编织而成,也可以用玻璃纤维、碳纤维。通常这些纤维的直径范围为 $10\sim250\ \mu m$,表面金属涂覆层的厚度为 $0.1\sim5\ \mu m$,这些材料可通过蒸发或溶解的工艺生产。常用的金属化纺织物由一定范围的镍镀层构成并提供大量的机械特性。金属化纺织物独特的连接方式提供了其在解决 RFI/EMI 屏蔽问题方面许多大家感兴趣的特性,诸如屏蔽效能,编织的简易性、透气性、透光性和质量轻等。金属化的特性不会改变织物的褶皱、质地、撕扯强度、收缩程度和延伸率等特性。

由一定标准的镍涂覆的编织物在用同轴方法测量时得到的信噪比为 130 dB。这样的编织物在置于两片波导法兰之间或配合连接器使用时,在 10 MHz~26 GHz 的远场情况下衰减为 $45\sim95$ dB,具体数据取决于特定的编织物和频率。这些性能主要源于金属性材料的三个特性:一是较低的电气阻抗;二是编织物的表面完全用金属材料涂覆,在织物纤维交叉的地方提供了较低的接触阻抗;三是编织物有限的厚度在高频时产生了一定的截止波导的作用。另一种方法是纺织之前在塑料线上做导电涂覆,这样就失去了高导电性编织物在交叉点上有金属涂覆的主要特点。特别是在使用几个月后,这种现象更加明显,因为这时线的交叉点部分发生一定的氧化。这种现象不会发生在表面全涂覆的织物上。

构成织物的基材可以是各种可镀或可涂覆的非导电材料,甚至是导电材料。纺织的方法也有多种形式。其中两种主要的纺织方式:一种是单线纺织,另一种是多线纺织。特殊制造的线用于单线纺织,单线的纺织精度很高,线间距离是一定的。由于这些特点,金属化单线织物具有方形网格,这使它们具有较好的衰减特性。一些细小的纤维在一起构成了多线。在这些线纺织在一起构成的材料上面涂覆连续的金属层(通常为镍)。不同的纤维以及线之间的交叉点由金属涂覆层连接。这保证了高导电性和较好的屏蔽性能,同时形成一个非常紧密的网,因此不透气。

**6. 磁屏蔽材料**

磁屏蔽材料是由铁磁合金制成的。这些材料具有很高的导磁率,这种材料既能防止敏感器件受外界磁场影响,例如有极射线管,也能防止器件产生发射,例如变压器。屏蔽体使用高技术制造的镍基合金,这种材料经过加工以后需要在特定的温度下和氢气中进行热处理。

所有的软磁材料会受到各种拉伸的影响,这是磁化过程特有的性质,与某一种特殊材料并没有关系。一个不变的规律是受到拉伸以后导磁率急剧下降,这意味着高导磁率与拉伸是不兼容的。$\mu$ 金属是一种商用的导磁率最高的材料,对应力很敏感。这些应力可能是由于跌落、弯曲、钻孔、切割等引起的。

对于小器件或者屏蔽要求不严格的场合可以用磁屏蔽胶带卷起来达到屏蔽的效果,很难确定需要绕多少圈。因为磁导率的下降与被屏蔽物体的形状有关,通常要绕数圈,这相当于多层屏蔽。因此,最后的方法是边绕边进行实际的测试,这种方法很容易进行修改,但很难获得比较好的屏蔽效果。

# 习　题

5.1　常见的装备防潮技术有哪些？各有何特点？

5.2　列举常用防腐涂料并简要说明其应用特点。

5.3　试分析封套封存技术原理,并结合装备防护实际简述其发展趋势和应用前景。

5.4　防潮阻隔材料改性方法有哪些？

5.5　试比较分析各种缓冲包装技术特点及应用条件。

5.6　查阅相关文献,综述泡沫金属的发展现状。

5.7　常见的导电涂料有哪些？各有何特点？

5.8　结合自身专业实际,分析某型装(设)备防护技术现状及发展策略。

# 第6章 装备环境适应性

武器装备系统的复杂性、作战使用要求的多变性、环境变化和环境影响的复杂性，为环境适应性研究提供了前提和基础。武器装备的进步和新军事变革的发展，对武器装备的环境适应性研究工作提出了不断深化发展的要求，产生了全寿命期环境适应性的概念，并提出了武器装备寿命期各阶段环境适应性工作的任务。本章系统阐述了装备环境适应性的概念内涵，以及适应性要求、论证和评价方法。

## 6.1 装备环境适应性概述

装备环境适应性作为武器装备对环境的适应能力，是武器系统在实际环境下的性能、效益、可靠性达到理想环境下的程度。装备环境适应性是装备的重要质量特性，由装备作战使用对实战性能的要求和环境对装备的影响程度来决定，虽然在使用中体现，但源于设计、制造阶段。因此，只有在全寿命期开展环境工程工作，才能不断提高装备的环境适应性。

### 6.1.1 基本概念

**1. 定义及内涵**

美军在 MIL-STD-810G 中对环境适应性的定义是："装备、分系统或部件在预期环境中实现其全部预定功能的能力。"预期环境包括装备从出厂、包装、运输、装卸、储存、使用、维修、换防等直到退役或报废过程中将要遇到的各种环境条件，即装备的寿命期环境剖面所涉及的各种环境条件。

GJB 4239《装备环境工程通用要求》对环境适应性的定义是："装备在其寿命期预计可能遇到的各种环境的作用下能实现其所有预定功能、性能和（或）不被破坏的能力，是装备的重要质量特性之一。"

对于装备环境适应性内涵的理解应把握以下四个方面。

（1）环　境

定义中的环境是指装备寿命期中遇到的包含冒一定风险的极端环境，其基本思路是能适应极端环境的武器装备，一定也能适应较良好的环境。定义中的功能是指"能做什么"，性能是指"做到什么程度"。功能是武器装备实现或产生规定的动作或行为的能力，有功能并不能说明达到规范规定的技术指标。因此还要求其性能满足要求，只有功能和性能都能满足要求，才能说明该武器装备在预定环境中能正常工作并产生预定的效果，这是衡量装备环境适应性好坏的一个重要标志。另一个标志是武器装备在预定环境中不被破坏的能力。例如，在受冲击、振动等力学环境因素作用时，结构不损坏；经受高、低温和太阳辐射等大气环境因素作用时，装备材料不老化、劣化、分解和产生裂纹，电气元器件不被破坏等。应当指出，若武器装备在某一极端环境中（如低温－55 ℃以下）不能工作或不能正常工作，当环境缓和（如－20 ℃）后，又能恢复正常工作时，只要技术规范不要求在此极端环境中正常工作，仍可认为其环境适应性满足要求。许多电子设备的元器件就经常出现这种现象。

（2）质量特性

装备的质量特性是一个综合的概念,它包括功能、性能、安全性、环境适应性、可靠性、测试性、维修性和保障性等。环境适应性与可靠性都是装备的质量特性,它们都与装备寿命期内所遇到的环境密切相关,人们往往不能很好区分这两个质量特性。装备寿命期内一旦出现故障,人们很自然地认为装备不可靠,进而认为是可靠性问题。其实,决定装备是否可靠和好用的因素不只是可靠性,还包括其他因素。环境适应性则是其中很重要的一个因素,而且也是最容易与可靠性产生混淆的因素。因此,对装备寿命期出现的故障,应当仔细分析其真正原因,确定是环境问题还是可靠性问题,以便找出更合理的解决办法。

（3）先天固有性

武器装备的环境适应性主要取决于其选用的材料、构件、元器件耐受环境效应的能力,这种能力的大小与其结构设计和工艺设计时所采取的耐环境措施是否完整和有效密切相关。一旦装备完成定型,其选用材料、元器件、结构组成和选用的加工工艺就冻结,其耐环境能力也就基本固定。因此,环境适应性是装备固有的质量特性,它是靠设计、制造、管理等环节来保证的。

（4）后天渐变性

随着武器装备寿命期服役时间的增长及各组成部分的磨损和自然老化,环境适应性也会有所变化,通常是降低的,所以应在不同的阶段进行环境适应性评估。

实践表明,装备战术技术性能在良好的(或标准的)环境条件下符合要求,不能说明其在未来使用的极端环境中也符合要求。环境适应性对武器装备提出的适应范围主要是界定在严酷的极端环境条件下能正常储存、运输和使用。特别是在武器装备型号论证中,需要从技术发展和使用的客观规律出发,从提高作战效能和满足未来战争要求的全局出发,全面考虑寿命周期各阶段的环境适应性问题。

**2. 对装备的影响**

（1）环境适应性要求对武器装备研制的影响

解决武器装备的环境适应性问题,是装备研制中的一项极为重要的工作,主要表现在以下三个方面:

① 环境适应性要求和武器装备所处环境条件是设计、试验的依据。在武器装备研制过程中,无论是设计、工程研制,还是过程中的质量评审与监督等,都将是否能满足环境适应性要求作为衡量问题的重要依据,并把环境适应能力作为武器装备作战使用性能中的一个重要指标来考虑。事实上,长期以来也都是这样做的。例如,武器装备研制中所进行的重要评审,都有环境适应性方面的内容,同时它也是鉴定和验收的主要工作内容之一。

② 环境影响和失效机理是环境适应性设计的基础。这方面的例子有很多。例如,在某种设备改型过程中,由于开始时忽略了两种装备上的振动环境不同,导致装机后经常发生波导故障,部队反应强烈。后经多次振动试验,发现该设备在减震设计上存在缺陷,进行改进设计后,彻底解决了该问题,满足了使用要求。又如某种装备中选用的连续波照射器,在低温环境试验时曾发生过高压电容漏油现象,实际使用中该电容也多次出现故障,经多方面分析比较后更换生产厂家并进行环境试验考核,结果使改进后的电容满足了要求。

③ 通过环境试验,可发现设计缺陷,以便及早采取纠正措施。环境试验的结果还能为可靠性试验、分析和增长提供参考。我国广泛开展的武器装备可靠性增长工作,主要就是采用环

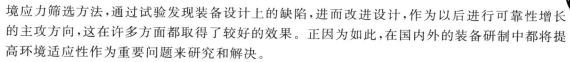

境应力筛选方法,通过试验发现装备设计上的缺陷,进而改进设计,作为以后进行可靠性增长的主攻方向,这在许多方面都取得了较好的效果。正因为如此,在国内外的装备研制中都将提高环境适应性作为重要问题来研究和解决。

（2）环境适应性对武器装备作战效能的影响

武器装备的战术技术性能和可靠性受其环境适应性的影响很大。环境适应性差的武器装备在恶劣环境条件下的战术技术性能会大幅度下降,甚至达不到作战使用要求,同时其可靠性也大大降低,甚至丧失战斗力。

（3）环境适应性对武器装备部署与选择的影响

进行环境适应性研究,要考虑武器装备的工作极值、工作条件等是否适合所部署的地区,考虑其对应的时间风险率、面积风险率等,为确定部署地区和武器装备的双向选择提供依据。例如,某地区高温的 1％、5％、10％ 工作极值分别为 45 ℃、42 ℃、38 ℃,武器装备 A、B 的工作极值分别为 42 ℃、38 ℃,则武器装备 A 比 B 更加适合该地区,时间风险率为 5％。

（4）环境适应性对武器装备储存、维修和管理的影响

在武器装备储存、使用、维修过程中,环境影响超过一定极限,可使武器装备发生不可逆损坏。因此,需要依据武器装备部署、储存、维修和使用地区的气候条件确定环境承受极值或承受条件。当技术上达不到或经费上难以支持时,需要考虑从局部上采取措施,如针对某些薄弱环节配备降低环境应力的辅助设备等。为此,应对各类武器装备进行环境适应性研究,摸清环境的影响特点和规律,为储存、使用、维护和修理提供决策依据。例如,在温度高的地区或季节加装降温设备,在温度低的地区或季节加装采暖设备,在湿度大的地区或季节加装去湿设备,在储存过程中还可根据不同要求采取密封防潮措施和压力调节装置改善局部环境条件等。通过这些工作,可以确保武器装备性能良好和延长寿命。

**3. 指标定位**

一个复杂的武器装备,包含的作战使用性能指标比较多,而且类别不同,相互间又有很大区别。以主战装备中的硬杀伤武器为例,归纳起来主要是两种类型的指标:第一类是作战特性指标,主要是以杀伤力、控制力和生存力为主线确定;第二类为保障特性指标,以保障性要求为主线确定。

对于保障类装备,作战使用性能指标的构成与主战装备基本相同。归纳起来亦可包括两种不同类型的指标:一是作战特性指标,如通信设备的通信能力、防化装备中防毒面具的防毒性能、雷达设备的射频工作频率、侦察装备的侦察频率范围等;二是保障特性指标,这类指标与主战装备的属性是一样的。两种类型的指标又由若干具体指标构成,典型示例如图 6－1 所示。从完成作战任务的意义上讲,它们都是一个互相联系、互相交叉和互为依存的整体。所以,在我国的武器装备论证文件和标准中通常都称为武器装备作战使用性能。

在武器装备主要性能指标论证中,几乎所有方面的要求,如可靠性、维修性、兼容性、安全性、机动性、人-机-环境系统工程等与环境适应性要求都有密切联系,而这些方面都需要制定相应标准,论证中应从构成武器装备战术技术指标的全貌出发,在统一组织下,以实现系统优化为目标,很好地与这些指标进行协调,保证各项要求是一个有机的整体,做到内容不重复、不遗漏。

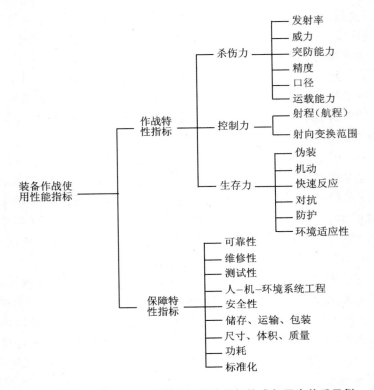

**图6-1 武器装备主要作战使用性能指标构成与层次关系示例**

特别应该注意的是,环境适应性与可靠性之间有着既相辅相成又相互制约的关系。武器装备良好的环境适应性必须有足够的可靠性来保证才能实现,而其可靠性又必须在一定的环境背景下才能产生和确定,所以可靠性的提高和保持需要以环境适应性为前提。一般来说,环境适应性强的武器装备其可靠性也高。但是,如果考虑到研制经费和生产成本,两者又往往互相制约。

## 6.1.2　全寿命周期下的装备环境适应性

装备环境适应性是由论证、设计、研制的整个过程决定的,并且贯穿于寿命周期的各个阶段。环境适应性的主要工作包括:通过论证明确装备的环境适应性目标和要求,依靠设计把环境适应性要求落实到装备,用充分的环境试验来评价武器装备的耐环境能力,通过定型固化武器装备的环境适应性;再通过使用,使武器装备的环境适应性得到保持和发挥。

### 1. 论证阶段

这一阶段是指从使用方对新型武器装备发展提出初步使用要求起直到使用部门和研制部门对该装备研制目标达成一致,并以武器装备研制总要求的形式提出该装备的各种战术技术性能和使用要求的全部过程,包括武器装备研制立项综合论证、武器装备研制方案论证和武器装备研制总要求论证。

(1)武器装备研制立项综合论证

武器装备研制立项综合论证的重点是:作战使命任务、作战需求分析、作战使用方案和保障方案、主要作战使用性能、初步总体方案、研制进度要求、经费概算、效能评估、装备订购价格和数量预测、技术和经济可行性分析结论,以及编配原则和相关的配套保障要求等。论证中,科学分析和确定新型武器装备在军兵种和全军装备体系中的地位和作用;紧密结合本装备的使命任务和作战使用特点,有针对性地进行作战需求分析和论证;侧重从能否完成相应作战使命任务的角度,综合考虑技术和经济可行性,提出匹配合理的作战使用性能和主要战术技术指标,在保证性能指标满足要求的前提下尽可能降低研制风险,控制成本价格;根据新型武器装备的作战运用情况及其与相关装备的配套使用情况,对其作战效能进行科学评估。在此过程中,环境适应性要求同其他项目同步进行论证和拟制。

(2)武器装备研制方案论证

武器装备研制立项综合论证完成后,由承制方进行方案论证。这一阶段环境工程工作是在确定了装备基本任务和使用要求的基础上,为装备选择一组经过优化的科学可行的环境适应性要求,使其能最好地满足所确定的使用要求。为此要提出多个方案进行比较评价,根据分析、综合权衡并参照以前的经验与数据加以判断,对选定的环境适应性要求进行修改和充实。根据 GJB 4239《装备环境工程通用要求》的规定,方案阶段的主要工作包括制定环境适应性设计准则。

(3)武器装备研制总要求论证

武器装备研制总要求论证的重点是依据武器装备研制立项批复,在方案阶段工作的基础上,提出协调配套的战术技术指标体系和装备研制总体方案。为此,要注重以最合理的技术途径,充分利用成熟技术,按照通用化、系列化、组合化的要求来实现装备系统的作战使用性能;要按照全系统、全寿命管理的要求,对战术技术指标和研制总体方案从效能、风险、周期、费用等方面进行综合分析和权衡;对主要指标应进行科学分析,确保所提指标合理、可行,且能够检验验证。

GJB 4239《装备环境工程通用要求》指出:论证阶段环境工程工作的主要目标是提出装备的环境适应性要求。围绕这个目标,使用方应按步骤完成以下具体工作:

① 进一步研究和分析武器装备的使用方案、保障方案和寿命剖面,收集相同或类似装备(或平台)的环境适应性特点和各种环境数据,分析装备的使用与保障要求中的有关数据和标准,编制武器装备寿命期环境剖面。

② 在编制武器装备寿命期环境剖面的基础上,考虑使用特点和技术特征、平台和设备的相互影响情况,进一步提出使用环境条件或环境区划。

③ 分析寿命期环境剖面和使用环境条件或环境区划中的环境因素,确定主要的环境因素及其相互的组合,并确定相应的环境因素和指标值,形成环境适应性要求。

④ 进行系统权衡、协调和确定环境适应性要求。对环境适应性要求进行系统综合和权衡协调,主要内容包括:

● 对环境适应性自身的各项要求进行权衡、协调;
● 对环境适应性要求与其他指标要求进行权衡、协调;
● 对环境适应性要求与环境保障要求进行权衡、协调。

需要指出的是,根据环境的定义,环境可分为两种类型:自然环境和诱发环境。在武器装备型号论证中,重点考虑的是自然环境和一般的诱发环境。战场特殊诱发环境可根据不同武器装备的特点和使用要求确定具体的论证内容。为此应认真搞好基础研究,并在论证中与武器装备生存能力分析和电磁兼容性论证进行协调,从总体上保证型号论证内容的完整性和配套性。

**2. 工程研制阶段**

工程研制阶段是指从初样研制开始至完成定型试验前的各项工作为止的整个过程。工程研制阶段的主要任务是进行初样、正样的研制和试验，以及定型的部分工作。工程研制阶段完成后，视情况由使用部门或研制部门组织评审。根据确定的环境适应性要求进行正样机的研制。具体工作内容包括环境适应设计、环境试验、环境评审等方面。

（1）环境适应性设计

工程研制阶段大量的工作是环境适应性设计，目的是通过设计全过程将环境适应性要求落实到装备中。环境适应性设计的内容主要包括：

① 总体设计。通过总体方案和总体布置的设计，有针对性地采取措施，满足环境适应性要求，实现能在所要求的环境区域中正常使用的装备总体设计。

② 部件、设备、分系统设计。其任务是设计出保证装备具有环境适应能力的部件、设备、分系统及相应的配套保障设备，如设计装备需要的降温设备、加温设备、发动机进气增压系统等。

③ 结构设计。在武器装备的结构设计上实现环境适应性的相关要求。例如，通过零部件的减震结构设计，实现对冲击、振动环境的适应能力。

④ 选材。通过设计中对材料的选择，满足对环境应力的适应能力，例如，耐低温、耐高温、耐腐蚀、耐磨、隔热、绝缘、防冻、防滑及防射线等。

⑤ 密封设计。通过设计装备的各类密封措施，实现防尘、防水、防污染及防侵蚀等适应环境的能力。

⑥ 环境保障设计。根据系统方案，提出满足环境适应性要求的措施及环境保障资源。

（2）环境适应性试验

试验目的主要是考核环境适应性指标要求。内容一般包括：

① 考核环境适应性指标设计的正确性与合理性，确定其是否满足规定的要求。

② 发现和鉴别有关环境适应性的设计缺陷，提供改进措施。

③ 为进行环境保障要素评价提供基础依据。

（3）环境质量控制

在环境质量控制工作中，评审是确保质量的重要手段，通过对环境工程工作计划中的各项工作进行必要的审查，包括环境适应性要求评审、环境适应性设计评审和各种重大试验的工作评审等。通过评审，确保相关环境工程的工作在各个工作节点得到贯彻和落实；评审工作的难点是对"转承制方"和"供应方"环境工作的监督与控制，必须花费大量精力，通过各种质量控制措施，确保"转承制方"按环境工程的工作项目要求进行研制和生产，使装备达到规定的环境适应性要求。所以，这一工作应在整个研制阶段中定期进行，以确保装备的环境适应性指标要求和应达到的环境保障能力要求的实现。

**3. 定型阶段**

（1）环境适应性定型鉴定试验

在定型阶段，应进行环境适应性鉴定试验和必要的使用环境试验，全面考核武器装备环境适应性指标是否达到规定的要求，为装备定型提供依据。环境适应性定型鉴定试验要求如下：

①　试验条件与任务书的要求一致,参试人员、所用仪器、设备和技术文件等均应符合有关标准的规定。

②　环境试验应按规定做好详细记录。

③　定型试验大纲中应明确有关的环境试验项目、试验判据、试验保障条件及试验实施方法等。

（2）环境适应性和环境保障能力评定

1）环境适应性评定

主要是根据规定的环境适应性指标要求,按照有关标准规定的方法,对各项环境适应性指标要求达到的程度进行评定。

2）环境保障能力评定

从总体上对新型武器系统的环境保障能力进行评定。评定内容主要包括:

①　环境保障设备数量和性能是否满足环境保障工作需要;

②　各种环境作业程序的合理性与正确性;

③　规定的人员数量和素质要求是否科学合理;

④　环境保障工具、设备和技术文件等的配套性和适用性。

（3）完成定型工作

根据武器系统定型工作总体安排,按照规定的程序和要求,完成新型武器装备定型中的环境适应性指标要求的评定工作,写出相应的评定报告,纳入型号研制定型报告。

**4. 生产部署阶段**

在武器装备定型后进行批量生产的过程中,为了考核和评价装备批量生产工艺的稳定性及装备的环境适应性是否满足合同要求,通常要进行例行试验。为了提高例行试验的有效性,要求"承制方"加强对例行试验的管理,军代表应对例行试验的全过程实施有效的控制。此外,对已交付部队使用的武器装备,其环境适应性要真正受到考验,部队还应对使用中暴露的问题认真进行分析,提取与环境适应性相关的故障信息,积累武器装备的环境适应性基本信息。必要时还可进行一些使用环境试验,进一步考核武器装备的耐环境能力。在上述各项工作的基础上,应结合定型鉴定情况、使用中暴露的问题等对武器装备进行环境适应性综合评价,并为后续的环境工程管理提供综合信息。

**5. 使用阶段**

使用阶段是指新装备从列装服役(即对装备进行使用、储存、维修)直到该种装备退役前为止的整个过程。其环境工程工作包括环境预测、环境保障、环境研究、环境效果评价和环境管理等。

（1）环境保障工作

环境预测主要包括环境监测、气象预报、地形侦察等。通过这些工作使装备能在规定的环境中有效地工作,并在特殊的环境中采取保障措施,克服环境障碍,保证装备的正确使用和运行。环境保障设备管理主要是对各种环境保障器材进行维护、管理,保证处于良好技术状态;搞好装备运输、储存中的环境保障以及对环境因素造成的损坏进行维修、延寿处理等。

（2）环境基础研究

1）理论与应用研究

以完善环境学学科体系和指导环境工程实践为目标，系统地开展理论与应用研究。通过研究，准确掌握环境工作的科学规律，确定正确的环境工程指导思想、方针政策和基本原则，丰富环境学理论体系的内容。在环境学理论指导下，综合运用现代科学技术与方法，提高环境理论水平，全面指导环境实践活动。具体研究内容和要求，可根据装备论证、研制、生产、训练、运输及储存中遇到的实际问题确定。

对于战时环境保障研究的内容可考虑以下方面：

① 战时环境保障的任务和保障体系建设；

② 战时环境保障特点；

③ 提高战时环境保障能力的途径和措施。

根据科研及使用中发现的环境适应性方面的问题和不足，提出改进措施和建议。

2）环境适应性评价研究

进行环境适应性评价的目的主要是：确定装备在部署以后的实际使用条件下的环境保障能力；检查装备环境适应性方面所暴露的缺陷，提出改进措施。

环境适应性评价的主要内容包括：装备环境适应性满足要求的程度；环境保障方案的完整性和配套性；环境保障资源配备的合理性和适用性。

进行环境适应性评价的基本要求是：评价对象应是已制定的环境保障方案和已部署的装备；考核的环境作业应尽量接近战时的环境保障工作。

3）建立环境决策辅助系统

在信息时代，高技术武器装备的发展，对环境影响配套保障软件系统提出了新的要求。环境影响辅助决策系统不仅能根据气象探测和分析预报提供纯气象信息，还能针对具体的作战计划、任务和战术行动以及武器装备提供有针对性的、量化的气象条件影响信息，为指挥员决策提供服务。美军长期以来非常重视提高自动化的气象保障决策服务能力，开展了大量的气象影响专题研究，建成了"电光武器大气影响程序库（EOSAEL）"，研制了多种电光武器气象影响配套软件系统，建立了"电光武器战术决策辅助系统（EOTDA）"等。在建立上述各系统的基础上又开发了"目标捕获天气软件（TAWS）"和"夜视镜天气影响软件（NOWS）"。这些软件系统将各种先进的物理模式、自动化的气象信息处理技术和环境数据库结合于一体，制作成易于理解的决策支持装备，包括真实环境下的目标探测距离和锁定距离、自然环境下的照度条件、最佳航线规划信息及目标场景的可视化信息等。

（3）环境工程管理

① 环境技术（基础）资料管理，主要包括：各种环境技术标准及各种教材、讲义、手册等。

② 环境信息管理，指及时搜集部队使用和科研中的环境信息，并进行系统整理，为研制新装备时确定环境保障方案、环境保障资源配套建设方案和环境适应性指标要求提供依据。

**6. 退役阶段**

这一阶段是指武器装备逐步退出现役并做退役处理的过程。主要是全面整理武器装备全寿命过程中的环境信息，存入质量中心数据库为后续型号提供借鉴。

（1）全面总结经验

全面总结武器装备在整个寿命期中环境活动的资料、数据、经验等，并存档或存入质量中心数据库,为新武器装备的论证、研制和使用提供依据。

（2）提出已有环境保障设备处理意见

分析环境保障设备的性能特点和可用程度,提出环境保障设备设施的具体处理意见,如继续使用、作为训练器材使用或报废处理等。

# 6.2　装备环境适应性要求

环境适应性要求的确定方法是根据风险性分析得出装备对于不同侧面环境的环境参数阈值、使用条件等,在此基础上进一步对各种不同的要求进行综合权衡和可行性分析,并同其他要求协调后提出综合性的环境适应性要求。

## 6.2.1　环境适应性要求的确定

**1. 风险性的确定**

（1）时间风险率的确定

广义上讲,时间风险率是危险事件出现时间与总时间之比。在 GJB 1172 标准中,将时间风险率定义为某气象要素在严酷月出现不小于或不大于某特定值的小时数占应有记录总小时数的百分率。

例如,某站高气温取 2 个严酷月,应有记录总小时数为 1 488 h,将这 2 个严酷月的逐时气温观测值由大到小的顺序,第 14 个为 45.5 ℃,若把高气温不小于 45.5 ℃ 的事件看作危险事件,则相应的时间风险率为 1%,即 45.5 ℃ 这个值在逐时观测值大小排序为 1 488×1%＝14。若把 45.5 ℃ 作为某设备正常工作的上限气温,则在该站的严酷月,该设备不能正常工作的概率为 1%,或称不能正常工作的风险率为 1%。

确定具体设备工作环境极值的时间风险率,要考虑以下因素:

① 设备在整个系统工作中的地位及可靠性要求。如果是关键设备,其时间风险率至少不高于系统的时间风险率;若整个系统中对设备的可靠性要求为 0.99,则该设备的时间风险率要严于 1%。

② 设备的维修时间。维修时间越长,出现故障不能工作的时间越长,越应减少故障发生率,即要缩小时间风险率。

③ 设备失效的危害程度。设备失效的危害程度越大,时间风险率取得越小。美军标 MIL-STD-810G 背景材料中指出,对于失效时危及人员生命安全的设备,时间风险率应趋于 0,这时的工作极值就是记录极值。

（2）面积风险率的确定

面积风险率是指出现极值的地区的面积占全国国土面积的百分率,其依据是气象要素标准观测值的空间代表性。与观测值的时间序列不同,空间抽样受到测站分布的限制。因此,GJB 1172 运用客观分析技术求出均匀分布的微小面元上的要素极值。极值场的相对光滑性保证客观分析的合理性,而为了保证分析质量,国内学者提出了具有良好的分析场谱特征的对称选站方法、具有高分析精度的分尺度逐次最优内插、考虑不同测站极值代表性差别的插值以及权重确定等先进技术。

面积风险率极值及其分布,是开发利用军事气候资源的重要依据之一。在全国范围内,全国

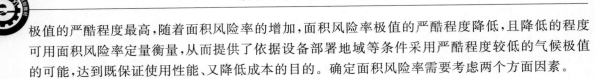

极值的严酷程度最高,随着面积风险率的增加,面积风险率极值的严酷程度降低,且降低的程度可用面积风险率定量衡量,从而提供了依据设备部署地域等条件采用严酷程度较低的气候极值的可能,达到既保证使用性能、又降低成本的目的。确定面积风险率需要考虑两个方面因素。

1)设备在地理上的部署区域和极值的分布

例如,高气温极值,若要求全国范围都取得时间风险率为 1%,则工作极值为 45.5 ℃。但时间风险率为 1%,面积风险率为 0.5%的极值为 44.6 ℃,出现在吐鲁番盆地,面积风险率为 5%的极值为 40.0 ℃,出现在吐鲁番、哈密、若羌、运城、零陵、济南等地周围。如果设备不部署于上述地区,则 1%的工作极值可由 45.5 ℃降为 40.0 ℃,或虽部署上述地区,但在占全国面积 5%的上述地区内时间风险率可放宽 3%,则除吐鲁番外,高气温极值都不高于 40.0 ℃。

又如,低气温为 1%工作极值,全国极值为 −48.8 ℃,面积风险率为 0.5%、1%、5%的工作极值分别为 −48.5 ℃、−46.9 ℃、−37.9 ℃。1%工作极值低于 −37.9 ℃的地区有漠河、呼玛、嫩江、根河、嘉荫和爱辉等。若可不考虑这些地区,或在这些地区的时间风险率可以放宽,则低气温工作极值可取得比 −48.8 ℃高得多。

2)设备在全国各地的通用程度

例如,日本五十铃汽车在我国大部分地区使用性能良好,但到青藏高原就不行。后来日本厂家为青藏高原使用的五十铃汽车研制了专门的配件后才在青藏高原站稳了脚跟。不研制专门配件上不了高原,但在全国都使用专门配件也是一种浪费,而青藏高原占国土面积的份额又是确定专门配件产量的依据。

(3) 预期暴露期和再现风险率的确定

预期暴露期与预期的武器装备使用寿命和暴露状态有关,如果始终暴露则是使用寿命。再现风险率是在预期暴露期内,气象要素极值不大于或不小于某一特定值的事件出现的允许概率。例如,一座大坝其使用期预计为 100 年,出现不可承受的洪水极值的允许概率为 10%。就是说,在 100 年的使用期内,大坝因洪水而损坏的可能性为 10%,即该洪水极值是千年一遇的极值。这里的再现风险率为 10%。对于长江三峡大坝来讲,由于其太重要,也由于其损坏的后果非常严重,可能选取再现风险率为 1%。若使用期仍为 100 年,则应按万年一遇的洪水极值设计大坝。可见,确定再现风险率须考虑:

① 设备的重要性及损坏后果的严重程度;

② 设备的后勤保障与维修情况。

当难以保障和维修时,再现风险率应取严一些。美国军用标准 MIL-STD-210C 将全球范围划分为 5 个气候区,其中 4 个气候区为陆地(见表 6 - 1)。我国大部分地区属基本区域,东北、西北及青藏高原部分地区属冷区,漠河、根河等地属极冷区,吐鲁番等地属热区。但按 MIL-STD-210C 规定的分区图,我国仅有基本区和冷区,且分界线也有一些变化。这是因为 MIL-STD-210C 规定的划分标准是按式(6-1)和式(6-2)估算的,且测量站密度较稀疏,在世界范围仅有 450 个测量站。式(6-1)、式(6-3)的误差分别低于 2~6 ℉和 3~7 ℉。

$$T_g = aI + bI \tag{6-1}$$

$$I = \overline{T} + (\overline{T}_{max} - \overline{T}_{min}) \tag{6-2}$$

式中:$T_g$ 为高气温工作极值,℉;

$\overline{T}$ 为月平均气温,℉;

$\overline{T}_{max}$ 为日最高气温为平均值,℉;

$\overline{T}_{\min}$ 为日最低气温月平均值，℉；

$a$，$b$ 为回归系数。

$$T_{\mathrm{d}} = \overline{T} + a(\overline{T}_{\max} - \overline{T}_{\min}) + b \qquad (6-3)$$

式中：$T_{\mathrm{d}}$ 为低气温工作极值，℉。

表 6-1　MIL-STD-210C 气候区划分标准

| 区域类型 | 划分标准 |
|---|---|
| 基本区 | 严酷月份 1% 工作极值 $T \in (-31.7\ ℃, 43.3\ ℃)$ |
| 热区 | 严酷月份 1% 工作极值 $T \in (43.3\ ℃, 49\ ℃)$ |
| 冷区 | 严酷月份 1% 工作极值 $T \in (-45.6\ ℃, -31.7\ ℃)$ |
| 极冷区 | 严酷月份 1% 工作极值 $T \in (-51\ ℃$ 以下)，但 10% 工作极值 $T \leqslant -45.6\ ℃$ |

另一个原因是严酷月的极值比严酷月份极值更严酷。

**2. 环境参数阈值的确定**

风险率确定后，查相关标准（GB 1172、GJB 3617 等）就可得出环境参数阈值。

对于没有风险率统计的环境要素和项目，能够估计风险率的可仿照上述项目拟订；不能估计风险率的项目，参考有关标准和装备使用特点加以拟订，并且说明依据。

同一要素的同一项目，因为环境要素的时空变化与武器装备结构和工作状态的差别，存在有标准自然环境、设备所处环境、武器平台环境和诱发环境的不同，所以指标或环境参数阈值一般也是不同的。论证时，应选择这些不同指标中的最严酷者作为环境适应性要求。为了进行不同装备的比较，并有效指导装备使用和有关的环境工程工作，建议同时给出标准自然环境的环境参数阈值。例如，装甲车辆储存时的篷布覆盖所造成的诱发环境，在高温高湿度方面比标准自然环境更加严酷。又如，设备所处环境为贴近地表时，高气温极值比标准自然环境的百叶箱气温高，高出的数值随着下垫面性质的不同而有很大变化，如果在戈壁沙漠地区使用，则可以高出 40 ℃。这样若相应的百叶箱极值为 47.9 ℃，则装备实际经受的环境温度可达 87.9 ℃。这时，如果要求装备在标准自然环境极值为 50 ℃ 的地区使用，就可能会出现问题。

**3. 相对性能统计量**

相对性能统计量包括以下四个方面：

① 最佳环境参数阈值。环境影响效益函数最大值（依据效益函数的定义，最大值等于 1）对应的环境参数值，即环境影响最小的环境参数值。

② 临界相对性能（或者效益）及其环境参数阈值。为了简化环境影响效益函数，要选择临界相对性能（或者效益），选择的依据有多种。武器装备"能否使用"和"安全储存"就是一种确定临界相对性能（即临界值）时常用的依据。临界相对性能确定后，由环境影响效益函数反解出的环境参数值，就是临界相对性能对应的环境参数阈值。

例如，假设最佳环境参数阈值用 $x_0$，选择 0.3 作为临界相对性能，则其对应的环境参数阈值或者小于 $x_0$（用 $x_1$ 表示），或者大于 $x_0$（用 $x_2$ 表示），数目可以为 1 个或者 2 个。这样，与前述确定的环境参数阈值 $x_{01}$（小于 $x_0$）、$x_{02}$（大于 $x_0$）一起，对环境影响的描述就比较细致，如表 6-2 所列。

表 6 - 2　临界相对性能对应的环境参数阈值

| 相对性能或效益 | 0 | 0.3 | 1.0 | 0.3 | 0 |
|---|---|---|---|---|---|
| 环境参数阈值 | $x_{01}$ | $x_1$ | $x_0$ | $x_2$ | $x_{02}$ |

③ 相对性能的数学期望。对于武器装备环境适应性相应的环境总体和存在相对性能的概率分布,可以确定其数学期望。实际上是用大样本量的样本均值来近似。比较准确的方法是计算机模拟并且对模拟结果进行统计分析,得出相对性能的总的定量评价。

④ 相对性能的分位值。在相对性能概率分布的基础上,可以确定出各个分位值 $\alpha$。例如,5%、10%、25%、50%、75%、90%、95%分位值,等等,其对应的相对性能称为分位数 $y$,其含义如下:

$$P(Y \leqslant y) = \alpha \tag{6-4}$$

即随机变量 $Y$ 不大于 $y$ 的概率等于 $\alpha$。也就是说,给出相对性能的分位值 $\alpha$,就存在特定的相对性能值 $y$,它就是对应的分位数。$y$ 可以看作另一种临界相对性能,也可以由环境影响效益函数反解出环境参数阈值 $x_0$。这样 $\alpha$、$y$、$x$ 所表示的分位值、分位数、对应的环境参数阈值,就反映了相对性能的数字特征。

**4. 使用条件的确定**

(1)环境区域的确定

武器装备作战使用区域通常应包括储存、运输、训练、作战等环节所涉及的区域。对远程武器还应考虑打击目标区的范围。

(2)工作条件的确定

当武器装备的正常工作环境不能用环境参数阈值表示时,需要确定工作条件。工作条件往往是某一或某些环境参数在一段时间内的变化状况,如按高温日循环、高温高湿日循环所确定的工作条件等。

(3)承受条件的确定

武器装备承受环境应力是指不发生不可逆损坏的"环境应力",不能用环境参数阈值表示时,需要确定承受条件。承受条件是某一或某些环境参数在一段时间内的连续变化,如高温高湿承受条件是工作条件出现概率较小的高温高湿日循环。

**5. 环境总体**

实战效益的统计分析总是针对某一个环境总体来说的。例如,评价武器装备在某一气候区的综合情况,相应的环境总体是该气候区各种环境要素的总和。

"总体"是概率论和数理统计中随机变量可能取值的全体,是相对样本而言的。环境总体是环境适应性分析和论证中所涉及的环境要素值的全体,它包括了各种需要考虑的环境类别。

确定环境适应性要求时,必须考虑环境总体。如确定表示能够储存和使用的环境范围的环境参数阈值时,所依据的各种风险率,就是针对环境总体的时空变化范围提出来的。相对性能或效益的数学期望、分位值、临界值等,都必须通过对环境总体进行统计分析后才能得出。

对环境适应性要求进行验收和评定,必须考虑环境总体。在装备研制过程中,只依据少数经过选择的"好天"进行的环境试验,所得出的结论是非常不充分的,因而不能给出满足作战使用要求的结论。

## 6.2.2　自然环境适应性要求

**1. 大气环境适应性要求**

大气环境是武器装备在工作或储存过程中经常遇到的一种环境。论证中通常都要提出相应的要求,以使研制出的装备在规定的大气环境条件下能正常工作,在规定的环境极值条件下储存后,装备不产生不可恢复的失效。为了使要求具体化,通常又针对不同环境因素分别提出具体要求。

（1）地面气温和湿度的环境适应性要求

地面气温和湿度是装备环境适应性需要考虑的最基本要求,而且两者有密切的联系和联合作用。因此,需要分别考虑高气温、低气温、高绝对湿度、低绝对湿度、高温高相对湿度、高温低相对湿度、低温高相对湿度、冻融循环和温度冲击等,而且每种要素都要考虑正常工作和安全储存两套极值(或条件)。装备环境适应性试验通常都是以部署区域的地(海)面气温、绝对湿度、相对湿度的极值及平均值等气象资料统计为依据,参照 GJB 1172.2、GJB 1172.3、GJB 3617.2、GJB 3617.3 的规定进行综合分析比较,提出对自然状态的温度、湿度及湿热环境的适应性要求。

1）工作温度

工作温度包括高气温工作极值和低气温工作极值。依据环境剖面确定严酷地区,按照装备使用特征等确定时间风险率,查阅 GJB 1172 可确定具体极值。

高气温和低气温工作极值表示正常工作的温度范围。装备满足这两个极值并不表示在整个范围内没有问题,例如,0 ℃附近的冻融循环,时空变化造成的温度冲击等,都需要另外提出要求。

在有关的标准中,对装备的工作温度适应性要求都有规定,可查阅相应标准,提出具体要求。但在运用时,要特别注意这些标准是否贯彻了 GJB 1172《军用设备气候极值》的有关规定,对具体指标、风险率、严酷地区等的处理是否完整配套,否则不能直接套用。

2）储存温度

装备储存的环境适应性要求,应根据预期暴露期和再现风险率确定。当有防护功能或有诱发环境影响时,与自然环境有所不同。以弹药为例,其储存的温湿度要求如表 6-3 所列。

**表 6-3　弹药储存温湿度要求**

| 项　目 | | | 适宜温度/℃ | 适宜相对湿度/% | 备　注 |
|---|---|---|---|---|---|
| 弹药金属 | | | 10±5 | 60 以下 | 相对湿度不能超过 70% |
| 弹药装药 | 炸药 | | | | 温度 -16~32 ℃<br>相对湿度 70% 以下 |
| | 发射药 | 化学安定性 | 10±5 | 60 以下 | |
| | | 燃烧层 | 10~20 | 65~80 | |
| | | 挥发分 | 10 | 65±5 | |
| | | 机械强度 | 10±5 | 65±5 | |
| | 硝化棉含氮量、爆热、硝化甘油、中定剂、凡士林等 | | 5~25 | 55~90 | |
| | 黑药 | | | 65 以下 | |
| | 其他装药 | | | | 温度 30 ℃以下<br>相对湿度 70% 以下 |
| 弹药其他部分 | | | | | 温度 30 ℃以下<br>相对湿度 70% 以下 |

对一般装备的储存环境适应性要求,可表述为:武器装备在规定的储存环境温度下储存时,不应发生裂痕和老化,经储存后在工作环境温度下应能正常工作。在提出环境适应性要求时,有时还需提出不被损坏的温度极值。装备环境温度如表6-4所列。

表6-4 装备环境温度

℃

| 类 别 | | 工作温度 | | 储存温度 | |
|---|---|---|---|---|---|
| | | 低 温 | 高 温 | 低 温 | 高 温 |
| 露天使用<br>(便携式、移动式、固定式、升空式) | | −45<br>−40 | 45<br>50<br>55 | −55 | 70 |
| 室内<br>使用 | 有取暖设备 | −10 | 45 | | |
| | 无取暖设备 | −25 | 50 | | |
| 车内<br>使用 | 汽车拖车<br>方舱 有空调设备 | −10 | 55<br>60 | | |
| | 汽车拖车<br>方舱 有取暖设备 | −25 | | | |
| | 汽车拖车<br>方舱 无人值守 | −40 | | | |
| | 装甲车辆、自行火炮 | −46 | 43 | | |

注:具体温度等级由各类装备规范或合同规定。

对具体的武器装备,描述还应更具体一些。例如,美国早期的土星 S-1NB 对储存的环境要求是:环境可以控制。温度 7~32 ℃,相对湿度不超过 40%;有害杂质符合下述标准:臭氧最高含量为 $0.15×10^{-6}$,二氧化硫最高含量为 $0.10×10^{-6}$,氯化物最高含量为 $1.00×10^{-6}$,进入室内的空气要经过过滤系统过滤,可以把尺寸为 50 $\mu$m 的颗粒滤掉 90%,超过上述标准的时间不得多于 36 h。

对有特殊要求的装备,如海上使用的装备,应对暴露于海水中的设备对海水温度的适应性提出要求。示例如表6-5所列。

表6-5 海水温度适应性要求

℃

| 区 域 | 正常工作极值 | | 不损坏温度极值 | |
|---|---|---|---|---|
| | 低 温 | 高 温 | 低 温 | 高 温 |
| 海水中 | −2 | 36 | −7 | 39 |

3)相对湿度

空气湿度分绝对湿度和相对湿度,相对湿度与气温的联合作用更加重要。

① 工作相对湿度。相对湿度的工作条件是按高温高相对湿度、高温低相对湿度和低温高相对湿度三种情况,分别用相对湿度和气温的典型日循环表示的。在不降低环境应力的情况下,一些标准进行了简化,如高温高湿度要求通常是用装备在 95%±3%(不小于 35 ℃)的相对湿度环境条件下应能正常工作的方法表述。设备安装位置不同,所提要求也不一样,例如,露天部位和机舱内的设备要求在表6-6规定的相对湿度环境中应能正常工作。

表 6 - 6　相对湿度环境

| 温度类型 | 相对湿度/% | 温度/℃ | 安装区域 |
| --- | --- | --- | --- |
| 高温高相对湿度 | 95±3 | 60±5 | 露天 |
| 高温高相对湿度 | 95±3 | 45±2 | 机舱内 |
| 低温高相对湿度 | 100 | −28 | 露天 |
| 高温低相对湿度 | 15±3 | 60±3 | 露天 |

② 储存相对湿度。同样,提储存湿度环境适应性要求时,也要注明温度,例如,装备应能在相对湿度为 100%(−40~45 ℃)的环境条件下储存(除长期储存外)。

(2) 空中温度、湿度环境适应性要求

以部署区域的空中气温及其绝对湿度、相对湿度的极值及平均值等气象资料统计为依据,参照 GJB 1172.12 和 GJB 1172.13 进行综合分析,提出空中温度、湿度及湿热环境的适应性要求。主要内容包括:

1)温度范围

温度范围是指随几何高度和压力高度变化的高气温百分率极值和低气温百分率极值。因为气温和湿度随高度变化较大,一般随高度升高而降低,低空易出现逆温等反常现象。所以,环境适应性要求用随高度变化的数值来表示。

2)湿度范围

湿度范围是指随高度变化的高相对湿度和低相对湿度百分率极值。

(3) 风环境适应性要求

风环境适应性要求分地面风速和高空风速。

1)地面风速

地面风速参照 GJB 1172.4,依据时间风险率、面积风险率、再现风险率和预期寿命、武器装备对风敏感部件安装高度、最短水平尺寸和地表粗糙度等,确定稳定风速和阵风的工作极值和承受极值。

地面风速的时空代表性较差,所谓百里不同风的说法就包含有这种意思。我国很多测试站稳定风速记录极值超过 40 m/s,多为山地、海岛和沿海地区。但全国 1% 工作极值为 32 m/s,面积风险率为 0.5%、时间风险率 1% 的工作极限为 26.6 m/s,这时承受极值大于 42 m/s,可见彼此差别较大,在提要求时应依据具体武器装备的特征确定。具体方法和公式详见 GJB 1172.4。

2)空中风速

空中风速环境条件是随压力高度和几何高度变化的风速和气层平均风速的差分切变,可参照 GJB 1172.4 提出。

(4) 雨环境适应性要求

雨环境适应性要求分为地面和空中两种情况。

1)地　面

地面雨环境适应性要求参照 GJB 1172.5 提出,主要内容包括:

① 瞬时降水强度工作极值;

② 日降水量承受极值;

③ 稀遇降水的区域极值;

④ 雨滴数密度和含水量;

⑤ 能见度。

2)空　中

空中雨环境适应性要求参照 GJB 1172.15 提出,主要内容包括:

① 空中降水强度极值;

② 雨滴含水量;

③ 云滴含水量;

④ 雨滴数密度;

⑤ 能见度。

在提出具体要求时,要根据装备使用场所的不同分别提出。典型表述方式如露天使用的和车内使用的装备的装载平台(车厢、方舱等),分别在降雨强度为 0.7～7 mm/min 的环境条件下应能正常工作。有时还应提出在一定时间内雨、风联合作用下的适应性要求。如装备在经受降雨强度为 6 mm/min、风速为 18 m/s、淋雨时间为 2 h 的环境后,应无渗水现象。

在雨环境中要求正常工作的条件参考表 6-7,要求不损坏的条件参考表 6-8。

表 6-7　要求装备能正常工作的淋雨条件

| 雨滴直径/mm | 雨滴分布/(滴·m³) | 雨滴直径/mm | 雨滴分布/(滴·m³) |
|---|---|---|---|
| 0.5～1.4 | 2 626 | 3.5～4.4 | 6 |
| 1.5～2.4 | 342 | 4.5～5.4 | 1 |
| 2.5～3.4 | 45 | 5.5～6.4 | <1 |

表 6-8　要求装备不被损坏的 1 h 平均降雨速度

| 预计时间/a | 1 h 降雨速度/(mm·min$^{-1}$) | 风速/(m·s$^{-1}$) |
|---|---|---|
| 2 | 1.7 | 33 |
| 5 | 2 | 33 |
| 10 | 2.2 | 33 |
| 25 | 2.5 | 33 |

(5)雪环境适应性要求

雪环境适应性要求参照 GJB 1172.6 提出,典型表述方式为:露天使用的装备、天线或其他暴露在大气中的部分,在下列环境条件下应正常工作:

① 高吹雪。高吹雪环境适应性要求的示例如下:

在 0.05～10 m 高度范围内,高吹雪通量为 573～2 g/(m² · s);

在 0.03～10 m 高度范围内,积分吹雪通量为 1 462 g/(m² · s)。

② 雪负荷。雪负荷环境适应性要求随装备的不同而有所区别。如:

便携式装备日雪量负荷不大于 0.5 kPa;

可移动式装备过程雪量负荷不大于 0.8 kPa;

固定式(永久性与半永久性)装备雪深负荷不大于 50 cm;

装备在承受 100 cm 雪深负荷(2.7 kPa)条件下不应损坏。

③ 积雪深度。根据作战地区特点和作战需要确定。

④ 能见度。根据作战需要确定。

（6）冰环境适应性要求

对露天使用的装备,在受到降雨、雾、海浪飞沫或其他引起冰的积聚时,通常要求在其表面结冰厚度不大于 13 mm 的环境条件下应能正常工作。

（7）冰雹环境适应性要求

冰雹环境适应性要求参照 GJB 1172.8 提出,主要内容包括:

① 冰雹直径承受极值;

② 冰雹质量承受极值;

③ 雹块末速;

④ 能见度。

例如,有的资料提出,露天使用的装备在冰雹直径不大于 3 cm 的环境条件下应能正常工作。在冰雹直径不大于 8 cm(质量不大于 0.24 kg)的环境条件下不应损坏;能承受 0.22 kPa (0.22 kg/m²)的冰载荷而不受损等。可参考这些数据,根据装备的不同使用情况提出具体要求。

（8）气压环境适应性要求

气压环境适应性要求的主要内容包括:

① 参照 GJB 1172.9 和 GJB 3617.5,统计武器装备拟部署区域的最大海拔高度及相应的地(海)面低气压极值,根据新研武器装备的作战需求,提出气压环境适应性要求。例如,装备应能在地面气压为 53.5 kPa 的高海拔地区(海拔高度约 5 000 m)正常工作。

② 参照 GJB 1172.16 提供的数据和装备工作特点,提出对空中气压和压力突然变化的环境适应性要求。例如,对需适应空运、空投要求的装备,在经受从不大于 10 kPa/min 的速度变化到 18.8 kPa/min(约 12 200 m 高度)的低气压环境后,装备应能正常工作。

（9）盐雾环境适应性要求

盐雾环境适应性要求的主要内容包括:

① 规定的盐雾条件;

② 相应的防腐蚀措施;

③ 必要的检测与维修更换规定。

例如,装备在大气中盐雾含量不低于 5 mg/m³ 的多盐雾环境条件下应能长期使用,正常工作。对安装在不同部位的设备,可分别提出不同要求。典型表述方式为:装备在表 6 - 9 规定的环境条件下应能正常工作。对试验要求,通常可引用标准,如在按 GJB 150.11A 规定的盐雾试验方法试验后,装备应符合规范要求。

表 6 - 9　盐雾环境条件

| 盐雾/(mg·m⁻³) | 海水(含盐量)/(kg·m⁻³) | 安装部位及工作要求 |
|---|---|---|
| 5 | — | 露天部位的设备应能正常工作 |
| 2 | — | 舱室内的设备应能正常工作 |
| — | 35 | 暴露于海水中的设备应能正常工作 |

在美国,对 M1A1 坦克的盐雾环境适应性要求中这样写道:"当系统安装在一个适当的封闭体内时,在暴露于盐雾气达 48 h 后,该系统应达到本规范的要求。盐雾气按规定应由 5% 质量的氯化钠和 95% 质量的蒸馏水组成的盐溶剂。暴露地区温度应为 32.2～35 ℃。"这种表达方式可供借鉴。

(10) 太阳辐射环境适应性要求

太阳辐射环境适应性要求的主要内容包括:

① 太阳辐射日循环;

② 太阳辐射强度。

例如,露天使用的装备应有减小日晒热效应和光化学效应的措施。在大气温度为 48 ℃,太阳辐射强度为 1 110 W/m² 的环境条件下应能正常工作,经预定时期暴露后表面涂层不应起皱、龟裂、褪色,塑料件和橡胶件等不应老化、失效。在承受大气温度为 52 ℃,太阳辐射强度为 1 110 W/m² 的条件下不损坏。在经受 GJB 150.7A 规定条件试验后,装备应符合规范要求。

(11) 砂尘环境适应性要求

砂尘环境适应性要求的主要内容包括:

① 砂尘浓度;

② 砂尘颗粒度;

③ 能见度;

④ 风砂综合侵蚀性能防护要求。

例如,装备露天部位在表 6 - 10 规定的砂尘环境条件下应能正常工作。在经受 GJB 150.12A规定的砂尘浓度试验后,应无阻塞、卡滞、划痕、腐蚀和渗透等现象。

表 6 - 10   砂粒、砂尘环境条件

| 项　目 | 砂　粒 | 砂　尘 |
|---|---|---|
| 直径/mm | 0.5～1.5 | 0.1～0.3 |
| 浓度/(g·m⁻³) | 0.018～1.35 | 0.35～1.4 |
| 风速/(m·s⁻¹) | 18 | 18 |
| 温度/℃ | 38 | 21 |

(12) 雷电环境适应性要求

雷电环境适应性要求可参考有关标准的规定提出。如装备应按 GB/T 7450 的规定采取必要的防雷电干扰和安全保护措施,在远区雷电环境条件下应能正常工作,在本地雷电环境条件下不应损坏等。防雷电是所有电子产品与火工品使用中的一项重要要求,对不同的要求可参考相应标准的规定提出。

(13) 雾环境适应性要求

雾是影响装备作战行动的重要因素,主要内容包括:

① 水平能见度;

② 垂直能见度。

(14) 光学环境适应性要求

光学环境适应性要求可参考下列方面提出:

① 装备应能在光电干扰环境下正常工作;

② 采用了激光器的装备,其安全控制和人员防护要求应符合 GJB 470A 的规定;

③ 应在激光器外壳醒目处设置警告标志和与危害类别相一致的说明标志,在库房、靶场、训练区等场所激光辐射的危险区域,应有符合 GJB 895 规定的激光辐射警告标志;

④ 露天使用的装备应有防反光、漏光及灯光闭锁等措施;

⑤ 装备应具有在夜间和能见度低的环境条件下作战使用的能力;

⑥ 带有屏幕显示器、示波器显示器、液晶显示器的装备,在强光下应有遮光和防眩光措施。

（15）粒子云环境适应性要求

根据作战目标区天气环境特点,提出抗粒子云侵蚀指标要求。

（16）雨凇和雾凇环境适应性要求

1）雨　凇

在多雨凇地区使用的天线、架空线缆等装备,在雨凇直径不大于 77 cm(质量不大于 13.5 kg/m)的环境条件下应能正常工作;在雨凇直径不大于 110 cm(质量不大于 19 kg/m)的环境条件下,装备不应损坏。

2）雾　凇

天线、架空线缆等在雾凇直径不大于 28 cm(质量不大于 2.2 kg/m)的环境条件下应能正常工作;在雾凇直径不大于 40 cm(质量不大于 3 kg/m)的环境条件下,装备不应损坏。

（17）其他大气环境适应性要求

战时装备遇到的环境是多种多样的,不同装备应根据需要,参照 GJB 1172 提供的有关内容确定不同的适应性要求。

**2. 其他环境适应性要求**

（1）空间环境适应性要求

空间环境适应性要求的主要内容包括:

① 高层大气;

② 地磁场;

③电离层;

④ 空间等离子体;

⑤ 空间外热流;

⑥ 原子氧;

⑦ 重力场;

⑧ 流星体;

⑨ 粒子辐射。

各项要求的详细内容参照相关标准确定。

（2）海洋水文环境适应性要求

参照 GJB 3617 及有关标准提供的数据,统计武器装备拟部署海域的水文环境资料,分析其在海洋水文环境条件下的工作可靠性,参考我国已有型号所适应的海洋水文环境和新研武器装备的作战需求,提出海洋水文环境适应性要求。主要内容可考虑以下方面:

① 对温度、湿度的适应性;

② 对风和气压的适应性；

③ 对空气密度的适应性；

④ 对海水温度的适应性；

⑤ 对表层盐度的适应性

⑥ 对波高的适应性；

⑦ 对表层流速的适应性

⑧ 对潮汐的适应性；

⑨ 其他。

（3）地表环境适应性要求

根据不同的作战区域特点，提出地表环境适应性要求。主要包括：

① 对地貌的适应性；

② 对地形的适应性；

③ 对土壤（冻土深度、冻融循环日数）的适应性；

④ 对植被的适应性；

⑤ 对水文的适应性；

⑥ 其他。

（4）地质环境适应性要求

地质环境适应性要求视具体情况确定。装备部署和使用中需要注意对泥石流、滑坡、塌方等地质灾害的防患。

（5）生物环境适应性要求

生物环境适应性要求的主要内容包括：

① 霉菌防护要求；

② 啮齿类动物防护要求；

③ 昆虫防护要求；

④ 鸟类防护要求；

⑤ 海洋生物防护要求。

不同环境下工作的装备应视不同情况提出要求。如装备应能适应表 6-11 规定的霉菌环境。

表 6-11  霉菌的名称及编号

| 霉菌名称 | 霉菌编号 | 霉菌名称 | 霉菌编号 |
|---|---|---|---|
| 黑曲霉 | 3.3928 | 绳状青菌 | 3.3872 |
| 黄曲菌 | 3.3950 | 球毛壳菌 | 3.4254 |
| 杂色曲菌 | 3.885 | | |

## 6.2.3  诱发环境适应性要求

### 1. 诱发大气环境适应性要求

诱发大气环境适应性要求的主要内容包括：

① 温度和温度冲击；

② 温度循环；

③ 诱发积冰；

④ 热真空；

⑤ 其他。

上述要求可参考自然环境中的有关内容确定。

**2. 诱发海洋环境适应性要求**

诱发海洋环境适应性要求的主要内容包括：

① 尾迹；

② 水温；

③ 噪声；

④ 污染；

⑤ 波浪；

⑥ 其他。

**3. 诱发机械环境适应性要求**

（1）振动环境适应性要求

装备使用或运输过程中，在表 6-12 规定的振动环境条件下应能正常工作。对所提出的具体要求还应有相关的试验要求，应按 GJB 150.16 A 的规定进行随机振动试验。当试验受设备限制时，可按表 6-13 规定的条件进行试验。

表 6-12  振动环境的量值

| 分　区 | 试验参数 | | |
|---|---|---|---|
| | 频率/Hz | 位移/mm | 加速度/(m·s$^{-2}$) |
| 水面舰艇和潜艇主体区 | 1～16 | 1.0 | — |
| | 16～60 | — | 10 |
| 快艇及航速大于 35 km 的舰艇主体区 | 10～35 | 0.5 | — |
| | 35～160 | — | 25 |
| 各类舰艇桅杆区 | 2～10 | 2.5 | — |
| | 10～16 | 1.0 | — |
| | 16～50 | — | 10 |
| 各类舰艇往复机上 | 2～25 | 1.6 | — |
| | 25～100 | — | 40 |

注：1 桅杆区是指桅杆等部位；主体区是指桅杆区、往复机上以外的其他部位。

　　2 试验的上限频率一般为最高桨叶频率。

表 6-13　正弦扫描振动频率、位移、加速度及每个轴向试验时间

| 类　别 | | 频率范围/Hz | 位移(双振幅)/mm | 加速度/(m·s⁻²) | 试验时间/(min·km⁻¹) | 最大试验时间/h | 扫描时间/min |
|---|---|---|---|---|---|---|---|
| 露天使用 | | 5~14 | 5.08 | | | 3 | 12 |
| | | 14~33 | | 20 | | | |
| | | 33~52 | 0.91 | | | | |
| | | 52~500 | | 50 | | | |
| 室内使用 | | 5.5~200 | | 15 | 30/1 600 | | |
| 车内使用 | 汽车、拖车、方舱 | 5~5.5 | 25.4 | | | 5.5 | 12 |
| | | 5.5~200 | | 15 | | | |
| | 装甲车辆自行火炮 | 5~5.5 | | | | 3 | 15 |
| | | 5.5~30 | | 15 | | | |
| | | 30~50 | | | | | |
| | | 50~500 | | | | | |

注:1 频率响应要求在 5 Hz 以下时,可扩展到 2 Hz,扫描时间则应增加 3 min;

2 需车载工作的便携式、移动式装备,应按其中较严酷的等级进行试验;

3 试验时间规定为行军每 1 600 km 振动 30 min,或按装备规定的时间;

4 扫描时间指频率从低限到高限,再返回到低限为一次扫描时间。

对车载式、便携式等装备还应提出在车辆行驶振动环境条件下应能正常工作的适应性要求和考核方法。例如,可在表 6-14 所列路面上累计行驶不少于 16 km 的条件下进行工作考核试验,自行火炮累计行驶不少于 200 km 的条件下进行工作考核试验等。

表 6-14　不同路面考核振动的车速规定　　　　　　　　　　　　　　　　　km/h

| 路面类型 | 车　速 |
|---|---|
| 粗糙的搓板路(坡距 180 cm,坡高 15 cm) | 8 |
| "比利时"石块路 | 32 |
| 辐射状搓板路(坡高 5~10 cm) | 24 |
| 坡高 5 cm 的搓板路 | 16 |
| 间隔为 7.5 cm 的颠簸路 | 32 |

注:1 轮式车辆:依次通过表中 5 种路面,每种路面行驶 5 次,每段路面不少于 600 m,总长约 16 km。

2 自行火炮:车速小于 30 km/h 占总行程的 2/3,车速大于 30 km/h 占总行驶的 1/30。

当不具备车辆行驶试验场条件时,可按下列要求进行公路行驶试验:

① 土路、碎石路:车速 20~30 km/h,占总里程的 2/3;

② 柏油路、混凝土路:30~40 km/h,占总里程的 1/3;

③ 公路行驶总里程:300 km、500 km、1 000 km、1 500 km、3 000 km(按装备具体情况选择)。

军用车辆行驶里程、路面及各种路面行驶里程分配按 GJB 1372 的规定执行。

（2）冲击环境适应性要求

冲击环境适应性要求的主要内容包括：

① 频率；

② 振幅；

③ 加速度；

④ 能量；

⑤ 其他。

冲击环境适应性要求的表达形式可根据不同情况提出。例如：

① 装备应能适应在使用、搬运、装卸和运输等过程中可能遭受的非重复性冲击。军用车辆、自行火炮和专用车辆等车内使用的设备，在行进和武器发射时形成的冲击环境中应能正常工作。在提出具体指标要求时，通常还提出相应的试验要求。如在经受按表 6 - 15 规定的模拟脉冲环境条件进行的基本设计冲击试验后，装备应能正常工作。装甲车辆和自行火炮，在经受规定的高强度冲击试验后，设备及其支架、紧固件、连接件等不应损坏。

表 6 - 15  冲击环境条件

| 类    别 | | 半正弦形脉冲 | | 后峰锯齿形脉冲 | | 每个轴向冲击次数 |
|---|---|---|---|---|---|---|
| | | 峰值加速度/$(m \cdot s^{-2})$ | 脉冲宽度/ms | 峰值加速度/$(m \cdot s^{-2})$ | 脉冲宽度/ms | |
| 露天使用（除固定式） | | 300 | 11 | 400 | 11 | 3 |
| 室内（含室外固定）使用 | | 150 | 11 | 200 | 11 | 3 |
| 车内使用 | 汽车、拖车、方舱 | 200 | 11 | 300 | 11 | 3 |
| | 装甲车辆、自行火炮 | 1 000 | 6 | 1 000 | 11 | 2 |

② 跌落。装备应能适应作战、使用和装卸、运输、维修等过程中可能遇到的跌落环境。置于包装箱内的设备，在经受按 GJB 150.18A 规定的跌落高度和地面进行的运输跌落试验后，应能正常工作。便携式装备在使用中当从不超过 1 m 的高度跌落到水泥地面后应能正常工作。在工作台上进行维修的装备，应能适应维修中可能遇到的倾跌冲击。在经受 GJB 150.18A 规定的工作台上的倾跌试验后，应能正常工作。

③ 倾斜。在可移动式和各种车内使用的设备，应提出适应倾斜的环境要求。例如，轮式车辆内使用的设备应能适应后倾斜不大于 25°、左右倾斜不大于 10°的倾斜环境，履带车辆内使用的设备应能适应前后倾斜不大于 32°、左右倾斜不大于 25°的倾斜环境。再如，舰艇在纵倾角为 12°（小舰艇为 ±15°，潜艇为 ±10°）、横倾角为 ±25°时设备应能正常工作，纵倾角为 ±15°、横倾角为 ±45°时设备应不损坏（未计入设备本身的安装角）等。

④ 颠震。舰舱上的设备通常要提出这方面的要求。例如，设备应能耐受由波浪冲击引起的重复性低强度冲击，在表 6 - 16 规定的颠震环境下应能正常工作。

表 6 - 16　颠震环境量值

| 峰值加速度/(m·s⁻²) | 波　形 | 持续时间/ms | 适用部位 |
|---|---|---|---|
| 50 | 半正弦 | >16 | 舰艇的上层部位 |
| 70 | 半正弦 | >16 | 除舰艇上层部位外的部位 |
| 100 | 半正弦 | >16 | 快艇以及航速大于 35 km 的舰艇上 |

（3）噪声环境适应性要求

噪声环境适应性要求的主要内容包括：

① 噪声频率；

② 噪声强度。

具体可参考以下几种情况分别提出：

① 对装备的抗噪声能力要求。例如，装备在强噪声场环境条件下应能正常工作，在总噪声场水平大于 130 dB 的声激励环境条件下装备不应损坏等。

② 对装备产生噪声限制和对人员的防护措施要求。例如，装备不应产生有损人员听力和心力的噪声。在人员操作位置以每天暴露时间 8 h 计，其等效 A 声级噪声不应大于 90 dB（噪声暴露时间每缩短一半，允许 A 声级提高 3 dB，但最高不应超过 115 dB）。

**4. 诱发化学环境适应性要求**

诱发化学环境主要是指油污环境、液体污染环境、大气污染环境及其他方面产生的化学污染环境等。装备在使用中，不应产生严重危害人员健康或影响其他设备性能的有害气体或液体。有害气体不应超过表 6 - 17 规定的安全限值。

表 6 - 17　有害气体安全限值

| 种　类 | 取值时间 | 浓度限值/(mg·m⁻³) |
|---|---|---|
| 一氧化碳(CO) | 日平均 | 6.00 |
| | 1 h 平均 | 20.00 |
| 二氧化氮(NO₂) | 日平均 | 0.12 |
| | 1 h 平均 | 0.24 |
| 二氧化硫(SO₂) | 日平均 | 0.25 |
| | 1 h 平均 | 0.70 |
| 氮氧化物(NO$_x$) | 日平均 | 0.15 |
| | 1 h 平均 | 0.30 |
| 臭氧(O₃) | 1 h 平均 | 0.20 |

坑道内工作的装备（如汽油发电机组等）产生的污染物应符合有关标准规定的排放要求。工作间、车厢和舱室工作的装备产生的一氧化碳(CO)短时间接触安全限值应符合公式（6 - 5）的规定。

$$\sum [T \cdot G_p] \leqslant 6\,000 \qquad\qquad (6-5)$$

式中：$T$ 为接触 CO 时间，min；

$G_p$ 为接触时间内 CO 最高浓度,$10^{-6}$。

装备的结构在遭受化学毒剂沾染后应便于清洗消除。车载式装备的工作舱室应有滤毒通风装置。

**5. 诱发电磁辐射环境适应性要求**

电磁辐射环境通常包括装备内部产生的电磁环境和外部产生的电磁环境。装备应能适应使用中可能遇到的电磁环境(如静电放电、高功率微波、电磁脉冲等),特别是强电磁辐射环境。装备的辐射发射强度和辐射敏感度、传导发射强度和传导敏感度应符合有关规定。对静电放电和磁场反应敏感的装备,应采取接地、隔离、屏蔽等措施,保证装备能正常工作。

在人员操作位置以每天暴露时间 8 h 计,装备允许超高频泄漏辐射的平均电场强度应不超过以下规定的安全限值:

① 脉冲波为 10 V/m;

② 连续波为 14 V/m。

允许微波(300 MHz～300 GHz)泄露辐射的平均功率密度应不超过表 6-18 中规定的安全限值。

**表 6-18　微波泄漏辐射安全限值**

| 允许暴露时间/ h | 脉冲波 | | 连续波 | |
|---|---|---|---|---|
| | 平均功率密度/ ($\mu W \cdot cm^{-2}$) | 每日剂量/ ($\mu W \cdot cm^{-2}$) | 平均功率密度/ ($\mu W \cdot cm^{-2}$) | 每日剂量/ ($\mu W \cdot cm^{-2}$) |
| 8 | 25 | | 50 | |
| 7 | 29 | | 57 | |
| 6 | 33 | | 67 | |
| 5 | 40 | | 80 | |
| 4 | 50 | 200 | 100 | 400 |
| 3 | 67 | | 133 | |
| 2 | 100 | | 200 | |
| 1 | 200 | | 400 | |
| 0.5 | 400 | | 800 | |
| 0.1 | 2 000 | | 3 999 | |

当使用操作人员必须在大于上述规定值的环境中工作时,应采取有效的防护措施。对信息传输、处理、加密等设备的电磁泄漏发射应采取有效措施加以控制,并应符合有关标准的规定。对于应当贯彻的标准,应做具体说明。车内使用的装备,其装载平台(厢式车辆、拖车、方舱等)应具有良好的电磁屏蔽性能。对频率为 150 kHz～40 GHz 的干扰电磁波的抑制能力应不低于 40 dB,有特殊要求时,应做特别说明。其他诱发电磁辐射环境适应性要求可参照有关标准的要求确定。

## 6.2.4　综合权衡和可行性分析

在对上面不同侧面环境适应性要求分析的基础上,可进一步对各种不同的要求进行综合权衡和可行性分析,并同其他要求协调后提出综合性的环境适应性要求。

**1. 综合权衡**

(1)环境适应性要求的综合归类

根据作战使用性能要求,结合具体武器装备的特点,对上述各项环境适应性要求中的重复、交叉的内容进行分析比较和综合归类,合并重复要求的内容,形成完整、科学、协调的环境适应性指标或要求体系。

(2)综合权衡的原则

综合权衡的原则主要包括:

① 关键和重要的环境适应性指标必须得到满足;

② 技术上难以实现的非关键性的环境适应性指标可酌情调整;

③ 费用上难以支持时,优先满足关键性的环境适应性指标;

④ 研制周期难以满足要求时,对非关键性的环境适应性指标或难以实现的环境适应性指标酌情调整。

应当指出,关键和重要是一个相对概念,它与装备部署区域、主要作战使用方案以及平时的储存、维修、管理等都有关系。同样一种类型的装备,在沿海地区和高原沙漠地区对盐雾环境的适应性要求是有很大区别的。类似问题都应经过全面系统比较后,才能确定关键的、重要的和次要的环境适应性指标。

(3)综合权衡的内容

综合权衡主要包括以下内容:

1)环境总体权衡。

环境总体权衡,即各项环境适应性指标或要求是否都是对应作战使用使命任务涉及的同一个环境总体。它是一种检查各项指标或要求与相应的环境总体是否一致、预见可能使用的环境范围和环境严酷度的变化所进行的权衡。例如,引进部件的设计环境总体可能与武器系统作战使用的环境总体不一致,这就需要通过权衡后确定引进决策。

2)影响机制权衡

影响机制权衡,即注意不同环境要素影响机制对装备影响的差别,使其在影响后果方面匹配和合理。例如,低温的影响机制需要持续一定的时间,而达到满足低温条件下使用要求遇到的技术难度和费用都比较高,所以以工作极值推荐时间风险率可适当放宽。

3)性能指标权衡

性能指标权衡包括两个方面:一是环境适应性指标或要求之间的权衡,如高温、低温、风、雪、雾等环境适应性要求之间的权衡;二是环境适应性指标与武器装备其他性能指标如可靠性、维修性、电磁兼容性等之间的权衡。各种风险率表示的环境严酷度决定环境适应性的性能指标。权衡就是努力降低性能指标,说明这些降低是允许的,并且指明其依据和可能的局限性,供决策时参考。例如,低气温全国1%工作极值是$-48.8\ ℃$,而单站1%工作极值低于$-44.0\ ℃$的地区有黑龙江的漠河、嘉荫、呼玛和嫩江,内蒙古的根河等,如果侧重使用部署的范围不包括这些地区,则可以加大时间风险率,采用全国10%工作极值为$-44.1\ ℃$。这意味着在上述地区以外的地区,仍然是1%的工作极值,只是在这些地区不能正常工作的时间概率有所加大。性能指标权衡还包括不同环境要素之间的权衡,原则是确保武器装备对于影响大的环境要素有较强的适应性。

4)技术难度权衡

技术难度权衡,即从达到不同环境要素指标所要求的技术难度,考虑与可实现的程度相匹配。需要采取的措施,可以是降低指标要求,也可以增加附属设备提高武器装备的环境适应能力,甚至可以分区设计武器装备等。

5)费用效益权衡

决定武器装备费用的是单件费用和武器装备数量。在一定技术水平下,单件费用取决于时间风险率、再现风险率、面积风险率等确定的环境严酷度。这些风险率取决于武器装备失效后果的严重程度、维修性、环境因素的影响机制等,这些一般不容易改变,所以减小总费用的有效方法是分区设计不同性能指标的武器装备。

6)研制周期权衡

在应用统筹法安排装备研制各阶段任务的基础上,进一步衡量能否在要求的研制周期内完成,并寻找延误周期的环节及原因。如果属于环境适应性要求不当的范围,则对环境适应性要求进行调整,同时尽可能提出配备降低环境影响后果的辅助设备。

**2. 可行性分析**

对所提出的各项性能指标要求从经济、技术、进度等方面进行可行性分析,必要时给出不同情况下的风险。通过上述工作,便可确定全面系统的环境适应性要求。

# 6.3　装备环境适应性论证

装备环境适应性论证是指在型号论证中,提出并证明武器装备环境适应性指标要求和环境保障资源配套建设要求的过程。它是型号论证中的一项重要内容,同时对于整个寿命周期各阶段环境工作的开展和深化研究也具有决定性的意义。

## 6.3.1　环境适应性论证简述

装备环境适应性论证,通常是根据新研武器装备作战使用方案和总体论证负责人员的要求与其他指标同时进行的。论证中在对环境的影响进行全面综合分析的基础上,针对未来作战使用对武器装备环境适应性的需求以及我军的作战原则与方法,并结合装备现状,考虑到国家经济能力以及科学技术发展的可能性,以充分的论据和严密的科学方法,通过逻辑推理和定性定量分析,提出新研武器装备的环境适应性要求和环境保障资源配套建设要求。在充分论证的基础上编写的武器装备环境适应性论证报告,经评审后即成为武器装备论证报告的重要组成部分。

### 1. 环境适应性论证的主要工作内容

武器装备的环境适应性论证是实施环境工程工作的首要环节,是开展武器装备寿命周期各阶段环境工作的基础。环境类别、环境要素、影响机制、影响程度、表示方法、环境变化过程、环境变化范围、概率统计研究、环境保障要求、保障资源配套建设要求及武器装备寿命期各阶段环境工程的任务和联系等问题的确定，以及处理各方面的关系等，都应在环境适应性论证中进行认真研究，并从作战使用需要出发提出全面系统的要求。

（1）进行环境影响和环境适应性需求分析

环境影响和环境适应性需求分析是确定环境适应性要求的基本依据，应结合具体的论证特点，有针对性地进行分析，并拟制环境保障方案，提出可选择的保障模式。

（2）确定环境类型和主要环境因素

为了使所提出的环境适应性指标要求协调配套和完整系统，首先应从总体上进行认真分析研究，弄清各方面的关系，确定环境类型（即环境区划）和论证中应当考虑的主要环境因素。在环境适应性论证中，根据武器装备的特点及作战使用需求，可选择不同的环境因素作为重点进行论证。

选择环境因素必须根据不同的武器装备、不同的使用地区来确定。例如，在我国南方湿热地区使用的军用车辆应考虑高温和降雨的因素，却不必考虑降雪和风沙的因素。又如同样在沙漠地区使用，军用车辆要重点考虑沙尘的因素，高空战斗机却不必考虑。因此，在确定环境类型和主要环境因素时，应仔细分析武器装备在其寿命期内将经历的各种环境条件和各种事件，多余和不足都会造成严重损失。

（3）拟定初步的环境适应性要求

从作战需要、经济与技术可行、使用安全可靠等方面综合考虑，进行严酷度分析，确定合理的风险率，拟定初步的环境适应性要求，并根据拟制的环境保障方案的保障模式，提出环境保障资源配套建设要求。

（4）权衡优化和可行性分析

在上述各项工作的基础上，进行权衡优化和可行性分析，确定环境适应性指标要求、环境保障资源配套建设要求和研制中的质量控制要求。

（5）撰写环境适应性论证文件

论证任务完成后，根据总体论证负责人的统一要求，撰写武器装备环境适应性论证文件。

需要指出的是，环境适应性要求和环境保障资源配套建设方案的确定是一个反复迭代和不断深化的工作过程。开始提出初步设想，经过同各方面的协调和综合权衡，不断进行修改和补充完善，直至武器装备论证结束时形成正式的环境适应性要求论证报告，与其他论证报告一起，成为武器装备研制总要求或合同的附件。

**2. 环境适应性论证的依据**

环境适应性论证是武器装备论证的一个组成部分，有关武器装备论证的共性依据都是环境适应性论证应当遵循的依据。例如，国家的军事战略方针和原则、我军的主要任务和发展目标、我军的军事理论和原则、部队编制体制、新时期军事斗争准备、国家经济建设和科学技术发展的方针政策、国家经济实力及可能提供的经费等，这些都是环境适应性论证中应当遵循的依据。作为武器装备环境适应性论证遵循的具体依据，主要应考虑以下方面：

（1）作战使用方案和保障方案

任何一种新型号的论证，开始时总是要和作战使用部门或相应研究机构提出初步的作战使用方案设想。作战使用方案设想的内容通常包括：作战对象和作战目标（如目标距离与分

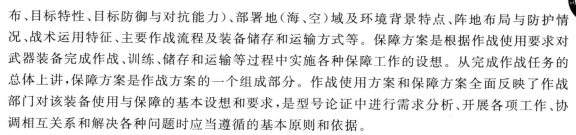

布、目标特性、目标防御与对抗能力）、部署地（海、空）域及环境背景特点、阵地布局与防护情况、战术运用特征、主要作战流程及装备储存和运输方式等。保障方案是根据作战使用要求对武器装备完成作战、训练、储存和运输等过程中实施各种保障工作的设想。从完成作战任务的总体上讲，保障方案是作战方案的一个组成部分。作战使用方案和保障方案全面反映了作战部门对该装备使用与保障的基本设想和要求，是型号论证中进行需求分析、开展各项工作、协调相互关系和解决各种问题时应当遵循的基本原则和依据。

（2）型号论证的总体要求

每个新型号的论证，都包含有总体、分系统及各项指标等方面的论证项目，分别由不同的专业人员（或机构）承担，在整个论证过程中构成一个有机整体，在完成整个型号论证任务的前提下，各有自己的工作重点。型号总体论证负责人员的任务是为满足作战使用要求所做的综合性的技术牵头和全面综合与协调工作，根据作战使用方案和使用要求，总体论证负责人员不仅提出武器装备系统构成、编配方案和主要作战使用性能指标，还要对各分系统和各项指标的论证提出具体要求，并从武器装备发展总体的角度及时与各分系统论证中提出的问题进行协调平衡，修改或调整有关要求，使之更加符合各方面的特点，实现整体优化，便于新研武器装备总体效能的发挥。因此，型号论证中提出的总体要求是进行环境适应性论证的又一基本依据，在整个论证过程中，环境适应性论证与其他方面的论证项目都要根据总体论证负责人员的要求并在统一协调下进行工作。

（3）国内外技术发展趋势

新的武器装备环境适应性要求，主要是根据未来技术发展情况，在充分考虑满足作战使用要求的前提下确定的。实践证明，只有对未来发展趋势分析清楚了、目标明确了，才能提出与未来技术发展和作战使用要求相适应的环境适应性要求，才能为技术发展的起点进行定位，提出与未来技术发展相适应的要求，按此要求研制的武器装备在环境适应性方面才能具备先进性和有效性。

（4）技术可行性与经济承受能力

实现环境适应性要求，可能涉及许多复杂的高新技术应用问题。所以，任何一种方案的确定和一项指标的提出，都必须考虑预先研究成果和关键技术突破情况，确保技术上可行。同时还要充分考虑经济承受能力，从全寿命管理的角度出发，对所需费用和可能获得的投资进行预测和综合比较，提出经济可行性分析意见，使所提出的各项指标要求的实现有可靠的技术和经济基础，避免或减少风险发生。

（5）有关的标准

各类相关标准，如《武器装备研制立项综合论证通用要求》、《武器装备研制总要求论证通用要求》、《武器装备环境适应性论证通用要求》以及 GJB 4239《装备环境工程通用要求》、GJB 1172《军用设备气候极值》、GJB 150A《军用装备实验室环境试验方法》、GJB 3617《军用设备海洋气候、水文极值》等，都是在总结实践经验的基础上充分考虑未来发展和作战使用要求制定的。另外，根据形势发展，环境标准体系中的各项配套标准都在陆续制定，这些都是围绕开展武器装备环境工程工作的需要而制定的，其中的大部分内容对论证都有指导作用，所以都是提高武器装备环境适应性论证质量和水平的基本保证。应根据论证工作的实际情况，分析各相关标准中对有关武器装备环境适应性论证方面的要求，并认真贯彻实施。

**3. 环境适应性论证的原则**

武器装备环境适应性论证除遵守有关装备论证的通用要求外，还应结合环境适应性论证的自身特点，特别注意把握以下原则：

（1）贯彻全寿命管理思想

为使论证中提出的武器装备环境适应性要求和环境保障资源配套建设要求在研制中得到落实，应从武器装备全寿命管理的角度分析研究问题，从落实装备环境工程工作的总目标出发分析问题，提出全面系统的环境适应性要求。

自 20 世纪 80 年代以来，美国等发达国家就开始以环境工程理论为指导，从装备全寿命的角度出发，注重环境管理技术的研究与应用，在 MIL-STD-810D 标准中已经开始纳入了环境管理计划的内容，并在以后修订出版的 MIL-STD-810E、MIL-STD-810F 和 MIL-STD-810G 中进行了全面细化和具体化。

美国军用标准 MIL-STD-810E 的总则中说明了这一管理过程，其基本思想是从制定环境管理计划开始进行各项环境工程工作，即从项目立项开始，直至进行环境试验和做出评价的各重要环节，都强调了每一项工作要按相应的资料项目中的规定编成文件，并明确订购方和承制方在这些工作中各自的职责。此外，还说明在研制阶段要制订使用环境验证计划，获取使用故障信息和环境实测数据，以帮助修正环境试验计划。2000 年发布的 F 版，2008 年发布的 G 版，又使各方面的要求更加完善。我国 2001 年发布的 GJB 4239《装备环境工程通用要求》，对装备论证、研制、生产和使用阶段应进行的环境工程管理、环境分析、环境适应性设计、环境试验与评价等寿命周期各阶段的工作都提出了原则要求，论证时应认真贯彻实施。只有这样，所进行的论证才是完整系统的环境适应性论证。

（2）注重综合权衡优化

在武器装备环境适应性论证中，通过在不同侧面环境适应性要求分析的基础上，应对各种不同的要求进行综合分析比较，实现内部指标间的权衡优化，而后再根据总体要求，从总体的角度进一步同其他要求进行协调和权衡优化，通过全面优化提出综合协调的环境适应性要求和环境保障资源配套建设要求。

为此，在论证中要综合考虑各种因素，做到既要分析单因素对武器装备单独作用的影响，更要注重分析多种因素综合作用的结果。因为装备实际工作过程中大多数环境因素的影响都是同时起作用的。例如，机载电子设备在歼击机起飞滑跑时，冬季会受到低温＋振动的作用，夏季（特别是南方）会受到高温＋振动＋湿度的作用；空中飞行时会受到高低温循环＋振动＋湿度＋高度的作用。如果在沿海地区还要加上盐雾的影响，在沙漠地区还要加上沙尘的影响，湿热地区还要加上霉菌的影响等。对这些影响如何提出不同的环境适应性要求，应当在综合权衡的基础上确定。

（3）着眼于形势发展

武器装备的环境适应性论证，是随着武器装备的进步和作战样式的发展而不断发展变化的。众所周知，在冷兵器时代环境对武器装备的使用基本上没有影响，热兵器时代虽然环境对武器装备的作战性能有影响，但是在兵器制造过程中基本上也没有考虑环境适应性问题。机械化兵器时代开始了武器装备的环境适应性论证。信息化时代,高技术兵器的使用涉及的环境极为复杂,必须从多方面对环境适应性问题进行充分的论证。为适应新的形势、新的作战需求,要求环境适应性论证不断深化发展,并全面地开展相应的基础研究工作。在工业化时代向信息化时代过渡的时期,武器装备信息化程度提高,对环境的敏感性增强,其环境适应性论证需要在机械化武器装备环境适应性论证经验的基础上,根据信息化战争的特点不断深化发展。

（4）环境适应性论证质量控制要求

论证质量对装备质量有着至关重要的影响。在武器装备环境适应性论证中必须对论证质量进行严格控制。只有这样,才能为以后搞好全面的质量工作打下良好的基础。主要考虑以下方面:

1）严格执行论证工作程序

应按照规定的程序和要求进行论证和相应的管理,实现论证工作全过程质量控制。

2）贯彻法规和标准

论证中所进行的需求分析,提出的各项要求及考核方法等,都应认真贯彻各种相关的法规和标准,提高论证工作的规范性和科学性。

3）坚持评审制度

论证工作的各个重要环节,应按标准的要求进行评审,评审材料应按规定归档。评审的内容通常包括:

① 论证指导思想的正确性和目标的明确性;

② 论点的正确性和论据的充分性、可信性;

③ 分析问题的逻辑性和结论的合理性;

④ 论证方法的科学性和创新性;

⑤ 论证内容的完整性和方案实现的可行性;

⑥ 论证工作程序、论证过程质量管理、论证文件编写等符合标准化要求的程度。

## 6.3.2　典型环境适应性论证

武器装备环境适应性论证是一项极为复杂而庞大的系统工程,不仅要考虑论证自身的发展需要,还要考虑武器装备发展、作战运用与环境保障建设的协调。这里所涉及的问题,有的已超出了论证机构的专业研究范畴。因此,对于这种系统工程的运作,只能站在宏观的层面上来分析、考虑、讨论和研究。只有这样,才能使这项工作与整个型号论证和环境保障建设成为一个相互协调和相互联系的有机统一整体。

**1. 战场环境适应性论证**

在未来战争中,如何提高武器装备的生存能力,使武器装备适应战场环境是一个非常重要的问题。其中,战场环境与环境科学基础研究是一个重要方面。下面主要介绍美军战场环境适应性论证的一些内容。

（1）美国战场环境与环境基础科学研究

美国国防部现行的国防科技战略规划就是依据“国家安全战略”和“2020 年联合构想”制定的,而后又具体细化为基础研究规划、国防技术领域规划、联合作战科技规划及国防科技目标等各个方面。

美国现行国防基础研究规划（BRP）资助那些与国防应用紧密相关的基础研究项目（代号6.1），涉及11类基础学科，划分为6大战略研究领域。其中，第7类学科（陆地和海洋科学）和第8类学科（大气和空间科学）统称为"环境科学"，一并划归于6大战略研究领域之一的信息技术领域，为信息优势、C4ISR、逼真的战场环境可视化、完整的战术图等战场环境应用提供技术基础和先期技术储备支持。在大气和空间科学方面，三军投资关注的焦点如表6-19所列。

表6-19　美军基础研究规划中大气和空间科学的三军投资关注点

| 子领域 | 陆　军 | 海　军 | 空　军 |
|---|---|---|---|
| 气象学 | 大陆边界层、输送扩散，视障、化学/生物防御 | 海洋边界、海洋与海岸气象学、异源流、强风暴、天气-中尺度模拟、气溶胶模型 | 无 |
| | 共同关注：气溶胶效应、相干结构、次网格尺度参数化、大涡流仿真、大气透射、辐射能传输、全尺度嵌套模式、表面能量平衡、云的形成与过程、对比度传输、四维数据同化 | | 无 |
| 遥感 | 边界层内炮火分辨率的风、温度、湿度场化学/生物毒剂检测 | 海洋大气边界层折射率廓线 | 无 |
| | 共同关注：大气温度、湿度、风、气溶胶浓度廓线 | | |
| 空间科学 | 无 | 精确定对、天基太阳观测、波粒子相互作用、天文测量 | 地基太阳观测、高能太阳事件、电离层结构和输送、光学特性 |

以2001财年预算为例，美国的国防基础研究费用已占整个国防研究、发展、测试和评估（RDT&E）总拨款数的3.1%。国防基础研究在政府部门所有基础研究资助费用中占6%，而其中的环境科学则占本类学科中所有政府资助的13%。由此可见，美军对战场环境基础研究的稳定投资是十分重视的。

美国现行国防技术领域规划（DTAP）中共有12个主要技术领域，所资助的项目有两种类型：应用研究（代号6.2）和先期技术发展研究（代号6.3）。战场环境为第12技术领域，包括4个子领域，研究目的在于提供实现联合作战能力目标的战场环境关键技术，如表6-20所列。在12个技术领域中，战场环境技术领域的投资强度为技术领域总投资强度的1%，每年约2亿美元。

表6-20　美军战场环境与联合作战能力目标

| 战场环境子领域 | 实现JV 2020的联合作战能力 | | | | | | | | | |
|---|---|---|---|---|---|---|---|---|---|---|
| | 信息优势 | 精确打击 | 战斗目标识别 | 联合战区导弹防御 | 都市地形军事行动 | 联合战备与后勤和战略系统的维持 | 军力部署与制敌机动 | 电子战 | 化学生物战防御与大规模杀伤武器对抗 | 反恐怖 |
| 陆地环境 | ● | ● | ○ | ○ | ● | ● | ◎ | ○ | | ◎ |
| 海洋环境 | ● | ● | ● | ◎ | ● | ● | | | ◎ | |

续表 6-20

| 战场环境子领域 | 实现 JV 2020 的联合作战能力 | | | | | | | | | |
|---|---|---|---|---|---|---|---|---|---|---|
| | 信息优势 | 精确打击 | 战斗目标识别 | 联合战区导弹防御 | 都市地形军事行动 | 联合战备与后勤和战略系统的维持 | 军力部署与制敌机动 | 电子战 | 化学生物战防御与大规模杀伤武器对抗 | 反恐怖 |
| 低层大气环境 | ● | ● | ○ | ● | ● | ● | ○ | ○ | ● | |
| 空间/高层大气环境 | ● | ● | ● | ● | ● | ● | ◎ | | ◎ | ○ |

注:●重要支持;◎一般支持;○弱支持。

联合作战科技规划(JWSTP)直接面向武器装备系统的演示(代号 6.4)、集成(代号 6.5)、测试与评估(代号 6.6)以及制造工程(代号 6.7),战场环境科技(代号 6.1~6.3)成果应用在此阶段得以集中体现。科索沃、阿富汗和伊拉克战争中使用的远程空投无人地面天气探测系统,机载激光器(ABL)大气自适应订正,猛禽战斗机(F22)环境测试评估等各种新技术就是生动事例。

国防技术目标(DTOS)体现了美国国防部联合需求审查委员会(JROC)之联合作战能力目标对国防科学技术发展的最终顶层需求,是国防技术领域规划和联合作战科技规划的具体发展目标。近年来,美国国防部将"智能传感器网(Smart Sensor Web)"确立为国防科技重点投资的五大技术冲刺领域之一,其核心理念是"从传感器到射手(Through/From sensor to shooter)",并明确指出"天气网(Weather Web)"是其中的一部分。在 2025 联合构想(Joint Vision 2025)中,提出基于"从传感器到射手"的"战场环境态势感知"新理念。战场环境科技主管部门认为这是战场环境领域面临的新挑战。

借鉴国外对战场环境与环境基础科学研究的成果和做法,我们开展研究应注意以下几个方面:

① 从顶层上重视,围绕作战需要开展研究;

② 发挥环境工程研究机构的作用进行研究;

③ 各相关方面(如作战部门、环境工程研究部门和武器装备论证部门)联合研究。

(2) 战场环境适应性论证分析

武器装备是用来作战的,环境适应性工作的基本目的是提高武器装备战场环境适应能力。这方面的工作过去做的较少。加强这方面的工作首先从论证开始,搞好基础研究。

1)战场环境威胁机理

威胁机理是在战场条件下,由于双方敌对行动引起武器系统损坏的所有可能条件或条件组合,它是导致损坏的根本原因。威胁机理有直接的,也有间接的。直接的,如抛射、碎片、爆炸波阵面的超压、燃烧物、核辐射、激光束和电磁脉冲等的直接作用;间接的,如燃烧、烟熏、释放的腐蚀物和液压冲击等的作用。

在分析威胁机理时,要从三方面考虑:

① 敌方攻击因素。主要有:

● 攻击的来源包括空中、海中、地面;

● 攻击的武器包括常规武器、核武器、生物武器、化学武器或其他武器；

● 攻击的方向包括正面、侧面、后面、上面、下面；

● 攻击的时机包括行军、作战或停放中。

② 我方使用因素。主要有：为实施攻击、撤离的过度使用等。

③自然环境因素。主要有：砂尘、噪声、失重、超重、雷电和雨雾等。

2）战场损伤模式

① 穿透。大多数武器装备对于弹片有一定的抵御能力，但直接命中时，步枪弹可以将其击穿，所以若炮弹或导弹直接命中将无法使其恢复战斗能力。

② 断裂。承受拉力的部件在受到强烈的外力冲击之下，易发生断裂的现象。如天线的拉线受弹片切割后断开，从而使天线杆倒下。

③ 击穿。主要指电气系统电流过载而引起的烧毁现象。

④ 变形。由使用过度或受到冲击而引起。如振子、集合线弯曲变形、机柜导轨弯曲变形等。

⑤ 破碎。各种显示屏和指示板，一旦受到弹片冲击就会损坏。

⑥ 烧蚀。对车内绝大多数零部件、电缆和操作员构成威胁。

⑦ 供应中断。在战场环境下，后勤供给线路易中断，使油料和备件不能及时供应而导致车辆不能机动、油机不能发电。

⑧ 不适应作战环境。在雷电、大风、大雨等条件下，武器装备不能使用。

从环境影响研究的总体情况看，战场环境研究较为薄弱；从作战过程的实际情况看，完全靠提高装备防护的办法提高战场环境适应性的问题已非常有限。但是，弄清威胁机理，分析损伤模式，并与维修性指标论证相结合，使武器装备的环境适应性要求与抢修性要求相协调，还是非常必要的。

**2. 电磁环境适应性论证**

现代战争对抗是在陆、海、空、天、电五维战场同时进行的，对制电磁权的争夺成为夺取战争胜利的重要手段。装备生存和工作的电磁环境更加恶劣。相应的，对武器装备的抗电磁损伤性能也提出了更高的要求。

以美国为代表的发达国家，对武器装备电磁环境适应性研究做了大量探索，经过长期的工作，取得了不少成果。它们对新型武器装备的研制不仅提出了明确要求，而且还规定了严格的试验要求，如在 MIL464 中，对某些装备在某些频段上的环境电平为上万伏每秒。其抗雷电冲击试验，要让装备接受三个脉冲组（每个脉冲组由 20 个强度为 10 kA 的脉冲组成）的冲击。在陆军白沙导弹靶场能够进行计算机建模/模拟电磁环境试验、半实物模拟试验/飞行试验等综合试验，在海军帕克斯河切萨皮克试验场综合实验室配备有先进战术电子战环境模拟器，可以模拟 1 000 多部雷达，脉冲密度达到每秒 400 万个。

现在，我国对武器装备的抗电磁损伤性能已经有了一定的认识，有些主要的指标在相应的军标中已做规定。从实战任务的需求出发，结合我国当前的技术水平，电磁环境模拟应主要考虑以下几个方面：

① 电磁脉冲（EMP）。模拟核爆炸产生的电磁脉冲，用以检验武器装备在高场强的 EMP 环境下的性能。

② 雷电（ESD）。模拟雷电放电，用以检验武器装备受到雷击时的性能。

③ 电磁敏感度（EMS）。按照标准的要求产生电磁环境,检验武器装备的电磁敏感度性能。

④ 静电放电（ESD）。模拟静电放电,检验武器装备的静电放电敏感度。

# 6.4　装备环境适应性评价

当前,世界各军事强国均致力于发展各种类型的高新技术武器装备,武器系统的性能和精度虽得到了质的提高,但都以一定的工作环境为依据,而且从某种程度上讲,对环境的变化和依赖更加敏感了。所以,对任何一种高技术武器装备都必须进行环境适应性评价。

## 6.4.1　装备环境适应性评价概述

环境适应性评价是对所采取的各种措施的实施结果是否满足环境适应性要求的一种验证与考核,它是一种控制机制。环境适应性评价是将环境适应性试验与分析所取得的数据资料进行逻辑集合与综合分析,用以对装备寿命周期各阶段的环境适应性要素做出决策的一个过程。

**1. 环境适应性评价的目的**

环境适应性评价的目的是衡量装备的环境适应性满足要求的程度。具体包括:

① 评价环境适应性要求的合理性和适用性。装备系统是否达到规定的环境适应性要求;环境适应性设计是否达到合同规定的要求;环境保障资源是否达到规定的功能和性能要求,是否与装备使用相匹配;环境保障资源之间是否协调;环境保障资源的品种与数量是否满足需要等。

② 分析偏离预定环境适应性要求的原因,以便在研制和使用过程中采取措施,使问题及时得到解决,包括装备硬件、软件、保障计划、环境保障资源或使用原则等方面的改进。

③ 确定纠正环境适应性的缺陷和提高环境适应性的方法。

④ 预测由于采取纠正措施而引起的环境适应性、费用和环境保障资源方面的变更。

⑤ 测定和分析部署后装备系统的有关环境适应性数据,确定在使用后出现环境适应性目标值的偏差大小,提出进一步的改进措施。

**2. 环境适应性评价的原则和要求**

（1）各种试验相结合

环境适应性评价不仅应尽可能结合装备的研制试验与使用试验进行,而且环境适应性范畴内的试验也应尽可能结合进行。例如,环境保障资源的匹配性、协调性评价可以结合部队训练中的环境保障工作进行等。

（2）密切联系实际

环境适应性评价应尽可能在模拟实际的使用条件下进行。例如,自然环境适应性试验应尽可能模拟部署地区的使用环境,诱发环境试验应尽可能反映实际的使用和操作条件,以提高试验结果的可信程度。

（3）充分利用各种信息

进行环境适应性评价时,必须综合利用其他指标试验评价和已有型号试验评价的有关信息,提高评价结论的全面性和客观性。

(4) 注意连续性、关联性和协调性

环境适应性评价的连续性主要是指评价要贯穿于寿命周期的各个阶段。早期,所进行的评价主要是根据所提出的要求利用相似系统的数据资料进行。由于认识与实践所限,得出的试验结果往往比较概略。在后续各阶段中,需要在已有基础上根据新的进展情况和要求进行新的评价,以便及时发现该阶段环境适应性方面的缺陷,并提出改进措施。由此可见,各阶段的环境适应性评价效果随着试验对象和试验环境条件真实性的提高而提高。而环境适应性的最终评价结果只有在部署后结合使用、试验、研究等进行全面的环境适应性评价后才能确定。

环境适应性评价的关联性主要是指环境适应性评价要尽可能地结合性能试验、部队试验和其他试验进行。由于要评价的环境适应性参数及其指标较多,试验的项目和采集的数据也较多,所以应将与环境适应性有关的各种试验综合在一起进行,做到统筹规划,一项试验多种用途。

环境适应性评价的协调性主要表现在 3 个方面:

① 环境适应性指标要求的评价与环境保障资源的评价相协调;

② 环境适应性评价与装备研制过程中其他评价工作相协调;

③ 参与评价的相关机构相协调,如装备研制单位、独立的试验评价单位、使用部门、相关科研单位以及型号管理部门等。为了搞好协调,要从总体上制订环境适应性评价计划,并纳入装备评价总计划中,明确目标、任务、分工与职责。

**3. 装备环境适应性评价时机**

(1) 论证阶段

论证阶段的环境适应性评价在提出初步的环境适应性要求后进行,其目的是评价所提出的环境适应性要求、环境保障资源配套建设要求和保障方案的科学性、合理性,为进一步补充完善各项要求提供依据。在评价中,所用数据、信息的来源可以是过去已有型号环境适应性分析的结果,也可以是进行仿真模拟得到的数据,或者是其他途径获得的有效信息。

论证阶段的环境适应性评价工作主要是两个方面:一是对整个寿命周期的环境适应性评价提出计划与要求,提出的要求经评审后作为合同中环境适应要求的一项内容纳入合同;二是完成本阶段的评价工作。本阶段评价是以论证中提出的各项要求和制定的初步方案为依据,并借鉴相似型号的有关资料进行评价。其主要目的是分析提出的环境适应性要求和环境保障资源建设要求是否合理,是否能为方案优化和实施正确决策提供依据。

(2) 研制阶段

研制阶段环境适应性评价的目的是进一步确定并修正新研装备系统投入现场使用之前的环境适应性缺陷。研制阶段进行环境适应性评价的作用是:及时了解装备的环境适应性指标和保障系统是否满足预期要求,及时发现研制中的缺陷,以便提出纠正措施。

研制阶段的环境适应性评价,按其评价目标分为以下两种情况:

① 硬件核实。通过环境适应性试验,评价硬件的环境适应性和满足既定环境适应性目标的能力。

② 统计数据的核实。在初始部署前,应核实环境适应性试验获得的各种统计数据,主要目的是提高评价新研装备在其使用环境中环境适应性结论的可信程度。

由于工程研制和定型阶段的许多评价工作都是在样机上进行的,所议评价的结果具有更高的可信度。

（3）定型阶段

定型阶段的环境适应性试验与评价的目的是评定武器装备的环境适应性是否达到规定的要求，为定型（鉴定）提供决策依据。根据 GJB 4239 的规定，进行定型（鉴定），试验大纲必须由订购方认可。其内容包括：

① 试验件的技术状态和数量；

② 试验项目分组；

③ 各试验项目的顺序安排；

④ 各试验项目的试验方法；

⑤ 试验设施要求，设备、仪器、仪表及其精度要求；

⑥ 试验数据记录要求；

⑦ 试验件故障判别准则；

⑧ 试验过程的组织管理和监督制度；

⑨ 试验报告要求。

（4）使用阶段

使用阶段的环境适应性评价是在新研装备部署使用后进行。主要是对在实际使用环境中（具有战术背景和典型作战条件或实际训练任务中），通过使用、维修等实际工作进行分析评价。其主要目的是评价新研装备成熟期或接近成熟期的环境适应性水平的有效性与满足程度。

使用阶段进行环境适应性评价的作用：

①进一步考核验证装备论证中提出的环境适应性要求的科学性和合理性，为新研装备的环境适应性论证提供信息；

②衡量环境保障资源的配套性、合理性及保障效果对保证装备使用的有效性，即所能达到的保障能力及所存在的问题，进而补充完善保障体系建设；

③通过试验进一步暴露存在的问题，并提出纠正措施，为改进各种环境保障设备提供依据。

**4. 装备环境适应性评价过程**

（1）确定评价目标和内容

环境适应性评价的目的是确定武器装备环境适应性满足作战使用要求的程度。因此，应从单机、分系统、整个武器系统三个层次进行评价。评价内容主要是作战使用地区的环境类型和使用特点，对装备性能和使用的影响，在评价中需指出某个环境适应性缺陷或需解决的某环境适应性的关键问题。

（2）制订环境适应性评价计划

环境适应性评价计划的主要内容包括：

① 评价的目标、重点与要求。明确环境适应性评价的目标、重点与要求是搞好评价的基础。主要内容包括：根据环境适应性要求的总目标，确定环境适应性评价的具体目标、内容和要求，确定环境适应性评价的重点；借鉴现有相似装备系统的试验方法及其有效的试验结果，制定新研装备环境适应性评价策略。

② 评价准则。评价准则是评价环境适应性的标准或尺度，它来源于各项环境适应性定量或定性的指标要求。应根据评价的需要和试验方案以及这些指标要求，选择合适的统计试验

方案（包括试验样本数），并确定试验检验值。

③ 评价项目、方案。确定需进行的环境适应性评价项目，若有试验需要做，应明确进行试验的时机、持续时间、进度安排等。

④ 试验环境条件与试验资源。主要有：试验环境与场地，受试对象（试品）的状态，试验设施，试验与测试、观测、数据处理等环境保障设备、实验技术资料、试验操作人员及其训练，以及专门用于试验的测量设备、数据记录设备、数据处理设备及其他特殊设备等。

⑤ 试验方法与试验规程。包括试验方法与贯彻相应标准的要求，试验的评价参数以及根据这些评价参数所确定的测量参数；试验的步骤与操作规程；试验数据的采集格式要求、处理与结果分析的方法等。

⑥ 评价的组织与管理。包括试验的组织与责任分工、参试单位与人员、试验的持续时间与进度安排、评价的费用预算与管理等。

⑦ 评价报告编写要求。报告中应包括试验目的、问题和目标、完成的方法、结果分析、结论与建议等。

上述④、⑤两项，若评价前已进行过，就不必再做。

（3）选择评价方法

环境适应性评价的问题各种各样，涉及环境适应性定性与定量要求的各个方面，对每一具体的评价问题都应提出一种适用的评价方法。

（4）收集评价数据

进行环境适应性试验是研制和使用过程中获取数据最直接、最有效的方法。因此，在环境适应性评价计划中要列出评价环境适应性所需的试验及其试验结果的清单。

（5）分析试验结果，编制环境适应性评价报告

对试验采集的数据按照预定的方法进行处理，分析试验结果并与评价准则相比较，验证与评价装备及环境保障资源达到（满足）规定的环境适应性要求的程度。当决定问题的全部准则成功实现时，得到全面的评价结果。最后，按要求的格式编制环境适应性评价报告。

## 6.4.2　装备环境适应性评价方法

### 1. 比较分析评价方法

（1）应用时机

比较分析方法主要在论证阶段应用。因为这时装备实体还不存在，只能把拟定的战术技术指标项目和各项要求与已有系统比较。

（2）准备工作

准备工作的主要内容包括：

① 分析初步的作战使用方案，并进一步细化；

② 调查已有型号作战地区环境背景特点和使用中的环境适应性情况，整理相关数据；

③ 分析研究有关文件和标准；

④ 确定需要比较的重点项目。

（3）选择基准比较系统

根据初步总体方案细化情况，选择基准比较系统、分系统或设备。可选择的对象有：

① 已有型号的系统、分系统或仪器、设备；

② 已完成或正在进行的预先研究项目；

③ 民用产品中的相似项目；

④ 已掌握的国外类似项目。

（4）进行比较分析

在上述准备工作的基础上，便可进行比较分析，主要包括：

① 作战地区、作战使用方案和使用流程比较；

② 武器系统构成方案与储存、运输情况比较；

③ 环境适应性定性定量要求比较；

④ 环境保障资源和保障能力比较；

⑤ 成熟技术应用情况比较。

**2. 实验室试验评价方法**

实验室试验是指在实验室（箱）内模拟装备的实际使用环境条件，或根据论证中提出的环境条件下，对装备系统、分系统、单机的环境适应性要求通过试验来予以确认的一种评价方法。它是产品质量验收的基础。由于模拟环境适应性和可靠性的因素复杂，模拟环境与真实使用环境有时并不一致，所以需要与其他技术结合运用，以提高实验评价结果的可信性。

**3. 现场试验评价方法**

现场试验是指按照批准的试验大纲，在实际使用环境或接近实际使用环境下，对装备的环境适应性要求进行的试验。根据试验结果对环境适应性进行评价。

**4. 仿真试验评价方法**

仿真技术作为一种最经济的手段在西方国家装备研制中已得到广泛应用。该技术以建立完善的环境试验信息数据库系统为基础，通过构造系统模型，在模型上做试验，以达到对实际设想的系统进行动态试验研究的目的，具有安全、经济、可控、无破坏性和可重复性好等显著优点。自 1992 年以来，在美国的国家关键技术和国防技术实施规划中，仿真和建模一直被列入优先发展的先进技术。仿真技术在环境和环境试验中的应用，已成为环境信息化技术研究的前沿。

**5. 部队试验评价方法**

部队试验是指在实际使用环境条件下，由使用部队直接对研制、改进、改型、技术革新和仿制的装备所进行的试验活动。目的是考核装备在部队实际使用环境条件下的作战效能、各项要求达到的程度和部队使用的适用性。

（1）部队试验的基本任务

部队试验的基本任务是在战术指标要求的使用环境条件下，按照部队作战、训练的基本要求，考核新研装备的环境适应性是否满足使用要求，为装备定型和改进提供依据，保证新研装备在实际使用的环境条件下能可靠地工作。

① 考核并报告在实际使用环境条件下装备的作战效能和部队的使用适用性；

② 发现装备存在的环境适应性设计和制造缺陷；

③ 发现在恶劣环境中装备质量、可靠性、维修性、兼容性和安全性等方面的问题；

④ 发现环境保障设备、技术文件、训练和作战等方面的问题并提出改进建议。

（2）部队试验的主要内容

部队试验的主要内容是在带有战术背景、按照装备可能的编制、作战使用原则和遂行作战任务的完整流程等实际使用环境条件下，对装备可能达到的作战效能进行试验。其中，装备作战效能试验主要是在实际使用环境中通过对装备的展开、撤收、行军和战斗状态互换及各项使用性能等达到要求的程度所进行的试验，进而评价其能否适应环境适应性要求和环境保障工作达到各项作战任务要求的程度。

（3）环境试验中可用于其他考核的项目

部队的环境适应性试验可用于同时考核各种不同的指标项目。例如，可用性试验是在给定的环境条件下考核试验装备受领任务的任意时间内，处于能够使用并能够执行任务状态的程度，即考核装备在需要时能否在预定的环境中正常工作和使用；可靠性试验主要用于考核装备在规定的条件下和给定的时间期限内能否正常工作及其不发生故障的程度；维修性试验用来考核装备在预定的环境中，由规定技术等级的人员按照操作规程，使用预定的资源维修时，装备保持或恢复到规定状态的能力，即装备在给定的时间内能否保持或恢复到正常工作状态；运输性试验主要用来考核装备在规定道路条件下靠牵引和自行实施机动的能力，以及对铁路、水路及航空等运输条件的适应能力；安全性试验主要是考核装备在危险天气条件下的适应程度；人-机-环境系统工程试验主要是用来考核装备在人-机-环境系统工程要求方面是否满足要求；生存性试验主要是用来考核装备在恶劣环境中的适应能力。

（4）部队试验的环境条件要求

部队试验的环境条件应尽量符合装备随行战斗任务遇到的实际环境条件。根据作战使用要求，拟定作业方案，设置战术背景条件，按照方案和装备的作战使用流程进行试验；或直接结合部队战术训练，组织演习等，实施部队试验。

### 6.4.3　装备环境适应性评价示例

以典型的导弹装备环境适应性定型评定为例，说明评价方法的应用。

**1. 环境适应性评定项目**

环境适应性评定项目应根据具体型号的研制合同和工作说明中规定的导弹武器系统环境适应性指标和要求来确定。在一般情况下，可分别进行导弹武器系统对自然环境、诱发环境和核环境适应性鉴定试验与评定。在条件许可的情况下，也可以在一次鉴定试验中鉴定多个项目。

（1）自然环境适应性评定项目

导弹武器系统对自然环境适应性评定项目一般包括：

① 高温；

② 低温；

③ 雨；

④ 潮湿；

⑤ 海拔高度（低气压）；

⑥ 地面风速；

⑦ 雾；

⑧ 夜间；

⑨ 粒子云侵蚀。

（2）诱发环境适应性评定项目

导弹武器系统对诱发环境适应性评定项目一般包括：

① 导弹对运输所引起的力学环境（振动、冲击、过载）；

② 车辆的减震性能；

③ 导弹对飞行和再入过程中遇到的气动加热、振动、冲击、噪声、过载和粒子云等环境的适应性；

④ 由地下井发射和发射筒内发射的导弹，在井内起飞段所遇到的压力脉冲、噪声环境和在发射筒内所遇到的高过载等环境的适应性；

⑤ 电磁环境适应性。

**2. 自然环境适应性评定**

（1）高温环境适应性评定

1）评定依据

在进行导弹武器系统高温环境适应性评定时，主要的依据有：

① 型号研制合同中规定的高温指标；

② 型号"日照高温试验大纲"；

③ 在日照高温试验中所采集的信息以及其他试验中采集到的相关信息；

④ 有关标准。

2）评定目的

通过导弹武器系统日照高温试验所采集的信息，检查导弹武器系统在高温时的测试、发射（或模拟发射）情况，以评定导弹武器系统对研制合同中规定的高温环境的适应能力。

3）评定要求

要求全武器系统日照高温试验的次数为 1～2 次。若在全武器系统日照高温试验中，发现项目参数或某项设备出现故障，可按评定判据的规定处理。

4）评定判据

① 在规定的高温条件下，按规定的工作程序和操作细则对导弹武器系统进行操作、检测，导弹武器系统功能正常，系统、分系统测试的参数完整、合格，各项操作时间符合规定的要求，则认为该导弹武器系统在日照高温下能满足型号研制合同提出的高温指标要求。

② 试验中，如某项参数不合格或某项设备出现故障，经分析确实是由高温影响所致，则应在采取改进措施后，补做相应的试验。补做试验是做全武器系统试验还是做单机的模拟试验，应根据具体情况由承制方、使用方协商决定。补做的试验信息作为评定依据。

5）评定方法

主要通过外场日照高温试验采集必要的信息进行评定。

① 试验环境条件的评定。根据试验期间环境条件信息的采集，评定日照高温试验条件是否满足规定的要求。

② 各分系统试验结果与高温适应性评定。

a. 导弹。根据导弹各分系统的试验结果，判定各分系统的性能参数、测试数据、工作情况是否满足规定的技术指标和使用要求，判定导弹各分系统是否适应高温环境。在此基础上，评定导弹对高温环境的适应性。

b. 地面设备。根据地面设备的试验结果，判定其各分系统的性能参数、测试数据、工作情况是否满足规定的技术指标和使用要求，评定地面设备各分系统是否适应高温环境。在此基础上，评定地面设备对高温环境的适应性。

6）评定结果

在日照高温环境条件符合规定要求的前提下，根据高温试验前后导弹各分系统的单元和综合测试情况以及地面设备在高温条件下的工作情况，得出武器系统是否满足高温环境适应性要求的结论。

（2）低温环境适应性评定

1）评定依据

在进行武器系统低温环境适应性评定时，主要的依据有：

① 型号研制合同中规定的低温环境条件；

② 型号"低温试验大纲"；

③ 在低温试验中采集的信息以及其他试验个采集到的相关信息；

④ 有关标准。

2）评定目的

通过导弹武器系统日照高温试验所采集的信息，检查导弹武器系统在高温时的测试、发射（或模拟发射）情况、以评定导弹武器系统对研制合同中规定的高温环境的适应能力。

3）评定要求

要求全武器低温无日照试验的次数1～2次。若在全武器系统低温试验中，发现某项参数不合格或某项设备出现故障，可按评定依据的规定处理。

4）评定判据

① 在规定的低温环境下，按规定的工作程序和操作细则对导弹武器系统进行操作、检测，导弹武器系统功能正常，系统、分系统测试的参数完整、合格，各项操作时间符合规定的要求，可认为该导弹武器系统在低温下能满足型号"研制的总要求"中的指标要求。

② 试验中，如某项参数不合格或某项设备出现故障，经分析确实是由低温影响所致，则应在采取改进措施后，补做相应的试验。补做试验是做全武器系统的试验还是单机的模拟试验应根据武器系统的具体情况由承制方、使用方协商确定。补做的试验信息作为评定判据。

5）评定方法

主要通过外场的低温试验采集必要的信息进行评定。

① 试验环境条件的评定。根据试验期间环境条件信息的采集，评定环境试验条件是否满足规定的要求。

② 导弹试验结果与评定。

a. 弹头。根据以下信息判定弹头是否满足低温环境适应性要求：

● 在低温环境试验后，在技术阵地，弹头、弹体分解后对弹头进行气密件检查，在规定的保压时间内，余压是否满足规定的要求；

● 返厂后，检查弹头防热层有无冻裂现象；

● 各橡胶护套、板与锅蒙皮的粘结情况，紧固件的连接情况；

● 弹头内装填物（包括战斗部）有无挪位、冻裂、松动现象；

● 试验前后弹头在技术阵地进行的单元测试和综合测试以及发射阵地模拟发射的引控

功能检查,工作是否正常,各项参数是否符合规定的要求。

b.控制系统。根据以下信息,判定控制系统是否满足低温环境适应性要求:

● 试验前后,仪器单元测试参数;

● 试验前后,技术阵地综合测试、控制系统工作情况;

● 试验前后,发射阵地模拟发射以及低温运输试验中和低温待机后,控制系统工作情况。

c.发动机。根据以下信息,判定发动机是否满足低温环境适应性要求:

● 试验前后,气密性检查结果;

● 安全机构单元检查;

● 试验前后,发动机探伤检查结果;

● 发动机的规定部位温度测量结果,尤其是在低温待机状态下发动机的温度测量结果。

d.弹体。根据以下信息,判定弹体是否满足低温环境适应性要求:

● 弹体外观结构检查,有无冻裂、密封失效现象;

● 试验后,各舱段的平均温度。

e.导弹火工品。根据试验前后火工品阻值测试值,做出导弹火工品在低温条件下的适应性结论。

f.未修姿控系统。根据试验前后试验数据对比,做出未修姿控系统在低温条件下的适应性结论。

g.其他系统。根据其他系统工作和测试结果,做出在低温条件下的适应性结论。

③ 地面发射设备的判定。

a.车辆底盘。根据以下信息,判定车辆底盘是否满足低温环境适应性要求:

● 车辆发动机在低温环境下的起动情况;

● 在低温条件下载弹运输或运输时,爬坡、起步、转向等形式性能;

● 驾驶室内实测温度。

b.调温系统。根据以下信息,判定调温系统在低温环境条件下的加温功能和保温性能是否满足要求:

● 在低温条件下,测温、加温控制能力及温度控制范围;

● 在低温条件下机动时,在不同车速及风速下的测温、加温性能及温度控制范围。

c.车载电源系统。根据以下信息,判定车载电源系统是否满足低温环境适应性要求:

● 在低温条件下,车载电源系统给车辆各系统的供电情况;

● 发电机在低温条件下的启动性能;

● 供配电系统及低温电池在低温条件下的工作可靠性。

d.调平起竖系统。根据在低温条件下,手动和自动完成对液压系统的控制、发射车调平起竖系统的情况,及其调平精度及回平时间的数据,做出调平起竖系统在低温条件下的适应性结论。

e.插拔系统。根据在规定的时间内,插拔是否到位,做出在低温条件下的适应性结论。

f.其他系统。根据其工作状态,做出在低温条件下的适应性结论。

6)评定结果

试验环境条件符合要求。低温试验前后,导弹的单元、分系统以及综合测试正常,记录参数完整,弹上各系统、单机低温性能满足设计要求,发射车及其他设备在低温条件下工作正常,操作时间符合要求,即武器系统在低温条件下满足研制合同规定的指标要求。

试验中,如某项参数不合格或某项设备出现故障,经分析确由低温影响所致,则应在采取改进措施后,按评定标准的规定补做相应的试验,然后再做出评定结论。

（3）淋雨环境适应性评定

1）评定依据

淋雨环境适应性评定的主要依据有：

① 型号研制合同中规定的降雨强度、降雨时间和使用要求；

② 型号"淋雨试验大纲"；

③ 在淋雨试验中所采集的信息以及其他试验中采集到的相关信息；

④ 有关标准。

2）评定目的

通过导弹武器系统淋雨试验所采集的信息,检查武器系统防雨的有效性,评定导弹武器系统对研制合同中规定的雨天环境的适应能力。

3）评定要求

要求全武器系统淋雨试验的次数 1～2 次。若在全武器系统淋雨试验中,发现某项参数或某项设备出现故障,应查明原因,并按评定标准的规定分不同情况处理。

4）评定判据

① 在规定的降水强度和降雨时间下,按规定的工作程序和操作细则对导弹、发射车及其他设备进行检测,导弹武器系统功能正常,系统、分系统测试参数完整合格,各项操作时间符合要求,则认为武器系统在淋雨条件下能满足型号研制合同的指标要求。

② 试验中,如某项参数不合格或某项设备出现故障,经分析确实是淋雨影响所致,则应在采取改进措施后补做试验。补做试验是做全武器系统试验还是单机的模拟试验,应根据武器系统的具体情况由承制方、使用方协商确定。

5）评定方法

一般通过外场淋雨试验采集必要的信息进行评定。

① 试验环境条件的评定。根据试验期间采集的降雨强度及时间,判定环境试验条件是否满足规定的要求。

② 各分系统试验结果与评定。

a. 导弹。根据试验前后弹上绝缘电阻测试数据,火工品通路检查情况,瞄准系统在降水强度达到规定的指标下是否能顺利地进行粗、精瞄,雨天操作功能是否正常,判定导弹各分系统是否适应淋雨环境。

b. 地面设备。当降雨强度和时间达到规定的要求时,根据在运输状态和起竖状态下,调温系统工作情况,绝缘电阻测试数据,判定地面设备是否适应淋雨环境。

6）评定结果

在降水强度和降水时间符合规定要求的前提下,根据导弹武器系统功能是否正常,系统、分系统测试情况,记录参数完整合格情况,各项操作时间,得出武器系统能否适应淋雨环境的结论。

（4）潮湿环境适应性评定

1）评定依据

在进行武器系统潮湿环境适应性评定时，主要的依据有：

① 型号研制合同中规定的温度、湿度和使用要求；

② 型号"潮湿试验大纲"；

③ 在潮湿试验中所采集的信息以及其他试验中采集到的相关信息；

④ 有关标准。

2）评定目的

根据导弹武器系统潮湿试验所采集的信息，检查导弹武器系统在潮湿环境下的工作性能与参数，评定导弹武器系统对研制合同中规定的潮湿环境适应能力。

3）评定要求

要求全武器系统潮湿试验的次数不低于 1 次。若在全武器系统潮湿试验中发现某项参数不合格，或某项设备出现故障，可按评定判据的要求处理。

4）评定判据

① 在规定的温度和相对湿度下，按规定的工作程序和操作细则对导弹武器统进行检测，导弹武器系统功能正常，测试参数完整合格，操作时间符合要求，则认为武器系统能满足研制合同中的潮湿指标要求。

② 试验中，如某项参数不合格或某项设备出现故障，经分析不合格或故障确实是由潮湿影响所致，则应在采取改进措施后，补做相应的试验。补做试验是做全武器系统试验还是单机的模拟试验，应根据武器系统的具体情况由承制方、使用方协商确定。

5）评定方法

一般通过相应试验采集必要的信息进行评定。

① 试验环境条件的评定。根据试验期间采集的温度和湿度，评定环境试验条件是否满足规定的要求。

② 各分系统试验结果与潮湿环境适应性评定。

a. 导弹。根据试验前后弹上绝缘电阻测试数据、火工品通路检查情况及操作功能是否正常，判定导弹各分系统是否适应潮湿环境的结论。

b. 地面设备。当温度和湿度达到规定的要求时，根据绝缘电阻测试数据及各分系统工作情况，判定地面设备是否适应潮湿环境的结论。

6）评定结果

在温度和湿度符合规定要求的前提下，根据导弹武器系统与分系统测试情况、记录参数完整合格情况及各项操作时间，得出武器系统能否适应潮湿环境的结论。

（5）高海拔（低气压）环境适应性评定

1）评定依据

在进行武器系统高海拔环境适应性评定时，主要的依据有：

① 型号研制合同中规定的海拔高度和使用要求；

② 型号"高海拔试验大纲"；

③ 在高海拔试验中所采集的信息以及其他试验中采集到的相关信息；

④ 有关标准。

2)评定目的

通过导弹武器系统高海拔试验所采集的信息,检查导弹武器系统在规定的海拔高度条件下的工作性能,评定导弹武器系统对研制合同中规定的高海拔环境的适应能力。

3)评定要求

要求全武器系统高海拔试验的次数不少于1次。若在全武器系统高海拔试验中发现某项参数不合格或某项设备出现故障,可按评定判据的要求处理执行。

4)评定判据

① 海拔高度到达规定的要求时,若导弹、发射车及其他设备按规定操作功能正常、测试参数完整合格,操作时间符合规定的要求,则可认为该导弹武器系统在高海拔条件下满足战术技术指标要求。

② 试验中,如某项参数不合格或某项设备出现故障,经分析确实是由高海拔影响所致,则应在采取改进措施后补做相应的试验。补做试验是做全系统试验还是单机的模拟试验应根据武器系统的具体情况由承制方、使用方协商确定。

5)评定方法

一般通过外场海拔高度试验采集必要的信息进行评定。

① 试验环境条件的评定。根据试验期间采集的海拔高度,评定环境试验条件是否满足规定的要求。

② 各分系统试验结果与海拔高度环境适应性评定。

a. 导弹。根据试验前后弹上绝缘电阻测试数据、火工品通路检查情况及操作功能是否正常,判定导弹各分系统是否适应高海拔环境的结论。

b. 地面设备。在海拔高度达到规定的要求时,根据地面设备工作情况,判定地面设备是否适应高海拔环境的结论。

6)评定结果

在海拔高度符合规定要求的前提下,根据导弹武器系统与分系统测试情况、记录参数完整合格情况及各项操作时间,得出武器系统能否适应高海拔环境的结论。

(6) 大风环境适应性评定

1)评定依据

在进行大风环境适应性评定时,主要依据有:

① 型号研制合同中规定的地面平均风速和瞬时最大风速;

② 型号"风荷试验大纲";

③ 在风荷试验中所采集的信息以及其他试验中采集到的相关信息;

④ 有关标准。

2)评定目的

通过导弹武器系统风荷试验所采集的信息,检查在规定的最大风速条件下,导弹武器系统的稳定性、瞄准系统和所有设备的操作性能,评定导弹武器系统对研制合同中规定的大风环境的适应能力。

3)评定要求

要求全武器系统风荷试验的次数不少于1次。若在全武器系统大风试验中,发现某项参数或某项设备出现故障,可按评定判据的要求处理。

4) 评定判据

① 在规定的平均风速和瞬时最大风速下, 按规定的操作程序对导弹、发射车及其他设备规定的检测程序进行检测, 导弹武器系统功能正常, 系统、分系统测试参数完整合格, 各项操作时间符合要求, 则认为武器系统在大风条件下能满足型号研制合同的要求。

② 试验中, 如某项参数不合格或某项设备出现故障, 经分析确实是由大风影响所致, 则应在采取改进措施后补做相应的试验。补做试验是做全武器系统试验还是单机的模拟试验, 应根据武器系统的具体情况出承制方、使用方协商确定。

5) 评定方法

一般通过外场风荷试验采集必要的信息进行评定。

① 试验环境条件的评定。根据试验期间采集的平均风速和最大风速, 评定试验条件是否满足规定的要求。

② 各分系统试验结果与大风环境适应性评定。

a. 导弹。根据试验前后导弹的晃动量和各分系统检测的参数, 做出导弹的功能是否正常和各分系统是否适应大风环境的结论。

b. 地面设备。根据试验期间所得的发射筒晃动量、方位瞄准系统的性能测试和瞄准精度, 判定地面设备是否适应大风环境的结论。

6) 评定结果

在风速符合规定要求的前提下, 根据导弹武器系统、分系统测试情况、记录参数完整合格情况及各项操作时间, 得出武器系统能否适应大风环境的结论。

(7) 雾环境适应性评定

1) 评定依据

在进行武器系统雾环境适应性评定时, 主要依据有:

① 型号研制合同中规定的雾的能见度和使用要求;

② 型号"雾天试验大纲";

③ 在雾天试验中所采集的信息以及其他试验中采集到的相关信息;

④ 有关标准。

2) 评定目的

通过导弹武器系统雾天试验所采集的信息, 检查瞄准系统在雾天环境下的工作性能及瞄准精度、导弹各分系统、地面设备在雾天的工作性能, 评定导弹武器系统对研制合同中规定的雾天环境适应能力。

3) 评定要求

要求全武器系统雾天试验的次数不低于 1 次。若在全武器系统雾天试验中, 发现某项参数不合格, 或某项设备出现故障, 可按评定判据的要求处理。

4) 评定判据

① 在规定的雾天能见度下, 按规定的工作程序和操作细则对导弹武器系统进行检测。导弹武器系统功能正常, 测试参数完整合格, 操作时间符合要求, 瞄准精度在技术文件规定的范围内, 则认为武器系统能满足研制合同中的雾天能见度指标要求。

② 试验中, 如某项参数不合格或某项设备出现故障, 经分析确实是由雾天影响所致, 则应在采取改进措施后补做相应的试验。补做试验是做全武器系统试验还是单机的模拟试验, 应

根据武器系统的具体情况由承制方、使用方协商确定。

5)评定方法

一般通过外场雾天模拟发射或发射试验采集必要的信息进行评定。

① 试验环境条件的评定。根据试验期间环境条件的采集,评定雾天能见度是否满足规定的要求。

② 导弹。根据导弹各分系统的试验测试数据,评定导弹各分系统是否适应雾天环境。

③ 地面设备。在雾天能见度达到规定的要求时,检查瞄准系统的工作是否正常,瞄准精度是否满足技术条件的要求,评定地面设备是否适应雾天环境的要求。

6)评定结果

在雾天能见度符合规定要求的前提下,根据导弹武器系统与分系统测试情况、记录参数完整合格情况及各项操作时间,得出武器系统能否适应雾天环境的结论。

(8) 夜间环境适应性评定

1)评定依据

在进行武器系统夜间环境适应性评定时,主要的依据有:

① 型号研制合同中规定的夜间使用要求;

② 型号"夜间试验大纲";

③ 在夜间试验中所采集的信息以及其他试验中采集到的相关信息;

④ 有关标准。

2)评定目的

通过导弹武器系统夜间试验所采集的信息,检查导弹武器系统能否在夜间无月光条件下正常进行发射,即准确无误地完成发射程序中的各项操作,并发射导弹,评定导弹武器系统对研制合同中规定的夜间环境的适应能力。

3)评定要求

要求全武器系统夜间试验的次数不少于 3 次。若在全武器系统夜间试验中,发现某项参数不合格或某项设备出现故障,可按评定判据的规定处理。

4)评定判据

① 在夜间照明条件满足规定要求时,按规定的工作程序和操作细则对导弹武器系统实施操作使用,导弹武器系统功能正常,发射车及其他设备功能正常,测试参数完整合格,操作时间符合规定的要求,则可认为该导弹武器系统适应夜间环境要求。

② 试验中,如某项参数不合格或某项设备出现故障确属夜间环境影响所致,则应在采取改进措施后补做相应的试验。补做试验是做全系统试验还是单机的模拟试验,应根据武器系统的具体情况由承制方、使用方协商确定。

5)评定方法

一般通过外场夜间操作试验收集必要的信息进行评定。

① 试验环境条件的评定。根据试验期间环境条件的采集,评定夜间是否满足规定的要求。

② 导弹。根据导弹各分系统测试数据和操作使用情况,评定导弹各分系统是否适应夜间环境。

③ 地面设备。在夜间照明度达到规定的要求时,根据地面设备测试数据和操作使用情

况,评定地面设备是否适应夜间环境。

6)评定结果

在夜间照明度符合规定要求的前提下,根据导弹武器系统、分系统测试情况、记录参数完整合格情况及各项操作时间,得出武器系统能否适应夜间环境的结论。

(9) 粒子云侵蚀环境适应性评定

1)评定依据

在进行武器系统粒子云侵蚀环境适应性评定时,主要的依据有:

① 型号研制合同中规定的目标区天气环境严重指数;

② 型号"弹头再入粒子云侵蚀试验大纲";

③ 在弹头再入粒子云侵蚀试验中所采集的信息以及其他试验中采集到的相关信息;

④ 弹头抗烧蚀/侵蚀工程计算结果;

⑤ 有关标准。

2)评定目的

通过弹头抗烧蚀/侵蚀工程计算结果或弹头再入粒子云侵蚀试验中所采集的信息,检查弹头在规定的天气环境严重指数和天气剖面下的最大烧蚀/侵蚀量,评定弹头对研制合同中规定的粒子云环境的适应能力。

3)评定内容

在无条件进行飞行试验评定时,应对弹头端头材料进行抗侵蚀试验,根据抗侵蚀试验结果,并结合弹头抗烧蚀/侵蚀工程计算的方法,评定弹头对粒子云环境的适应能力。

4)评定判据

根据弹头抗烧蚀/侵蚀工程计算结果或弹头再入粒子云侵蚀试验中所采集的信息,计算或试验出由型号研制合同中规定的大气环境严重指数环境下弹头最大烧蚀/侵蚀量,其值若小于弹头实际防热结构尺寸,并且有承制方和使用方共同认可的余量,则弹头抗侵蚀性能满足型号研制合同中规定的指标要求。

5)评定方法

弹头抗烧蚀/侵蚀工程计算评定方法参照有关规定进行。

6)评定结果

在弹头再入粒子云侵蚀试验所采集的信息符合要求的前提下,分析导弹武器系统功能是否正常,得出导弹对粒子云侵蚀环境的适应性结论。

**3. 诱发环境适应性评定**

(1) 公路、铁路运输环境适应性评定

1)评定依据

在进行公路、铁路运输环境适应性试验评定时,主要依据有:

① 型号的研制合同中规定的运输环境要求,包括:

a. 公路、铁路等级;

b. 最大运输速度;

c. 一次最大运输距离;

d. 最大累积运输距离;

e. 自然环境条件。

② 型号"公路、铁路运输试验大纲"。

③ 在公路、铁路运输试验中所采集的信息和其他试验中采集的相关信息。

④ 有关标准。

2）评定目的

通过导弹武器系统公路、铁路运输试验和其他试验所收集的信息，评定导弹武器系统对研制合同中规定的公路、铁路运输环境（规定的公路等级、铁路路况、最大运输速度、一次最大运输距离、最大累计运输距离、通过性）的适应能力。

3）评定要求

最大运输速度评定子样数一般不少于 3 个，一次最大运输距离采集子样数应根据最大累计运输距离确定。

4）评定判据

① 在规定的公路等级、铁路条件下，按规定的最大运输速度、一次最大运输距离、累计运输距离的要求进行运输后，经检测导弹性能参数测试合格，地面设备技术状态良好，则可认为该导弹武器系统能满足型号战术技术指标要求。

② 试验中，如某项参数或某项设备出现故障，经分析确实是由公路或铁路运输所致，则应在采取改进措施后，补做相应的试验。补做试验是做全武器系统的试验还是做单机的模拟试验，应根据武器系统的具体情况由承制方和使用方协商确定。

5）评定方法

一般通过公路、铁路运输试验采集必要的信息进行评定。

① 铁路运输试验结果与铁路运输环境适应性评定。

a. 如果铁路路况、最大运输速度、一次最大运输距离和最大累计运输距离满足研制合同中的指标要求，则认为满足铁路运输环境条件要求。

b. 经最大运输速度、一次最大运输距离和最大累计运输距离试验后，对导弹武器系统进行检查和测试，若性能指标满足规定要求，地面设备性能状态良好，则可认为该型号适应铁路运输环境。

c. 如发现某项参数或某项设备不合格，应按评定标准的要求处理。

② 公路运输试验结果和公路运输环境适应性评定。

a. 运输时若公路路况、最大运输速度、一次最大运输距离和最大累计运输距离满足研制合同规定的要求，则可认为公路运输条件满足要求。

b. 经最大运输速度、一次最大运输距离和最大累计运输距离试验后，对导弹武器系统进行检查和测试，若性能指标满足规定的要求，地面设备性能状态良好，则可认为该型号适应公路运输环境。

c. 经通过性试验采集的信息，评定在公路通过性参数是否符合公路的有关规定和是否满足作战使用要求。

d. 如发现某项参数或某项设备不合格，应按评定标准的要求处理。

6）评定结果

在导弹武器系统公路、铁路运输试验所采集的信息符合要求的前提下，分析导弹武器系统功能是否正常，得出导弹对公路、铁路运输环境的适应性结论。

（2）电磁环境适应性评定

1）评定依据

电磁兼容性评定可分为设计评定和试验评定两部分。系统级评定是在单机定量评定的基础上经试验进行综合评定。电磁兼容性试验一般分 3 个等级进行：

① 导弹分系统（弹上设备）的电磁兼容性；

② 导弹本身的电磁兼容性；

③ 导弹与其他分系统之间的电磁兼容性。

因此，在进行电磁兼容性评定时，主要依据如下：

① 型号研制合同中规定的电磁兼容性要求；

② 主要单机、分系统、武器系统电磁兼容性设计情况；

③ 研制各阶段主要单机、分系统、武器系统电磁兼容性试验信息（包括飞行试验）；

④ 型号"电磁兼容性试验大纲"；

⑤ 有关标准。

2）评定目的

根据电磁兼容性设计和试验所采集的信息，评定导弹武器系统电磁兼容性是否满足型号研制合同中规定的电磁兼容性要求。

3）评定要求

按照研制合同中规定的电磁兼容性要求和电磁兼容性试验大纲的要求进行。试验次数不少于 1 次。试验中，若发现某些参数不合格或某件设备出现故障，可按评定判据的要求处理。

4）评定判据

① 根据承制方提供的单机、分系统及武器系统三级电磁兼容性设计报告和单机、分系统及武器系统电磁兼容性试验报告进行综合分析，如果全部测试数据符合标准和系统电磁兼容性要求，单机和分系统辐射敏感度安全余量不小于某一值（如 6 dB），火工分系统辐射敏感度安全余量为某一值（如 20 dB），或在火工分系统中产生的感应电流小于或等于某一值（如 50 mA），则认为武器系统电磁兼容性能满足型号研制合同中的电磁兼容性要求。

② 如全部测试数据都超过技术条件的规定（如 3 dB）则认为武器系统电磁兼容性不能满足型号研制合同中的电磁兼容性要求，应改进设计并进行补充试验，直至武器系统能正常工作为止。

③ 若没有任何测试数据超过技术条件规定，则满足要求。

5）评定方法

一般是通过单机、分系统及武器系统三级电磁兼容性设计报告和单机、分系统及武器系统电磁兼容性试验采集必要的信息进行评定。

① 试验条件的评定。通过试验期间对试验条件信息的采集，确定电磁兼容性试验条件是否满足要求。

② 根据评定标准的要求对武器系统电磁环境适应性进行评定。

6）评定结果

在导弹武器系统电磁兼容性设计和试验所采集的信息符合要求的前提下，分析单机、分系统及武器系统功能是否正常，得出导弹武器系统对电磁环境的适应性结论。

# 习　题

6.1　怎么理解装备环境适应性的内涵？

6.2　装备环境适应性在装备寿命周期不同阶段各有何内容？

6.3　应从哪些方面确定装备环境适应性？

6.4　自然环境适应性的基本要求有哪些？

6.5　诱发环境适应性的基本要求有哪些？

6.6　综合权衡与可行性分析的主要内容是什么？

6.7　环境适应性论证的主要工作内容有哪些？

6.8　试阐述装备环境适应性论证的依据与原则。

# 第7章 装备环境仿真

随着装备发展的结构复杂化、技术密集化,环境对装备的影响更趋显著,实施装备环境工程的难度不断加大,工作量大幅增加,特别是一些工作项目周期长、成本高、场所要求严、安全风险大,这些都对装备环境工作的组织实施提出了严峻挑战。利用计算机仿真技术以完善的环境试验信息数据库系统为基础,通过构造系统模型,开展虚拟仿真试验,达到对真实系统进行动态试验研究的目的,具有安全、经济、可控、无破坏性及可重复性好等显著优点,因而成为装备环境工程领域中一个重要发展方向。本章系统分析了装备环境仿真的概念内涵、基本思路和研究进展,介绍了典型装备环境仿真的对象内容、技术路线并进行了实例分析。

## 7.1 装备环境仿真基础

仿真技术是计算机技术发展的重要应用领域,具有灵活、广泛、快捷的特点。军事需求一直是推动计算机仿真发展的主要动力,如今计算机仿真研究和应用已经渗透到几乎所有的军事领域,如在军事理论和战法研究、作战指挥与决策、部队训练和作战、战役评估、武器装备体系与发展论证、武器装备全寿命期管理、武器装备采办以及装备作战使用等领域,计算机仿真技术都获得了迅速的发展。装备环境仿真作为计算机仿真的一个重要分支,其应用和发展必将大大提高人们对环境和环境适应性研究的深度和广度,促进环境信息的集成化、系统化。因此,计算机仿真已经成为不可缺少甚至无可替代的重要技术手段和环境信息化技术研究的前沿。

### 7.1.1 装备环境仿真概论

#### 1. 装备环境仿真的概念

"仿真"一词译自英文 simulation,另一个曾经用过的译名是"模拟"。从字面上解释,"仿真"和"模拟"都是表示"模仿或表示真实世界"的意思。但"模拟"更侧重于物理模拟,即用实物模型来表示另一系统的过程。虽然人们很早就利用模型来分析研究真实系统,但严格地讲,直到 20 世纪 40 年代末,计算机的问世为建模仿真提供了强有力的支持,仿真技术才获得了迅速发展并逐步成为一门独立的学科。

装备环境仿真(又称为装备环境试验仿真或装备虚拟环境仿真试验)是指应用数字仿真技术,对装备在实际环境中的环境效应以及环境对装备性能的影响进行分析、评价和预测的技术。由概念可以看出,装备环境仿真技术和其他仿真技术一样,首先以数据作为仿真建模的基础,大量系统的试验数据和对对象变化规律的认识,是仿真建模、仿真演示以及仿真结果评价的基本依据。此外,研究对象呈现复杂性,即以复杂装备、复杂环境及二者复杂的耦合关系为研究对象。这种复杂性包括了装备使用环境的复杂性,装备结构、材料的复杂性,装备在不同的环境条件下失效模式和变化规律的复杂性,以及装备失效与环境应力组合、环境因子变化时序等多因素相关的复杂性等。

**2. 装备环境仿真的特点**

装备环境仿真技术所以能在装备环境适应性评价领域得到迅速的发展与应用,是因为其具有灵活性、及时性、低成本、可演示性、可扩展性及无破坏性等优点。

灵活性。装备环境仿真技术可根据对象在寿命期内可能遇到的各种环境,选择环境因子的各种可能组合进行仿真研究,突破了环境试验中对特定样品和特定试验条件的局限。

及时性。装备环境仿真技术可以在较短的时间内获得仿真结果,克服了自然环境试验周期过长,不能及时满足论证和研制进度要求的难题。

低成本。装备环境仿真技术在初始研究中可能有较大投入,但在后续研究和仿真技术应用中花费的成本很低,因此可以节省昂贵的装备环境试验费用。

可演示性。装备环境仿真技术使用图形和动画技术,可将装备的环境剖面、装备结构、环境影响历程以及装备环境失效造成的后果进行直观的形象演示,大大增加了可视性。

可扩展性。可以将装备的局部(材料、部件)和简单环境的仿真研究,通过链接或组合,应用到较大的武器系统和较复杂环境的仿真研究中,使装备环境仿真技术具有良好的继承性,不断提高仿真研究的技术层次和应用水平。

无破坏性。装备环境仿真技术以完善的环境试验信息数据库系统为基础,构造系统模型,在模型上做虚拟仿真试验,以达到对在研或已研装备进行环境适应性评价和预测研究的目的,因而不会对装备产生任何破坏。

**3. 装备环境仿真的作用**

随着装备技术的发展和装备环境适应性评价工作的复杂化,计算机仿真技术在装备环境工程中的地位和作用越来越重要,主要表现在以下几个方面。

(1)在装备型号研制生产使用中的作用

装备的环境适应性是武器装备的重要质量特性,装备环境适应性论证与评价是型号研制的重要内容之一。装备的环境信息和数据,是评价装备环境适应性的基本依据。但由于自然环境试验数据的积累周期较长,实验室环境试验又有一定的局限性,不能完全满足武器装备研制、生产和使用的要求。因此可利用仿真技术的独特优势,对试验难以完成的复杂多环境应力响应问题进行模拟;对装备多种设计方案甚至整机系统进行环境仿真试验分析,弥补环境试验的不足,同时避免试验的高成本和长周期,更加及时、灵活地满足研制、生产和使用中对装备环境适应性评价的要求。例如,在论证阶段,可用于评价装备寿命期环境剖面及其影响,为确定装备环境适应性要求提供依据;在研制阶段,可开展装备新结构、新材料、新工艺环境适应性的对比性评价,进一步确定并修正新研装备投入使用之前的环境适应性缺陷,对装备寿命期进行预估或预测;在生产阶段,可用于生产工艺及其改进对装备环境适应性影响的评估;在使用阶段,可以对装备保障和平台环境影响及装备寿命进行评价等。

我国地域辽阔、气候类型复杂,装备的环境适应性问题十分突出,仿真试验技术作为装备环境适应性的新型评价技术,对于武器装备的发展有着十分广阔的应用前景。开发装备环境仿真技术,对于发挥仿真技术在评价装备环境影响上的技术优势,更好地为武器装备的研制、生产和使用服务,具有重要的意义。

(2)对环境试验与观测专业发展的作用

环境试验与观测专业是国防军工重要的技术基础专业。该专业的显著特点是以积累试验和观测数据为中心,以发展试验、评价技术为推动,为武器装备环境适应性的分析评价提供技术支撑。

1)仿真技术推动数据的挖掘和应用

在环境试验与观测专业的建设中,试验数据的系统采集、传输、共享是其核心内容之一,数据的挖掘和应用是其中的重要组成部分。仿真技术则是对环境试验数据进行深度挖掘和直接为型号研制服务的重要工具,可以充分发挥装备环境数据库在数据应用中的数据挖掘功能,具有极强的继承性和积累性;由于装备环境试验数据具有基础性、原始性的特点,在型号研制中直接应用这些数据可能会存在一定的困难。例如,试验数据产生的环境与型号的服役环境有区别;形成数据的试验样品与型号采用的新材料也不完全相同;试验样品的试验条件与装备中材料所处的实际微环境及其环境应力也不相同等。因此,研制人员在使用试验数据时,常会困惑于这些数据和研制对象的不完全对应性,难以直接进行评价。

装备环境仿真技术是连接试验数据和研制需求的一座很好的桥梁。它可以利用先进的计算机技术对已有的试验数据进行规律分析,根据需求对象的环境条件和对象的特点建立数学模型,开展仿真计算和分析,对装备进行评估,使已有的试验数据更好地与研制对象、环境及需求接轨,并应用到研制需要的实际问题中去。

2)仿真技术是重要的数据提供源

仿真技术擅长于根据已有数据,对各种不同情况下可能出现的各种结果进行模拟和评价;这些仿真计算形成的数据,有些是难以通过环境试验实现的数据,有些则是必须花费大量财力和时间才能获取的数据。因此,仿真产生的数据又将成为整个环境试验数据体系中的重要组成部分。作为新型的计算机数字信息处理技术,环境仿真技术正处于技术迅速发展的阶段,其发展和应用的潜力难以估量。可以预期,随着数字仿真技术的发展,环境仿真技术将在推动环境试验与观测专业的发展中,起到越来越大的作用。

3)仿真技术是开展装备环境评价和寿命预测的重要手段

环境仿真主要用于对装备的环境影响进行建模、试验和评价,并预测装备服役寿命。由于仿真建模技术的广泛性、灵活性和方法可继承性,使其能够在装备环境适应性评价和寿命预测方面发挥重要的作用,成为环境试验与观测专业中评价和预测技术体系的重要组成部分。

基于上述原因,仿真技术在装备环境工程尤其在环境适应性评价方面的应用日趋广泛,效益也逐渐凸显。资料显示,采用仿真技术后,可以使导弹飞行试验用弹量减少 30%～60%,研制及鉴定经费节省 10%～40%,研制鉴定周期缩短 30%～40%。

**4．装备环境仿真技术的发展概况**

（1）国外发展状况

早在 20 世纪 60 年代,美国就认识到仿真试验的作用。1965 年 6 月美国空军顾问委员会的报告中指出:预测装备的战斗效能必须要利用试验数据、使用分析程序才能做到。这种分析一般都要涉及模型、仿真或方法。

20 世纪 80 年代中期以前,受计算机和数值模拟等技术水平的限制,大气环境影响数值仿真试验实用化程度不高。武器系统的环境试验,主要是采用野外环境试验和武器实际使用试验等方法。

20 世纪 80 年代中期以后,随着电子计算机、信息技术、计算流体力学和大气数值模拟等各种技术的迅速发展,大气环境影响数值仿真水平迅速提高。与此同时,高技术武器装备成本和复杂程度迅速加大,使得野外环境试验和实际使用试验的经费投入大、周期长、试验组织实施困难。由于仿真技术能够提高试验与评价的有效性,缩短时间,减少费用,提供其他方法无法得到的数据,给出更及时而有用的结果,为此,美军在研究的途径上做了重大调整,逐步侧重于大气环境影响数值仿真试验。美国国防部指令 DOD5000.3 中,强调在采办过程中要尽早进行试验与评价(T&E)工作,同时鼓励使用建模和仿真,把它们作为 T&E 数据的一个来源。

20 世纪 90 年代以后,由于高技术武器野外环境与使用环境试验成本的增加,美国更加重视环境仿真研究。1990 年,美国国防部成立了国防模拟仿真局(DMSO),专门负责武器系统研制、采购、计划、使用和评估相关的各种数值仿真模拟、试验和技术发展等方面的协调与研发管理。1992 年,美国国防部国防研究和工程署发布了《美国国防部核心技术计划》,在第 11 项关键技术中,将"环境影响"作为重要内容,并将"对自然(大气、海洋、地球和空间)和平台环境(如飞机、导弹、舰船等)两方面的影响进行研究、建模和仿真"列为 2005 年前的技术目标。1993 年,美国国防部特别强调了对大气环境影响问题的关注,提出了未来作战要"拥有天气"的重要概念。1995 年,美国国防部颁发了《国防部建模仿真计划》,该计划评估了国防部计算机建模仿真的现状,提出了国防部建模仿真发展的基本战略和基本设想,以及要努力实现的6 大目标,将环境影响仿真广泛应用于武器系统的评估、作战辅助决策和合成军演等各个方面。其中,第二大目标就是"提供自然环境的及时和权威表达"。计划中所指的自然环境,涵盖了地面、海洋、大气直到太空的广阔空间。1996 年,美军在模式模拟执行委员会(EXCTMS)设立"多军种模式模拟处",作为业务依托机构,负责为不同部门和各军种提供标准的大气环境模拟、算法和资料。模拟研究计划由美国国防模拟仿真局提出,整个大气环境影响研究计划由陆军大气科学实验室(ASL)和空军菲利普实验室地球物理处(PL/CL)分工实施。20 世纪 90 年代末,美军利用数值仿真手段专门研究了天气对一场涉及 5 000 个目标的局部冲突的影响,结果表明,掌握天气及其对装备影响仅精确弹药一项就可节约 3.1 亿美元。后来,美军将大气环境影响数值仿真广泛应用于新型武器系统评估、作战辅助决策和网上合成模拟军演等诸多方面。例如,2000 年美军提出的气象计划(METPLAN),首次将大气环境影响数值仿真直接应用于战斧巡航导弹的任务规划系统,取得较好效果。美国国防部还规定将武器系统的仿真作为采办决策的重要数据源。美国陆军高级仿真中心把计算机仿真、半实物仿真和试验台试验、飞行试验等方法并列为导弹性能鉴定方法的不同层次。如今,仿真设计技术已经作为美国国防部的指导性要求,广泛应用于装备的研制过程。其中,全数字化仿真、半数字化仿真、模拟试验仿真已成为不同研制阶段中评价装备环境适应性、预测服役寿命时必须进行的辅助设计手段。

随着科学技术的发展,虚拟试验技术在西方国家逐渐得到了广泛应用。美军在 20 世纪90 年代就率先开发了一种以计算机为基础的虚拟试验场(VPG)技术,并不断开发其在武器装备试验方面的功能,扩大其应用范围,包括虚拟试验场环境的开发,被试系统的真实战场模拟,数据采集、处理和分析,自动试验的计划、管理和实施等。另外,还积极开发了模拟/试验验收设施、虚拟电子试验场、防空导弹的飞行环境、运输虚拟环境、动态飞行模拟、电-光环境和化学威胁环境等。

(2) 国内发展状况

我国仿真技术的研究与应用发展也非常迅速。自 20 世纪 50 年代开始,在运动体自动控制领域首先采用仿真技术,面向方程建模和采用模拟计算机的数学仿真获得较普遍的应用,采用由自行研制的三轴模拟转台等参与的半实物仿真试验已开始应用于飞机、导弹的工程型号研制中。60 年代末,在开展连续系统仿真的同时,开始对离散事件系统(例如交通管理、企业管理)进行仿真研究。70 年代,我国训练仿真器获得迅速发展,我国自行设计的飞行仿真器、舰艇仿真器、坦克仿真器和汽车仿真器等相继研制成功,并形成一定市场,在操作人员培训中起了很大作用。80 年代,我国建设了一批水平高、规模大的半实物仿真系统,如鱼雷半实物仿真系统、射频制导导弹半实物仿真系统、红外制导导弹半实物仿真系统和歼击机半实物仿真系统等,这些半实物仿真系统在武器型号研制中发挥了重大作用。90 年代,我国开始对分布式交互仿真、虚拟现实等先进仿真技术及其应用进行研究,开展了较大规模的复杂系统仿真,由单个武器平台的性能仿真发展为多武器平台在作战环境下的对抗仿真。

近年来,我国在武器装备的仿真技术研究方面,特别在武器装备系统的性能评价、战术应用、装备保障以及在研分系统设计分析等方面获得了迅速发展,在兵棋推演、武器性能应用评价和操作训练等方面已经得到了广泛应用。

对于装备环境仿真技术,已经在导弹、弹药、航天器受环境影响下的温度场分布和可靠性等方面开展了仿真研究。尽管在该领域的仿真研究已经得到了很大重视,但仍存在起步较晚、进展缓慢的问题。这与装备环境适应性问题的复杂性和特殊性有关,因此成果还不多,其面临的主要困难如下:

① 缺乏足够的数据。仿真建模的基本依据是完备的数据及各种变化规律。自然环境试验的周期较长,如弹药储存寿命一般在 10 年以上,要积累系统全面的环境试验数据,则必须要进行长期系统的试验观测,型号研制时环境试验数据积累的速度往往赶不上型号工程的进度,因而对建立完备的环境信息数据库造成了较大困难。

② 装备环境失效规律的复杂性。仿真建模的基本条件是要掌握对象变化的基本规律。由于影响装备环境失效的因素很多,不同的装备、不同的环境条件、不同的材料、工艺、防护结构和包装状态,会产生不同的环境效应。现代武器系统是结构复杂的体系(如一个大中型导弹由上万个元件构成),其寿命期内可能经历多种不同的环境剖面,各种环境影响又能产生相互叠加作用。因此,装备环境失效规律是一个复杂性较高的问题,需要开展深入的理论和试验研究。

③ 装备环境效应的多样性。装备环境效应是多种环境因子和装备系统的材料、元件、零部件产生复杂物理化学作用的过程。即使单项环境因素都可能产生复杂的环境效应。例如,仅在 MIL-810F 中,基于温湿度等单项环境因素的环境效应就列出了十多项,如表 7-1 所列。

表 7-1　基于单项环境因子的装备环境效应

| 高温环境效应 | 低温环境效应 | 温度冲击环境影响 | 湿热环境的影响 |
| --- | --- | --- | --- |
| 1. 材料热膨胀使零件咬死 | 1. 材料冷缩或胀差 | 1. 玻璃和光学仪器碎裂 | 1. 金属氧化和腐蚀 |
| 2. 润滑剂黏度降低、外流 | 2. 润滑剂流动性下降 | 2. 运动部件卡紧或松弛 | 2. 加速化学反应 |
| 3. 材料尺寸变化 | 3. 材料硬化和脆化 | 3. 药柱裂纹 | 3. 涂层化学或电化学破坏 |
| 4. 包装、衬垫、轴承变形 | 4. 电子器件性能变化 | 4. 材料膨胀变形的影响 | 4. 与附着物作用产生腐蚀 |
| 5. 衬垫硬化 | 5. 机电部件性能变化 | 5. 零部件变形或破裂 | 5. 摩擦系数变化引起粘合 |
| 6. 外罩和密封条损坏 | 6. 减震架刚性增加 | 6. 涂层开裂 | 6. 吸附引起材料膨胀 |
| 7. 电阻值变化 | 7. 药柱裂纹 | 7. 密封舱泄漏 | 7. 物理强度下降 |

| 高温环境效应 | 低温环境效应 | 温度冲击环境影响 | 湿热环境的影响 |
|---|---|---|---|
| 8.线路稳定性变化 | 8.材料脆裂、强度变化 | 8.绝缘保护失效 | 8.电气绝缘和隔热性变化 |
| 9.变压器和机电部件过热 | 9.玻璃产生静疲劳 | 9.组分分离 | 9.复合材料分层 |
| 10.继电器等吸合变化 | 10.水冷凝或结冰 | 10.化学剂保护失效 | 10.弹性或塑性变化 |
| 11.元器件工作寿命缩短 | 11.防护服灵活下降 | 11.电子元器件变化 | 11.吸湿材料性能下降 |
| 12.药柱或装药分离 | 12.燃烧率变化 | 12.冷凝和结霜引发故障 | 12.炸药和推进剂性能下降 |
| 13.密封壳体产生高压 | | 13.静电过大 | 13.元件成像传输质量下降 |
| 14.推进剂加速燃烧 | | | 14.润滑剂性能下降 |
| 15.爆炸物膨胀 | | | 15.电器短路 |
| 16.炸药熔化或渗漏 | | | 16.光学器件表面模糊 |
| 17.有机物裂解、龟裂 | | | 17.热传递性能变化 |
| 18.合成材料放气 | | | |

实际环境中存在的气候、力学、介质、生物等多种环境因子的综合环境效应比单个环境因子的环境效应复杂得多。这些综合环境因素也因其时序和量值的不同，将引起不同的环境影响。例如，温度—湿度—振动，温度—湿度—盐雾，温度—湿度—雨淋—太阳辐射等环境因子的组合，将产生各种新的复杂的环境失效现象和规律。因此，必须结合各种环境因素，充分研究综合环境影响下的装备环境效应及其性能变化规律。

## 7.1.2　系统、模型与仿真

装备环境仿真有很多定义方法，有些阐述装备环境仿真的功能，有些描述仿真过程，有些只做一些概括性描述。但有一点是确定的，装备环境仿真与其他仿真一样，也是以系统为研究对象，以系统模型来代替系统，同样需要高性能信息处理装置求解模型，即需要建立计算机仿真模型并运行求解。因此，系统、模型及仿真同样构成了装备环境仿真的三个基本要素，它们分别揭示了装备环境仿真的对象、实质及方法。深刻理解这三要素，对于深刻把握装备环境仿真技术的概念内涵和技术方法具有重要意义。

### 1. 系　统

（1）系统的定义

系统是由相互联系、相互制约、相互依存的若干部分（要素）结合在一起形成的具有特定功能和运动规律并且与环境发生关系的有机整体。

广义上讲，大到无限的宇宙世界，小到分子、原子的微观世界都可称为系统；狭义上可以将仿真研究的一切对象称为系统。系统具有整体性、层次性、结构性和功能性等特点，并总是处于一定的环境中。当我们研究某一对象时，总是要将该对象与其环境区别开来。因此，在定义一个系统时，首先要确定系统的边界。边界确定了系统的范围，它的划分在很大程度上取决于系统研究的目的，边界以外的环境对系统的作用称为系统输入或环境影响，系统对边界以外环境的作用称为系统输出或系统功能。

尽管系统千差万别，但都可以用"三要素"进行描述，即实体、属性、活动。实体即组成系统的具体对象，它确定了系统的构成，也确定了系统的边界；系统是实体的集合，系统中的各个实体既有一定的相对独立性,又相互联系构成一个整体(即系统)。属性是实体特征的描述,也称为描述变量,一般是实体所拥有全部特征的一个子集,用特征参数变量表示。系统处于活动之中,实体随时间推移而发生属性变化,活动定义了系统内部实体之间的相互作用,确定了系统内部发生变化的过程。

（2）系统的分类

系统的分类方法很多,按系统物理特征、系统输入输出关系及系统状态随时间变化的状况分类,如图 7 - 1 所示。

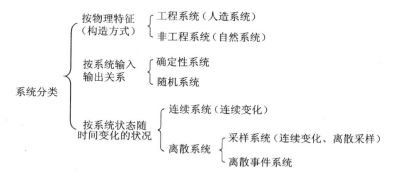

图 7 - 1 系统的分类

其中,工程系统是指为某种目的而人为构成的系统,如机械、电器等系统;非工程系统是指自然和社会在发展过程中形成的、被人们在社会中逐步认识的系统,如社会、经济、管理、交通等系统。

确定性系统是指输出完全由系统输入和相应转换关系所决定的系统;随机系统是指在既定输入下,系统的输出是非确定的,带有随机的性质,但通常遵循一定的统计分布规律,可用随机方程表示。

连续系统的系统状态随时间连续变化,如弹体飞行轨迹和速度、车辆行驶速度等,可用微分方程或一组状态方程来表示;离散系统的系统状态变化在离散的时间点上发生,如炮弹发射、命中等。其中,离散系统又分为采样系统和离散事件系统。采样系统状态本来是连续的,但当我们仅对一些离散时间点上的状态变化感兴趣时,就可称为离散采样系统,该系统可用差分方程或离散状态方程表示。离散事件系统往往是随机系统,系统状态的瞬间变化称为事件,如果事件发生的时间是非均匀离散时间点,这样的事件称为离散事件,相应的系统称为离散事件系统。值得注意的是,有些文献将离散采样系统归为连续系统,而离散系统主要指离散事件系统。

**2.模　型**

（1）模型的定义和分类

模型的定义有很多,简而言之,模型就是一个系统的某种确定形式的表述。这种形式可以是物理的、数学的或者其他方式,如实物、公式、文字、符号、图表等。建立和运用模型是为了指明系统主要构成要素及其相互关系,以便对系统的行为和功能进行深入研究。模型一般可分为物理模型、概念模型和数学模型。

1)物理模型

物理模型又称为实物模型,它是根据一定的规则(如相似原理)对系统简化或比例缩放而得到的模型。如工业产品样机、建筑模型、沙盘模型等。建立在物理属性相似基础上的物理模型描述系统真实感较强，但其应用往往非常有限，一般适用于较简单系统。对于复杂系统，建模的费用较大，而且修改参数或改变结构十分困难。因此，将系统的内在联系和外部关系抽象为概念模型或数学模型是较为常用的方法。

2）概念模型

所谓概念模型就是为了某一目的，对真实世界及其活动进行的概括与描述。它运用语言、符号和框图等形式，对真实世界（人、物、事等）进行人为处理，抽取其本质特征，如结构特征、功能特征、行为特征等，把这些特征用各种概念，采取一定的形式精确地描述出来，并根据它们之间的相互关系，进行有机组合来共同说明所研究的问题。这些有机组合的概念就构成了某种概念模型。不同的领域对应于不同的概念模型，如分析军事行动问题，就是军事行动概念模型；分析装备管理活动，就是装备管理活动概念模型。概念模型只是系统信息定义的规范描述，它只用于抽象和常规设计，而不用于具体和专门的执行设计。

3）数学模型

数学模型是系统各种变量的数学逻辑关系的抽象表述。通常是一些代数方程和微分方程的组合，用来描述系统的结构和特征。通过系统数学建模研究可以揭示系统的内在运动及其运动特性。数学模型的类型与所讨论的系统特性和研究方法有关。系统特性有宏观和微观、静态与动态、确定性和随机性、线性与非线性、定常（时不变）与非定常（时变）、集中参数与分布参数等分别，因此描述系统特性的数学模型也随之有这些类型的区分。按照研究系统的方法，系统的数学模型可分为连续模型与离散模型、时域模型与频域模型、输入输出模型与状态空间模型等。

（2）建模途径

为了很好地了解建立模型的有效途径，考虑数学建模活动的"信息源"是很有用处的。可以认为：建模活动本身是一个持续的、永无止境的活动集合。然而，由于实际存在的一些限制，一个具体的建模过程以达到有限目标为终止。建模过程涉及许多信息源，其中主要有三类：建模目的、先验知识和实验数据，它们的关系如图 7-2 所示。

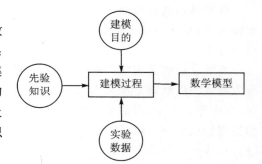

图 7-2　数学建模的信息源

1）建模目的

模型是对实际系统的一种相似描述，从认识论观点看它是对真实系统给出的一个很有限的映像。同一个实际系统中可能有多个等待研究的具体对象，而这些对象又是相互结合的，选择的侧重点不同将导致建模过程沿不同方向进行。

2）先验知识

在建模工作初始阶段，所研究的系统常常是前人已经研究过的。通常，随着时间的进展，关于"一类现象"的知识已经被集合起来，或被统一成一个科学分支，这个分支含许多定理、原理及模型。

3）实验数据

在进行建模时，关于过程的信息也能通过对过程的试验与量测而获得。合适的定量观测是解决建模的另一途径。

（3）建模方法

这里主要阐述数学建模方法。一般来说,建立数学模型的方法主要有三类:分析法、测试法和综合法。

1）分析法

分析法又称演绎法或理论建模法,是基于先验信息和已知结构的建模方法,如层次分析法等。它根据系统构成的一些假设运用先验信息,即运用一些已知的定律、定理和原理(如牛顿定律、能量守恒定理、动量守恒定理、电路学定理和热力学原理)等,通过数学上的逻辑推导,理论上建立描述系统特征的数学表达式或逻辑表达式,从而建立描述系统的数学模型。作为研究对象,这类问题又称为白箱问题,如图 7-3 所示。

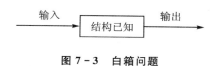

图 7-3　白箱问题

2）测试法

测试法又称归纳法或实验建模法,是基于系统实验和运行数据建立系统模型的方法,如基于系统辨识、人工神经网络、灰色系统理论的建模方法以及随机变量模型等。测试法根据观测得到的系统行为结果,从特殊到一般,归纳总结出与观测结果相符合的系统模型。由于系统的动态特性必然表现在变化的输入输出数据中,因此通过测取系统在人为输入作用下的输出响应,或记录系统正常运行时的输入输出记录,加以必要的数据处理和数学计算,估计出系统的数学模型。该方法的实质就是按照一个准则在一组模型中选取一个与观测数据拟合得最好的模型。作为研究对象,这类问题又称为黑箱问题,如图 7-4 所示。

图 7-4　黑箱问题

3）综合法

通常情况下,对于那些内部结构和特性基本清楚的系统(白箱问题),可采用机理建模法,但它只能用于比较简单的系统(如一些电路系统、测试系统、过程监测系统、动量学系统和飞行控制系统等),且在建立数学模型的过程中必须做一些假设与简化;对于那些内部结构和特性尚不清楚的系统(黑箱问题),一般采用实验建模法,不需深入了解系统的机理,但必须设计一个合理的实验,以获得系统的最大信息量。实际应用时,两种方法各有适用,不能互相取代。对于那些内部结构和特性有些了解但又不十分清楚的"灰色"系统,则只能采用综合建模法,即运用分析法列出系统的数学模型,然后运用系数辨识法来确定模型中的未知参数。作为研究对象,这类问题又称为灰箱问题,如图 7-5 所示。

图 7-5　灰箱问题

（4）建模过程

对于比较简单的系统建模,建模者根据建模目的、已掌握的先验知识以及数据(通过为建

模而设计的实验获得），通过目标协调、演绎
分析以及试验归纳三种途径构造模型，然后
通过可信度分析进行校验和确认，最后获得
最终模型，过程如图7-6所示。要获得一个
作为整体的系统集合结构是很困难的，因此
大多数建模程序是针对系统的某一部分，即
建模是面向具体问题而不是面向整个实际
系统。图7-6中的"模型构造"还可具体分
解为三个步骤：框架定义、结构特征化和参
数估计。

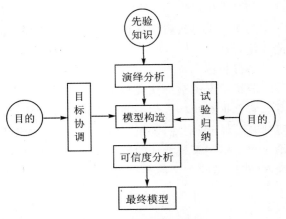

图7-6　建模的技术路径

复杂系统的建模研究必须以定性分析
为先导，定量与定性紧密结合。系统模型的
建立，一般要经历思想开发、因素分析、量化、动态化和优化五个步骤，故称为五步建模。

第一步，开发思想，形成概念，通过定性分析研究，明确研究的方向、目标、途径和措施，并
将结果用准确简练的语言加以表达，这便是语言模型。

第二步，对语言模型中的因素及各因素之间的关系进行剖析，找出影响事物发展的前因、
后果，并将这种因果关系用框图表示出来，如图7-7所示。

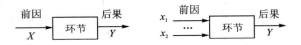

图7-7　因果关系图

一对前因后果(或一组前因与一个后果)构成一个环节。一个系统包含许多个这样的环
节。有时，同一个量既是一个环节的前因，又是另一环节的后果，将所有这些关系连接起来，便
得到一个相互关联的、由多个环节构成的框图，即网络模型，如图7-8所示。

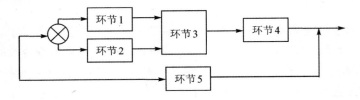

图7-8　多环节网络模型

第三步，对各环节的因果关系进行量化研究，初步得出低层次的概略量化关系，即为量化
模型。

第四步，进一步收集各环节输入数据和输出数据，利用所得数据序列，建立动态模型。

动态模型是高层次的量化模型，它更能深刻地揭示出输入与输出之间的数量关系或转换
规律，是系统分析、优化的基础。

第五步，对动态模型进行系统研究和分析，通过结构、机理、参数的调整进行系统重组，达
到最优配置、改善系统动态品质的目的。这样得到的模型，称为优化模型。

五步建模的全过程，是在五个不同阶段建立五种模型的过程，即：语言模型→网络模型→

量化模型→动态模型→优化模型。在建模过程中,要不断地将下一阶段所得的结果回馈,经过多次循环往复,使整个模型逐步趋于完善。

以上重点阐述了数学建模的要求、方法、步骤等内容。对于概念模型,一般包括基于实体—关系的建模方法、面向对象的建模方法、基于本体的建模方法等;常用概念建模语言有UML、IDEF、XML 等。

### 3. 仿　真

(1)概念演变

"仿真"一词译自英文 simulation,另一个曾经用过的译名是"模拟"。从字面上解释,"仿真"和"模拟"都是表示"模仿真实世界"的意思。虽然人们很早就采用了利用模型来分析与研究真实世界的方法,也即"仿真"或"模拟"的方法,但严格地讲,只有在 20 世纪 40 年代末计算机(模拟计算机及数字计算机)问世以后,其高速计算能力和巨大的存储能力使得复杂的数值计算成为可能,数字仿真技术才得到蓬勃发展,从而使仿真成为一门专门学科——系统仿真科学。因此,系统仿真如果不做特殊说明,一般均指计算机仿真。

1961 年,摩根扎特(G . W . Morgenthater)首次对"仿真"进行了技术性定义,即"仿真意指在实际系统尚不存在的情况下对于系统或活动本质的实现"。另一个典型的对"仿真"进行技术性定义的是科恩(Korn)。他在 1978 年所著的《连续系统仿真》中将仿真定义为"用能代表所研究的系统的模型作实验"。1982 年,斯普瑞特(Spriet)进一步将仿真的内涵加以扩充,定义为"所有支持模型建立与模型分析的活动即为仿真活动"。奥伦(Oren)于 1984 年在给出了仿真的基本概念框架"建模—实验—分析"的基础上,提出了"仿真是一种基于模型的试验活动"的观点,被认为是现代仿真技术的一个重要概念。可以说,伴随着科学技术特别是计算机技术的发展,仿真的概念在不断演变(从艾伦(A. Alan)和普里茨克(B. Pritsker)撰写的《仿真定义汇编》一文中,可以清楚地观察到仿真概念的这种演变过程),"仿真"的技术内涵不断得以发展和完善。

系统是研究的对象,模型是系统的抽象和仿真的桥梁,计算机是仿真的手段。所以,计算机仿真是针对真实系统建立计算机仿真模型,然后在模型上进行试验,用模型代替真实系统来研究系统的方法。综合国内外仿真学者的定义,还可从学科的角度作如下定义:计算机仿真是建立在控制理论、相似理论、信息处理技术和计算技术等基础之上,以计算机和其他物理效应设备为工具,利用系统模型对真实或假想的系统进行模拟实验,并借助于专家经验知识、统计数据和信息资料对实验结果进行分析研究,进而做出判断或决策的一门综合性和实验性学科。

(2)仿真分类

1)根据模型的种类分类

根据模型的种类不同,系统仿真可分为三类:物理仿真、数学仿真和半实物仿真(也称为物理-数学仿真)。

按照真实系统的物理性质构造系统的物理模型,并在物理模型上进行实验的过程称为物理仿真。物理仿真的缺点是:模型改变困难,实验限制多,投资较大。

对实际系统进行抽象,并将其特性用数学关系加以描述而得到系统的数学模型,对数学模型进行实验的过程称为数学仿真。数学仿真的缺点是受限于系统建模技术,即系统的数学模型不易建立。

半实物仿真又称为物理-数学仿真,准确称谓是硬件在回路中(Hardware In the Loop)仿真,这种仿真方法是将数学模型与物理模型甚至实物联合起来进行实验。对系统中比较简单的部分或对其规律比较清楚的部分建立数学模型,并在计算机上加以实现;而对比较复杂的部分或对其规律尚不十分清楚的系统,其数学模型的建立比较困难,则采用物理模型或实物。仿真时将两者连接起来完成整个系统的实验。

2)根据仿真时钟与实际时钟的比例关系分类

实际动态系统的时钟称为实际时钟,而系统仿真时模型所采用的时钟称为仿真时钟。根据仿真时钟与实际时钟的比例关系,系统仿真分三类:

实时仿真,即仿真时钟与实际时钟完全一致,也就是模型仿真的速度与实际系统运行的速度相同。当被仿真的系统中存在物理模型或实物时,必须进行实时仿真。例如,各种训练仿真器就是这样,有时也称为在线仿真。

亚实时仿真,即仿真时钟慢于实际时钟,也就是模型仿真的速度慢于实际系统运行的速度。对仿真速度要求不苛刻的情况一般采用亚实时仿真。例如,大多数系统离线研究与分析,有时也称为离线仿真,如模拟爆炸效果。

超实时仿真,即仿真时钟快于实际时钟,也就是模型仿真的速度快于实际系统运行的速度。例如,大气环流的仿真、交通系统的仿真、生物进化(宇宙起源)仿真等。

3)根据系统模型的特性分类

仿真基于模型,模型的特性直接影响着仿真的实现。从仿真实现的角度来看,系统模型特性可分为两大类:一类称为连续系统;另一类称为离散系统。由于这两类系统固有运动规律不同,因而描述其运动规律的模型形式就有很大的差别。相应地,系统仿真技术也分为两大类:连续系统仿真和离散系统仿真。

(3)仿真的一般过程

系统仿真最重要的构成是指系统、模型和计算机三要素,其中计算机主要指计算机硬件和仿真软件所构成的仿真系统。通过三项基本活动,即系统建模(一次建模)、仿真建模(二次建模)和仿真试验,实现了从系统原型出发,建立系统模型并转换成计算机仿真模型(仿真程序),然后在仿真模型上做实验以模拟还原系统特征的转化过程,这三项基本活动将三要素有机联系起来,体现了系统仿真的三项主要工作,也反映了系统仿真的基本过程。三要素与三项基本活动的关系如图7-9所示。

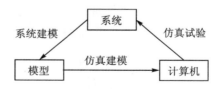

**图7-9 仿真三要素及三项基本活动**

传统上,"系统建模"这一活动属于系统辨识技术范畴,仿真技术则侧重于"仿真建模",即只能对不同形式的系统模型研究其求解算法,使其在计算机上得以实现。至于"仿真试验"这一活动,也往往只注重"仿真程序"的校核,至于如何将仿真试验的结果与实际系统的行为进行比较这一根本性的问题——验证,缺乏从方法学的高度进行研究。现代仿真技术的一个重要进展是将仿真活动扩展到了上述三个方面,并将其统一到同一环境中。例如,在很多一体化仿真系统中集成了各种功能包,可以在同一软件环境下完成系统建模、仿真建模、仿真试验和结果处理等多种功能。

系统仿真的一般过程如图 7 - 10 所示。

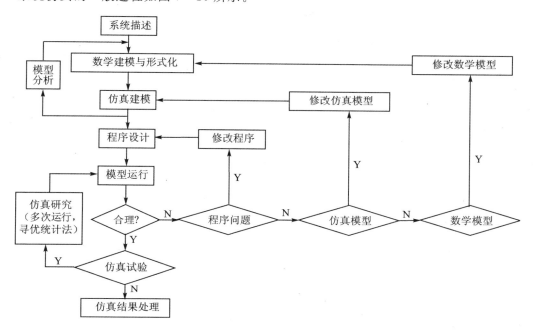

**图 7 - 10  仿真的一般过程**

第一步是针对实际系统建立模型。其任务是:根据研究和分析目的,确定模型边界。因为任何一个模型都只能反映实际系统的某一部分或某一方面,也就是说,一个模型只是实际系统的有限映像。另一方面,为了使模型具有可信度,必须具备与系统相关的先验知识及必要的试验数据。特别地,还要对模型进行形式化处理,以得到计算机仿真所要求的数学描述。

第二步是仿真建模。其主要任务是:根据系统的特点和仿真的要求选择合适的算法。当采用该算法建立仿真模型时,其计算的稳定性、计算精度、计算速度应能满足仿真的需要。

第三步是程序设计。将仿真模型用计算机能执行的程序来描述。程序中还要包括仿真试验的要求,如仿真运行参数、控制参数、输出要求等。早期的仿真往往采用通用的高级程序语言编程,随着仿真技术的发展,一大批适用不同需要的仿真语言被研制出来,大大减轻了程序设计的工作量。

第四步是模型运行。分析模型运行结果是否合适,如不合适,则从前几步查找问题所在,并进行修正,直到结果满意。

第五步是进行仿真试验、仿真结果处理。

## 7.1.3  装备环境仿真研究的内容

装备环境仿真以完善的环境试验信息数据库为基础,通过构造装备的系统模型,在模型上做虚拟仿真试验,以达到对实际装备进行环境适应性研究的目的。为了研究的系统有序,将研究内容划分为不同层面,主要包括五方面的内容:环境及装备微环境的仿真建模;装备材料及元件环境效应的仿真建模;装备部件(关键部件)局部环境效应的仿真建模;整机整装环境影响的仿真建模;装备寿命期的环境失效和寿命预测的仿真建模分析,如图 7 - 11 所示。

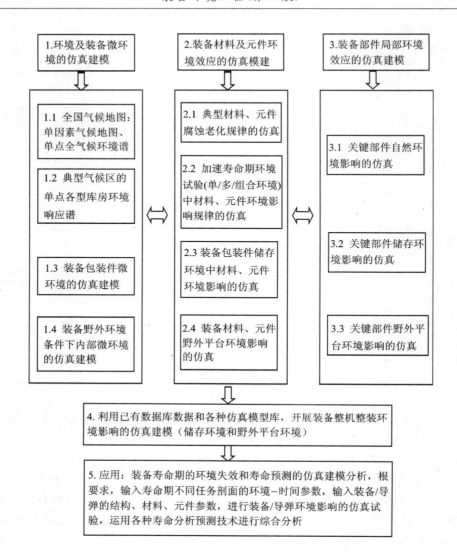

图 7-11 装备环境仿真内容

上述内容可根据研究需求、既有数据及成果进行剪裁。仿真需要大量系统数据,但如果数据不足,框图可作为配合性试验数据累积的参考。一般而言,装备具体环境包括储存环境和野外平台环境两类,针对这两类环境的微环境模拟,材料、元件环境影响仿真,以及关键部件的环境影响仿真是重点进行的内容。

# 7.2 典型装备环境仿真

装备在寿命期内受大气环境、电磁环境、力学环境、生物环境等多种环境的影响,每种环境类型又包含多种环境因素。有时是单一环境因素起主导作用,有时是几种环境因素共同对装备造成影响。因此,开展装备环境仿真研究,不仅要进行单一环境因素的仿真分析,而且要进行多因素和复合因素的仿真分析。

## 7.2.1　大气环境仿真

### 1. 概　述

大气环境是综合自然环境（Synthetic Natural Environment，SNE）的重要组成部分，大气的动态和静态物理特性对武器系统性能及作战效能的影响，一直是武器系统设计和作战使用必须考虑的重要问题。开展大气环境对武器装备和作战行动影响的研究可以通过室内物理实验、野外环境试验和数值仿真试验等方式进行。由于现代武器系统结构的复杂性及其昂贵的造价，使得人们无法完全通过室内物理实验和野外环境试验来获取大气环境影响数据，而利用仿真试验可以不受时间、地点、实际自然条件及政治条件的制约，具有十分明显的经济和军事效益。因此，利用大气环境仿真手段深入研究大气环境特征及其模型，对于优化武器系统设计、提高武器系统环境适应性及其作战能力非常必要。

大气环境与武器实体模型耦合技术，是国际公认的仿真难题。20 世纪 70—80 年代，国内外有关研究都是将大气环境条件假定为单一气象要素、理想常值状态，把大气环境影响问题用定常计算方法求解，这种方法很难适用于对非定常和扰动气象环境较为敏感的武器系统仿真研究。80—90 年代，考虑大气环境条件的多气象要素综合，但仅仅是一维静态的，与实际大气状况有较大差距。90 年代以后，随着计算机和计算流体力学迅速发展，利用时间推进法，大气环境影响仿真能考虑三维、瞬态和非定常的大气环境条件，但各模型间的耦合和响应问题仍是其中的重要关键技术。近年来，随着计算能力的大幅提高，数值预报技术得到了快速发展，新型数值预报模式提供了更加精确的环境数据（四维动态大气），这些具有物理背景的大气环境数据对实现大气环境工程化应用，进而开展武器系统与大气环境的耦合试验研究奠定了重要的技术基础。

### 2. 大气环境仿真对象

由于大气运动包含了各种时间和空间尺度运动，因此其产生的机理和发展过程各不相同。大气环境仿真的对象包括：

① 气温、气压、大气密度、空气湿度和风的时空分布；
② 云、雨、雪和雾的宏观和微观结构及其时空分布和演变；
③ 雷暴、台风和暴雨等危险天气系统生成、移动、发展和消亡的四维演变过程；
④ 大气能见度、昏暗度和照明度的场景描述；
⑤ 霾、沙尘和烟尘污染（包括核、生、化武器的再生环境）环境定量描述。

### 3. 大气环境仿真模型

开展大气环境对实体影响的仿真研究，需要建立描述大气特征的仿真模型。大气环境仿真模型是以计算机和各种物理效应设备为技术手段，对实际大气环境要素和各种天气现象进行描述，建立各主要因素之间的逻辑关系和数学关系，使其反映实际大气的最本质机理和物理过程，最大可能地表征真实大气。

就目前国内外发展现状看，建立大气环境仿真模型主要有三种方式：一是通过对大气最基本特征的理论分析和数学简化提出的理想化模型；二是基于大量观测资料和观测事实进行分析和统计，建立统计特征模型；三是按照流体力学和大气运动规律建立并求解大气运动的非线性方程组，并进行数值模拟，给出大气环境的数值模型。

(1) 理想化模型

大气扰动的复杂性使得工程应用中难以对它进行全面且恰当的表示,因此在武器系统研制仿真中通常采用简化模型。这些模型只能表征大气变化的简单规律,难以反映大气复杂变化的基本事实和基本规律,如标准大气仅把大气表示为无空间和时间变化的常态大气。为提高仿真的逼真性,有必要采用最新的科学技术不断地改进理想化的大气环境仿真模型,使其能够更加准确地反映大气扰动的特征,不断满足现代武器装备环境仿真的需求。

(2) 统计特征模型

利用大量的外场观测资料进行大气环境结构及特征分析,寻找大气环境的运动规律及变化特征,是大气环境研究最基本的方法。它不仅对揭示大气运动的时空变化规律具有重要作用,而且也将为数值仿真模式及模型设计、模式参数调整、模式修正和结果验证等提供观测基础。利用观测资料进行统计建模的步骤如下:

1)资料收集

收集和处理各种常规和非常规气象观探测资料,包括 NCEP 再分析资料、地面资料、探空资料、卫星资料、近地层铁塔资料、湍流超声资料、雷达探测资料、飞机探测资料、GPS 资料及火箭资料等。

2)资料质量控制

通过对资料的解报、检误、连续性和一致性检验等,进行质量控制。

3)统计建模

根据研究问题的需要选择各种概率论和数理统计方法(包括回归分析、判别分析、聚类分析、相关分析、因子分析、小波分析、人工神经网络、信息论、统计决策和模糊数学等),对各种气象观探测数据进行统计分析,通过对信息的综合提取,建立相关统计特征模型,主要如下:

① 平均气象要素场模型。利用观测资料,分析平均气象要素场(风、气温、气压、湿度)的时空变化特征,给出各月及四季环流配置,建立典型的平均风、温、湿度场的日、月、季和年变化曲线及其统计模型,得出典型风场垂直分布廓线、温湿廓线和层结稳定度指标等。

② 极值气象要素场模型。利用多年(10 年以上)气象观测资料,分析极端最大风速、极端最高和最低气温、极端最大湿度、极端最高气压和最低气压等,建立相应的极值气象要素场模型。

③ 湍流特征量模型。湍流的随机性使得湍流属性很难确定,但用统计学的观点可以分析出各方向上的湍流脉动方差和协方差、湍流强度和相关系数、湍流动能、湍流通量廓线等特征量,以及湍流各方向的速度谱、温度谱和湿度谱。通过对这些湍流微结构的分析,归纳出相应的湍流属性特征和统计模型。

④ 地表特征量模型。利用边界层和辐射观测资料,可分析地表动量通量、热量通量和水汽通量的日变化特征,并计算摩擦速度、摩擦温度、摩擦湿度等,建立相应的地表特征量模型。

⑤ 其他特征量模型。对风切变、阵风、大气波导、低云、能见度、湍流扩散参数等进行统计分析,并建立相应的模型。利用观测资料进行统计建模的方法具有较好的真实性,但受到观测样本量的严重制约,该方法还存在很大局限性。例如,常规观测数据时空分辨率比较低,观测的物理量比较少(通常只有风、温、压、湿);非常规的观测可获得的物理量比较多,时空分辨率高,但观测的时间和地点缺乏普遍性;有些地区尤其是山脉、海岸或沙漠区的资料可用性很差,对于湍流、积冰及雪盖等的观测更为稀疏,甚至不可能实现有效观测。

（3）数值模型

大气环境仿真数值模型，是按照流体力学和热力学规律建立并求解大气动力学方程的方法，模拟再现大气环境中的各种天气现象、气象要素的基本特征和演变规律，给出逼真的大气环境。

军事行动的仿真必须包含对大气环境的真实表述。大气运动是多尺度的，从微小尺度系统（如烟羽运动、地形诱生的湍流等）影响到大、中尺度天气影响，都必须包含在模式中。因此，建模时要根据数值仿真应用的实际，按不同分辨率建立相应数值模式，如对中、小尺度天气现象的描述，可建立区域中尺度模式、风暴环境模式、云模式、雾模式、边界层模式和扩散模式等来再现大气环境。有时根据研究问题的需要，还可将几种模式进行耦合，建立多尺度的耦合数值模式。各种模式主要功能如下：

① 区域中尺度模式可再现大气对流层的风、温度和密度场的四维分布结构，以及云和降水宏微观结构等；

② 风暴环境模式可数值再现风暴的三维结构、强度和路径等；

③ 云模式可数值再现云的宏微观结构、时空分布及生消演变等；

④ 雾模式可数值再现雾的宏微观结构、时空分布及生消演变等；

⑤ 边界层模式可数值再现大气边界层的风、温度和密度场的分布，风、温度垂直廓线，低空风切变、边界层湍流及其他的边界层物理过程等；

⑥ 大气扩散模式可数值再现空气污染物扩散和诱发环境的能力（包括核、生、化武器的再生环境）。

数值模型方法比较复杂，但它可弥补前两种方法的各种不足。特别是随着计算机技术快速发展和各种大气模式越来越精细，数值模拟所再现的大气环境越来越精确，从中建立的大气数值模型也越来越具有代表性。因此，目前国内外发展复杂大气环境数值模式，将其用于武器系统研制和作战气象保障，已成为一个重要发展趋势。目前，国内外比较成熟的中、小尺度数值模式有 WRF、MM5、UKMO、RAMS、ARPS、AREM 和 GRAPES 等，可以根据不同的研究目的、针对重点研究区域，设计合理的模拟方案，开展数值模拟研究。

以上三种方法各有优缺点，在实际应用中，针对具体的仿真对象需求及实际大气环境特点，可选择一种或几种方法相结合的方式，开展具体建模研究。

**4. 关键技术及重点问题**

大气环境仿真模型的研制是数字化大气环境建设的重要环节，是建立大气环境仿真系统、进行大气环境影响仿真试验和建立气象辅助决策系统的重要基础。

（1）关键技术

1）气象观测资料处理和分析同化技术

资料的可靠性对于建立精确的仿真模型至关重要。由于各类观探测仪器本身的原因或外界因素的干扰，会使原始数据混有虚假"噪声"，导致气象资料的准确度下降。因此在对资料进行理论分析前，有必要进行质量控制。气象资料的处理和分析同化是非常复杂的，一般需要线性和非线性、统计和动力、相关和波谱等多种分析方法的综合运用。

2）大气数值模式设计技术

大气数值模式是大气环境数值仿真的核心，大气模式的好坏直接决定大气环境数值仿真的精确度和可信度。由于大气过程是在各种尺度上变化的，要求大气环境仿真是动态的，能随时表示所需要尺度范围的大气环境要素及其变化,因此用于再现大气环境各种尺度天气现象的大气数值模式的设计非常复杂。

3)模块化、结构化建模技术

大气环境仿真模型采用模块化的设计方法和开放式的设计框架;模型的程序设计标准化、模块化、系列化,使仿真模型具备通用性和可剪裁性;仿真模型和软件模块可灵活配置,并具备持续更新和升级的能力。

4)模型标准接口技术

在大气环境仿真模型研究中,必须将气象上所表述的大气数据,转变为能反映大气环境与武器系统相互作用的环境特征数据,即用武器系统术语描述的仿真模型,从而为大气环境仿真与武器系统仿真耦合和响应预留标准接口。模型的标准研究主要包括模型的描述规范、形式化表示、存储和交换等技术。

5)模型库、数据库技术

根据仿真对象和仿真目的,建立相应的大气环境仿真模型库,并与模型试验模块有机结合。模型库、数据库技术包括分布式模型库技术和模型的快速检索、获取与分发技术。

由于大气环境数据具有海量的特点,因此将开发数据库与运行数据库分开,根据用户需求从开发数据库中生成运行数据库,运行时数据库应该能实时地满足各仿真实体的大气环境数据请求。

6)建立仿真建模专家系统

采用人工智能技术,研究建立具有智能化的大气环境仿真建模专家系统。

(2)重点问题

大气环境仿真是作战仿真体系的组成之一,其发展必须遵循建模和仿真发展的总体原则。为此,研发大气环境仿真模型时应重点关注以下几个问题:

1)仿真模型表达的权威性

模型的正确性和可信度是仿真应用的前提和基础,只有建立正确的大气环境仿真模型和提供可靠数据,才能得到逼真和可信的仿真结果,而权威的大气环境数据和模型则是可信性的重要保证。

2)仿真模型的标准化

在建立和发展大气环境仿真模型时,应注意其数据及模型的标准化建设,使仿真模型具有标准的信息交换格式,能够与其他仿真模型无障碍互联互通,同时还应具有支持多平台、多操作系统和多语言的能力。

3)仿真模型的确认和验证

为保证建模的有效性和仿真运行结果的正确性,还需要对仿真模型进行确认和验证。大气环境仿真模型检验包括:对统计模型进行直观和深层的评估;对数值仿真模式的输入数据进行合理性检验;利用仿真模式进行数值模拟,将主要输出物理量(如风、温、压、湿)与实测数据对比,检验仿真变量的变化趋势是否合理;将理论分析与野外环境试验数据相结合,确保模型和数据的准确性和有效性;对仿真试验结果进行灵敏度、置信度与风险分析等。

4)仿真模型应用的一体化

要求仿真模型所构造的仿真环境,不仅可以用于武器装备研制,还可用于武器需求论证、效能评估、战法研究,以及训练和作战模拟演练等多个方面,做到从研发到使用的大气环境仿真模型的全过程一致性。如此不仅可节省了经费,而且保证了武器研制、部队训练和作战使用的有机结合。

5)仿真模型高效协调的组织管理

加强大气环境仿真模型研制、应用的统一规划和协调管理,特别注意合理分配,共享各部门的模拟仿真资源,加强交流与合作,避免重复研究和浪费资源。

## 7.2.2　装备运输性仿真

### 1. 概　述

装备在研制、改进、采购过程中,均应考虑其运输性。在装备研制过程中应进行适应运输的结构设计,以满足高效运输的要求;在装备工程样机研制阶段,须进行运输性试验以验证运输性设计是否满足相关要求。一般说来,武器装备运输性试验的主要形式是现场试验,辅助形式是模拟仿真试验。现场试验是传统形式,准确性高,说服力强且有严密、规范的试验流程,但现场试验存在费用成本较高、试验获取数据受条件制约、灵活性不高等缺点。此外,现场试验的对象只能是既有装备,对新研装备在方案设计阶段无法提出运输性指导。模拟仿真试验是一种新的试验形式,可以有效克服现场试验的不足,能反复模拟多种复杂运输环境,比较灵活且成本较低,能够对新研装备在方案设计阶段提出运输性指导。

世界发达国家对武器装备运输性的研究已十分成熟。美军在运输性要求、运输性设计、运输性试验和运输性管理等方面已建立了一套比较完整的标准和法规体系,对装备研制、采购、改进等过程都进行了严格的规范和控制,使运输性要求得到有效贯彻。美军非常重视运输性模拟与仿真方面的研究,依靠先进的计算机技术,开发模拟验证程序,对装备的尺寸适应性和结构适应性进行模拟仿真。例如,美军标准 MIL-STD-1366D《国防部运输性限界》中明确要求应开展模拟仿真试验。

我军在武器装备运输性方面的研究起步较晚,但已有一定的研究成果。在充分吸收借鉴外军运输理论研究新成果的基础上,结合我军装备发展实际,形成了一些法规体系,制定了一些规范标准。例如,《军事装备运输性基本要求》和《军事装备吊装与固定装置技术规范》等国军标已发布实施。但在装备运输性仿真方面,我军目前尚无直接应用模拟仿真技术的记录。

### 2. 运输性仿真对象与内容

一直以来,军用轮式、履带式装备和军用危险货物(如弹药、导弹)是军事运输的重点和难点。因此,武器装备运输性模拟仿真的主要对象为我军现有的轮式、履带式装备和军用危险货物。

武器装备运输性试验的主要目的,是检验装备或装备系统的静态特性、动态特性、集合特性、装卸与固定特性等,以及对运载工具、交通设施、运行环境条件等的适应性。试验内容可分为滚装(卸)试验、吊装(卸)试验、叉装(卸)试验、加固试验、限界尺寸通过性测定试验和运行试验等。由于武器装备在整个运输过程中要经过保管、装卸(搬运)、配装和运输等环节,要与不同物体接触并受到不同程度的摩擦、震动和冲击、冷热变化等。这些外界条件都会对武器装备产生不同程度的影响。其中,最主要影响因素为温度、湿度、震动与冲击。此外,与其他试验相比,加固试验和运行试验更为复杂、影响较大,应以这两者为主。

### 3. 运输性仿真技术路线

模拟仿真试验前,首先应明确试验目的,根据武器装备的技术指标和性能参数确定相应的试验内容,比如运行试验、冲击试验或温度试验等。不同的试验内容有着不同的试验方法(仿真试验方法应依据现有的国军标军事装备环境试验方法)。其次,根据试验目的明确试验的基本要求,比如试验的软硬件平台、试验数据处理方式等。最后,制定武器装备运输过程的运载方案。运载方案是建立仿真模型的基础,是进行仿真试验的前提,方案应符合实际装备运输过程的运行技术情况,应包括装备规格、选用车辆、装载方法、加固方法、加固材料和运输要求等几部分内容。在此基础上对装备进行模拟仿真试验,具体的模拟仿真试验程序技术路线如图 7 - 12 所示。

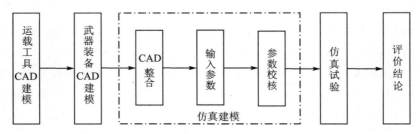

**图 7 - 12 武器装备运输性仿真技术路线**

(1)运载工具 CAD 建模

运载工具 CAD 建模是指运用专业的三维建模软件(Pro - E、CATIA 等)或者仿真软件(SIM - PACK)构造铁路平车、敞车、棚车,公路运输车,典型货船和典型运输机等运载工具的CAD 模型。由于运载工具的实体结构比较复杂,想要在建模过程中全貌如实反映非常困难,甚至无法实现。所以,在构建运载工具 CAD 模型时,首先要对实体进行适当简化,对无须研究的内部结构可适当进行刚性化处理,有些部件可只考虑质量而忽略外形尺寸。建模时,为了确保仿真模型的精确性,要尽量详细和准确地掌握运载工具的外形轮廓、几何尺寸、材质、密度和质量等参数。这些参数可以通过查找其设计图纸和设计文件来获得,或经测量和计算得出。

(2)武器装备 CAD 建模

由于装备实体系统过于庞大,在力求精细的基础上,要对模型进行适当简化,对一些不关心的部件以刚体代替,以简化模型、提高建模速度和仿真运行的效率。装备实体主要作以下简化:装备内部对仿真结果影响不大的部分可以用刚体取代;装备内部各部件之间连接产生的摩擦可以忽略不计;装备内部之间的柔性连接可应用仿真软件中的特定模块模拟与简化。装备各部分的详细参数是建立仿真 CAD 模型的基础,在建模之前,要查找装备的设计图纸和设计文件,详细掌握装备各部分的技术参数。这些参数包括装备的外形轮廓、几何尺寸、各部分的材料、密度和质量等。

(3)仿真建模

仿真建模主要是指在把运载工具 CAD 模型和装备 CAD 模型导入到仿真软件之后,对两者进行整合,按照事先所拟定的运载方案,构建装备的捆绑加固状态模型,并输入各种仿真参数、仿真初始条件和试验环境工况,针对所要测试的具体内容设置各种传感器,并且对模型的各项参数进行校核。

CAD 整合首先要把在外部建立的运载工具和装备的 CAD 模型导入到仿真软件中,生成仿真软件可以识别的仿真模型,并按照运载方案设置装备和运载工具的初始位置。CAD 整合后,输入仿真参数。仿真各参数的输入是进行仿真试验的前提,是确保仿真结果正确与否的关

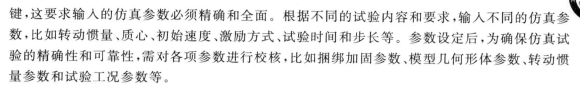

键,这要求输入的仿真参数必须精确和全面。根据不同的试验内容和要求,输入不同的仿真参数,比如转动惯量、质心、初始速度、激励方式、试验时间和步长等。参数设定后,为确保仿真试验的精确性和可靠性,需对各项参数进行校核,比如捆绑加固参数、模型几何形体参数、转动惯量参数和试验工况参数等。

（4）仿真试验

仿真建模完毕后可进行仿真试验。由于事先已经设定了各种初始条件和输出形式,运行软件后就可以得出仿真所需数据。之后需要对仿真结果的可信度进行评估,如果可信度没有达到要求,须对模型进行修改,然后重新进行仿真试验,如此反复,直到仿真结果令人满意为止。

（5）分析评价

参照《军事装备运输性基本要求》《军用物资运输环境条件》等运输性要求与标准,结合装备的外形尺寸、质量、装卸适应性、加固适应性、限界尺寸适应性等因素,根据仿真试验的数据结果,对装备运输性进行综合评价。

**4. 运输性仿真的应用拓展**

运输环境模拟仿真主要用于评价运输环境对运输中装备性能的影响,其整个技术路线主要包括装备 CAD 建模、环境激励生成及加载、装备环境响应及其适应性评价等,上述方法步骤同样适用于评价环境对运输装备或武器平台自身造成的影响。

## 7.2.3 电磁环境仿真

**1. 概　述**

复杂电磁环境是电磁环境复杂化在空域、时域、频域和能域上的表现形式。复杂电磁空间无形和多变的特征,使得建模与仿真技术成为对这一抽象领域进行研究的必要手段。纵观国内外训练中复杂电磁环境的构建方法,除了利用真实武器装备和信号模拟器外,还要大量依靠计算机仿真技术、分布交互仿真技术进行。

现代联合作战条件下,为了构建更大规模的联合作战条件,还可采用分布交互仿真技术,产生一体化电磁环境。外军的经验表明,一体化联合电子战模拟系统,能够使用户同时对敌我双方雷达、通信、干扰系统参数进行描述,达到"复制"联合作战条件下的复杂电磁环境的目的。此外,还可以利用假想敌,产生对抗性电磁实体。可成立专门的"电磁假想敌"对抗实体,在分业训练和分队战术训练阶段巡回使用。美军联合指挥和控制作战中心提出研制的联合"四项"电子战模拟系统,是一个指挥演习工具,主要是对空中战术作战和防空作战的电子战环境进行模拟。1983 年,北约成立了一支规模很小但却在电子战训练方面拥有丰富经验的假想敌部队——北约多军种电子战支援大队。该部队为北约部队的训练和演习提供逼真的电磁威胁环境。

**2. 仿真对象**

复杂电磁环境仿真要能够解决两个基本问题:第一要能够构建所探讨问题涉及的复杂电磁环境;第二要能够针对复杂电磁环境的不确定性特点进行仿真试验分析。复杂电磁环境构建的要素为信号类型、信号分布、信号密度和信号强度。

（1）信号类型

区分方法种类繁多，按发射信号的电子设备用途分为通信信号、雷达信号、无线电导引信号等，按信号频段分为长波信号、中波信号、短波信号等，按电磁波传播方式分为表面波信号、地波信号、天波信号、对流层散射信号，以及按其他方式分模拟信号和数字信号或者连续信号和脉冲信号等。

（2）信号分布

通常可以从时域、频域、空域、能域四个方面来描述。时域分布描述的是不同时段内信号的分布情况；频域分布描述的是信号在不同频段上的分布情况；空域分布描述的是辐射源在不同空（地）域的分布情况；能域分布描述的是电磁信号功率强弱的变化情况。

（3）信号密度

单位时间内一定频段范围战场无线电信号的数量，也可以用单位地域内电磁辐射源的数量表示。电磁辐射源数量与电磁对抗战术及电子装备类型有关。

（4）信号强度

无线电信号的场强，尤其是给定某一点，针对某一个发射信号的信号强度。信号强度直接影响电子对抗侦察、电子干扰效果。

**3．构建模式**

构建方法是从构建的手法来进行分类，而构建模式是从构建的层次和目的来分类。根据部队训练的不同层次和目的，对战场电磁环境构建有不同要求，形成了不同构建模式。

（1）模拟化专业训练电磁环境

构建某特定状态下的电磁训练环境，为单个训练对象如单兵种训练、单武器测试等制造逼真的虚拟电磁环境，使训练对象熟悉适应作战环境，暴露潜在问题，为制定辅助措施提供条件。例如，利用火箭测试发控模拟专业训练电磁环境，对发控人员进行复杂电磁环境下的火箭遥测遥控、模拟发射训练；利用模拟太空电磁环境，检测航天仪器设备的防辐射性能等。

（2）网络化指挥训练电磁环境

利用计算机网络技术、大规模分布处理技术等，将分布各地的单个武器平台及其仿真系统链接起来，构建虚拟的电子对抗环境，针对联合作战训练的需要，完成武器系统联合测试评估及部队联合训练，增强指挥训练的实战感。网络化指挥训练电磁环境主要可分为四种环境：其一信息采集环境，指各种侦察系统构造的电磁环境；其二通信传输环境，指各通信通道与节点；其三智能决策环境，指智能计算机、多媒体系统、文电处理系统及其他配套措施；其四管理控制环境，指各个检测、报警、控制装置。

（3）基地化合成训练电磁环境

利用现有条件、武器装备，综合运用实物、半实物、计算机仿真等手段，在特定区域构造战场真实电磁环境，以满足一定规模的训练、指挥、武器检验、电磁环境评估任务。例如一些大型武器实验场、联合战役训练基地等。

**4．基于效能评估的复杂电磁环境仿真**

武器装备效能评估是在一定条件下对武器装备效能的一种评价和估计。这一评估过程要考虑电磁作用对武器装备效能产生的多种不可预期的影响，这些不可预期的影响呈现出来，构成了特定的复杂电磁环境。所以说，武器装备效能评估中复杂电磁环境产生的根源来自装备电磁效能的变化。分析这些电磁影响的成因,正是由于武器装备受到来自敌扰、自扰、天扰和民扰等电磁干扰因素不间断的动态对抗作用,从整体上所表现出的一种战场信息环境。可以认为,武器装备效能评估中的复杂电磁环境就是电磁领域内部敌我双方武器装备对抗的一种综合反映,电磁对抗既是电磁环境影响的结果,同时也是构成战场复杂电磁环境的内容。因此,研究武器装备效能评估中的复杂电磁环境问题其核心在于通过研究复杂电磁环境来帮助评估电磁对抗对武器装备效能的影响,也可以说,效能评估既是研究复杂电磁环境的目的,也是其重要的研究方法。

（1）基本思路

基于效能评估的复杂电磁环境仿真是一种面向武器装备效能分析等问题的仿真研究方法,它以仿真为主线,综合电磁效能评估建模、可视化方法、统计分析和探索性分析等多种方法的仿真分析方法。通过电磁效能评估建模对领域内问题进行描述,使仿真紧密面向研讨问题,满足效能评估的整体需求;通过可视化方法,将仿真过程、分析过程和相关结论以良好的方式表现出来,帮助展现问题并激发人的认知潜力;在仿真中注重构造复杂电磁环境的不确定性,并借助探索性分析手段研究电磁领域内部的不确定性,在定量分析基础上为研究者提供深入问题的分析工具。

（2）电磁对抗分析建模

武器装备效能评估中的复杂电磁环境研究是通过对电磁环境的分析来进行效能评估。因此,该领域建模重点是针对电磁对抗对武器装备效能的影响。通过围绕电磁领域对武器装备产生的电磁对抗行为建立精细的分析模型,用来评估电磁对抗对装备效能的影响。国内曾有学者提出面向应用的电磁环境分析模型体系结构,把复杂电磁环境分析模型分为背景分析模型、近场分析模型和远场分析模型三部分。根据该体系结构,分析模型具体应该包括:地形遮蔽影响、杂波影响、雷达反射截面积影响和战场干扰影响等。通过电磁对抗建模达到效能评估的目的,为进一步的电磁环境可视化与探索性分析提供数据基础。

（3）基于武器装备效能的电磁空间可视化

电磁环境可视化一般可分为三种形式:信号特征的可视化表现、武器装备性能可视化表现及电磁对抗影响下的装备效能表现。信号特征表现反映的是战场电磁环境的物理特征指标,不能展示出体系效能的大小;性能参数的表现反映在理想状态下雷达的基本探测能力,未考虑各种战场电磁对抗因素对能力的影响,该表现形式适合示意性说明,不适合精细的分析。武器装备效能分析中的复杂电磁环境研究是围绕电磁对抗对武器装备效能的影响展开的,其可视化问题,应以电磁对抗分析建模的结果做为表现内容,通过提供直观的、易于理解的表达形式,辅助进行效能评估。

**5. 复杂电磁环境的探索性分析**

探索性分析是面向不确定性的有力分析手段。分析复杂电磁环境的不确定性,首先需要能够构造出这种不确定性或反映出其基本的不确定性特征,这实际上是很多面向复杂系统的仿真所普遍忽视的问题,即如何让模型能够产生"意料之外,情理之中"的行为。通过研究复杂电磁环境的不确定性测度发现,该领域的不确定性类型主要是参数不确定性,电磁作用模型的机理比较清楚,结构不确定性相对较少,但描述电磁行为的参数输入却不明确,即刻画电磁行为的行为主体(装备和地理环境等)、行为客体(装备和地理环境等)以及电磁行为模式(欺骗式干扰和大气传播辐射等)和四域特征的输入参数水平不清晰,因此构造复杂电磁环境的不确定

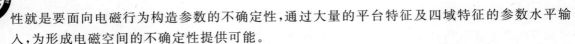

性就是要面向电磁行为构造参数的不确定性,通过大量的平台特征及四域特征的参数水平输入,为形成电磁空间的不确定性提供可能。

应用具体的探索性分析方法来研究所构造的复杂电磁环境的参数不确定性,以达到消减想定空间和发现奇异点的目的,这一层次的方法和具体的领域问题相关性较小,适用多种通用的基础方法,包括多分辨率建模、多侧面建模、统计分析、数据挖掘和数据耕耘等。

### 7.2.4　战场环境仿真

#### 1. 概　述

美国国防部《仿真与建模术语表》中对仿真意义上的"战场环境"定义为:"指仿真对抗所占据的物理环境和引导仿真对抗的作战力量。"这个定义将战场环境视为一个作战空间,包括了地理环境、气象环境、电磁环境、作战及支援力量。战场环境仿真以武器装备发展论证为目的,主要用于提供战区的重要军事目标、地形地貌、气象、电磁和目标行为特征的客观描述,为装备作战应用和效能评估提供动态的战场环境支撑。

针对战争的形式、内容发展与信息保障能力之间的矛盾,美军在 20 世纪 90 年代开展了数字化战场建设,即以计算机信息处理技术为基础,对战场中的文字、语音、图像等多种信息进行编码,通过无线电台、卫星通信、光纤等传输手段,把战场指挥部、参战部队、单件武器、单兵以及后勤部队联系起来,形成战场计算机通信网络,实现全方位近实时的信息交换,最大限度地实现战场信息共享,使各级部队更快、更有效地利用信息,及时掌握战场态势,优化指挥控制功能,提高部队的战斗力、生存能力和协同作战能力。

#### 2. 仿真对象及内容

(1) 地理环境

地理环境是自然地理、经济地理、社会文化和交通运输等环境的总称。对于作战模拟来讲,地理环境主要用于描述战区的地形、地貌、水文特征和交通状况等。不同的地形地貌对武器的火力效率、信息获取、作战行动等有不同程度的影响。地形地貌影响武器装备效能发挥和作战行动的因素主要有通视性和通行性。通视性主要影响武器装备的有效射界、死角和传感器探测范围;通行性主要影响作战单元是否可通行和兵力展开可能的速度。战场通视性主要由地形地物的标高来决定,地形标高用于描述地面的起伏,地物标高主要用来描述地面植被、建筑物等固定物体;战场通行性主要用来描述道路等级、土质、水文特点,以及对机动产生影响的地貌类型和植被。

基于具体的地形数据支持,作战装备与目标间的通行性和通视性可由相关的计算模型得出,如基于网格法的通视性和通行性计算,可采用美国 Santa Clarada 大学所研制的 4 点轮廓线法来进行。无详细地形数据支持,则应采用参数描述的方法,即先将地形分类,如平原、丘陵地、山地、山林地、石林地、高原、黄土地形、草原、沼泽和沙漠戈壁等,对各种类型地形的通视性和通行性量化为区域之间的函数分布。

(2) 气象环境

气象是指作战地区的气候特征及作战时刻的季节和天气状况,综合了温度、湿度、风力、雨量、冰雪和能见度等不同环境因素。不同气象环境对武器装备作战效能的发挥有不同的影响,陆、海、空各军种主战装备对气象环境的要求也各不相同。总体来讲,影响其效能发挥的气象要素主要有云、雾、雨、雪、风、雷、电等,这些要素随时间和空间的变化而变化。

气象环境模型是描述某一地区在一定时段内气象要素的空间分布及其随时间变化的过程。用于描述气象要素的参数有两个:天气现象和等级。其中,天气现象主要有云、雾、雷电、雨、雪、冰雹 6 种,每种天气现象可分为轻度、中度和重度 3 个等级。在一定的时间和空间范围内,气象要素一方面要保持连续性约束,另一方面也要有一定的统计和随机性。天气现象的变化可离散为一个随机过程随时间变化而变化。

（3）电磁环境

战场电磁环境构建方法主要有实物构建和模拟构建两种,也可两者结合。实物构建一般在外场进行,由真实装备或信号模拟器产生,其构造效果逼真,检验结果真实,但代价昂贵,敌方的电子装备实体难以获取。电磁环境仿真是指在侦察获得的复杂电磁环境信息的基础上,运用多媒体、可视化、图形图像技术,通过计算机模拟战场电磁环境,为作战训练武器测试等提供虚拟的环境模拟,具有控制灵活、构建迅速、费用低、可重复使用的特点。

（4）目标环境

为了给武器系统提供一个综合的作战环境,需要战场环境提供各类作战目标,作战目标可分为静目标和动目标两类。静目标主要描述战场环境中的桥梁、港口、指挥所等重要的军事目标,动目标主要描述具有机动能力的目标,如部队、坦克、飞机、舰船等的运动特性。作为战场环境组成的作战目标满足非对抗性,即静目标和动目标均仅描述其作为武器装备的作战目标而所需的实时位置等,不描述其作战能力。其中静目标为固定目标,可通过对目标特征参数的描述,以数据库的形式提供,无须模型支持,而动目标则需建立模型描述其运动特性。

目标战场上的机动过程在一定的范围内随时间连续变化,并受众多随机因素的影响,各类目标有其特有的动力学模型,具有一定的复杂度。作为作战环境组成的目标,由于不考虑其对抗性和可视化,因此建模时可将其看作一个运动的质点,并合理简化其运动特性。

**3. 三维数字化战场**

战场可视化是数字化战场取得制信息权的关键。可视化内容包括战场态势,敌军、友军位置,敌军、友军作战企图,作战方案,气候,地形等要素。三维数字化战场环境是以计算机图形学为基础,以战场信息可视化为主要手段,通过构建数字化的三维战场信息环境,为战场态势感知、分析和决策提供服务的信息保障平台。

（1）数字化战场环境内容

随着科学技术的进步,战场空间也不断扩大,信息时代的战场环境包括有形的陆地、海洋、大气空间和外层空间及无形的电磁、信息、认知等领域。按照作战样式的不同,信息化条件下的战场可分为陆战场、海战场、空战场、太空战场和电子战战场等。不同作战样式所关心的战场环境因素不同:

① 陆战场:战场地形、植被、人文景观、经济、交通和通信条件等。

② 海战场:海底地形、海洋水体(深度、温度、盐度、透明度)、海洋运动(海浪、潮汐、海流)和海洋气象(海雾、风)等。

③ 空战场:战场目标、地形地貌、防空范围和电磁环境等。

④ 太空战场:运行轨道和通信链路等。

⑤ 电子战战场:电磁源(雷达、通信、电磁干扰)、卫星通信节点与链路等。

对于数字化战场环境信息来说,其特点是多维、多源、多尺度和多时态的。部分数据涉及二维、三维、四维，甚至是 $n$ 维。其来源和形式多样，部分数据通过对目标的遥测或实地侦察而获取，或者从 CAD 等计算机处理系统中得到，因而有图形矢量、图像栅格或属性图表等形式。数字化战场中的信息不仅是多维的，而且是实时变化的，在不断获取的敌我双方战场、态势信息中，既有陆地的也有海洋的，既有地表的也有地下或水下的，既有敌方装备布置情况的也有我方相应对策等。目前的数字化战场信息，主要是以数字的形式存储和提供使用，既不直观又不方便，限制了各种信息在数字化战场中发挥作用。而信息可视化是最为便捷的应用形式，它可以给军事指挥者提供多维信息可视化的综合数字化环境。

（2）数字化战场环境设计

针对数字化战场环境信息的多维、多源、多尺度及多时态等特点，必须以建立可视化的战场信息环境为目的，对所有信息进行统一处理，建立规范的战场信息库和模型库，满足数字化战场环境实时绘制和浏览的需求。

数字化战场环境的功能模块包括战场信息管理、战场信息调度引擎、可视化模型生成、场景绘制引擎等。其中，战场信息管理模块将各类环境数据统一处理，建立相关信息库和模型库；战场信息调度引擎模块负责在交互浏览过程中，对基础地理信息、目标模型等各类信息进行实时调度与组织，建立数字化战场环境的绘制缓冲区；可视化模型生成模块可将场景中的气象、电磁、情报等各类信息设计成为相应的可视化样式；场景绘制引擎模块对整个数字化战场环境中的可视化信息进行统一组织，完成场景绘制，提供最终用户观察与交互。从数据流程的角度，各模块的相关关系如图 7-13 所示。

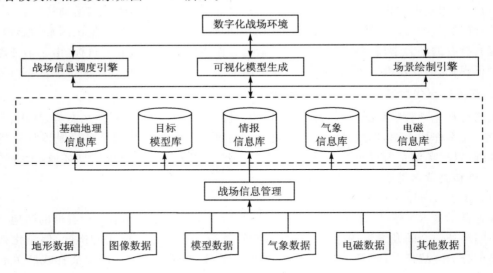

图 7-13　数字化战场环境功能与数据流程

## 7.2.5　装备环境仿真实例分析

装备环境仿真要体现装备和环境二者之间复杂的耦合关系。这种耦合关系的实现方式有很多，比如首先建立装备的三维 CAD 模型，然后给该模型加载环境激励，并研究其响应特性。这也是很多装备环境仿真分析的一个基本思路。本小节以无人机机翼振动疲劳特性仿真研究为例，详细介绍其建模仿真分析过程，以加深对仿真分析基本思路的认识。

**1．问题描述**

机翼不仅可产生升力,而且能改变无人机飞行姿态和方向,是无人机飞机系统的关重部件。机翼固定在无人机机身两侧,主要受发动机振动激励的影响,也即受振动力学环境的影响。振动疲劳导致机翼局部破坏乃至彻底断裂,是机翼的主要故障模式。因此,研究机翼振动疲劳特性,搞清机翼基本结构特征参数及其在循环应力作用下的表征特性,是无人机飞机系统设计、研制和使用维护的重要基础。目前与国外相比,我国开展无人机机翼的振动疲劳研究,在振动特性分析、损伤机理研究、疲劳寿命估算等许多方面尚缺乏科学有效的理论依据和试验手段。因此,尝试引入仿真分析方法,作为对无人机机翼振动疲劳特性开展理论和试验研究的必要补充。

某型无人机机翼如图 7-14 所示,主要由某种复合材料制成,其他尺寸参数见表 7-2。试运用计算机仿真分析方法,对无人机机翼进行振动疲劳特性分析,并进行疲劳寿命估算。

**图 7-14　某型无人机机翼外形**

**表 7-2　机翼主要特征参数**

| 翼面材料 | 机翼面积 | 平均气动弦长 | 机翼展弦比 | 机翼展长 | 中外翼上反角 | 中翼截面长度 | 机翼翼尖 |
|---|---|---|---|---|---|---|---|
| 复合材料 | 3.965 m² | 541.48 mm | 14.19 | 7.5 m | 4° | 625 mm | 375 mm |

**2．基本思路**

解决该问题,可首先基于三维 CAD 建模软件,建立无人机机翼各部件及整体装配的 CAD 三维模型(如基于 Solidworks);然后运用有限元分析软件 ANSYS,将机翼三维模型转化为有限元模型,并通过模态试验分析进行模型检验与修正;最后,基于 ANSYS 进行机翼振动特性及疲劳寿命分析。

**3．建模与模型校验**

(1) 机翼三维 CAD 建模

1)Solidworks 简介

Solidworks 软件是 1995 年推出的世界第一个基于 Windows 开发的三维 CAD 系统,符合了 CAD 技术的发展潮流和趋势。由于使用了 Windows OLE 技术、直观式设计技术、先进的 Parasolid 内核以及良好的第三方软件集成技术,使 Solidworks 成为世界领先的三维 CAD 解决方案。

Solidworks 具有强大设计功能和易学易用的操作协同功能,整个产品设计完全可编辑,可进行零件结构设计、装配设计和工程图设计,且三者之间全相关。Solidworks 提供了一个完整的动态界面和鼠标拖动控制机制。其中,"属性管理员"用来管理整个设计过程和步骤,它包含了所有设计数据和参数;"资源管理器"用来管理 CAD 文件,其功能类似 Windows 资源管理器;"特征模板"提供了一个包含众多标准件和标准特征的良好环境,可直接调用或与他人共享;"AutoCAD"模拟器可使用户保持原有作图习惯,顺利地从二维设计转向三维实体设计。Solidworks 主要功能模块包括零件建模、曲面建模、钣金设计、数据转换、高级渲染、图形输出、特征识别和帮助文件等,并自带一个标准件库和一个在线的数据资源库,方便设计者进行产品开发和配置。

目前,该软件在航空航天、机械、电子、食品、交通、医疗器械和工程制造等众多领域有广泛应用。

2)建模基本步骤

基于 Solidworks 无人机机翼三维 CAD 建模步骤如图 7-15 所示。

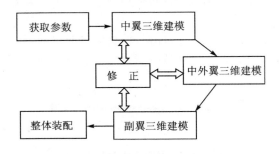

**图 7-15  无人机机翼三维 CAD 建模步骤**

首先,通过查询无人机技术资料并结合实际测量计算,获取部件材料及形状特征尺寸,如表 7-2 所列;对于机翼截面尺寸,没有现成技术资料,通过描点并建立坐标系的方法进行实际测量,并依坐标在 Solidworks 中绘出机翼轮廓如图 7-16 所示;其次,将机翼按距机身距离由近而远依次分为中翼、中外翼、副翼等三大部件,在进行适当结构简化后分别建模;最后,组装三大部件,建立装配整体模型。

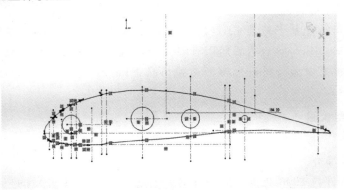

**图 7-16  机翼截面形状绘制**

3)机翼三维模型

基于 Solidworks 建立中翼、中外翼、副翼等部件的三维模型分别如图 7-17～图 7-19 所示,每个部件均由板件、梁、机肋和缘条等若干零件组合搭配而成。

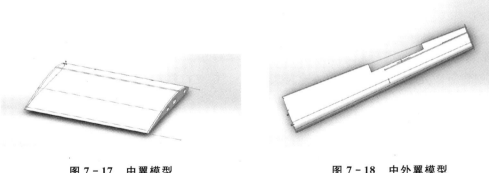

图 7 - 17　中翼模型　　　　　　　　　图 7 - 18　中外翼模型

图 7 - 19　副翼模型

　　部件设计结束后,新建一装配体,将需用到的零部件全部拖入装配体图中,再应用同心、重合、平行、相切等配合关系进行零部件之间的配合。配合后,可以在编辑完成的爆炸视图中清晰地看到各零件之间的配合关系。装配整体模型如图 17 - 20(a)、(b)所示。

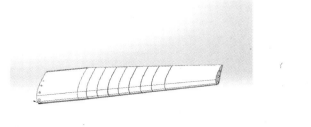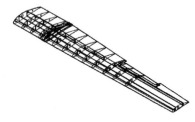

(a) 机翼装配整体模型　　　　　　　　(b) 机翼装配整体透视模型

图 7 - 20　装配整体模型

（2）机翼有限元建模

1）ANSYS 简介

　　ANSYS 软件是美国 ANSYS 公司研制的大型通用有限元（FEA）软件,是世界范围内增长最快的计算机辅助工程（CAE）软件,能与大多数 CAD 软件接口,如 Creo、NASTRAN、Alogor、I-DEAS、AutoCAD、Solidworks 等实现数据的共享和交换。

　　软件主要包括三个部分:前处理模块、分析计算模块、后处理模块。前处理模块提供了一个强大的实体建模及网格划分工具,可方便地构造有限元模型;分析计算模块包括结构、流体、热场、电场、磁场、声场和耦合场的分析等,可模拟多种物理介质的相互作用,具有灵敏度分析及分析优化能力;后处理模块可将计算结果以彩色等值线、梯度、矢量、粒子流迹、立体切片、透明或半透明等图形方式显示出来,也可以图表、曲线等形式显示或输出。

一个典型的 ANSYS 结构动力学分析过程可分为以下三个步骤:

① 创建有限元模型,包括创建或读入几何模型、定义材料属性、划分单元(节点及单元)。

② 施加载荷进行求解,包括施加载荷及边界条件及求解。

③ 查看结果,包括分析结果查看与校验。

目前,该软件在航空航天、汽车工业、生物医学、建筑桥梁、重型机械、电子产品、微机电系统及运动器械等领域有广泛应用。

2)机翼有限元模型

有限元建模预处理过程需要进行模型的材料定义,包括材料的弹性模量、泊松比、密度等,查询并定义无人机机翼主材料为某型玻璃钢,其材料特性如表 7-3 所列。

表 7-3　机翼材料特性参数

| 材料属性 | 弹性模量 $E$/Pa | 泊松比 $\mu$ | 密度 $\rho$/(kg·m$^{-3}$) |
|---|---|---|---|
| 某复合材料 | 1.1e+009 | 0.42 | 2 800 |

将上述 Solidworks 建立的三维实体模型导入 ANSYS 中,经过体生成、单元定义、网格划分、约束条件设置、材料特性定等处理过程得到有限元分析模型如图 7-21 所示。导入前,在不改变结构力学特性和计算精度基础上,对三维模型进行了局部简化和修正,例如去除倒角、副翼外蒙皮等。

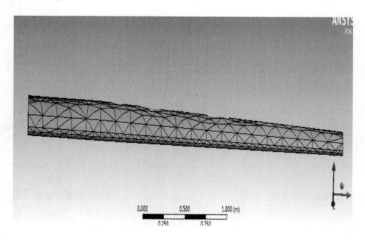

图 7-21　机翼有限元模型

(3)模型的校验

为了验证有限元模型的准确性,采用有限元模态分析与模态试验相对比的方法,通过对比二者的结果,以检验有限元模型的准确性。

有限元模态分析,采用分块 Lanczos 法并利用 ANSYS 机翼模型进行自由模态分析。图 7-22所示为前三阶对应的振型,表 7-4 所列为前三阶的模态频率。

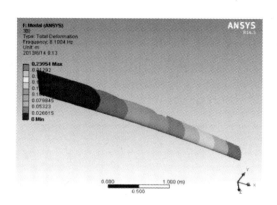

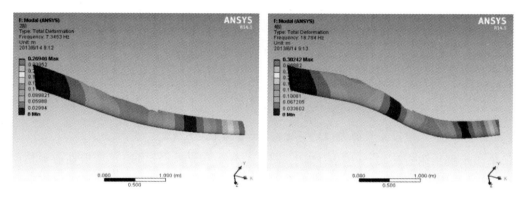

图 7-22　机翼前三阶振型

表 7-4　前三阶固有频率

| 模　型 | 一阶频率 | 二阶频率 | 三阶频率 |
|---|---|---|---|
| 机翼 | 2.640 5 | 5.345 3 | 8.100 4 |

　　试验分析,基于动态信号采集分析系统开展模态试验。首先在机翼上均匀布置了 13 个测量点,利用柔性绳悬挂机翼,力锤敲击机翼,传感器测量测点响应,分析测试数据,得到自由边界条件下的模态分析结果。对比结果如表 7-5 括号外数据所列。其中,MAC 函数表示振型相似程度,其值越接近 1 表示越接近。

表 7-5　试验与仿真的固有频率对比

| 阶　数 | 试验模态频率 | 仿真模态频率 | MAC |
|---|---|---|---|
| 1 | 2.264 5(2.264 5) | 2.640 5(2.483 7) | 0.73(0.81) |
| 2 | 4.831 7(4.831 7) | 5.345 3(5.276 4) | 0.77(0.84) |
| 3 | 10.839 1(10.8391) | 8.750 4(11.263 5) | 0.02(0.82) |

　　从表 7-5 中对比得知,三阶模态差距较大,试验模态频率整体偏低。经分析可能原因有:模型简化不当;所用试件的个别零部件有轻微松动或损伤。经检测排除了试件问题,不断修正模型,并进行对比分析,直至二者偏差达到要求为止,如表 7-5 括号内数据所列。

**4. 仿真分析**

（1）振动特性分析

基于上述模态分析的结果，选择振动疲劳特性分析激励信号。在翼根处选择一点，加载一正弦振动信号（f = 2.483 7 Hz, a = 1g），使之与模型一阶固有频率产生共振，其响应结果如图 7 - 23 所示。

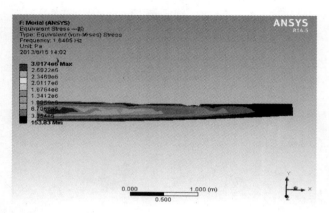

**图 7 - 23   一阶频率共振下的应力响应**

结果显示翼根附近区域产生应力集中（图 7 - 23 中所示红色区域）。然后在应力集中处选择一点，参考 GJB 150A 螺旋桨式飞机振动试验条件，加载如图 7 - 24 所示，对随机振动信号进行谐响应分析，得到其频率响应如图 7 - 25 所示。

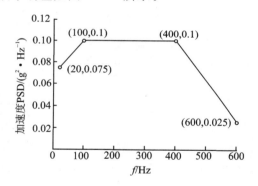

**图 7 - 24   GJB 150A 中螺旋桨式飞机振动功率谱**

从图 7 - 23 和图 7 - 25 可以看出：

① 应力分布大致分三个区域，从翼根向外延伸至整个机翼六分之一处为高应力区（翼根处最大应力达 3.017 4 MPa）；距离翼尖向内延伸六分之一段为低应力区（翼尖处最小应力为 153.83 Pa）；其余区域为过渡区，由 4～5 个逐阶下降的台阶构成。

② 各区段应力分布总体呈现边缘小、中间大的特征，过渡区应力分布从翼根到翼尖呈现台阶性下降的特征，过渡区的最大应力达到 2.682 2 MPa。

③ 在一阶和二阶共振频率附近产生第一个峰值响应，数值为 2.724 6 MPa；在第三阶和第四阶共振频率附近也分别产生两个峰值响应，分别为 7 kPa、1 kPa。其余共振峰不明显，峰

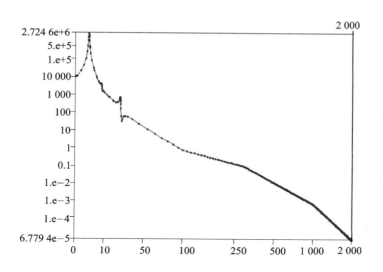

**图 7 - 25 应力集中点应力响应曲线**

值响应后呈非线性递减。

（2）疲劳寿命仿真分析

采用 ANSYS/FE - LIFE 中的 Vibration 模块，仿真分析条件选择如下：

① 统计方法选择雨流计数法；

② 材料选择某复合材料；

③ 激励信号选择典型非恒定振幅载荷 $a$；

④ 加载位置选择机翼翼根处。

在翼根选择一点，加载如图 7 - 26 所示的非恒定振幅载荷信号 $a$，进行仿真求解。

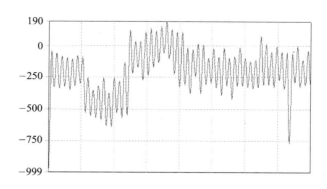

**图 7 - 26　非恒定载幅载荷 $a$**

仿真时系统运用平均应力修正原理，自动根据加载信号的特征选择不同的修正后的 $S$ - $N$ 曲线，如图 7 - 27 所示。

图中，$r$ 是辨识信号特征的参量，通过自动识别激励信号的特征，分别赋值 $r = -1, -0.5,$ $0, 1$。系统根据平均应力修正曲线，通过雨流计数工具 Rainflow Matrix 得到从 $a$ 信号推出的

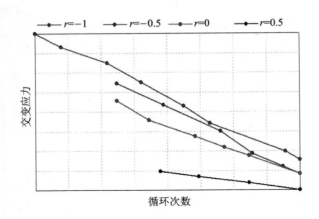

图 7 - 27　平均应力修正 *S - N* 曲线

范围——均值直方图,如图 7 - 28 所示。

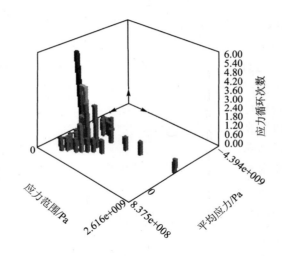

图 7 - 28　信号 *a* 激励下的雨流矩阵图

根据该直方图,其中 $x$(range)坐标表示应力范围,$y$(mean)表示平均应力,$z$(counts)表示疲劳破坏之前的应力循环次数。由此自动得出 $a$ 信号激励下机翼的最小疲劳寿命为 7.817~20 blocks,应力范围在 0 ~ 2.615 5 GPa 之间,平均应力在 - 4.393 5 GPa ~ 837.54 MPa 之间,并得出载荷-寿命曲线如图 7 - 29 所示。

根据情况,还可加载其他信号进行疲劳寿命仿真。上述仿真方法是基于疲劳寿命的时域估算法原理进行的,还可用频域方法近似估算应力循环次数,从而得到疲劳寿命。最后必须指出,仿真分析结果的可信度还需要试验加以验证。如果可信度没达到要求,须对模型及整个分析思路进行反复修改或调整,直到结果令人满意为止。

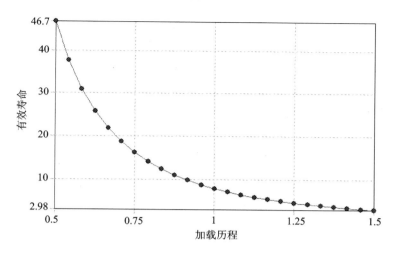

图 7 - 29　载荷-寿命曲线

# 习　题

7.1　"模拟"与"仿真"二者有什么区别和联系？

7.2　如何理解装备环境仿真技术的复杂性？

7.3　系统仿真的三要素和三项基本活动是什么？它们之间有何联系？

7.4　为什么说装备环境工程的研究内容具有层次性？

7.5　什么是装备的运输性仿真？试说明运输性仿真的技术路线。

7.6　简要说明四种典型装备环境仿真的特点和作用。

7.7　仿真建模的可靠性或准确性如何保证？请说明具体措施。

7.8　试结合装甲车辆等装备阐述振动疲劳特性仿真分析的基本思路。

# 参考文献

[1] GJB 4239—2001. 装备环境工程通用要求[S]. 2001.

[2] GJB 150A—2009. 军用装备实验室环境试验方法[S]. 2009.

[3] 祝耀昌, 常文君, 傅耘. 武器装备环境适应性与环境工程[J]. 装备环境工程, 2005, 2(1): 14-19.

[4] 易建政, 宣兆龙. 野战弹药防护技术[M]. 北京: 国防工业出版社, 2004.

[5] 宣兆龙, 易建政. 装备环境工程. 北京: 国防工业出版社, 2011.

[6] 潘铭志. 军用装甲车辆振动与乘坐舒适性分析[D]. 太原: 中北大学, 2007.

[7] GJB 3493—1998. 军用物资运输环境条件[S]. 1998.

[8] 刘尚合, 武占成, 张希军. 电磁环境效应及其发展趋势[J]. 国防科技, 2008, 29(1): 1-6.

[9] 徐金华, 刘光斌, 刘冬. 导弹阵地静电电磁环境效应初探[J]. 现代防御技术, 2006, 34(5): 50-53.

[10] 陈亚洲. 雷电电磁脉冲场理论计算及对电引信的辐照效应实验[D]. 石家庄: 军械工程学院, 2002.

[11] 李柞泳, 丁晶, 彭荔红. 环境质量评价原理与方法[M]. 北京: 化学工业出版社, 2004.

[12] 宣兆龙, 易建政, 吴建华. 灰色模糊理论在弹药安全管理系统评价中的应用[J]. 军械工程学院学报, 2005, 17(2): 4-6.

[13] 宣兆龙. 野战弹药环境安全的灰色模糊综合评判[J]. 军械工程学院学报, 2006, 3(1): 56-59.

[14] 于衍华, 史国华, 山春荣, 等. 武器装备环境适应性论证[M]. 北京: 兵器工业出版社, 2007.

[15] 邢天虎, 王涌泉, 雷平森, 等. 力学环境试验技术[M]. 西安: 西北工业大学出版社, 2003.

[16] 马力. 常规兵器环境模拟试验技术[M]. 北京: 国防工业出版社, 2007.

[17] 陈淑凤, 马蔚宇, 马晓庆. 电磁兼容试验技术[M]. 北京: 北京邮电大学出版社, 2001.

[18] 柯伟, 杨武. 腐蚀科学技术的应用和失效案例[M]. 北京: 化学工业出版社, 2006.

[19] 汪学华. 自然环境试验技术[M]. 北京: 航空工业出版社, 2003.

[20] 刘尚合, 魏光辉, 刘直承, 等. 静电理论与防护[M]. 北京: 兵器工业出版社, 1999.

[21] 杜新胜, 焦宏宇. 导电涂料的研究进展[J]. 中国涂料, 2009, 24(2): 19-22.

[22] 宣兆龙. 基于事故树分析的野战弹药防护系统设计[J]. 装备环境工程, 2006, 3(4): 91-95.

[23] 宣兆龙, 易建政, 于新龙. 防静电封存封套材料研究[J]. 包装工程, 2007, 28(3): 37-38.

[24] 宣兆龙, 李德鹏, 段志强. 弹药包装功能化及相关技术分析[J]. 包装工程, 2009, 30(7): 33-41.

[25] 宣兆龙, 易建政, 段志强. 改性环氧树脂在防腐涂料中的应用思路[J]. 中国涂料, 2006, 21(6): 37-38.

［26］宣兆龙，易建政，段志强. 野战装备封存封套材料研究［J］. 包装工程，2006，27（1）：53-54.

［27］宣兆龙，于鑫. 野战弹药储存防护系统研究［J］. 仓储管理与技术，2007（3）：37-38.

［28］宣兆龙，易建政，段志强，等. 野战装备集合封存技术研究［J］. 包装工程，2003，24（2）：53-55.

［29］宣兆龙，易建政，段志强，等. 封套封存环境透湿模型及应用［J］. 军械工程学院学报，2004，16（2）：25-28.

［30］宣兆龙，易建政. 塑料的防腐特性及包装应用［J］. 商品储运与养护，2000（2）：35-37.

［31］宣兆龙，易建政，杜仕国. 防腐涂料用环氧树脂的改性及添加剂［J］. 腐蚀科学与防护技术，2000，12（4）：221-223.

［32］宣兆龙，易建政，杜仕国，等. PTC 型炭黑/高聚物导电复合材料的研究［J］. 化工进展，2000，19（2）：47-50.

［33］宣兆龙，张倩. 导电聚苯胺的改性技术研究现状［J］. 材料科学与工程学报，2004，22（1）：150-153.

［34］祝耀昌，孙建勇. 装备环境工程技术及应用［J］. 装备环境工程，2005，2（6）：1-9.

［35］祝耀昌. 环境适应性与环境工程［J］. 装备环境工程，2006，23（4）：187-193.

［36］吴重光. 仿真技术［M］. 北京：化学工业出版社，2000.

［37］吴玲达，宋汉辰. 三维数字化战场环境构建技术研究［J］. 系统仿真学报，2009，21［增刊］：91-94.

［38］Xuan Zhaolong, Yi Jianzheng, Duan Zhiqiang. Measurement of Temperature and Humidity in Envelope Environment Used for Armament Storage［C］. ISTM/2009，6：2996-2998.

［39］Xuan Zhaolong, Yi Jianzheng, Sun Guizhi, et al. Electrostatic Firing for Bridgewire EED and Anti-electrostatic Measures［C］. Theory and Practice of Energetic Materials. IASPEP/2003，V：844-848.

［40］［美］葛瑞格 K 霍布斯. 高加速寿命试验与高加速应力筛选［M］. 北京：航空工业出版社，2012.

［41］陈循，张春华，王亚顺，等. 加速寿命试验技术与应用［M］. 北京：国防工业出版社，2013.

［42］陈循，张春华. 加速试验技术的研究、应用与发展［J］. 机械工程学报，2009，45（8）：130-136.

［43］江劲勇，路桂娥，陈明华，等. 堆积条件下库存弹药中发射药的安全性研究［J］. 火炸药学报，2001（4）：66-70.

［44］程泽，宣兆龙，刘亚超，等. 基于 Bayes 的电子元件高温储存试验方法研究［J］. 装备环境工程，2013，10（4）：20-46.

［45］刘亚超，宣兆龙，程泽. 弹药集装单元动力学试验研究［J］. 装备环境工程，2013，10（1）：49-65.

［46］宣兆龙，程泽，刘亚超. 红外敏感器加速寿命试验方法研究［J］. 装备环境工程，2012，9（6）：44-50.

［47］宣兆龙，陈亚旭，刘亚超. 基于信息化保障的弹药包装系统设计［J］. 包装工程，2011，32（23）：40-42.